建筑设计指导丛书

居住区规划设计

（第二版）

重庆大学 朱家瑾 主编
朱家瑾 董世永 聂晓晴 张 辉 编著

中国建筑工业出版社

图书在版编目(CIP)数据

居住区规划设计/朱家瑾主编. —2 版. —北京：
中国建筑工业出版社，2006（2021.3 重印）
（建筑设计指导丛书）
ISBN 978-7-112-08114-1

Ⅰ. 居… Ⅱ. 朱… Ⅲ. 居住区-城市规划-设计
Ⅳ. TU984. 12

中国版本图书馆 CIP 数据核字(2006)第 026720 号

本书为《建筑设计指导丛书 居住区规划设计》第二版。全书内容分理论阐述与实例分析两大部分，主要包括：居住区规划的演变与前瞻，居住区规划设计概念，住宅区的规划组织结构与布局、住宅用地、公共用地、道路用地及停车设施、公共绿地等规划设计，综合技术经济指标，竖向规划设计，居住区规划实践成果展析，实例及管线工程综合概述等。

第二版根据最新的有关规范修订了第一版的相关内容，对每个章节都做了认真的审定、删减和补充。增加了一些新的内容；补充了一些具有代表性的最新理念和实例；根据读者需求，增加了居住区规划实践成果展析和城市居住区规划设计任务书等章节，以供参考。

本书可作为建筑学、城市规划及相关专业设计课教材、教学参考书及培训教材，对规划设计工作人员、有关工程技术人员、工程建设决策者、房地产开发和物业管理人员均有参考价值。

* * *

责任编辑：王玉容
责任设计：郑秋菊
责任校对：张树梅 张 虹

建筑设计指导丛书
居住区规划设计
（第二版）
重庆大学 朱家瑾 主编
朱家瑾 董世永 聂晓晴 张 辉 编著
*
中国建筑工业出版社出版、发行（北京西郊百万庄）
各地新华书店、建筑书店经销
北京天成排版公司制版
北京建筑工业印刷厂印刷
*
开本：880×1230毫米 1/16 印张：16½ 插页：14 字数：568千字
2007年5月第二版 2021年3月第三十五次印刷
定价：**62.00**元（附光盘）
ISBN 978-7-112-08114-1
(14068)

本社网址：http://www.cabp.com.cn
网上书店：http://www.china-building.com.cn

出版者的话

“建筑设计课”是一门实践性很强的课程，它是建筑学专业学生在校期间学习的核心课程。“建筑设计”是政策、技术和艺术等水平的综合体现，是学生毕业后必须具备的工作技能。但学生在校学习期间，不可能对所有的建筑进行设计，只能在学习建筑设计的基本理论和方法的基础上，针对一些具有代表性的类型进行训练，并遵循从小到大，从简到繁的认识规律，逐步扩大与加深建筑设计知识和能力的培养和锻炼。

学生非常重视建筑设计课的学习，但目前缺少配合建筑设计课同步进行的学习资料，为了满足广大学生的需求，丰富课堂教学，我们组织编写了一套《建筑设计指导丛书》。目前已出版的有：

《幼儿园建筑设计》　　《中小学建筑设计》
《餐饮建筑设计》　　《别墅建筑设计》
《居住区规划设计》　　《休闲娱乐建筑设计》
《博物馆建筑设计》　　《现代图书馆建筑设计》
《现代医院建筑设计》　　《现代剧场设计》
《现代商业建筑设计》　　《场地设计》
《快速建筑设计方法》

这套丛书均由我国高等学校具有丰富教学经验和长期进行工程实践的作者编写，其中有些是教研组、教学小组等集体完成的，或集体教学成果的总结，凝结着集体的智慧和劳动。

这套丛书内容主要包括：基本的理论知识、设计要点、功能分析及设计步骤等；评析讲解经典范例；介绍国内外优秀的工程实例。其力求理论与实践结合，提高实用性和可操作性，反映和汲取国内外近年来的有关学科发展的新观念、新技术，尽量体现时代脉搏。

本丛书可作为在校学生建筑设计课教材、教学参考书及培训教材；对建筑师、工程技术人员及工程管理人员均有参考价值。

这套丛书已陆续与广大读者见面，借此，向曾经关心和帮助过这套丛书出版工作的所有老师和朋友致以衷心的感谢和敬意。特别要感谢建筑学专业指导委员会的热情支持，感谢有关学校院系领导的直接关怀与帮助。尤其要感谢各位撰编老师们所作的奉献和努力。

本套丛书会存在不少缺点和不足，甚至差错。真诚希望有关专家、学者及广大读者给予批评、指正，以便我们在重印或再版中不断修正和完善。

第二版前言

本书自2000年出版以来，已有多次印刷。这几年来，我国城市化快速发展，城市建设突飞猛进，居住区的发展气势恢宏，其速度之快，规模之大，为世界撼然。随着全面建设小康社会，给学科带来更为广阔的空间和丰实的内容。同时，一些国家规范进行了修订，新的设计导则相继出台，相关的技术政策也发生了变化，有必要对本书作出适当修订，力求与时俱进。

秉承“以人为核心，居者至上”的指导思想和理论联系实际的写作风格，认真地研究了每一章节，作了普遍调整与修改，补充了一些具代表性的最新内容；考虑读者需要增加了居住区规划实践成果展析和城市居住区规划设计任务书等章节；进一步按国家标准规范了学术词语，统一量化计算口径等。此外还附加一光盘，刻录了近年来全国具代表性的优秀实例和作品，与第一版保留的实例一道共达一百余例，以供参考、赏析。

本书的修订得到了重庆大学建筑城规学院领导和图书馆、中国建筑工业出版社、兄弟单位、校友、同仁和业内外读者的支持与关怀，王树藩、蒋佩霞、王慈生、笪玉芬、姚美华、罗帆、陈晓涛等同志和朋友提供了宝贵资料和帮助，特别是九旬老人朱雅先长者多次为本书寄来了精美图册资料，值此一一诚挚致谢，致敬。本书的修订不足之处恳请多多批评指教。

参加本书第二版修订的人员如下：

第一章　聂晓晴　姜　华　练　茂　杨黎黎
第二章　董世永　胡光耀　郭　辉
第三章　朱家瑾
第四章　朱家瑾　罗　霄
第五章　朱家瑾
第六章　朱家瑾
第七章　聂晓晴　练　茂　姜　华　杨黎黎
第八章　朱家瑾
第九章　张　辉
第十章　董世永　文　渊　吴　玥
实　例　张　辉　朱家瑾
前彩页　余　洪　罗运湖

编　者
2006.3

第一版前言

建国半个世纪以来，我国住宅及居住区规划建设取得了瞩目的成就，尤其是改革开放的20年间，随着国民经济的持续、健康、高速发展，住宅与居住区规划建设事业突飞猛进。从1986年创始的城市实验住宅小区试点工程和1994年启动的城乡小康示范小区工程已遍布全国各地，成为我国居住区建设示范样板，创出了我国城乡居住区的新一代水平，产生了广泛而深刻的影响，也为居住区规划设计学科带来了丰富资料和有价值的课题。作者怀着浓厚的学习和探索兴趣，努力从中吸取宝贵经验和营养，希望能为学科建设作出一份奉献。

本书本着“以人为核心、居者至上”的指导思想，以环境规划设计为基础，并运用系统理论与方法进行写作。选材与表述密切结合教学与社会实践，并融入现实关注问题，通过大量资料和实例进行分析说明。本书注重理论与实践相结合，以规划设计创作方法和运用为主，力求体现学科的多元兼容性、系统性、学术性与可操作性。学科领域非常深广，有许多还在探讨和研究的课题，由于作者水平所限，难免有不当之处，欢迎批评指正。

本书的编写得到了我院领导和同仁的大力支持和帮助，部分老师和同学还参加了本书的绘图工作，聂晓晴、胡光耀为本书第一、二章撰稿，并做了大量资料收集、绘图等工作，杨矫、赵炜、陈道旭、费长辉、戴彦等也做了许多工作；本书在编写中，借鉴、参考、引述了多种论著，其中包括兄弟院校有关教材和资料，并得到了规划与建筑界同仁的热情支持与帮助，值此一一表示诚挚的谢意，同时感谢家人、好友对我的鼓励支持和帮助。

本书由我国城市规划专家黄光宇先生主审，黄先生还为本书编写提供了宝贵的意见和资料，特表示衷心感谢。

朱家瑾

1998年2月

目　录

楼盘景观规划设计

全国大学生获奖优秀作业选

第一章　我国居住区规划的演进与前瞻

居住区是社会历史的产物，在各个不同历史阶段，居住区受到社会制度、社会生产、科学技术、生活方式等因素影响，随着时代同步发展。回顾我国居住区规划建设的发展进程，历经里坊、街巷、邻里单位、居住小区、综合居住区的过程，并呈现出螺旋形发展势态，体现居住区明显的社会属性及其物质现象。居住区的规划设计既要弘扬优秀历史文化，吸取国外先进经验，又需开拓思路，追随时代步伐，以不断创造适应时代所需的新型居住区。

第一节　概述——居住区规划组织形式的演变

早在奴隶制社会，随着城市的形成，出现了最早的居住环境的组织形式。奴隶主为便于对奴隶的统治和征收赋税，实行了土地划分的“井田制”，即将土地划分为形如“井”字的棋盘式地块，其中央为公田，四周为私田和居住聚落，在确立土地所有关系的同时也由此确立了土地所有者的居住形式。殷周时期“一井”即为“一里”，是秦汉“闾里”的原型，“井田制”的棋盘式和向心性的划分形式对我国古代城市的格局有着深远的影响。封建社会里，居住区组成单位的规模都比奴隶社会的要大，名称也有所不同，如秦汉时称为“闾里”，其面积约为1平方里(约17hm²)。三国时，曹魏邺城的居住单位称“里”，面积约30hm²左右(图1-1)，而唐代的城市规模更大，如唐长安城的人口规模达100万人，用地为80km²左右，居住区基本单位——“坊”的面积也进一步扩大，大的为650步×550步(约80hm²)，小的也有350步×350步(约27hm²)(图1-2)。这些基本居住单位均有严格的管理制度，设有坊墙、坊门，每晚实行宵禁，坊门关闭，禁止出入。就我国城市规划发展史论，这种由纵横道路网所划分的方整坊制，与早期运用“井田制”规划概念的传统是分不开的。

到北宋仁宗时，由于商业和手工业的进一步发展，这种单一居住性坊里制度已不适应社会经济和城市生活方式的变化，原来的坊里组织形式被商业街和坊巷的形式所代替，城市中有很多常设的和定期的集市，坊墙为商店所代替，宵禁被取消，夜市纷列，住宅直接面向街巷，多与商店、作坊混合排列，北宋后期都城东京(汴梁)就是典型的代表，图1-3是汴梁城的想像图，《清明上河图》上描绘的即

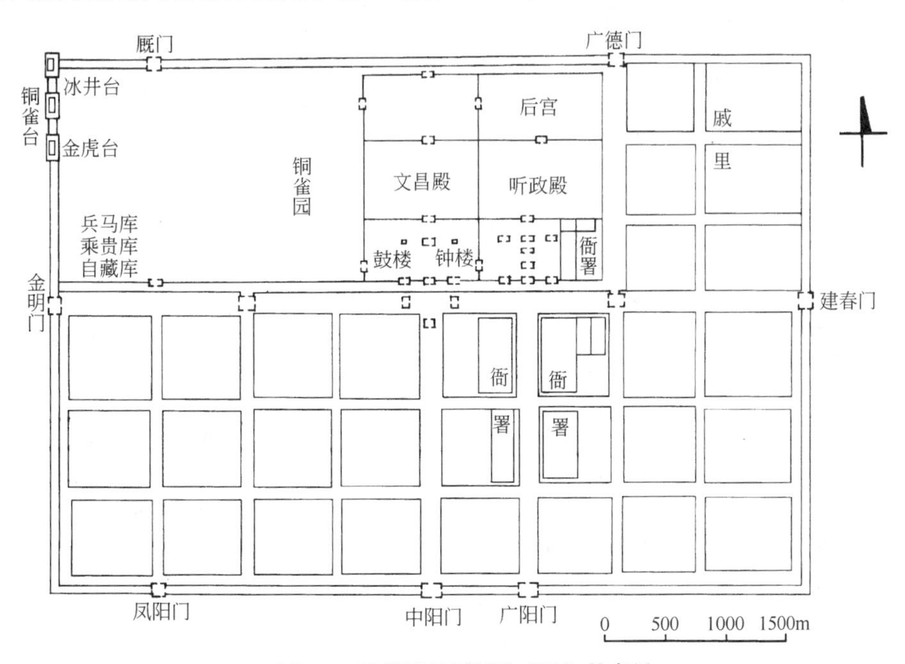

图1-1　魏邺城复原图及“里”的布局

•“戚里”为皇宫国戚居住区；•城南部为一般居住区

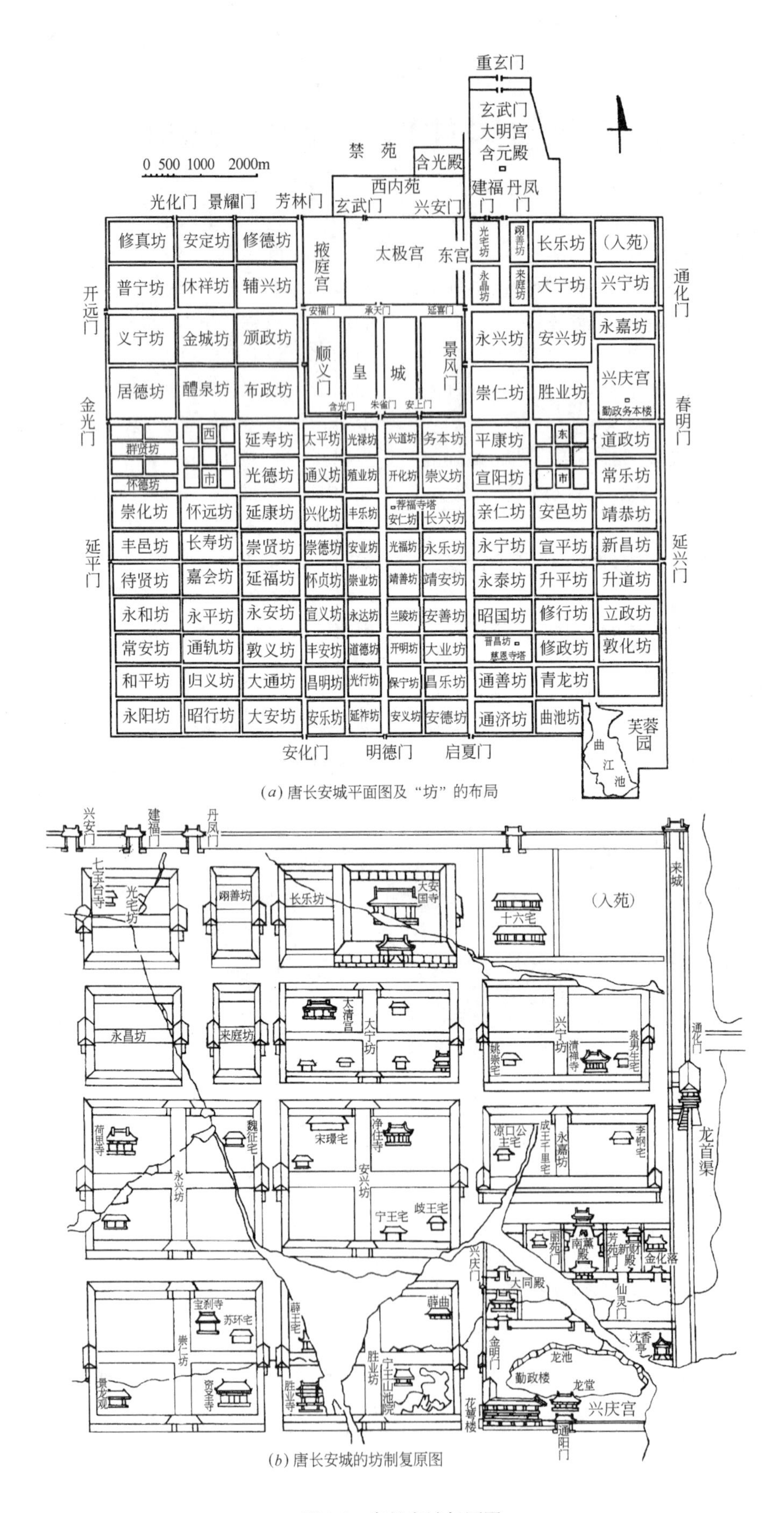

(*a*) 唐长安城平面图及“坊”的布局

(*b*) 唐长安城的坊制复原图

图 1-2　唐长安城复原图

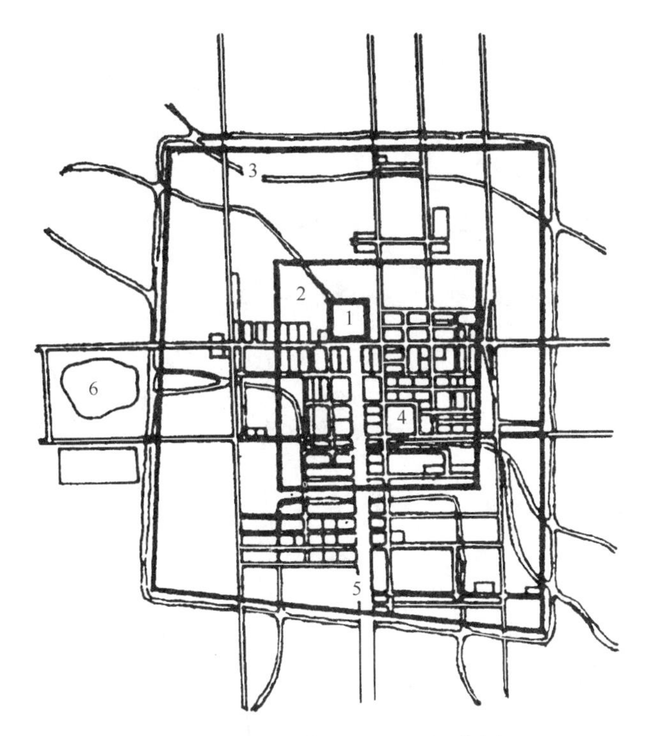

1—宫城
2—内城
3—罗城
4—大相国寺
5—御街
6—金明池

(*a*) 北宋汴梁城平面图及“街巷”的布局

(*b*) 汴梁城街巷景象(“清明上河图” 局部)

图 1-3　北宋汴梁(开封)城复原图

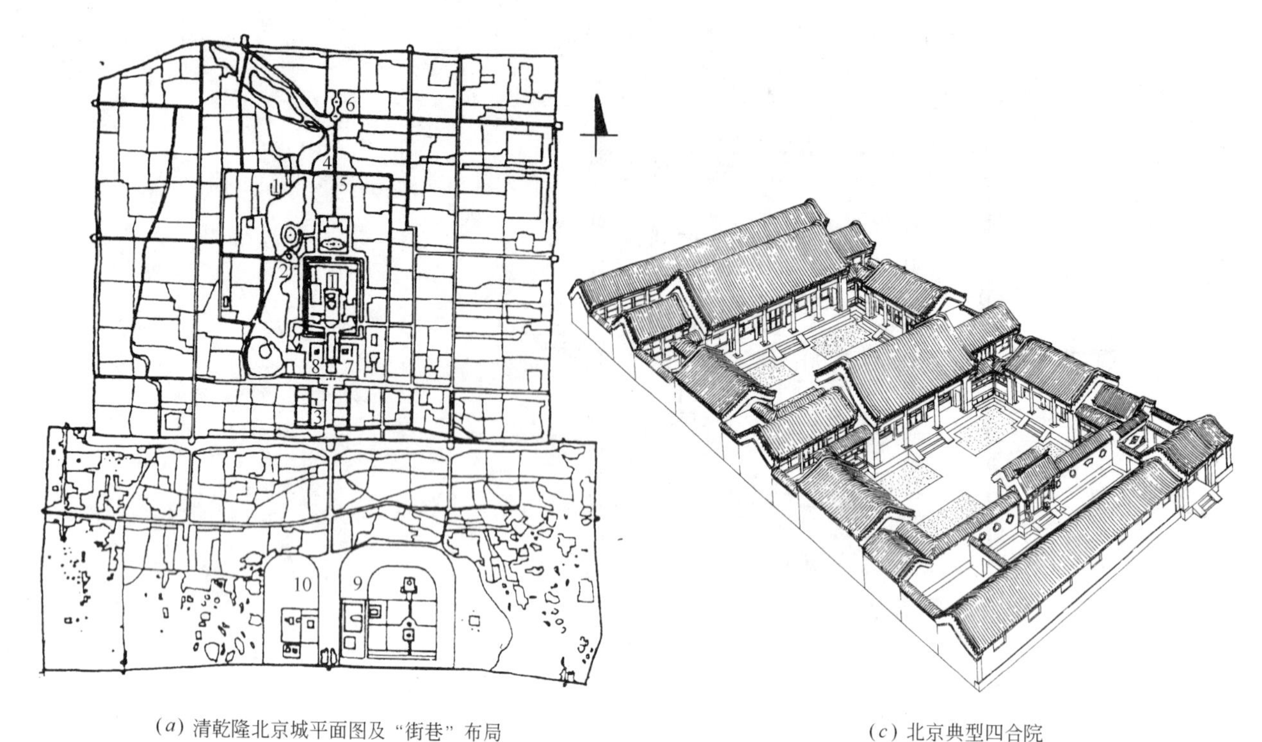

(*a*) 清乾隆北京城平面图及“街巷”布局

1—皇宫; 2—皇城; 3—衙署; 4—商业区; 5—地安门; 6—钟鼓楼; 7—太庙; 8—社稷坛; 9—天坛; 10—先农坛; 其余为居住区

(*c*) 北京典型四合院

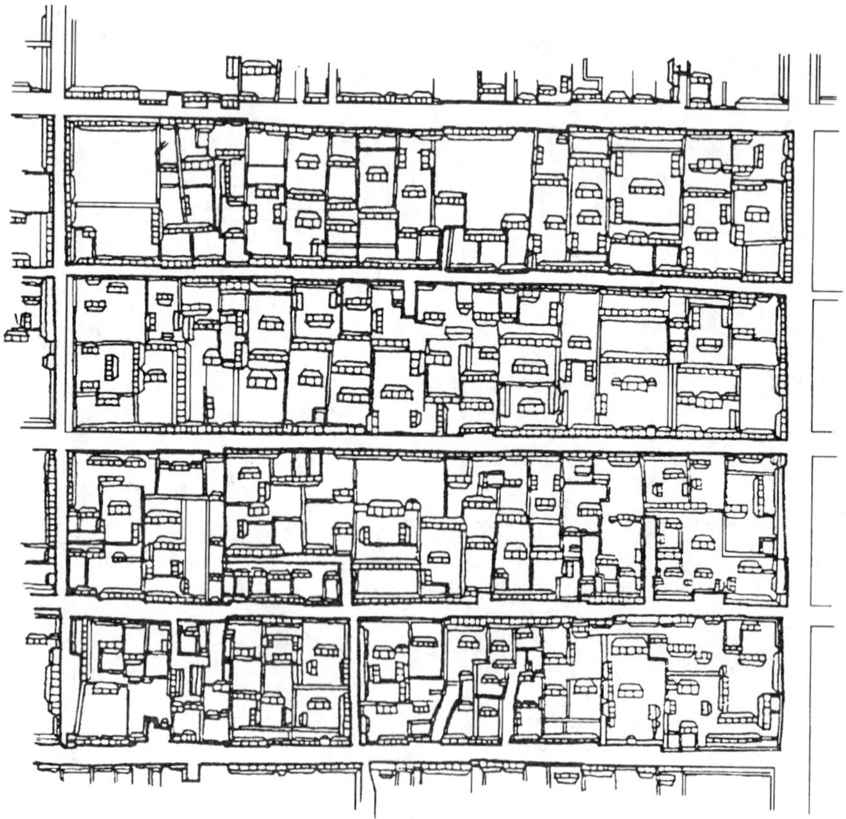

(*b*) 北京典型街巷——“街—巷—院”

图 1-4　清乾隆北京城复原图

图 1-5　上海上方花园里弄街景

图 1-6　上海凡尔登花园里弄

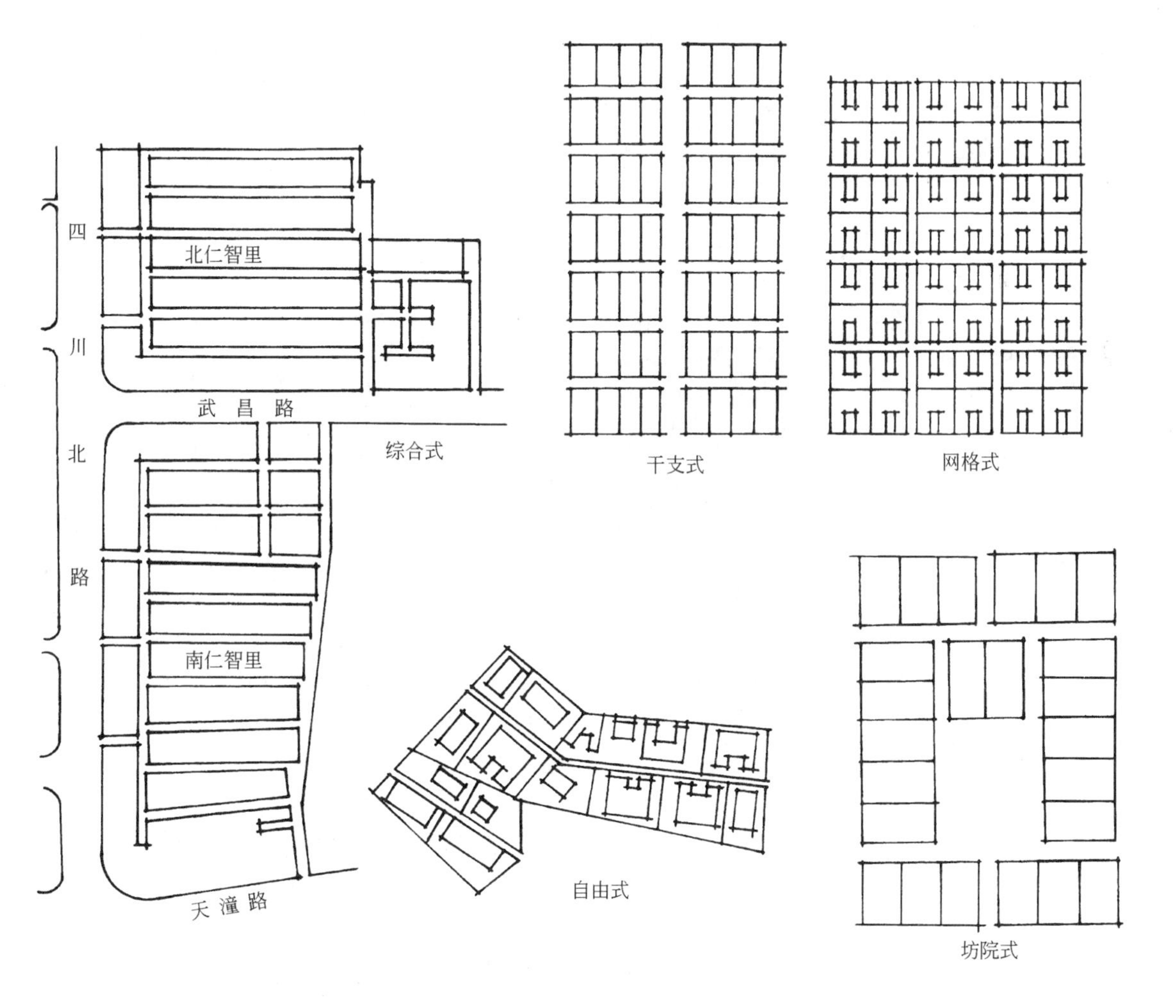

图 1-7　上海、天津里弄平面形式

汴梁城街巷的景象。

明清北京城是我国封建社会后期的代表城市，虽然城市在总的规划布局、道路分工等方面有了进一步的发展和完善，但由于生产力发展相对缓慢，城市居住区的组织形式没有较大的变化。城内除分布各处的寺庙、塔坛、王府、官邸外，其余均为民宅、作坊、商业服务建筑，居住区则以胡同划分为长条形的地段，间距约 70m 左右，中间一般为三进四合院相并联(图 1-4)。

18 世纪后叶，西欧工业革命使以家庭经济为主导地位的旧城结构起了变化，随着资本主义大生产的发展，城市人口急剧增长，无计划地修建大量高密度廉价住宅，规模较大的住宅区多形成联排式布局，居住环境质量不断下降。我国从 1840 年鸦片战争至 1949 年建国，住宅建设一直混乱无序，缺口严重，一些通商口岸城市人口迅速增长，地价昂贵，出现了二、三层联排式为基本类型的里弄式住宅，按我国的居住形式来看，实际上是街巷、三合院在空间压缩中的变态。所谓里弄，其一般形式即城市街道两侧分支为弄，弄两侧分支为里；一般不通机动车，日照、采光、通风条件较差，几乎没有绿化，空间呆板单调。上海、天津两地的里弄大致可对我国南方和北方的里弄作一概括表述(图 1-5、图 1-6、图 1-7)。

进入 20 世纪以后，在一些发达资本主义国家由于现代工业和交通的发展，使原有居住区的组织形式渐渐不适应现代生活和交通发展的需要，面积很小的居住区内很难为居民设置较齐全的公共服务设施，儿童上学和居民采购日常必需品往往不得不穿越交通频繁的城市道路，容易造成交通事故，给居民生活带来很大的不便，同时由于道路交叉口过多也大大影响了车辆的通行能力和速度。另外，汽车交通带来的噪声、废气，使居住环境质量明显下降。因此，在 20 世纪 30 年代，美国人 C. A. 佩里提出了“邻里单位”(Neighbourhood Unit)作为组织居住区的基本形式和构成城市的“细胞”，以改善居住区组织形式。“邻里单位”规划的基本原则是城市道路不得穿越邻里单位，以保证幼儿上学的安全；邻里单位内设有小学，并以此来控制邻里单位的人口规模 3000～5000 人，用地规模约 65 公顷；邻里单位内还设有商店、公共活动中心等(图1-8)。但是邻里单位规划理论真正获得广泛应用还是第二次世界大战以后，战后 40 年代末英国兴建的第一批卫星城就是按邻里单位的规划思想建设起来的，如位于伦敦郊区的哈罗新城就是其中之一(图 1-9)。我国在 20 世纪 50 年代初建设的上海曹阳新村也是受了邻里单位规划思想的影响(图 1-10)。

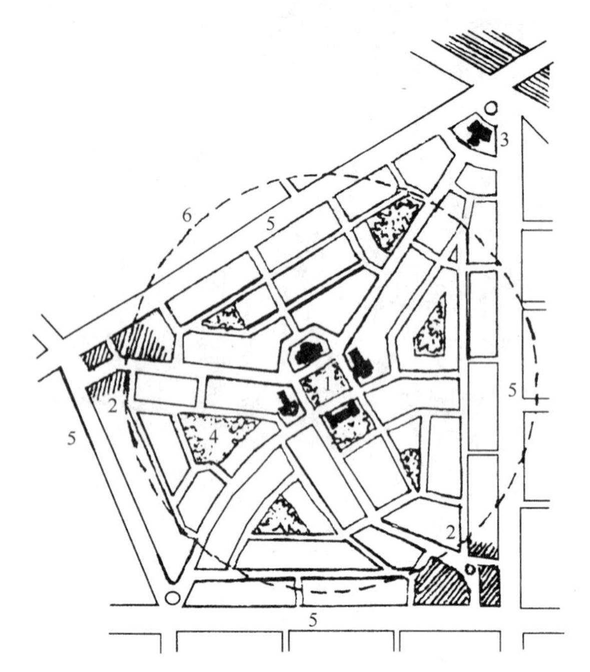

图 1-8　佩里的邻里单位模式示意图

1—邻里中心；2—商业和公寓；3—商店或教堂；
4—绿地(占 1/10 的用地)；5—大街；
6—半径 1/2 英里(0.8045km)

在邻里单位被广泛采用的同时，前苏联等国提出了扩大街坊(укрупнённыйквартал)的组织形式(图 1-11、图 1-12)，我国 20 世纪 50 年代的北京百万庄住宅区也属于这种形式(图 1-13)。这种扩大街坊的规划原则与邻里单位十分相似，但在空间布局上邻里单位比起强调轴线构图和周边布置的扩大街坊要自由活泼些。

随着战后各国经济的恢复和科学技术的迅速发展，为适应人民生活水平不断提高的要求，各国在居住区规划建设实践中又进一步总结和提高了居住小区(residential quarter)和新村(Housing Estate)的组织形式，使邻里单位和扩大街坊的理论又进一步得到充实和完善。所谓居住小区是由城市道路或城市道路和自然界线(如河流等)划分，并不为城市交通干道所穿越的完整地段。居住小区内设有一整套居民日常生活需要的公共服务设施和机构，其规模一般以小学的最小规模为其人口规模的下限，以小区公共服务设施最大的服务半径作为控制用地规模的上限。1958 年前苏联批准“城市规划和修建规范”中明确规定小区作为构成城市的基本单位，对居住小区的规模、居住密度、公共服务设施的项目和内容等都作了详细的规定。此后，居住小区作为

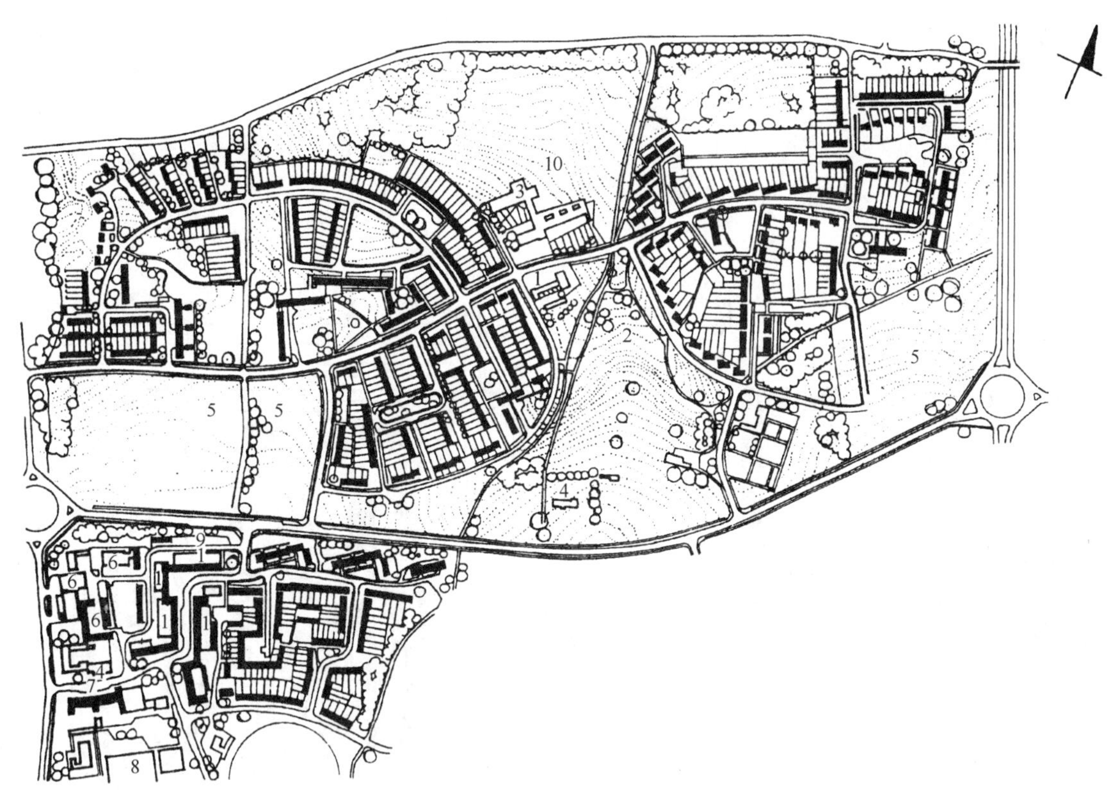

图 1-9　伦敦新哈罗市镇规划平面图

（北马克·霍尔邻里规划平面图）

1—商店；2—公园；3—学校；4—教会；5—保留地；6—工业、汽车库；7—健康中心；8—康乐中心；9—停车场；10—游乐地区

图 1-10　上海曹杨新村规划平面图

1—银行；2—文化馆；3—商店；4—食堂；5—电影院；6—卫生站；7—医院；8—菜场；9—服务站；10—中学；11—小学；12—托幼；13—公园；14—墓园；15—苗圃；16—污水管理处；17—铁路

图 1-11　典型街坊示意图

1—学校；2—托幼

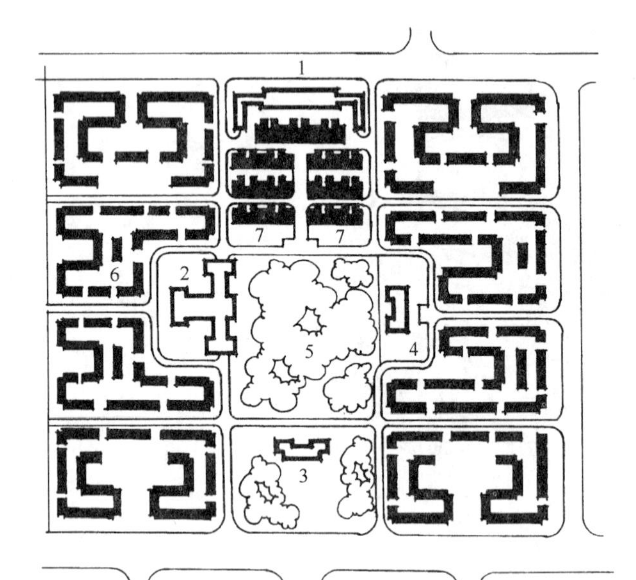

图 1-13　北京百万庄扩大街坊规划平面图

1—办公楼；2—商场；3—小学；4—托幼；5—集中绿地；6—锅炉房；7—联立式住宅

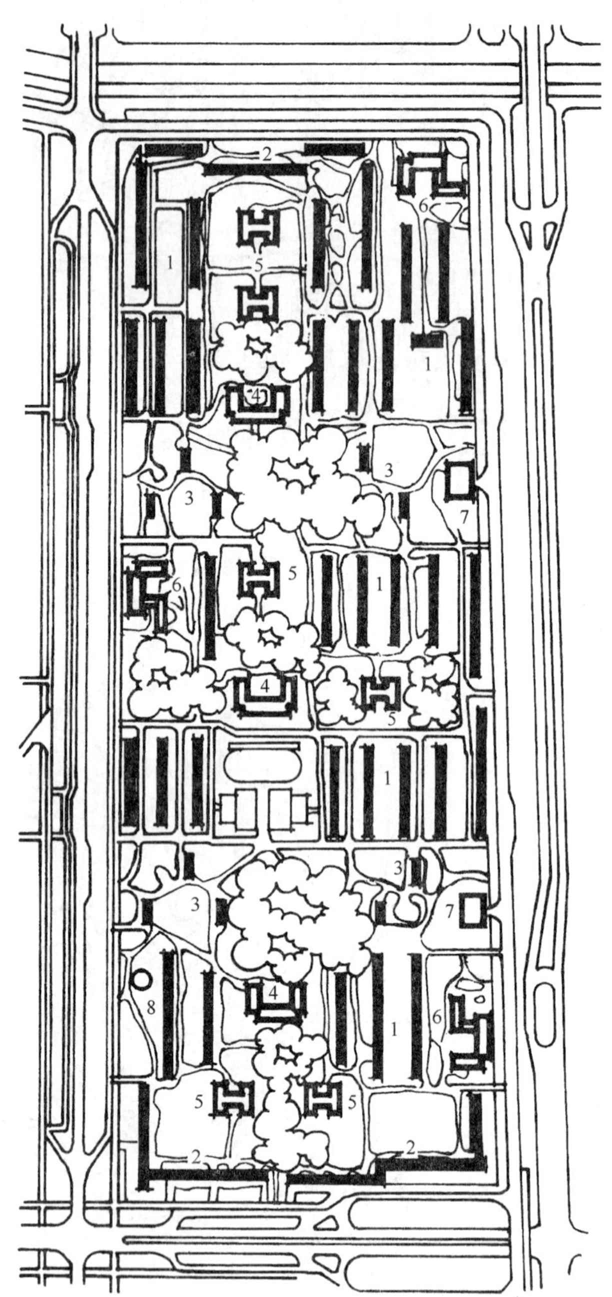

图 1-12　圣彼得堡加加宁大街 6 号扩大街坊规划平面图

1—5 层大板住宅；2—9 层住宅；3—14 层大板住宅；4—学校；5—托幼；6—商业中心；7—车库；8—商店

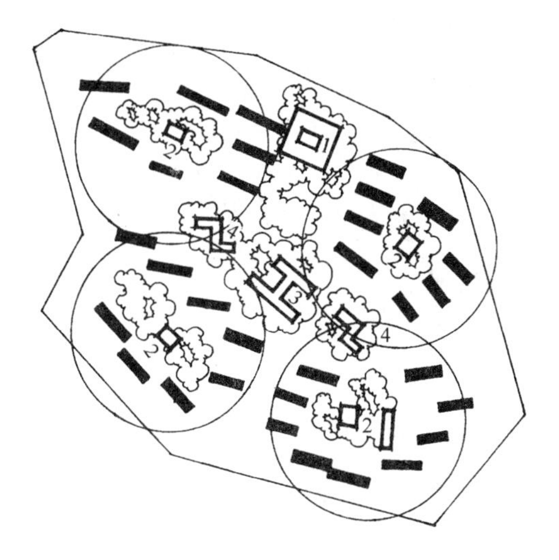

图 1-14　典型居住小区示意图

1—小区中心；2—基层服务；3—学校；4—托幼

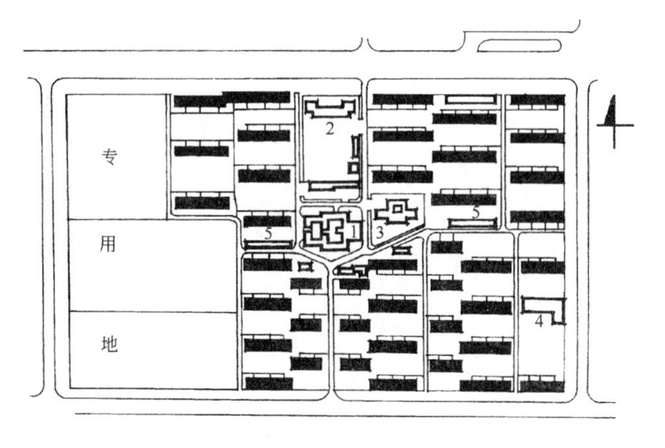

图 1-16　北京龙潭小区规划平面图

1—小区中心；2—小学；3—托幼；4—锅炉房；5—居委会级公共建筑

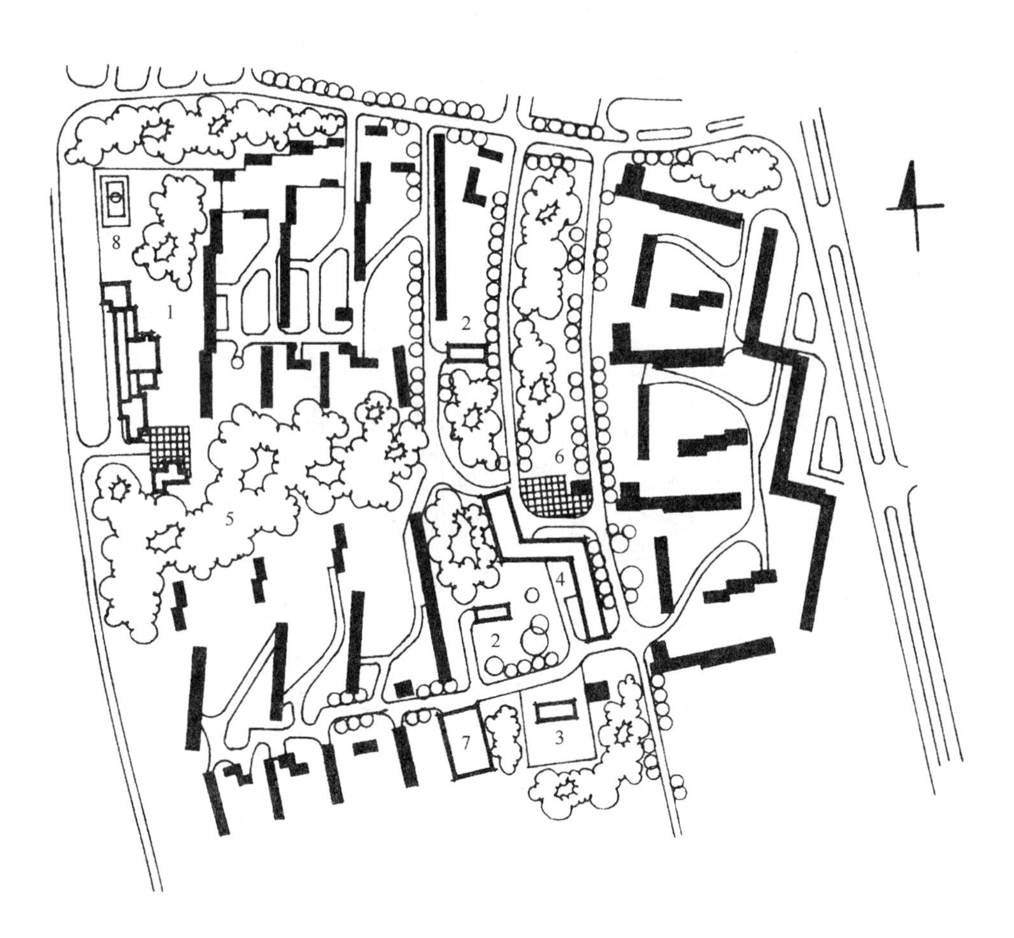

图 1-15　考什兹新城卢尼克 1 号小区规划(捷克)

1—学校；2—幼儿园；3—托儿所；4—小区中心；

5—小区公共绿地；6—林荫道；7—公用车库；8—运动场

(*a*) 居住区规划平面图

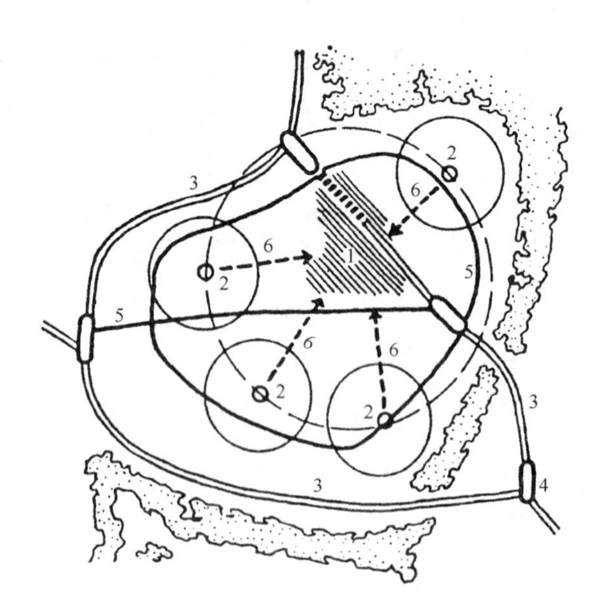

(*b*) 居住区规划结构示意图

1—居住区中心；2—小区中心；3—高速干道；4—立体交叉；5—居住区内部车行道；6—步行道

图 1-17　立陶宛拉兹季纳依居住区规划平面图

总用地 174hm^2，总人口 45000 人，总建筑面积 550000m^2

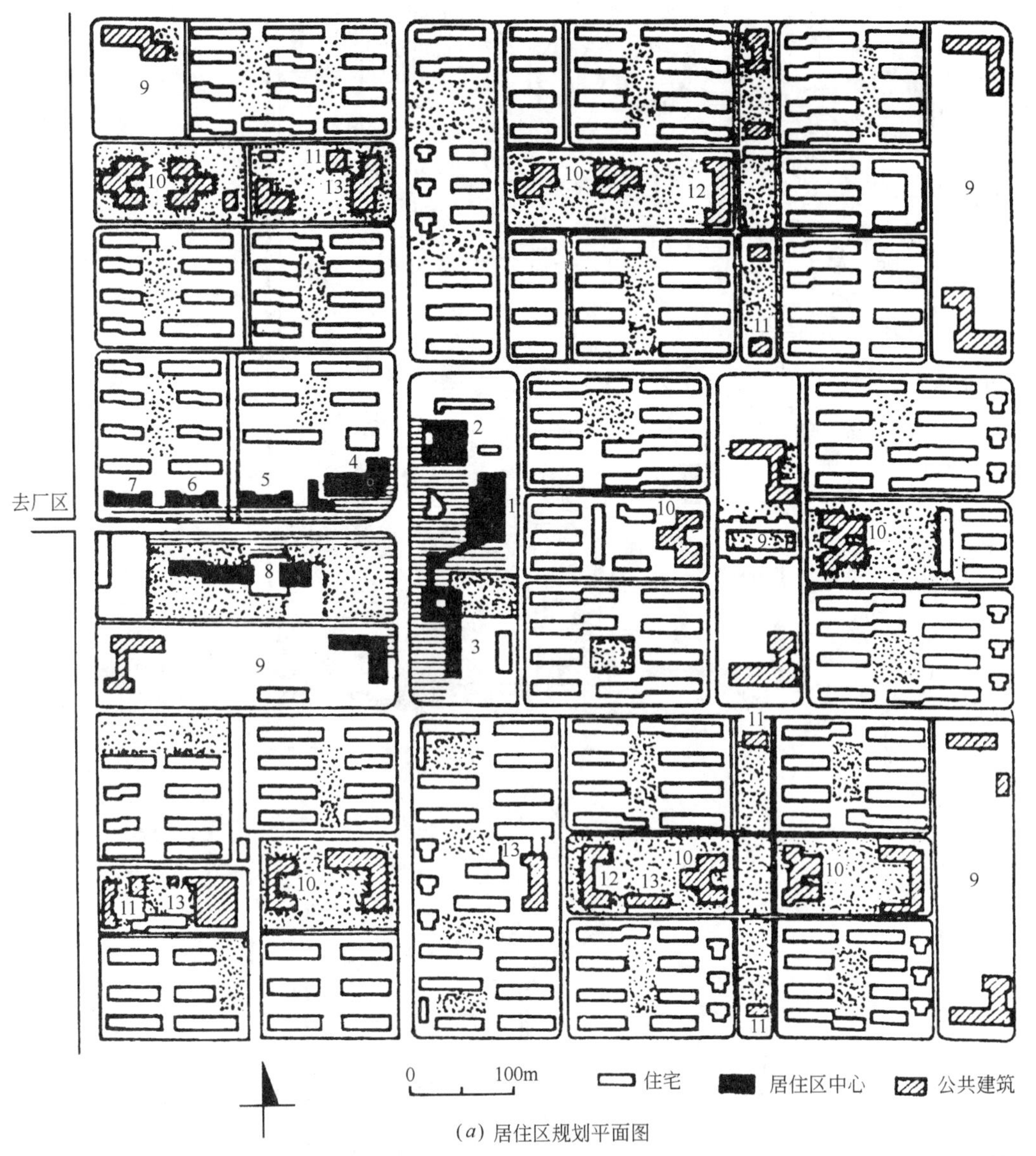

（*a*）居住区规划平面图

1—影剧院；2—副食商场；3—百货商场；4—旅馆、服务；5—银行、土产；6—修理、服务；7—书店、药店、委托；8—文化宫；9— 中小学；10— 托幼；11—粮油副食、杂品；12—修理、服务、街道工厂；13—采暖、给水、变电

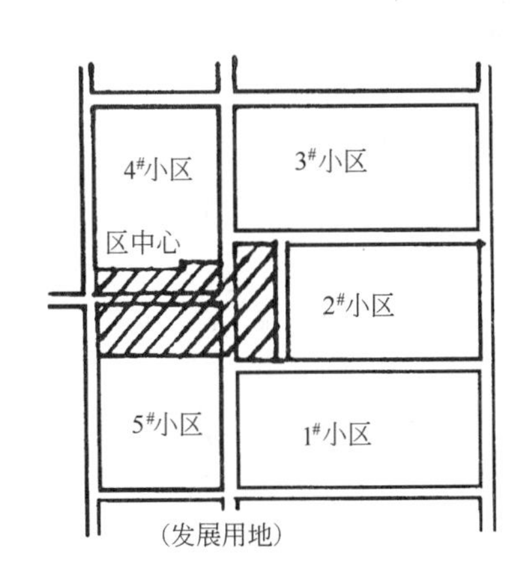

（*b*）居住区规划结构示意图

总用地 103.35hm²

总人口 55000人

总建筑面积 566820人

图 1-18　天津石化居住区规划

(*a*) 规划平面图

(总人口3300人,就业岗位1600个)

1—住宅；2—轻工业；3—住宅、办公；4—商店；5—小学；6—日托；7—综合楼；8—火车站；9—办公

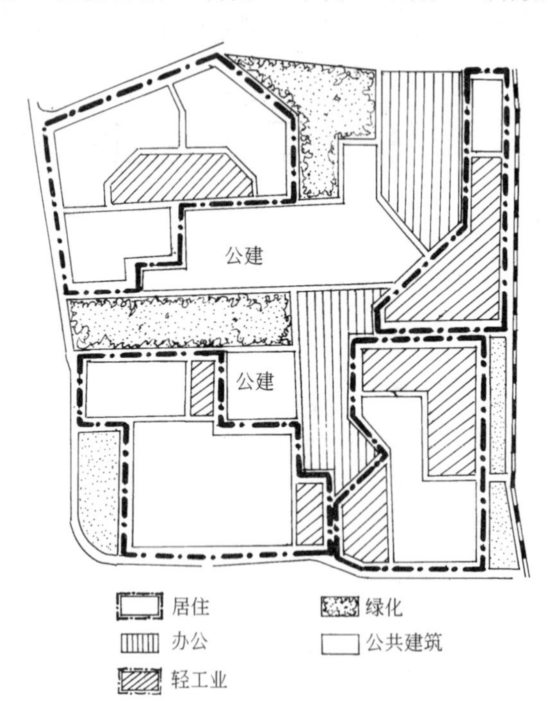

(*b*) 工业—居住综合区规划结构示意图

图 1-19　马尔明卡塔诺工业—居住综合区(芬兰)

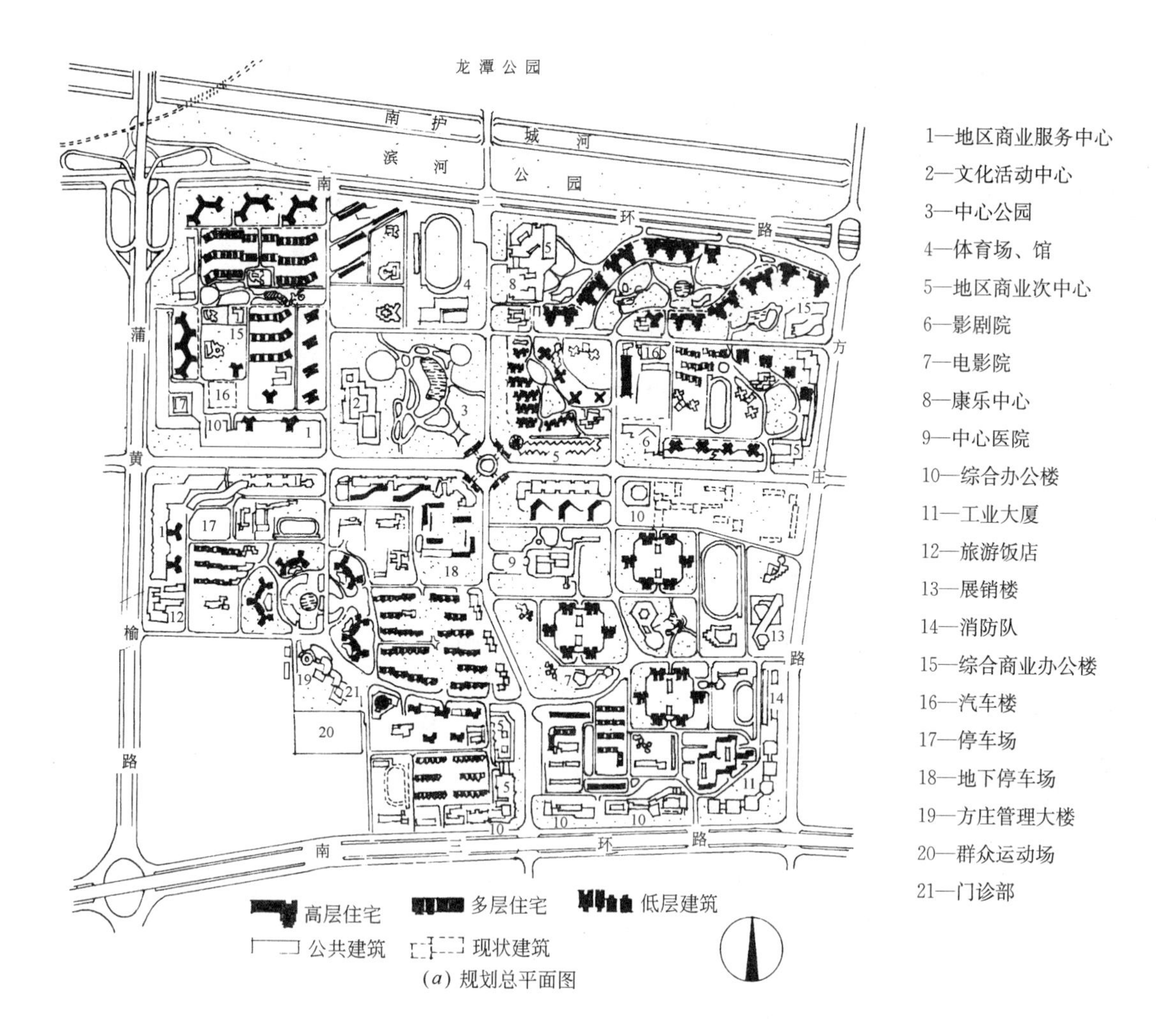

(*a*) 规划总平面图

1—地区商业服务中心
2—地区商业次中心
3—文化活动中心
4—体育场、馆
5—中心医院
6—中心公园
7—公共交通总站
8—十一万伏变压站
9—污水处理处
10—区域锅炉房
11—方庄管理委员会
12—群众运动场
13—市级公共建筑
总用地 147.6hm^2
总人口 7.75 万人
总建筑面积 226 万 m^2
高层住宅比 80.8%

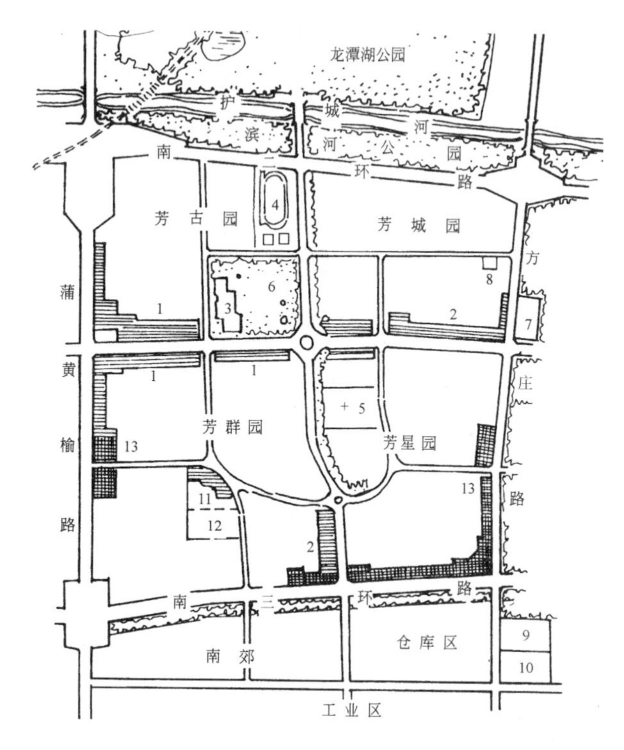

(*b*) 规划结构示意图

图 1-20 北京方庄商业、文体—居住综合新区

构成城市的一个完整“细胞”，在许多国家的城市建设中蓬勃发展。我国从50年代末也开始按小区理论先后建设了不少居住小区，小区规划理论沿用至今，影响深远(图1-14～图1-16)。

现代城市交通的发展要求进一步加大干道间距；住宅建设规划空前发展，住宅层数因用地紧张而不断增高；城市交通因城市规模的不断扩大和由于过分强调城市规划的功能分区，使工作与居住地点的分布不合理而越来越紧张；城市旧居住区改建的特殊性以及居住小区内自给自足的生活服务设施在经济上的低效益；居民对使用公共服务设施缺乏选择的可能性等等，要求居住区的组织形式和功能应具有更大的灵活性，因而出现了“居住区”(特指)、“综合居住区”等多种规划组织形式。所谓居住区即由多个居住小区组成，除小区级公共中心外，同时还设有更加完善的居住区级公共中心，居民日常生活所需基本可在居住区内得到解决，居住区实际已基本具备小型城市的功能，如图1-17和图1-18所示。

综合居住区则是指居住和工作环境结合在一起的一种规划组织形式，以居住用地为主体，附设不同类型的工作地段，以节约上下班的时耗，减轻城市交通的压力，方便生活，利于工作和生产。如与无害工业结合的“生产居住综合区”、与商业服务、文化体育结合的“商业文体居住综合区”等，见示例图1-19和图1-20。

综上所述，居住区规划组织形式的演变过程经历了从小到大、从简到繁、从低级到高级的变化过程，今后还将随着社会经济、生产和生活方式的变化而变化。

第二节　建国半个多世纪以来居住区规划建设回顾

建国以来，我国住宅与居住区规划建设事业取得了瞩目的成就，尤其是改革开放的20年中，随着国民经济的持续、健康、高速发展，住宅与居住区规划建设突飞猛进，1979年至1995年间，全国新建城镇住宅面积达25.5亿m^2，是前30年的4.5倍以上。建成了建筑面积在4万m^2以上的居住区达四千多个，人民居住水平有了一定的改善和提高。回顾半个多世纪以来，我国住宅与居住区规划建设事业走过了一个摸索、发展、停滞到恢复与振兴发展的不平常历程。

一、1950～1959年居住区建设改造与稳步发展时期

正当我国国民经济恢复并进行“一五”、“二五”两个五年计划的建国初期，国家在有限的经济条件下，用于住宅建设的投资占基建总投资的1/10，在改造条件恶劣的旧区的同时，兴建了一批住宅区，其规划建设的特点是：

其一：在规划设计理论上重视学习和借鉴国外理论和经验，引进了邻里单位、居住街坊和居住小区理论，并在实践应用中形成一套适合中国国情的规划理论与方法，使规划水平得到迅速提高。

其二：规划建设指导原则为“有利生产、方便生活”、“节约用地、少占农田”，居住区与生产工作区就近配套建设，尤其在一些重点工业城市，规划兴建了一批“工人村”，其一般布局比较紧凑，住宅层数由50年代初期的1～2层为主，中期3～4层为主，发展到50年代末期的4～5层为主，建筑密度也随之增高。

其三：规划组织结构形式50年代初期采用了邻里单位形式，如上海朝阳新村(图1-10)、北京复兴门外住宅区(图1-21)等，其特点是布局较自由；住宅行列式布置均有较好朝向，但空间单调，可识别性较差；公共设施简单，其布点也未能考虑居民出行路线，居民购物不便。20世纪50年代中期采用较多的是前苏联的周边式街坊形式，典型例子有北京百万庄小区(图1-13)、酒仙桥居住区(图1-22)，其主要特点是布局严谨、强调轴线构图、追求形式完美；住宅沿道路周边布置可形成整齐完整的街景，并可围合内向院落，有利于邻里关系的形成，但住宅拐角过多，采光通风不良，东西向住宅比例较大，朝向差；街坊用地面积一般为5～6hm^2，注意配套公共服务设施，公建和公园一般设在街坊的中心，服务半径均匀，使用方便，但规模较小，项目不够齐全。50年代后期推广居住小区理论，建造了大批住宅区，随着新中国公有制的进一步确立，社会福利事业兴起，提倡集体生活，要求为居民提供更多的社会服务，因而小区设有一套比较完善的公共服务设施，以食堂、商业网点作为生活服务中心；居住组团为基本生活单位，用地一般为2～3hm^2，托幼设于组团内，使用方便，但规模小，设备不完善也不太经济，组团间以道路、绿化或公建分隔，利于分期建设；住宅以行列式为主，注意空间变化，适当配以东西向住宅，形成院落空间；重视沿街规划建设，以形成城市面貌；整个小区布局吸收邻里单位、街坊的优点，具有紧凑、灵便、节地等特点，并能适应国情体现中国特色，典型实例见北京和平里七区(图1-23)、北京幸福村(图1-24)。

其四：建设体制实行“统一投资、统一征地、统

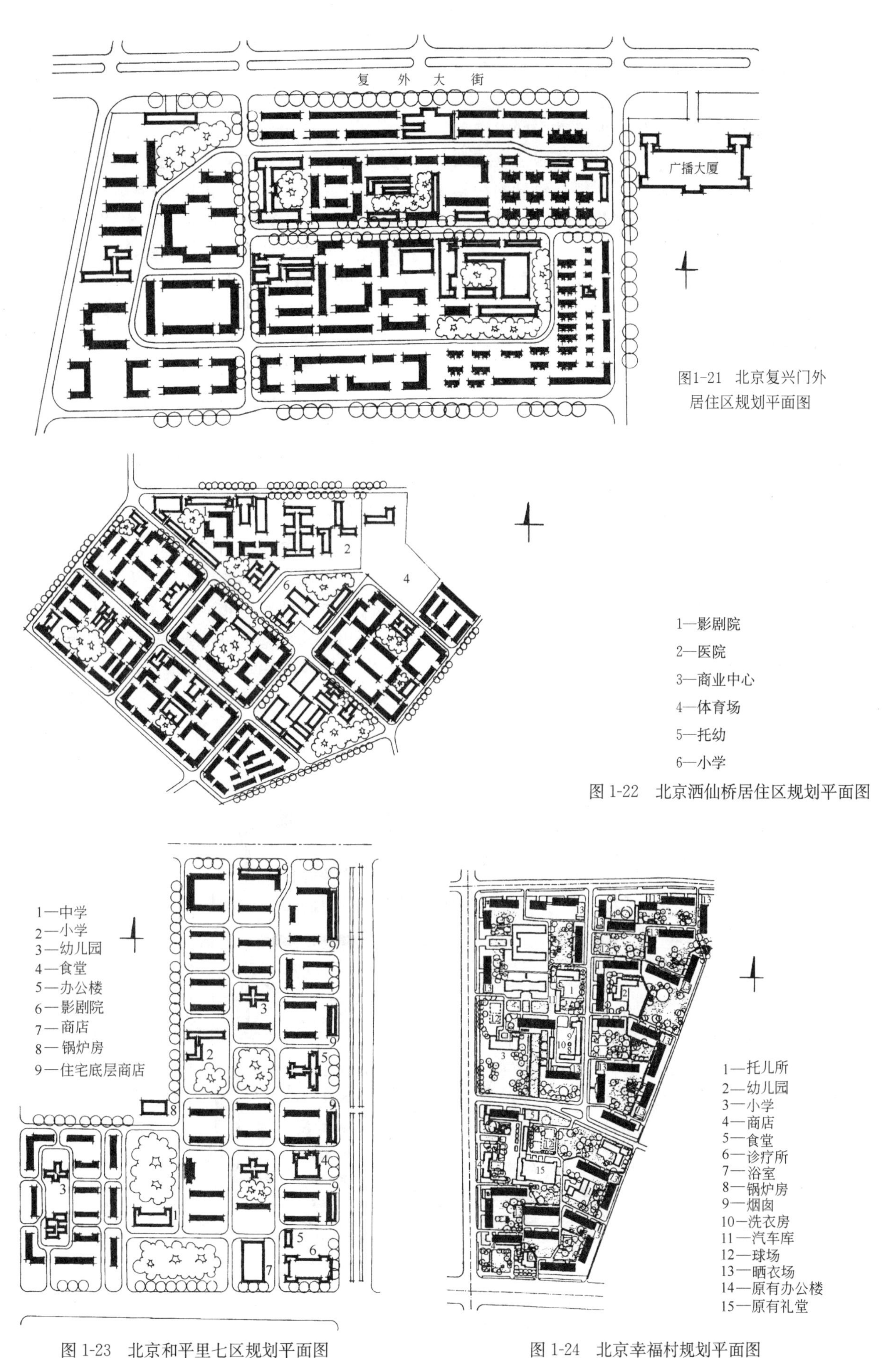

图1-21 北京复兴门外居住区规划平面图

图 1-22 北京酒仙桥居住区规划平面图

图 1-23 北京和平里七区规划平面图

图 1-24 北京幸福村规划平面图

一规划、统一建设、统一管理”的统建制，推进了成街成片、成组成团并配有完备设施的新型居住区的形成。

总之，在20世纪50年代，由于重视城市规划的科学性，勇于实践探索，初步形成了居住区规划思想、体制、理论和方法体系，在规划建设中积累了不少成功经验，为居住区规划建设的进一步发展打下了坚实的基础。

二、1960～1979年居住区建设停滞及恢复时期

60年代前半期因受“大跃进”、自然灾害以及国内外不利政治因素的影响，住宅建设的投资比重大幅度下降，处于历史低潮，1963～1965年，随着国民经济的调整，住宅建设投资比重回升，但竣工面积仍处于低水平。

随后“文化大革命”十年动乱（1966～1976年），住宅建设更是长期停滞不前，相反在此期间中国人口却是猛增，住宅建设的投资和竣工面积远不能适应城市人口增长速度，导致了巨大的住宅欠账。

通过1977～1979年的调整整顿，住宅建设在1979、1980年才迅速恢复，为后20年的振兴打下了良好的基础。

这一时期，居住区规划建设的特点是：

其一：60年代初，从理论上探讨了如何创造安静、优美、生活方便的居住区，并且在提高建筑密度、继承传统方面也有不少见解，对当时的居住区规划建设起到一定指导作用，在北京垂杨柳小区、上海蕃瓜弄小区可见一斑(图1-25、图1-26)。

其二：60年代中期以后，城市规划被取消，城市建设无章可循，统建体制完全解体，住宅建设采取的是“见缝插针”、“占用少量零星农田或城市边角地”等挖掘潜力的方针，因而出现散、乱、差的局面，同时受到“先生产、后生活；先治坡，后治窝”等极左思想的影响，提倡“干打垒精神”。在这一时期建造的居住区，住宅一般是公用厨、厕，内、外装修简陋；公共配套设施稀少；建筑艺术被否定，住宅布置均采用简单的行列式，单纯从方便简化施工出发，居住环境质量低下，早已不能适应人民生活需要，如今大多已成危房，被陆续拆除。

其三：70年代后期，由于调整整顿、拨乱反正，住宅及居住区规划建设有所复苏，在一些受到特殊保护的重点工业企业、三线地区的生活区规划建设中，可以看到不同程度的改进，如多层高密度、点条穿插的住宅群体组合，利用地形改变空间环境等多种尝试，如北京燕山石化总厂迎风新村一区、四川攀枝花炳草岗居住综合区等(图1-27、图1-28)，在1976年河北唐山地震后重建的几十个小区及其他城市同期建设的小区中有过相类似的普遍改进(图1-29)。

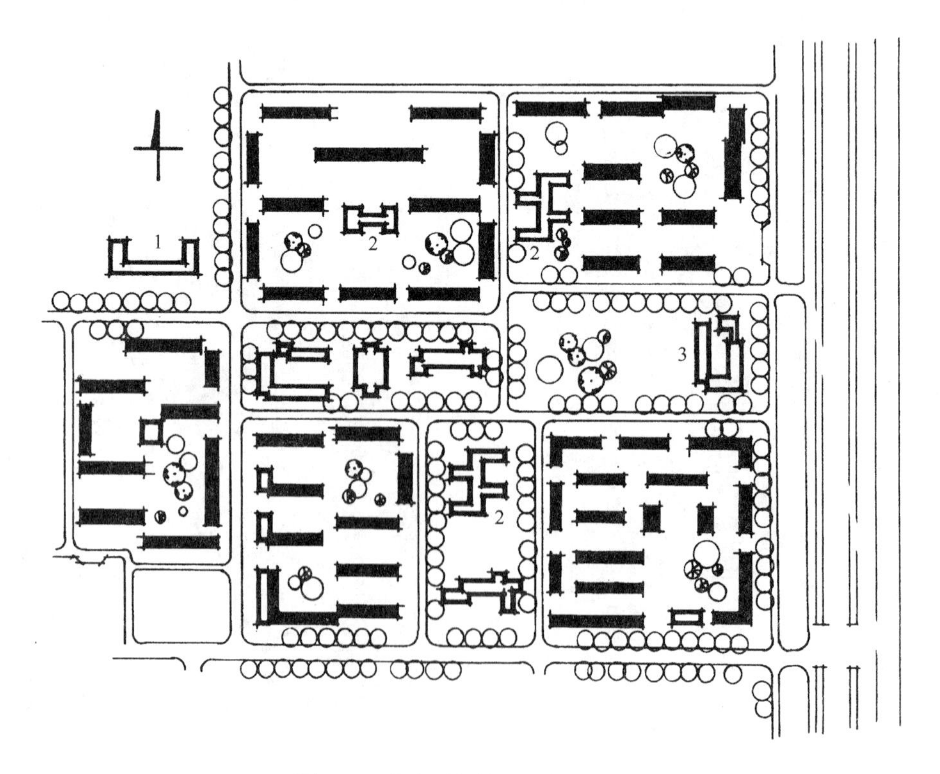

图1-25　北京垂杨柳北区规划平面图

1—小学；2—托幼；3—商业服务

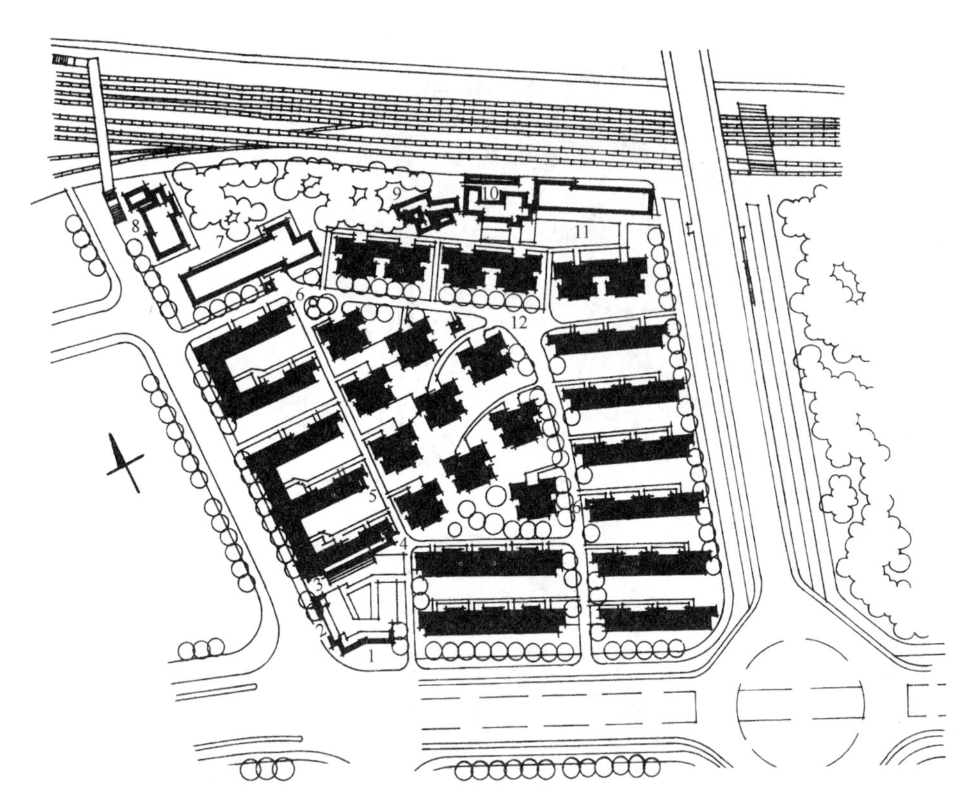

图 1-26　上海蕃瓜弄规划平面图

1—银行；2—商店；3—托幼；4—里弄委员会；5—合作医疗防治站；6—烟杂店；7—小学；8—浴室；
9—留作阶级教育用的棚屋；10—房屋管养段；11—里弄服务加工组；12—煤气整压站

总之，由于国家处于动荡年代，十年浩劫夭折了欣欣向荣的城市建设，住宅及住区规划建设也深陷危机，背上了沉重的历史欠账，也留下了深刻的教训和反思。1978 年党的十一届三中全会带来了转机和改革开放的曙光。

三、1980～2000 年居住区建设振兴发展时期

80 年代我国改革开放政策的实施为住宅及居住区建设发展带来了契机，使之进入了全面发展的新时期。随着计划经济向市场经济的转轨，积极推进城镇住房建设体制改革和住房制度改革，充分调动中央、地方、企业、个人的积极性，多层次多渠道地筹集资金，解决群众住房的问题。

在此期间住宅建设总投资达到国内生产总值（GDP）的 7%左右，不仅大大超过了前 30 年 1.5%的平均水平，同时明显高于国际上 3%～5%的通常标准，因而被国际公认为世界头号住宅生产国，全国城镇住房紧张状况得到不同程度的缓解，居住水平取得明显的改善，住宅建筑业居于相关产业的龙头地位，并成为我国国民经济的重要支柱产业。

为带动全国城市住宅建设事业的发展，不断提高居住环境的整体水平和综合效益，国家和有关部门组织了有关科研课题，技术交流和设计竞赛活动，更从 1986 年开始一直坚持城市实验住宅小区的试点工作，认真执行了"统一规划、合理布局、综合开发、配套建设"的方针，使实验小区达到了高起点、高标准、高效率、高科技含量，创出了规划、设计、施工、管理的高水平，在不提高造价或略提高造价的情况下，实现了"造价不高水平高、标准不高质量高、面积不大功能全、占地不多环境美"的要求，现在实验小区已遍布全国主要省、市、自治区，成为我国住宅小区建设示范样板，创出了我国城市住宅小区新一代水平，产生了广泛而深远的影响。

为适应我国社会经济建设大跨度发展和人民物质精神文化生活质量的明显提高，并为进一步推动住房和科技进步，1994 年 9 月国家科委及有关部门启动了"2000 年小康型城乡住宅科技产业工程"，这是一项以科技为先导，以推动住宅产业发展为核心，以提高住宅功能质量，改善居住环境为宗旨的跨世纪工程，根据该项目实施方案确定的目标和要求，又制定了"2000 年小康型城乡住宅科技产业工程城市示范小区规划设计导则"，要求示范小区"应具备超前性、先导性和示范性，规划设计应具有

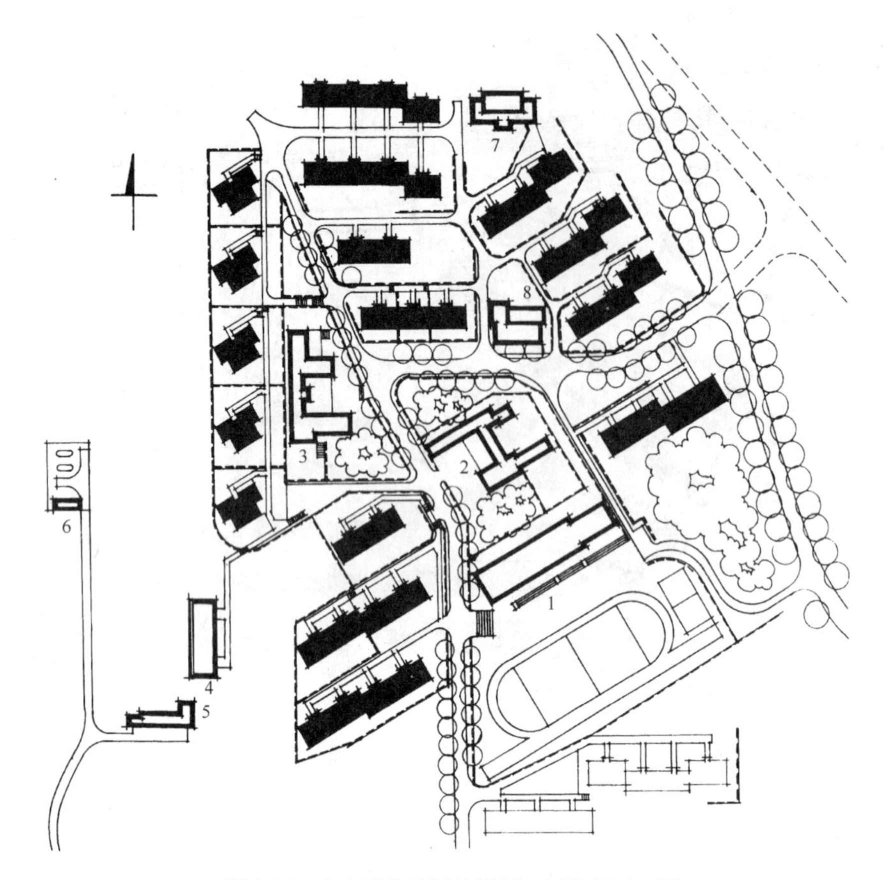

图 1-27　北京石化总厂迎风村一区规划平面图

1—中学；2—托儿所；3—幼儿园；4—理发、浴室；5—热交换站；6—液化气调压站；7—粮店；8—副食店

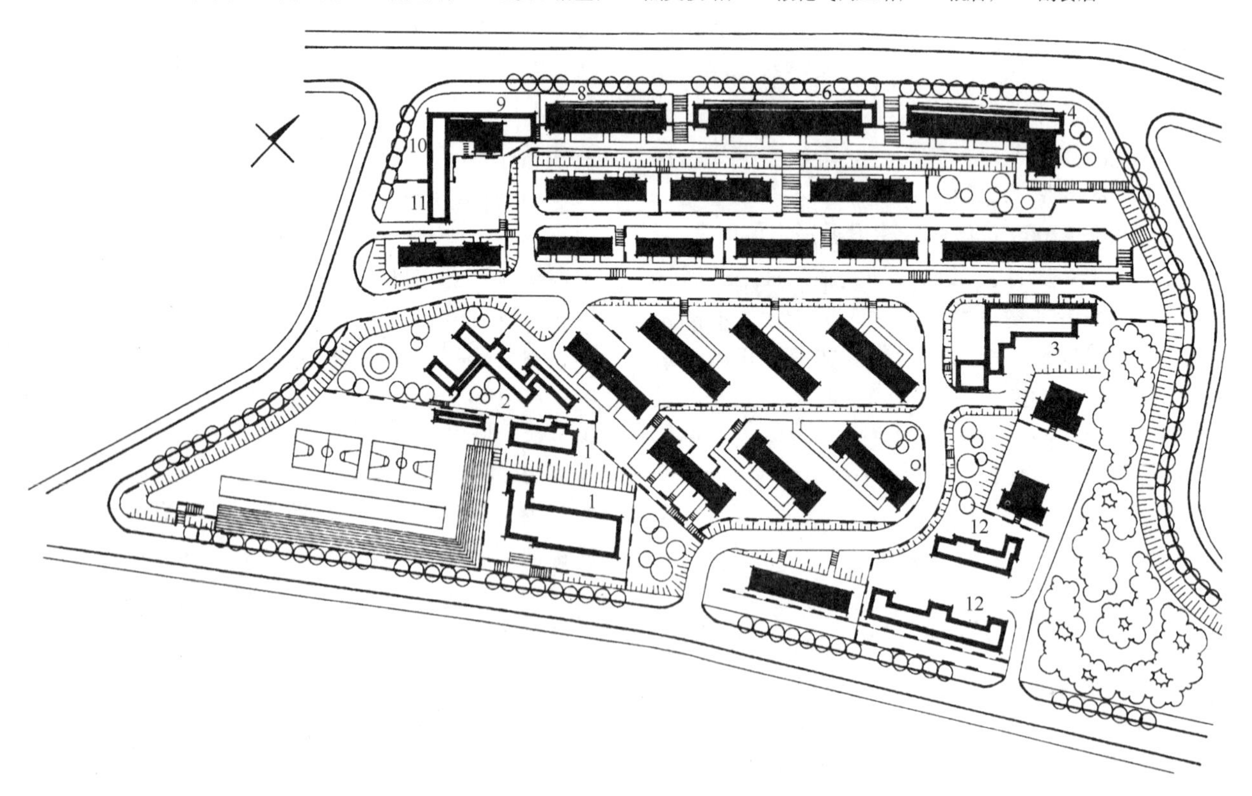

图 1-28　四川攀枝花炳草岗二号街坊规划平面图

1—中小学；2—托幼；3—生活服务；4—照相馆；5—食品店；6—百货、杂品店；7—理发店；8—布匹、服装店；9—水果、烟酒店；10—冷饮、小吃店；11—综合修理部；12—民政局、法院

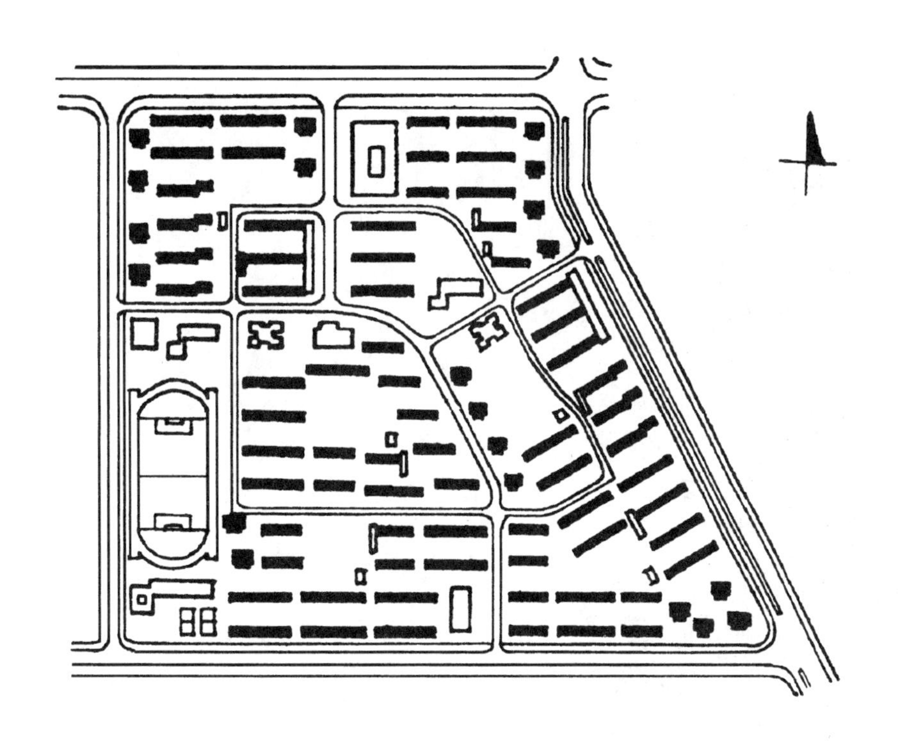

图 1-29 唐山河北小区规划平面图

小区分为 6 个组团，每组团约 3000 余人，设有居委会一级的公共服务设施

创新意识，坚持可持续发展的原则，创建具有 21 世纪初叶居住生活水准的文明居住小区”小康型示范小区遍及全国，展示着我国住宅产业发展的大好前景。1996 年建设部制定了《住宅产业现代化试点大纲》，提出规划为龙头，逐步建立标准化、工业化，符合市场导向的住宅生产体制。1997 年历经亚洲金融危机，为拉动内需，加快了住宅产业成为消费热点和经济增长点的步伐。1998 年后逐步停止福利分房制，住宅商品的开发建设全面市场化，在市场竞争的压力下，在市场需求的引导下，居住区规划更多地体现了实用、经济、舒适的实用性设计理念。

这一时期居住区规划建设的特点是：

其一：由于我国经济体制的改革，促使居住区的形成机制发生了根本性转变，由过去国家包干的福利型转向商品型，住宅作为一种特殊的商品走向社会；住宅及居住区规划设计开始从注意数量的粗放型转变为注重质量的小康型，以向居住者提供多层次多样化的选择；住宅及居住区建设由六七十年代的分散建设，转变为城市规划部门监督和指导下的成片统一综合开发和建设。

其二：居住区规划向多样化迈进，改变了千篇一律的创作手法。为鼓励创新，1980 年组织了北京塔院小区规划设计竞赛，其获奖实施方案以建筑高低错落、结构清晰、景观层次丰富的面貌树立了一个新的形象(图 1-30)，获奖方案都展现了不少新创意，如高层平台式住宅组团(图 1-31)。1984 年全国砖混住宅方案竞赛中，北京台阶式花园住宅设计脱颖而出，其丰富的体形，一改条形住宅的呆板形式，尤其每户都有 10m² 的平台花园，是一次大胆的创新(图 1-32)。以 SAR 理论为基础的无锡支撑体住宅，从居民参与的角度，体现了多样化民族形式(图 1-33)。接踵而至的多样化形式，如院落式组团布局的北京富强西里小区、成都棕北小区等(图 1-34 及实例 9)；高、多、低层综合布置的北京翠微园小区、南京南苑二村等(图 1-35 及实例 4)；依山就势自由式布局的承德馒岭新村西区、广州红岭花园等(图 1-36 及实例 1)；周边连廊式，人车立体分流的广州东湖小区、深圳滨河小区等(图 1-37 及实例 13)；天津川府新村(图 1-38)则采用了多种布局手法，使每个组团具有明显的个性和特色。一些丰富多彩的形式，打破了已往条形住宅行列式布局一统天下的沉寂。

其三：居住区结构组织向多元化发展，不拘泥于分级的模式，更重视人的生活活动规律和空间环境的塑造，如昆明春苑小区(图 3-17)，采取强化邻里院落、淡化组团设施、提高小区级公共设施质量的结构布局；北京小营居住四区(图 3-13)通过平台组织立体

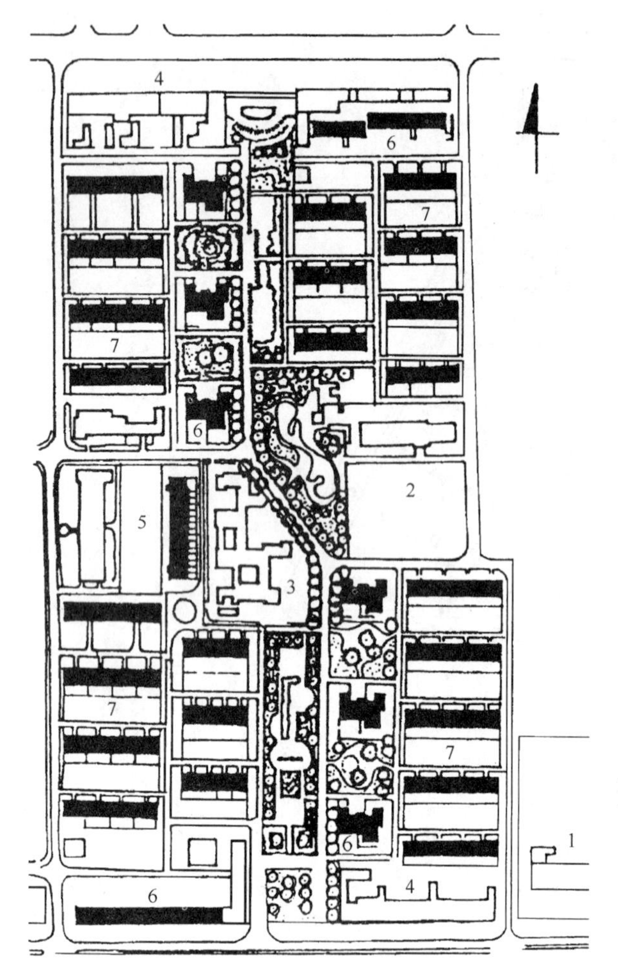

图 1-30　北京塔院小区规划平面图

1—中学；2—小学；3—托幼；4—商店；5—锅炉房；6—高层住宅；7—6 层住宅

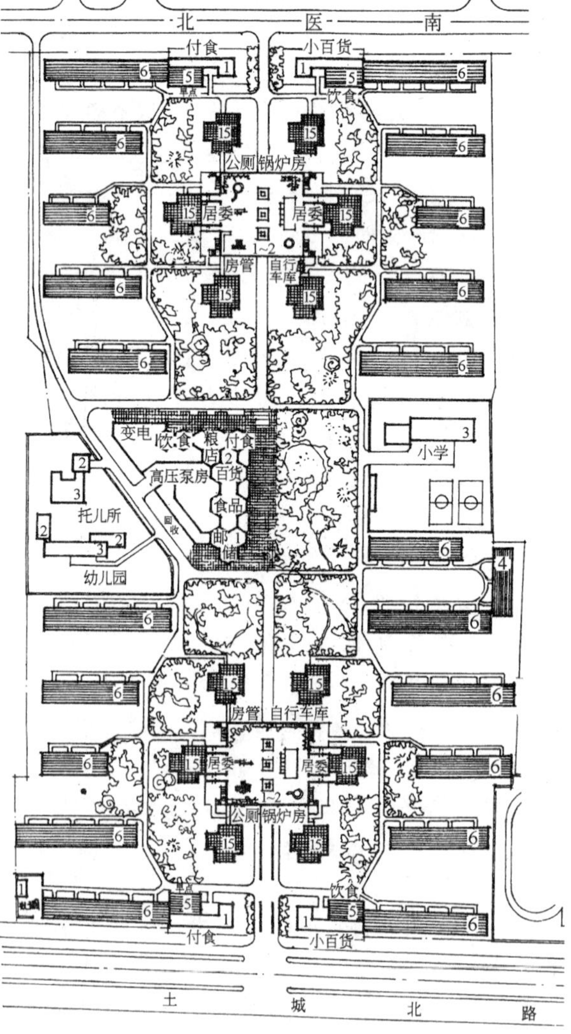

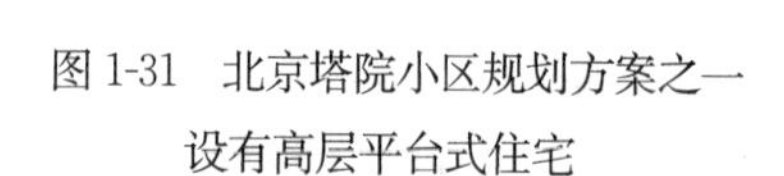
图 1-31　北京塔院小区规划方案之一
设有高层平台式住宅

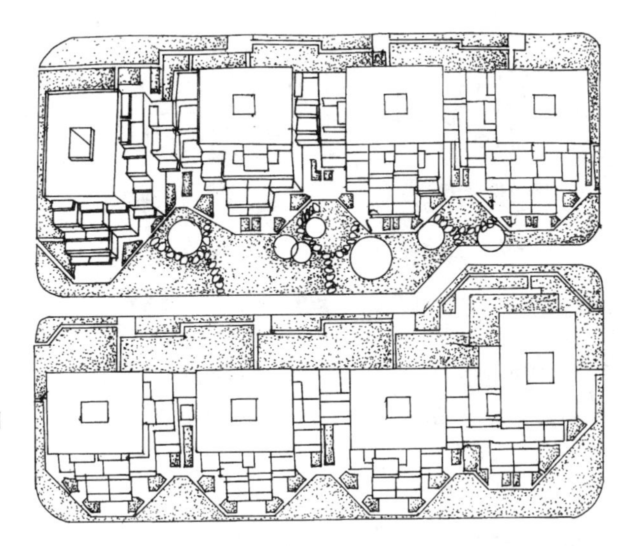

（a）台阶式花园住宅轴测图

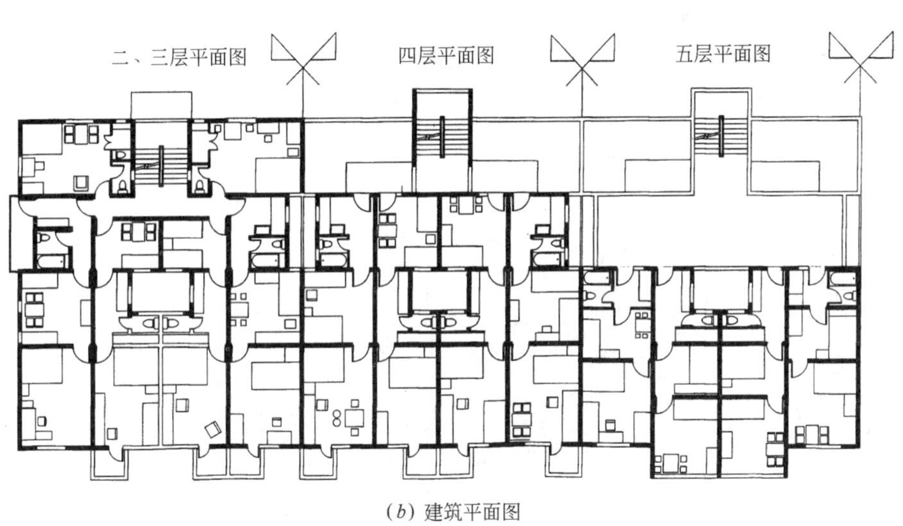

（b）建筑平面图

图 1-32　北京台阶式花园住宅

图 1-33　无锡支撑体住宅

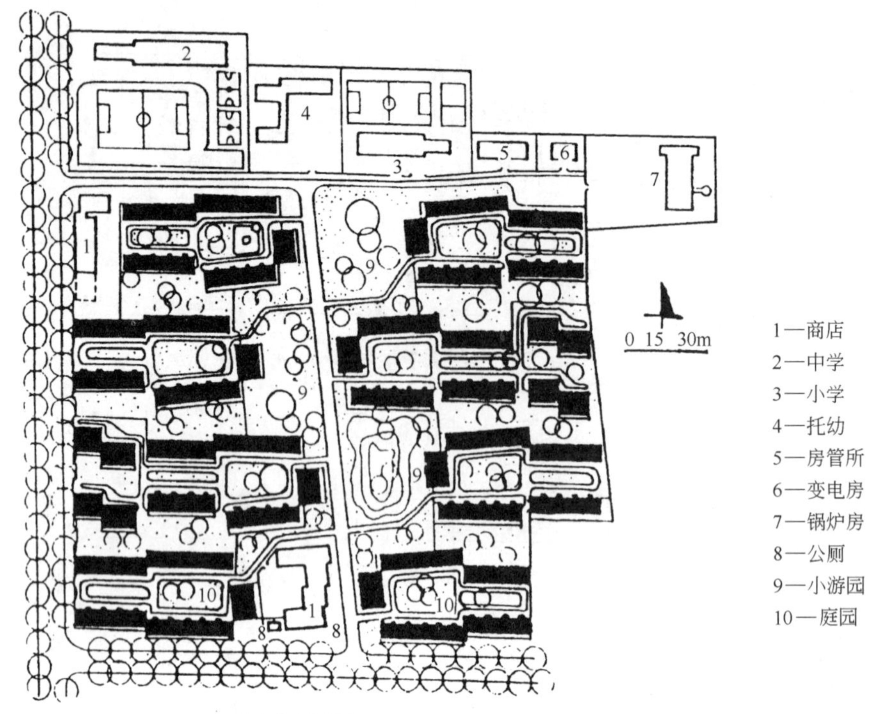

(*a*) 总平面图

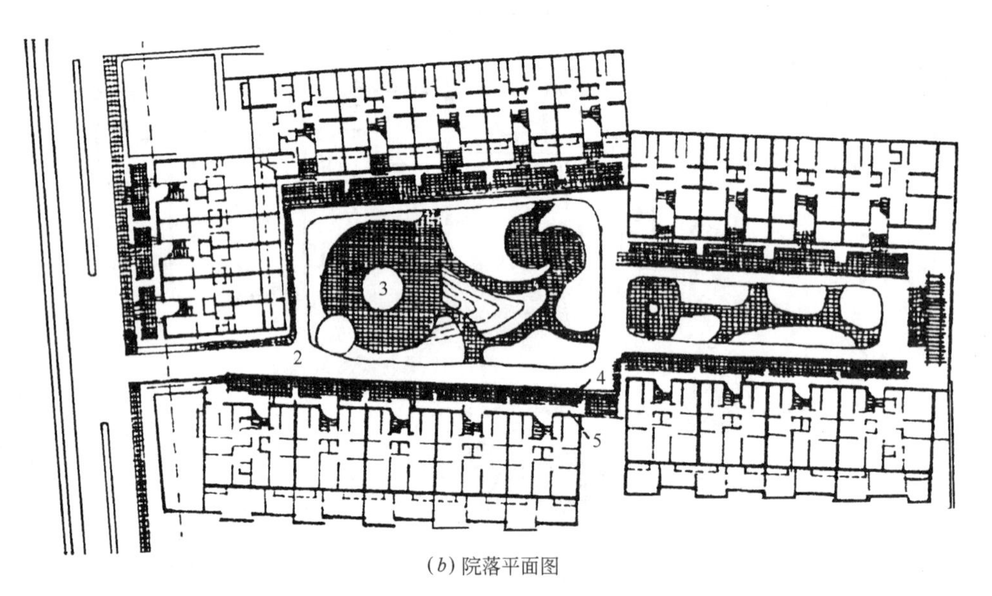

(*b*) 院落平面图

1—居委会；2—自行车管理站；3—半地下自行车库；4—门前临时停车；5—室前绿化

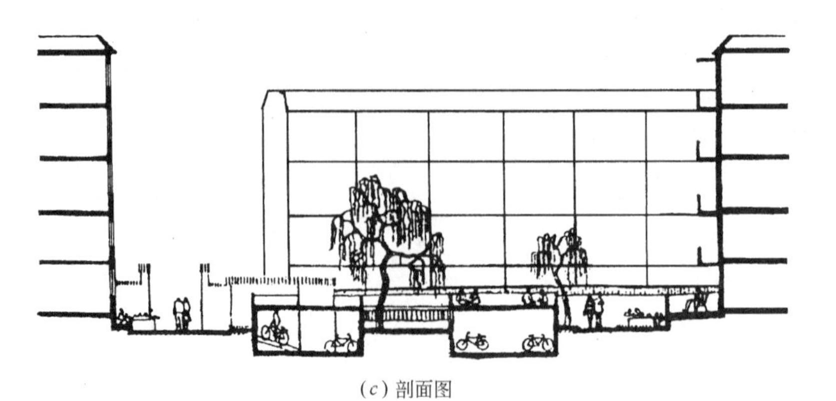

(*c*) 剖面图

图 1-34 北京富强西里小区规划

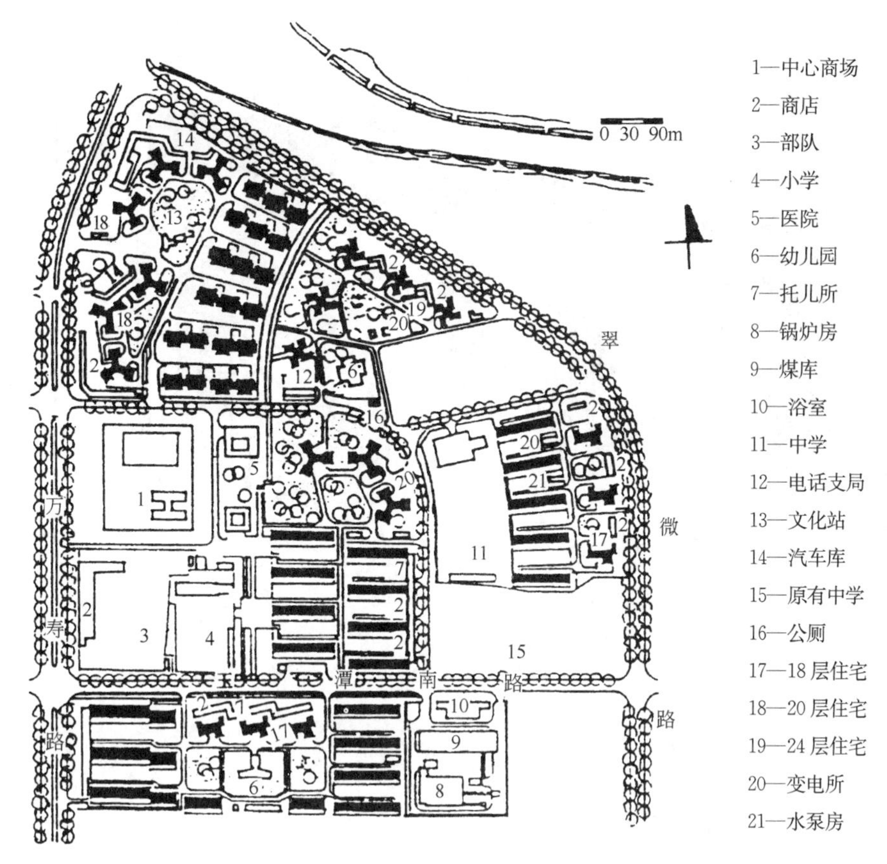

图 1-35 北京翠微园小区规划平面图

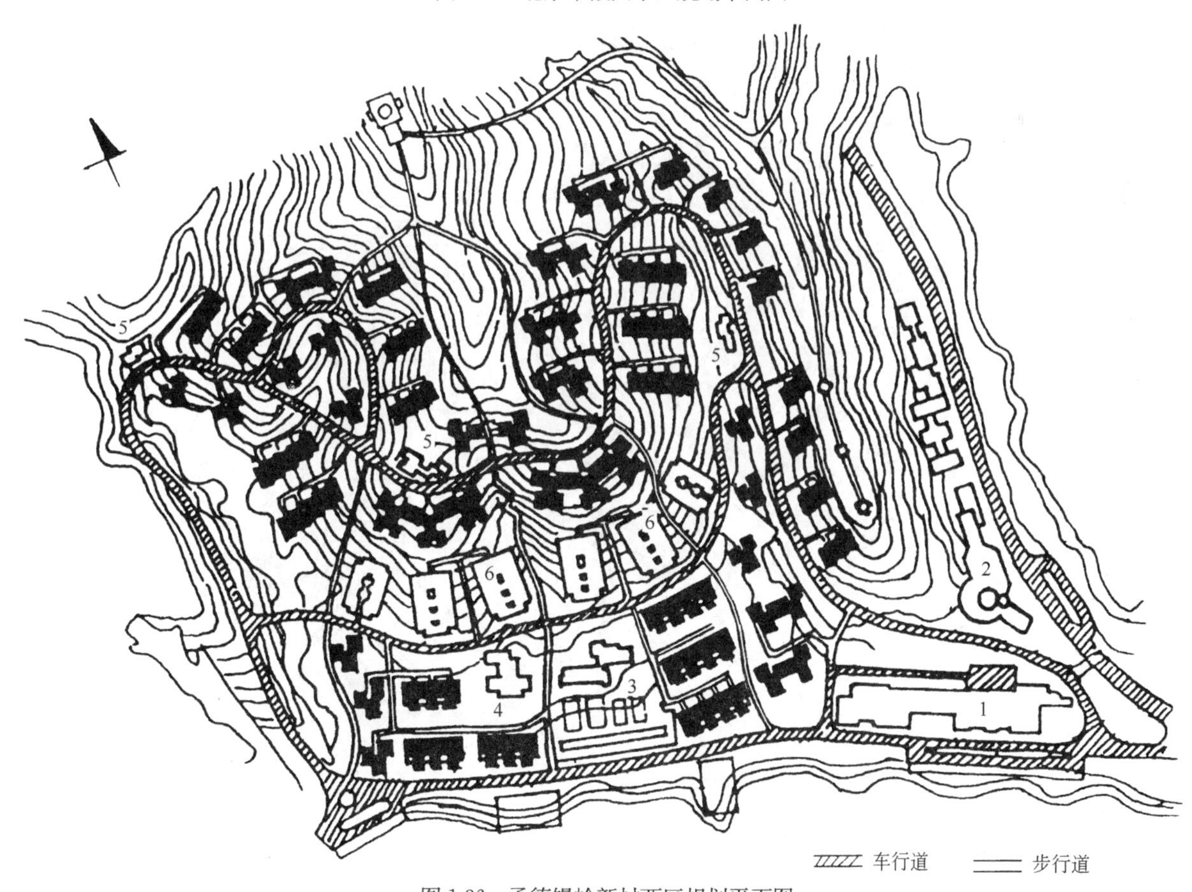

图 1-36 承德馒岭新村西区规划平面图

1—商业中心；2—文化中心；3—小学；4—托幼；5—基层商店；6—地毯式住宅

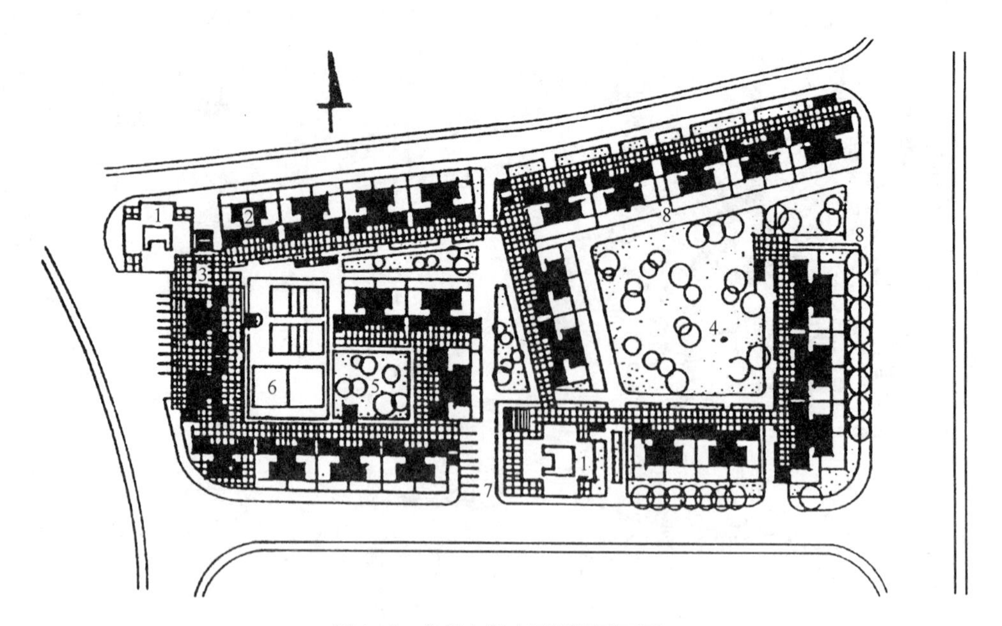

图 1-37　广州东湖小区规划平面图

1—14 层公寓住宅、商店；2—8 层住宅；3—平台层；4—游憩花园场地；5—儿童游乐场地；6—运动场(球场)；7—机动车停车场；8—坡道

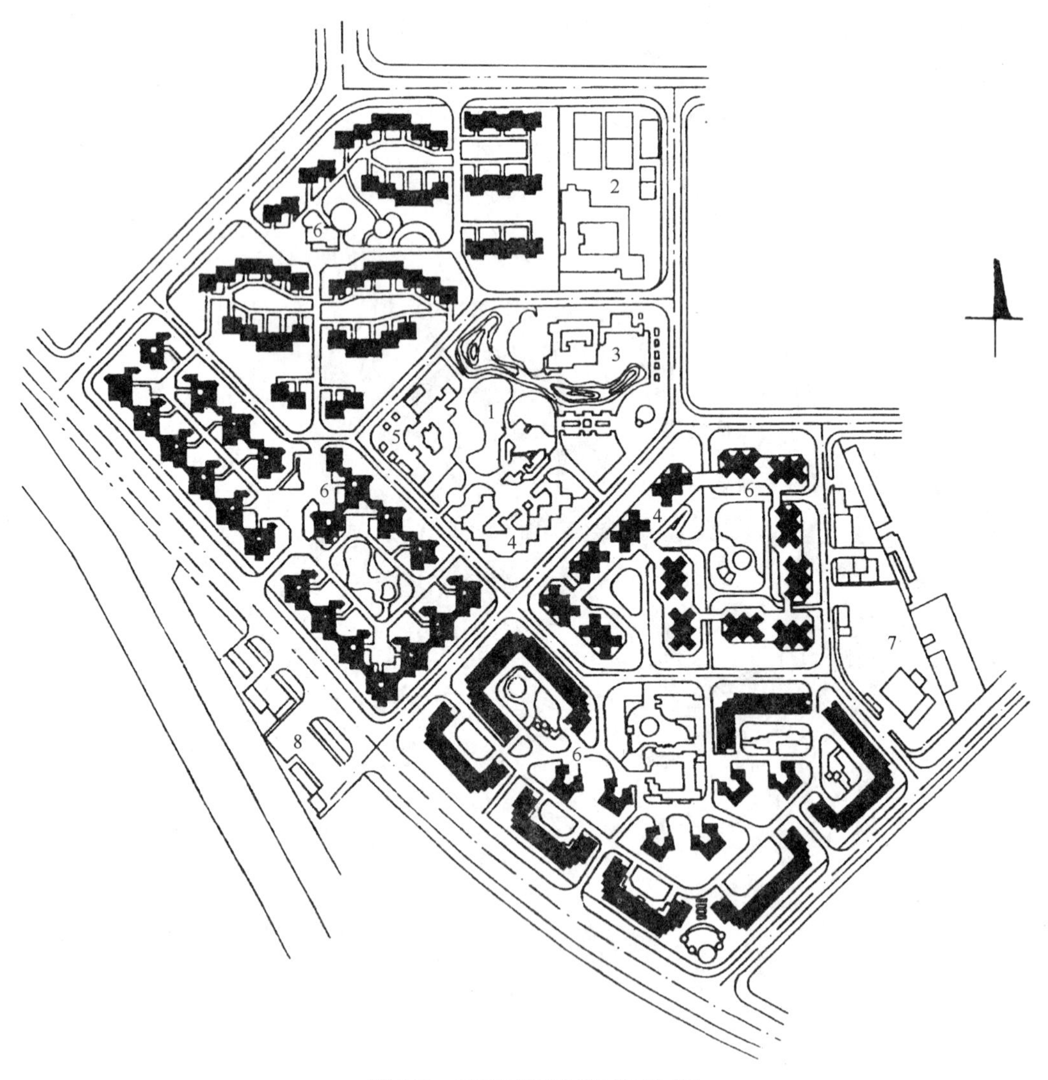

图 1-38　天津川府新村规划平面图

1—小区公园；2—小学；3—托幼；4—商业服务；5—居民活动中心；6—居委会；7—锅炉房；8—公交车站

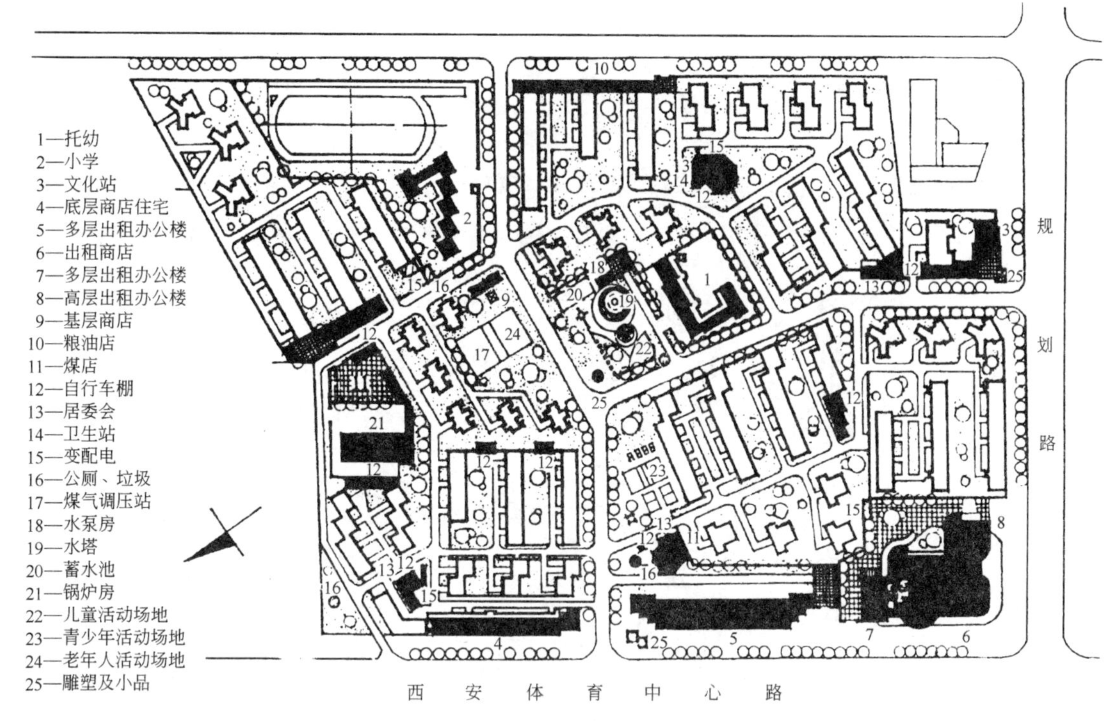

图 1-39 西安糜家桥小区规划平面图

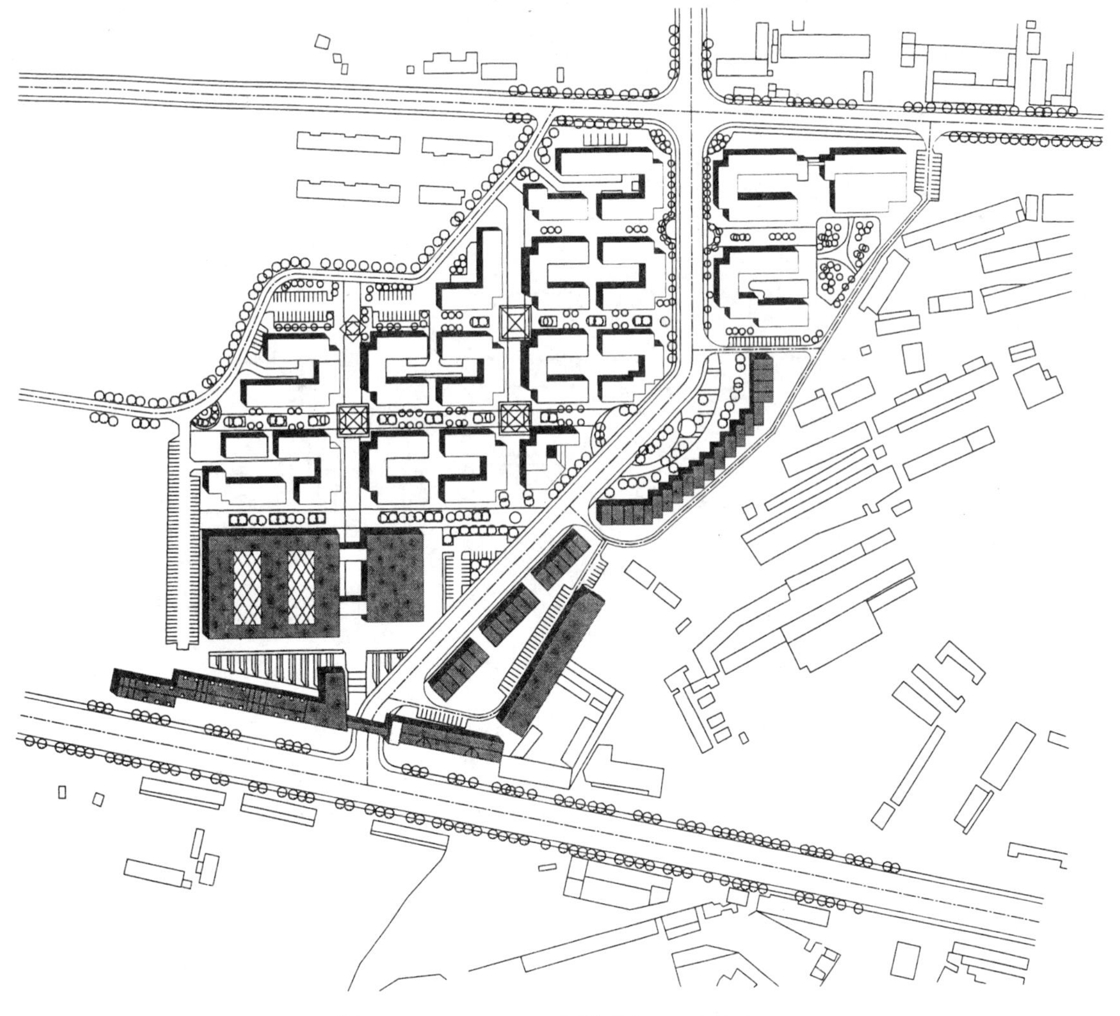

图 1-40 唐山家居文化广场商业—居住综合区

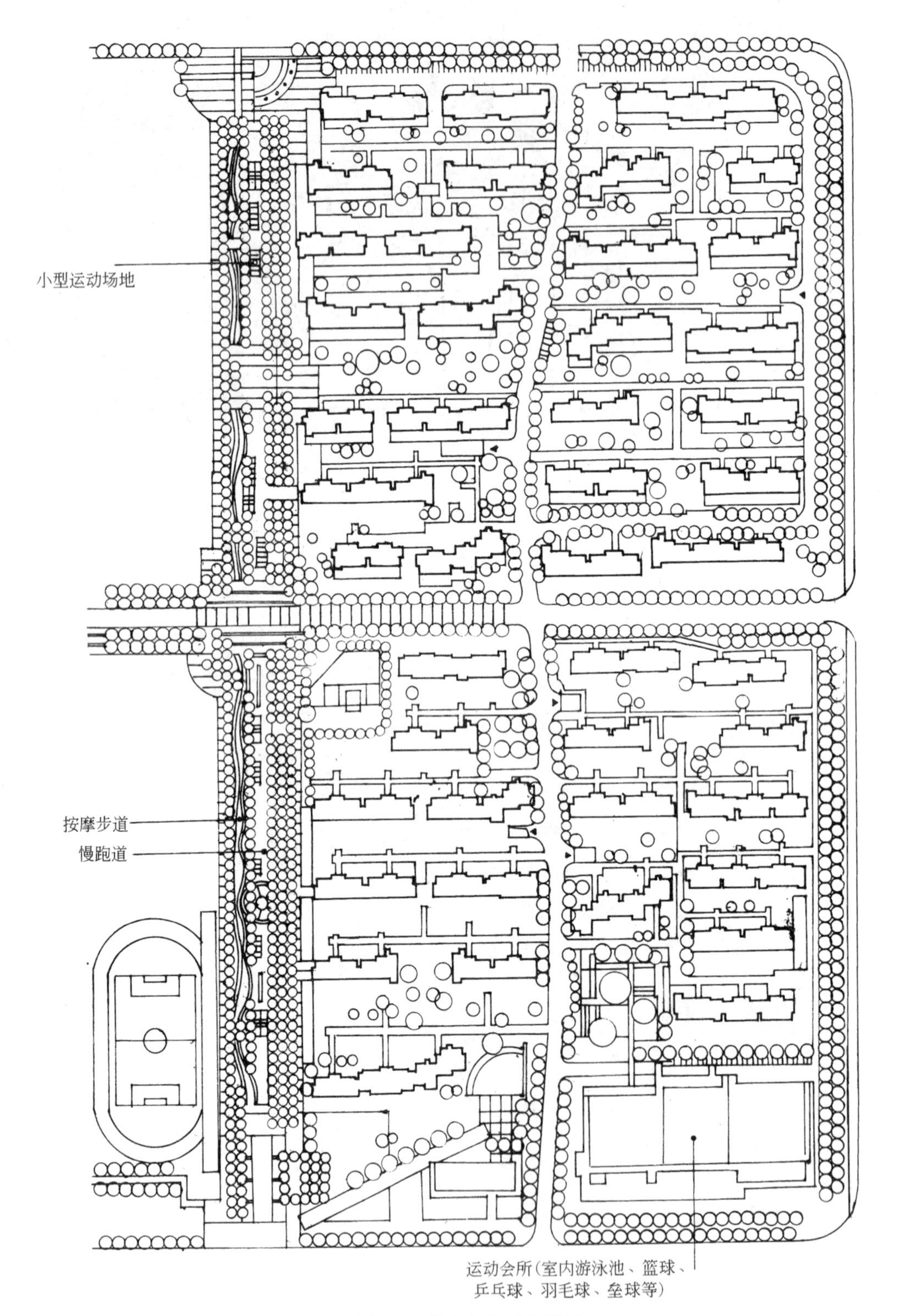

图 1-41　北京奥林匹克花园

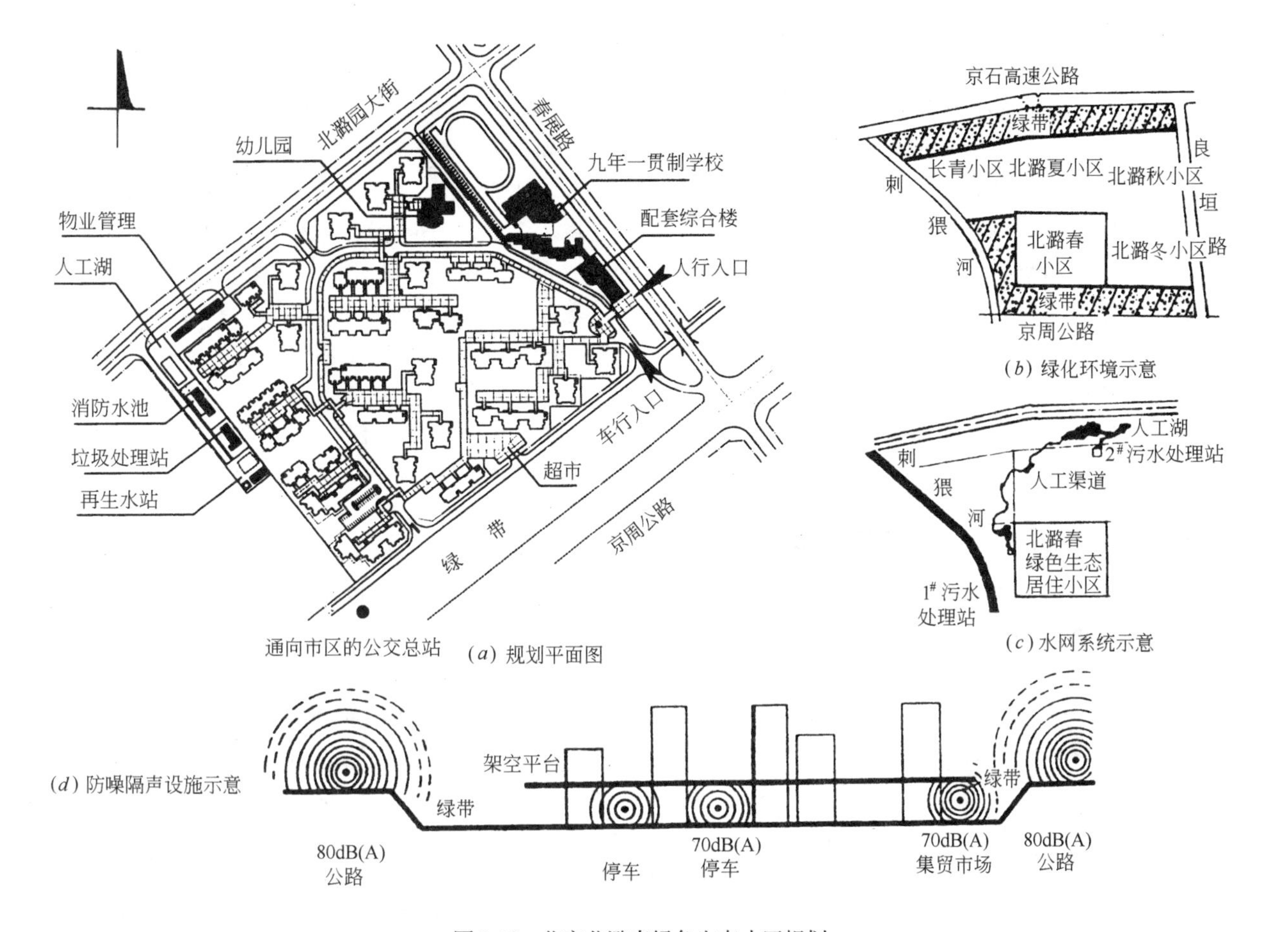

图 1-42　北京北潞春绿色生态小区规划

集约型结构布局；北京方庄新区(图1-20)集就业、居住于一体，形成居住、商业、文体等综合居住区。

其四：小区功能布局观念的更新。商业服务设施由服务型走向经营商业服务网点由设于几何中心的内向型，转化为设于居住区主要人流汇集的出入口或沿边缘主要道路的外向型，既方便居民又利于经营，如西安麋家桥小区(图1-39)等。

其五：规划设计思想理论增强了“以人为核心”的环境意识，对社会、文化、心理、生态等深层次环境领域引起了注视，并有涉足的良好势头，出现了以生态保护、地域文化、健康休闲和生活品质等理念为设计主题的居住区，例如为兼顾农民工就业和居住的唐山家居文化广场商业—居住综合区(图 1-40)、如各地兴建的以运动健身为主题的奥林匹克花园(图 1-41)、如“芳草鲜美、绿荫缤纷”的现代桃花源——湖南常德紫菱花园小区(实例 18)、如北京北潞春绿色生态小区(图 1-42)。90 年代后期和 21 世纪近年所开展的国际邀标、国际竞赛，更迎来了几多新的闪光点，如获奖作品上海万里示范居住区(实例 23)、集住区(实例 21)、绿野里弄(实例 22)等等。

总之，改革开放 20 年来，我国住宅及居住区规划建设事业在正确的政策方针指引下，健康有序的发展，无论在规划设计、科学技术、建设体制、资金来源等各方面都有很多的经验，为提高 21 世纪我国居住小康水平铺设了新路。

第三节　21 世纪的我国居住区规划设计前瞻

随着我国经济的进一步发展和人民生活水平的不断提高，住宅及居住区规划建设是新世纪的更为紧迫的重要任务。在提高“量”的要求同时，更需注重“质”的提高。从大规模试点和示范小区建设实践中，现代科技进步和整体改善居住环境作用显示，从当今世界科技发展和我国社会经济建设增长态势，预计新世纪的我国住宅与居住区规划设计，将会在集约化、社区化、生态化、颐养化以及智能化等方面的探索更为明朗。

・集约化趋向　随着经济建设的发展，城市化的加速推进，城市人口不断增长，面临巨大的住房压力，我们不得不正视我国土地、能源紧张的现实问题。从住宅建筑个体的节能、节地、节水、节材着手扩展到整个居住区，集约化居住区则应运而生。它将居住区公共设施与住宅建筑联合协同规划建设，将地下空间和地上空间联合协同规划建设，将建筑综合体和住区空间环境联合协同规划建设，以获得土地与空间资源的合理、高效利用。在有限的土地与空间内可最大限度满足居民的各种需求。除居住功能外，同时将购物商务、文教卫生、休闲娱乐、综合服务以及行政管理等各种功能综合在一起，居住区像一座巨大的建筑，建筑则像一个居住区。这样，更有条件为居民提供经济便捷的交通，增加邻里交往的机会和氛围，同时由于立体化紧凑的布局，可节约设备管线和能耗，并可为居住区智能化实施、封闭式防卫、综合化物业管理提供有利条件。

• 社区化趋向　随着经济体制的改革，单位、企业内部的生活服务和社会福利功能将不断削弱，并逐渐转向城市和社区。人们在生活观念上将从计划经济体制下主要依靠工作单位转向主要依靠社区，居住社区便成为社会结构中最稳定的基本单元。因而居住区将不仅需进一步完善其物质生活支撑系统，更需建立具有凝聚力的精神生活空间场所，并体现其和谐的社区精神与认同感。

• 生态化趋向　工业化文明时代，人类在创造辉煌物质文明的同时，也给自身赖以生存的自然环境带来了难以弥补的灾难，人类在寻求与自然和谐发展中产生了生态的觉醒。在世界性谋求“生态和发展”的口号声中，保护、改善和优化环境问题已逐渐成为人类在21世纪的首要命题。我国在《中国21世纪议程》中已将“人类居住区可持续发展”的内容列入重要议程。

生态涵盖的内容很广，对城市居住区来说，目前最为关键的是人与环境的关系。居住区生态系统是在自然生态系统的基础上建立起来的人工生态系统，要处理好这个系统的基本问题就是正确对待人、自然、技术之间的关系。人应顺应自然，使自然在遵循自身规律的基础上为人类服务，技术则是人与自然发生关系的中介，因此正确运用技术谋求人与自然的和谐是一个关键性问题。居住区除加强绿化，充分发挥绿化的环境功能外，更需要重视利用科技进步，如太阳能、风能利用，废水和垃圾的处理及再利用等新技术，创造一个自我“排放—转换—吸纳”的可持续发展的良性生态循环系统。

• 颐养化趋向　人口老化是社会发展的必然趋势，这在发达国家早就出现的问题，在我国也悄然逼近。随着计划生育的实施，医疗保健事业的发展与进步，人口平均寿命在延长，死亡率在下降，老年人口比重逐步上升。我国60岁以上的老年人口已超过1亿，占世界老年人口的1/5，老年绝对人口数为世界第一。从社会经济发展的视角来说，人口老龄化是社会经济发展和科技文化进步的必然结果，也是现代化城市的特征之一。

老人将作为一大特殊群体受到高度重视，涉及老人的所谓“银发工程”包容的面甚广，关系到国家住房政策、社会福利政策、退休制度、劳保制度、医疗保健以及社会保障等各方面工作，因而对城市规划工作的影响也是深远的。尤其是居住区，由于我国的伦理传统和社会经济背景，对养老所划分的“住宅养老”和“设施养老”两种形式中主要在前者，居住区将成为老人安度晚年颐养天寿的乐园，无障碍设计将成为居住区的一项基本规划设计要求；居住区还将增设老人公寓、老人俱乐部、老人看护照料中心、老人医疗保健中心以及老人室外活动休憩场所等老人颐养型设施，并形成多层次、多样化的老人颐养服务系统。

• 智能化趋向　依靠科技进步是保证住宅与居住区质量的不可缺少的支撑。向信息社会的过渡将超越时空，计算机网络、双向有线电视、电视终端图像情报检索将充分普及，智能住宅将会迅速发展，居住区范围的安全防范系统、管理监控系统、信息网络系统将广泛运用。人们还将会借助于情报终端设施，进行远程购物、就医、就学，并在远离工作单位的家中工作即办公站(office station)，以减少城市交通负担达到快节奏、高效率、低能耗，这些变化不断冲击人们的生活与观念，导致新的生活方式的产生，并将影响到住宅及居住区的整体营运。为建设我国节约型社会，在开发应用资源节约和环境保护方面，更将成为居住区智能系统大力发展的重要方面。

未来出自于过去和现在，研究未来是力争掌握未来，使面临问题的现实性和面向未来的超前性同在，能动地去迎接并促进新事物的生成与发展，让居住区这个人类最生动多彩的基本生活活动舞台，奏出21世纪可持续发展的新乐章。

第二章　居住区规划设计概念

居住区是城市的有机组成部分，是被城市道路或自然界线所围合的具有一定规模的生活聚居地，它为居民提供生活居住空间和各类服务设施，以满足居民日常物质和精神生活的需求。

第一节　居住区的组织构成

居住区由基本的物质与精神要素构成，物质是精神的载体，精神则是物质的内涵，具有精神境界的高品位居住环境是造就人们优良品格与素质的重要场所。居住区的规划设计要科学地运用各构成要素，合理利用土地，精心塑造各项用地的空间环境。

一、居住区基本要素构成

- 物质要素：

自然因素：区位、地形、地质、水文、气象、植物等。

人工因素：各类建筑及工程设施。各类建筑包括住宅、公共建筑、生产性建筑等。工程设施包括道路工程、绿化工程、工程管网、室外挡土工程等。

- 精神要素：

人的因素：人口结构、人口素质、居民行为、居民生理心理等。

社会因素：社会制度、政策法规、经济技术、地域文化、社区生活、物业管理、邻里关系等。

二、居住区规模分级构成

居住区的规模以人口规模和用地规模表述，其中以人口规模为主要依据进行分级。现行国家标准《城市居住区规划设计规范》(GB 50180—93)2002年3月版按不同的人口规模分为“居住区”、“居住小区”及“居住组团”三级，见“居住区分级控制规模”(表2-1)，[1]其中包括独立居住小区和独立居住组团等，在满足相应的配套设施的情况下它们都可泛指为居住区。

居住区分级控制规模＊　　表 2-1

	居住区	小　区	组　团
户数(户)	10000～16000	3000～5000	300～1000
人口(人)	30000～50000	10000～15000	1000～3000

居住区的用地规模主要与居住人口规模、建筑气候区划，以及规划所确定的住宅层数有着直接的关系。一般情况下我国所在地区纬度越低的南方城市，或选用住宅层数越高，在同等的人口规模下，其用地规模越小，见“人均居住用地控制指标＊”(表 2-2)。此外，影响居住区规模的因素还有：城市道路交通的格局、基地条件、行政管理体制与方法以及居民的基本生活不同层次的需要等。随着国民经济建设的发展，信息化通讯事业的推进，居住区的规模结构与构成均会相应发生变化，因此，要综合分析具体情况和因素来确定居住区的合理规模。

人均居住区用地控制指标＊(m^2/人)　　表 2-2

居住规模	层　数	建筑气候区划		
		Ⅰ、Ⅱ、Ⅵ、Ⅶ	Ⅲ、Ⅴ	Ⅳ
居住区	低　层	33～47	30～43	28～40
	多　层	20～28	19～27	18～25
	多层、高层	17～26	17～26	17～26
小　区	低　层	30～43	28～40	26～37
	多　层	20～28	19～26	18～25
	中高层	17～24	15～22	14～20
	高　层	10～15	10～15	10～15
组　团	低　层	25～35	23～32	21～30
	多　层	16～23	15～22	14～20
	中高层	14～20	13～18	12～16
	高　层	8～11	8～11	8～11

注：本表各项指标按每户 3.2 人计算。

表中建筑气候区划Ⅰ：黑龙江、吉林、内蒙古东、辽宁北；Ⅱ：山东、北京、天津、宁夏、山西、河北、陕西北、甘肃东、河南北、江苏北、辽宁南；Ⅲ：上海、浙江、安徽、江西、湖南、湖北、重庆、贵州东、福建北、四川东、陕西南、河南南、江苏南；Ⅳ：广西、广东、福建南、海南、台湾；Ⅴ：云南、贵州西、四川南；Ⅵ：西藏、青海、四川西；Ⅶ：新疆、内蒙古西、甘肃西。——编者注。

三、居住区用地分类构成

居住区规划总用地
- 1. 居住区用地（100%）
  - ① 住宅用地
  - ② 公建用地
  - ③ 道路用地
  - ④ 公共绿地
- 2. 其他用地（不参加百分比平衡）
  - 非本区配套设施用地
  - 保留用地
  - 不可建用地

[1] 以后凡注有＊者均为国家标准《城市居住区规划设计规范》(GB 50180—93)2002 年 3 月版。——编者

说明：“居住区规划总用地”包括两大门类，即“居住区用地”和“其他用地”。

1. 居住区用地

是住宅用地、公建用地、道路用地和公共绿地四类用地的总称。其中各用地的构成为：

（1）住宅用地　包括住宅建筑的基底占地及其四周合理间距内的用地（含宅旁绿地、宅间小路等）。

（2）公建用地　是与居住人口规模相对应配建的各类设施的用地，包括建筑基底占地及其所属的专用场院、绿地和配建停车场、回车场等。

（3）道路用地　指区内各级车行道路、广场、停车场、回车场等。不包括宅间步行小路和公建用地内的专用道路。

（4）公共绿地　指满足规定的日照要求，适于安排游憩活动场地的居民共享的集中绿地，包括居住区公园、居住小区的小游园、组团绿地以及其他具有一定规模的块状、带状公共绿地。

2. 其他用地

规划用地范围内，除居住区用地以外的各种用地，包括非直接为本区居民配建的道路用地、其他单位用地、保留用地以及不可建设的土地等。

在“居住区规划总用地”所包含的两大门类用地中，其中“居住区用地”是规划可操作用地，其包含的“住宅用地”、“公建用地”、“道路用地”及“公共绿地”的四类用地间，既相对独立又相互联结，是一个有机整体，每类用地按合理的比例统一平衡，其中“住宅用地”一般占“居住区用地”的50％以上，是居住区比重最大的用地（表2-3），见示例（图2-1）。

居住区用地平衡控制指标＊（％）　　表2-3

用地构成	居住区	小区	组团
1. 住宅用地（R01）	50～60	55～65	70～80
2. 公建用地（R02）	15～25	12～22	6～12
3. 道路用地（R03）	10～18	9～17	7～15
4. 公共绿地（R04）	7.5～18	5～15	3～6
居住区用地（R）	100	100	100

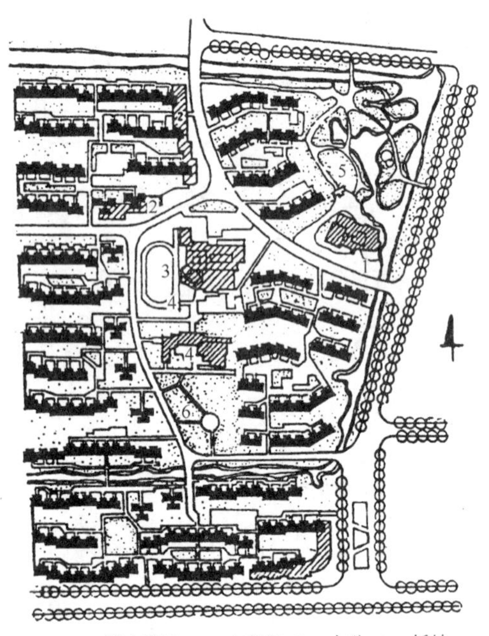

1—综合商场；2—小商店；3—小学；4—托幼；
5—居住区级公园；6—小游园

（*a*）南通学田实验小区规划平面图

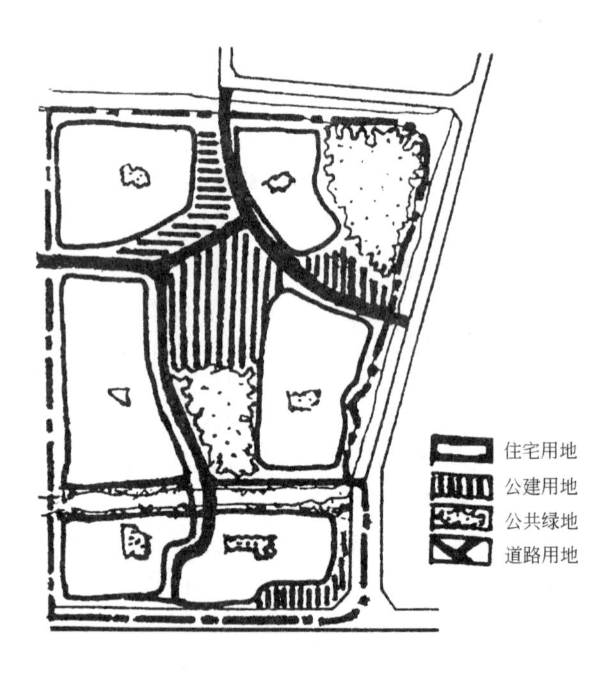

（*b*）南通学田实验小区用地构成分析图

图2-1　居住区规划用地构成分析示例

用地平衡表（学田实验小区）

用地构成	用地面积（hm²）	人均用地（m²/人）	百分比（％）
居住小区规划总用地	17.11	—	—
一、居住小区用地	14.26	16.06	100.00
1. 住宅用地	7.54	8.49	52.88（偏低）
2. 公建用地	3.70	4.17	25.95（偏高）
3. 道路用地	1.50	1.69	10.51
4. 绿化用地	1.52	1.71	10.66
二、其他用地（河流、区级公园、非小区道路）	2.85	—	—

注：居住区级公园用地面积1.71hm²，规划总户数为2537户，总人口8880人。

第二节　居住区规划设计的基本原则与任务要求

居住区规划设计目标是在“以人为核心”的思想指导下去建立居住区各功能同步运转的正常秩序，谋求居住区整体水平的提高，使居住生活环境达到安全、卫生、方便、舒适、优美的要求，以满足人们不断提高的物质与精神生活的需求，并达到社会、经济、环境三者统一的综合效益与持续发展。

规划设计工作的开展，需作好思想、理论、技术、物质等方面的准备，以取得高质量的规划设计成果。

一、基本原则

1. 符合城市总体规划要求；综合考虑城市的性质、社会经济、气候、民族、习俗、风貌等地方特点和区位环境条件，充分利用基地的自然资源、现状道路、建筑物、构筑物等。

2. 符合统一规划、合理布局、因地制宜、综合开发、配套建设的原则。

3. 适应居民的居住生活行为规律，综合考虑日照、采光、通风、防灾、配建设施和管理要求，创造安全、卫生、方便、舒适和优美的居住生活环境。

4. 为老年人、残疾人等弱势人群的生活和社会活动提供条件。

5. 为工业化生产、机械化施工和建筑群体、空间环境多样化创造条件；为商品化经营、社会化管理及分期实施创造条件。

6. 充分考虑社会、经济和环境三者统一的综合效益与持续发展。

二、目标与要求

1. 安全——居住社会环境与居民社会生活的协调与安定，以及居住区各功能系统正常运转的保障

居住区的社会安全应周密考虑安全防卫、物业管理、交通安全、社会秩序、人权保障、邻里关系等。居住区各功能系统要配套完善，保证正常运转及防灾抗灾的能力。规划还需满足领域与归属、私密与交往、认同与识别等生理与心理需求。社区服务为居民分忧解难，消除后顾之忧，使人们安居乐业。

2. 卫生——居住区物理环境和卫生环境对居民生活质量与生命质量的保障

区内的声、光、热环境符合国家标准，有良好的日照、采光和通风条件。区内无“三废”污染，生活用水和空气质量达到国家卫生标准和垃圾无害化处理。建筑及建材符合健康环保要求，管网、电器等设备完善，无泄漏和超标危害。区内医疗保健设施和健身娱乐设施完善，无传染病源及其传媒。居民生活质量和生命质量得到可靠保障，身体健康、精神愉悦。

3. 方便——人的生活行为在时间、空间上的分配水平与质量的保证

具体可表现在：居住区用地布局合理，各项用地联系方便；道路顺捷、交通方便、车行人行互不干扰，并有充足方便的停车设施；公共配套设施完善、布点合理、使用方便；为居民社会活动、人际交往以及闲暇时间利用提供场所；同时考虑为残疾人、老幼等弱势人群提供生活和社会活动的方便条件。规划需充分考虑居民生活行为模式与特征、地方习俗以及新生活需求。

4. 舒适——生态环境与居民生理、心理要求的和谐与共生

居住区选址首先要具有良好的生态环境，远离污染源和强烈噪声源。住宅建筑功能质量完善、设备先进、智能化程度较高；有较高的环境绿化水平、良好的小气候、多样化活动场地。在增强自然生态的同时，应利用太阳能、风能、雨水、地气等自然资源，并对生活有机废弃物再生能源进行再循环利用，提高居住区自循环平衡能力，使之健康舒适可持续发展。

5. 优美——人与视觉环境的情境沟通与交融

居住区的环境景观赏心悦目，建筑形式与环境协调并具特色；空间丰于层次和变化、绿化和建筑交织、色调和谐协调；整个居住环境统一完整，具有较高的文化品位和审美境界，使居民尤其是少年儿童有良好的成长环境，潜移默化，培养品格，陶冶情操。

三、内容与成果

居住区规划设计的具体内容应根据城市总体规划要求和建设基地的具体情况确定，不同的情况需区别对待，一般应包括选址定位、估测指标、拟定规划结构与布局形式、拟定各构成用地布置方式、拟定建筑类型、拟定工程规划设计方案、拟定规划设计说明及技术经济指标计算等。具体的规划设计图纸及文件成果包括现状及规划分析图、规划编制图、工程规划方案图以及形态规划设计意向图等。

1. 分析图

• 基地现状及区位关系图：包括人工地物、植被、毗邻关系、区位条件等。

• 基地地形分析图：包括地面高程、坡度、坡向、排水等分析。

• 规划设计成果分析图：包括规划组织结构与布局、道路系统、公建系统、绿化系统、空间环境等分析。

2. 规划设计编制方案图

• 居住区规划总平面图：包括各项用地界线确定及布局、住宅建筑群体空间布置、公建设施布点及社区中心布置、道路结构走向、静态交通设施以及绿化布置等。

• 建筑选型设计方案图：包括住宅各类型平、立面图、以及主要公建平、立面图等。

3. 工程规划设计图

• 竖向规划设计图：包括道路竖向、室内外地坪标高、建筑定位、室外挡土工程、地面排水以及土石方量平衡等。

• 管线综合工程规划设计图：包括给水、污水、雨水、燃气、电力电讯等基本管线的布置，采暖区增设供热管线。同时考虑不同地区和不同需要预留一定埋设位置。

4. 形态意向规划设计图或模型

• 全区鸟瞰或轴测图

• 主要街景立面图

• 社区中心、重要地段以及主要空间结点平、立、透视图。

5. 规划设计说明及技术经济指标

• 规划设计说明：包括规划设计依据、任务要求、基地现状、自然地理、地质、人文条件；规划设计意图、特点、问题、方法等。

• 技术经济指标：包括居住区用地平衡表；面积、密度、层数等综合指标；公建配套设施项目指标；住宅标准及配置平衡、造价估算等指标。

四、基础资料依据

居住区规划设计必须考虑一定时期国家经济发展水平和人民的文化、经济生活状况、生活习惯与要求，以及气候、地形、地质、现状等原始基础资料，这些都是规划设计的重要依据。

（一）政策法规资料项目

包括城市规划法规、居住区规划设计规范；道路交通、住宅建筑、公共建筑、绿化以及工程管线等有关规范；城市总体规划、区域规划、控制性详细规划对本居住区的规划要求，以及本居住区规划设计任务书等，它们具有法规与法律性效力，是居住区规划设计重要指导与依据。

（二）人文地理资料项目

（1）基地环境特点：建筑形式、环境景观、近邻关系等。

（2）人文环境：文物古迹、历史传闻、地方习俗、民族文化等。

（3）居民、政府、开发、建设等各方要求，以及各类建筑工程造价、群众经济承受能力等。

（三）自然地理资料项目

1. 地形图

（1）区域位置地形图：比例尺 1∶5000 或 1∶10000。

（2）建设基地地形图：比例尺 1∶500 或 1∶1000。

2. 气象

（1）风象：年、季节风向、风速、风玫瑰图。

（2）气温：绝对最高、最低和最热月、最冷月的平均气温。

（3）降水：年平均降雨量、最大降雨量、积雪最大厚度、土壤冻结最大深度。

（4）云雾及日照：日照百分率、年雾日数。

（5）空气湿度、气压、雷击、空气污染度、地区小气候等。

3. 工程地质

（1）地质构造、土的特性及允许承载力。

（2）地层的稳定性：如滑坡、断层、岩溶等。

（3）地震情况及烈度等级。

4. 水源

（1）地面水：河湖的最高、最低、平均水位；水的化学、物理、细菌分析。

（2）地下水：地下水位、流向、水温、水质。

（四）工程技术资料项目

1. 城市给水管网供水

与城市管网连接点管径、坐标、标高、管道材料、最低压力。

2. 排水

（1）排入河湖：排入点的坐标、标高。

（2）排入城市排水管网：与排水管网连接点管径、坐标、标高、坡度、管道材料和允许排入量。

（3）排入污水清洁度要求。

3. 防洪

（1）历史最高洪水位，如百年一遇、50 年一遇洪水位。

（2）所在地区对防洪的要求和采取的措施。

4. 道路交通

（1）邻接车行道等级、路面宽度和结构形式。

（2）接线点坐标、标高和到达接线点的距离。

(3) 公交车站位置、距离。

5. 供电

(1) 电源位置、引入供电线的方向和距离。

(2) 线路敷设方式，有无高压线经过。

第三节　基地条件分析

一、几种不良地质现象鉴别

工程地质好坏，直接影响房屋安全、基建投资和进度。在进行规划设计时，必须考虑不同建设项目对地基承载能力和地层稳定性的要求，一般不应位于地下矿藏上面，或有崩塌、滑坡、断层、岩溶等地段。现将冲沟、崩塌、滑坡、断层、岩溶、地震几种不良地质现象分述于后：

1. 冲沟

冲沟是土地表面较松软的岩层被地面水冲刷而成的凹沟，如图 2-2 所示冲沟。稳定的冲沟对建设用地影响不太大，只要采取一些措施就可用来建筑或绿化。发展的冲沟会继续分割建设用地、引起水土流失、损坏建筑物和道路等工程，必须采取措施防止冲沟继续发展。防治的措施应包括生物措施和工程措施两个方面。前者指植树、植草皮、封山育林等工作；后者则在斜坡上作鱼鳞坑、梯田、开辟排水渠道或填土及修筑沟底工程等。

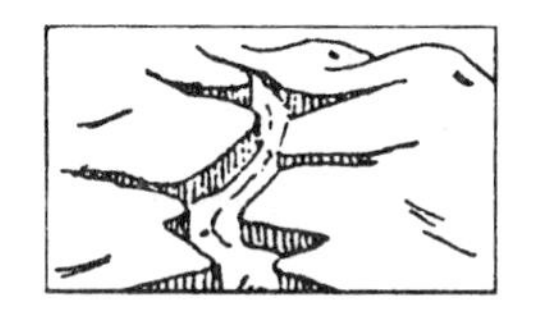
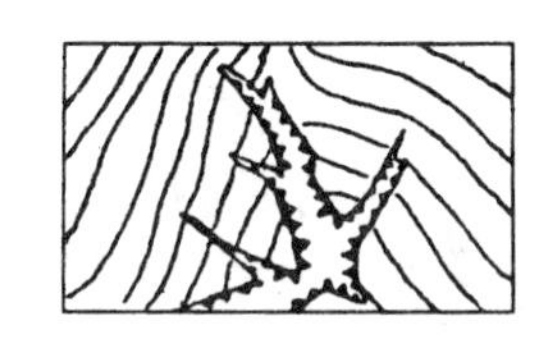

图 2-2　冲沟示意图

2. 崩塌

山坡、陡岩上的岩石，受风化、地震、地质构造变动或因施工等影响，在自重作用下，突然从悬崖、陡坡跌落下来的现象，称为崩塌。对已崩塌的现象较易识别，尚未跌落而将要跌落的岩石(称为危岩)，常不易判定，要认真进行勘察。

崩塌对建筑工程的危害很大，在崩塌发生的范围内，建筑物常被破坏，特别是大型崩塌(山崩)还会使道路破坏，河流堵塞，危害严重。对于大型山崩，在选择建设用地时，应该避开它。对于可能出现小型崩塌的地带，应采取防治措施。

3. 滑坡

斜坡上的岩层或土体在自重、水或震动等的作用下，失去平衡而沿着一定的滑动面向下滑动的现象被称为滑坡，如图 2-3 所示。

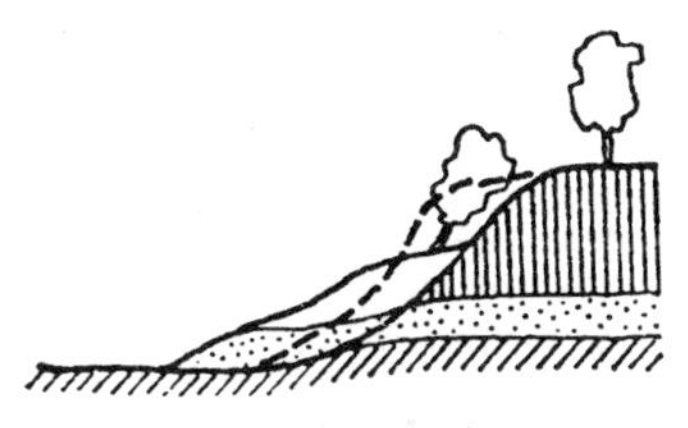

图 2-3　滑坡示意图

滑坡多发生在山地的山坡、丘陵地区的斜坡以及岸边、路堤或基坑等地带，其滑动面积小者有几十平方米，大者可达几平方公里，它对工程建设的危害很大，轻则影响施工，重则破坏建筑，危及人身安全。所以，在山区或斜坡地带布置建筑，都应十分注意小滑坡的发生和防治；对于大滑坡则应回避。

4. 断层

断层是岩层受力超过岩石体本身强度时，破坏了岩层的连续整体性，而发生的断裂和显著位移现象。如图 2-4 示断层的几何特征：图中所示的断层面是断层的移动面，通常它是不规则的；上盘和下盘是断层面将岩石所分断的两断块；断层带系介于断层两壁间的破碎地带；断距是上、下盘相对位移的距离。

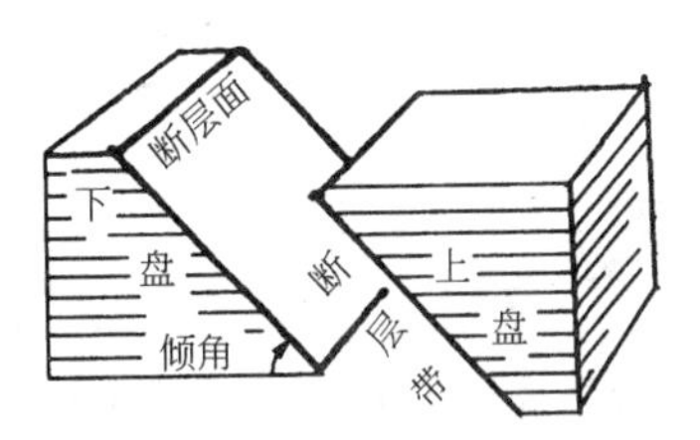

图 2-4　断层的几何要素示意图

断层会造成许多不良的地质现象，如使岩石破碎；断层破碎带为地下水的通道，因而加速岩石风化；断层上下盘岩性不同，断层的活动可能使二盘岩石崩塌，产生不均匀沉降；尤其是地震强裂区，断层可能受地震的影响而发生移动，造成断层带上各种建筑物的毁坏。

因此，在选择用地时必须避免把场地选择在地区性的大断层和大的新生断层地带。如为大断层伴生的小断层，且断距较小时也要慎重对待。

5. 岩溶

岩溶(又叫喀斯特)是石灰岩等可溶性岩层被地下水浸蚀成溶洞，产生洞顶塌陷和地面漏斗状陷穴等一系列现象的总称。

我国石灰岩地层形成的岩溶地区分布很广。在岩溶地区选择用地和进行规划总平面布置时，首先要尽量了解岩溶发育的情况和分布范围，并作好地质勘察工作。建筑物、构筑物应避免布置在溶洞、暗河等的顶板位置上。在岩溶附近地段布置建筑，也要采取有效的防治措施，以防岩溶继续发展。

6. 地震

地震是经常发生的一种灾害性大的自然现象，对建筑物人民生命财产危害极大。由于强烈地震的严重破坏性，在地震区进行选择用地时，都要以预防为主，考虑地震问题。

从防震观点看，建设用地可分为三类：

对建筑抗震有利的地段　一般是稳定岩石或坚实均匀土以及开阔平坦地形或平缓坡地等地段。

对建筑抗震不利的地段　一般是软弱土层(如饱和松沙、淤泥和淤泥质土、冲填土、松软的人工填土)和复杂地形(如条状突出的山脊、高耸孤立的山丘、非岩质的陡坡)等地段。

对建筑抗震危险的地段　一般是活动断层以及地震时可以发生滑坡、山崩、地陷等地段。

在地震区选择用地时，需要进行工程地质、水文地质和地震活动情况的调查研究和勘测工作，根据建设用地的土质构造和地形条件，查明对建筑抗震有利、不利和危险地段，应尽量选择对建筑抗震有利的地段，避开不利地段，若在抗震不利地段进行建设，则应视具体情况，采取适当的抗震措施。对抗震危险地段则不宜进行建设。

二、现状、区位分析

现状分析主要指现有人工环境设施及周边关系；地形分析主要包括基地的地面高程、坡度、坡向、排水等分析。现以西南地区某小区现状、地形分析为例加以说明。

1. 内容与方法

地面上人工环境设施包括人工工程设施如建筑物、构筑物、道路、管线等；人工自然设施如植被、农田、水塘等。现状分析主要对各类设施加以确认，并分辨需保留、利用、改造、拆除、搬迁的项目。对基地周边关系分析主要确认所规划的居住区在地域中的关系位置、地位作用、道路交通、周边环境设施、建筑形式、地域风貌等。这些都是规划设计中不可缺少的现场资料和依据，如图 2-5 西南地区某居住小区地形现状分析图。

2. 分析与运用

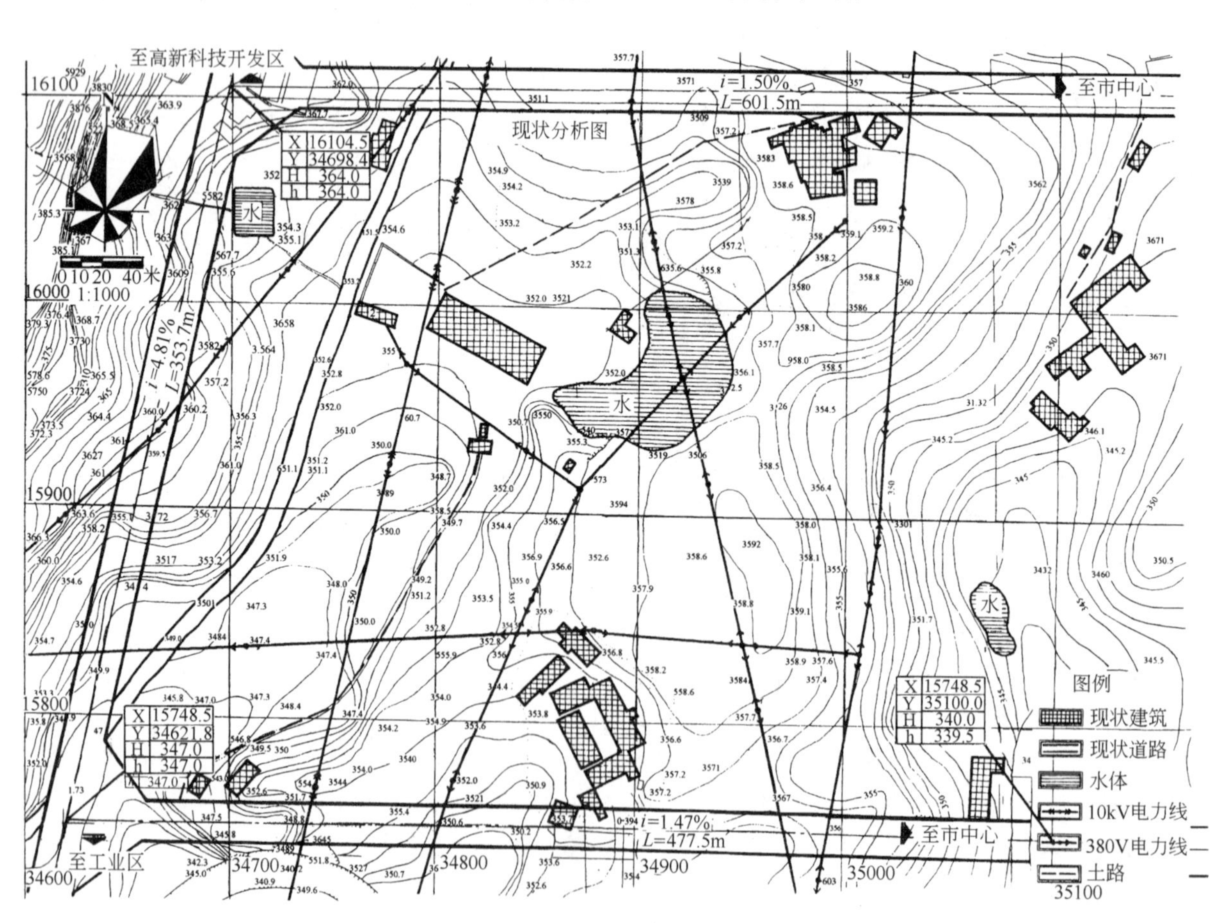

图 2-5　某居住小区现状分析图(西南地区，下同)

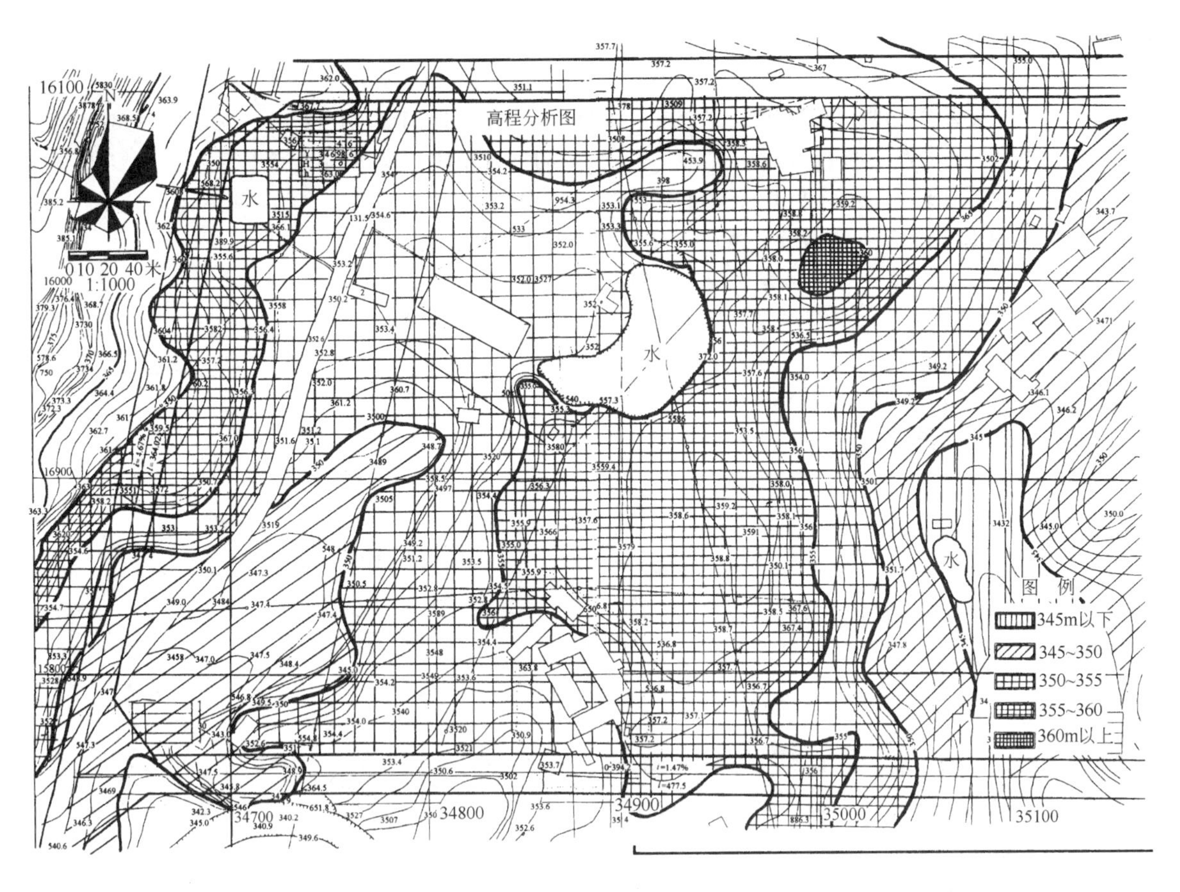

图 2-6　某居住小区地形高程分析图

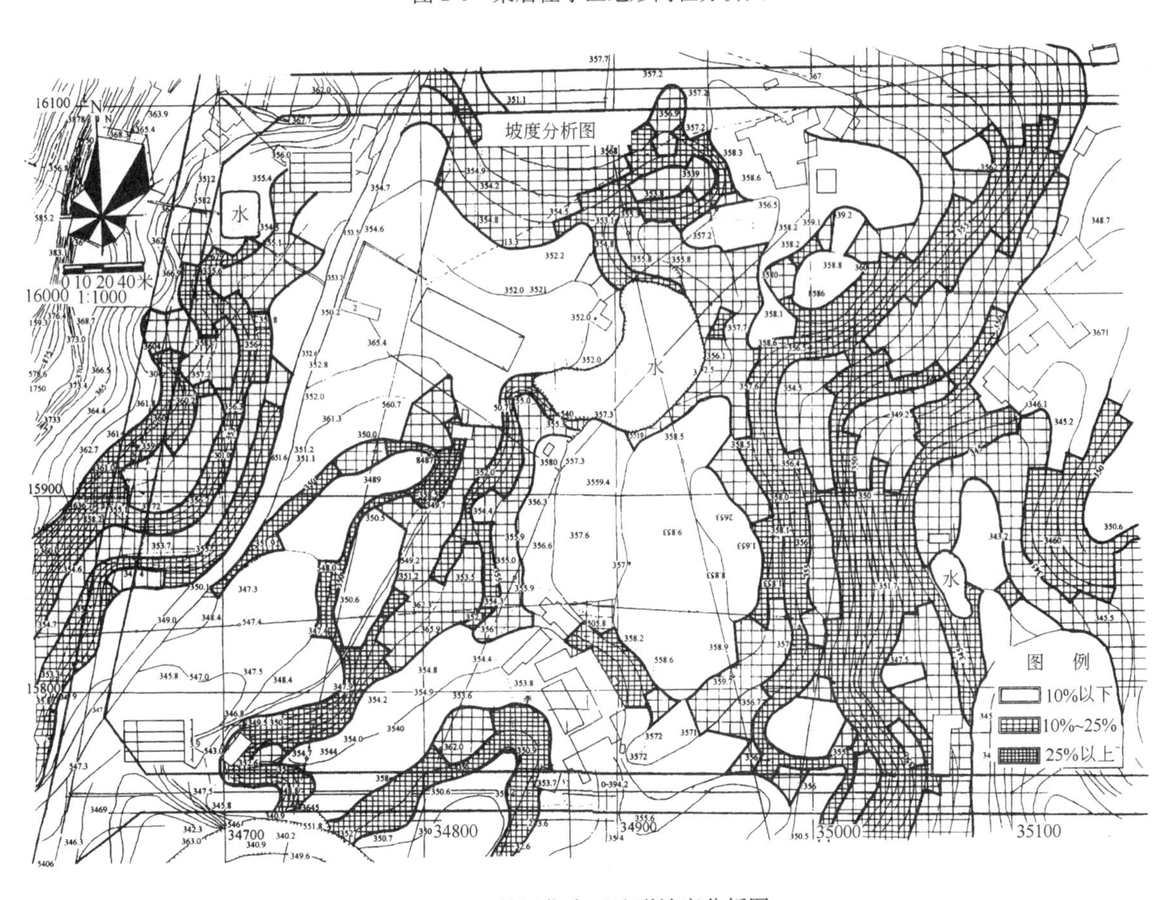

图 2-7　某居住小区地形坡度分析图

该小区地处某城郊新开发区，为该开发区的居住区所属，主要服务于高新科技开发区和工业区，因而居民上下班走向明确，则小区道路走向与小区主入口具有南、北、西三个方向的可能性。

现存房屋均为简陋农房，无保留价值；380V电力线随开发区建设的推进逐步拆迁，规划不予考虑；10kV电力线系高压线，需作保留处理，高压走廊可利用作绿化、活动场、停车场等；西侧南北走向的土路、中央水塘、西北和东南小水池可视规划情况进行利用。

三、地形、地貌分析

1. 高程分析

(1) 内容与方法

按相同的等高距，将等高线以递增(或递减)方向分成若干组，并以不同的符号或颜色区分，以显示基地高程变化情况，最大高程与最低高程部位及其高程差。

(2) 分析的意义与运用

高程分析可为某些设施的布局提供依据，如锅炉房、水塔需选择高程较高的位置，老人、残疾人设施布点要适宜以免上下不便；粮店、煤店、垃圾站等运输量大且频繁的设施布点要求车行通达，以方便使用等。同时还可根据地面高程确定建筑不同的层数，以取得良好的天际轮廓线和良好的建筑群体形态。此外，也是研究基地风环境的依据。由图 2-6 某居住小区地形高程分析图可知：

该小区最大高程为 360m，最低高程为 345.8m，最大高程差为 14.2m，西北、北、中东部地势较高，中西部低，东和西南部最低。根据地区风玫瑰图北风和东北风为主导风向，则基地中西部、西南部通风环境较差，建筑布置注意考虑通风问题；按高程差，基地可分为中西部、中东部、东部三大片块，为减少竖向交通，建议按三大片块分别布置运输载重量大且运输频繁的设施；残疾人设施也可按三大片块分别布点。

2. 坡度分析

(1) 坡度分类

一般将地面坡度(i)分为三个档次：

- 一类用地　$i \leqslant 10\%(5°43')$对建筑布置、道路走向影响不大
- 二类用地　$10\% < i < 25\%(14°02')$对建筑布置、道路走向有一定影响
- 三类用地　$i \geqslant 25\%$对建筑布置、道路走向影响较大

按上述坡度分级，分别将基地内相应坡度地段以不同符号或颜色区分，即成坡度分析图(图2-7)。

(2) 分析方法

确定地面坡度的方法，比较简便的是用等高线的垂直距离，即等高线最小平距长度 d 直接在地形图上量取，参见(图 2-8)，等高线最小平距长度 d 的计算式为：

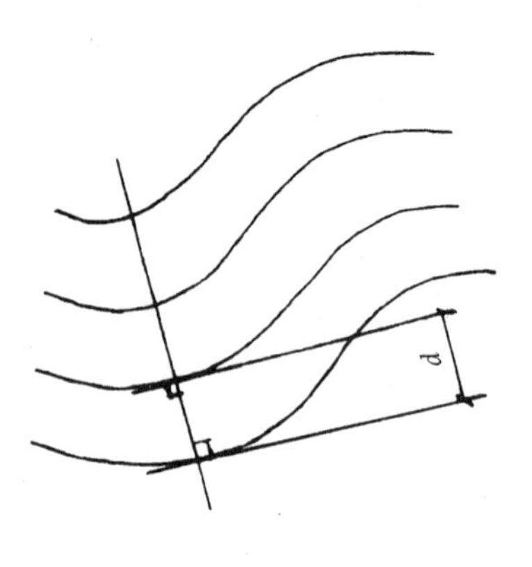

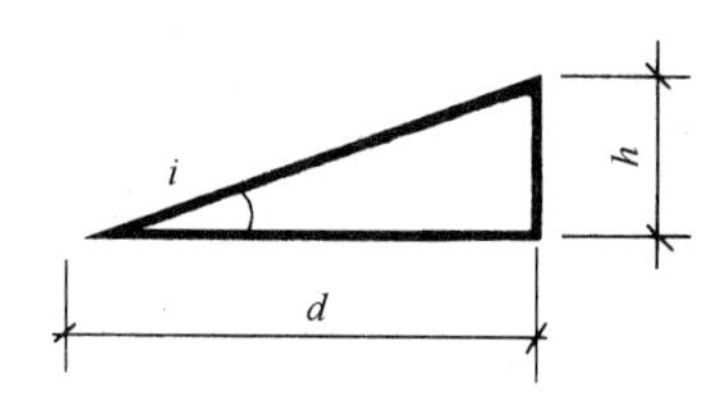

图 2-8　等高线最小平距示意

由式　$$i=\frac{h}{dM} \tag{1}$$

得　$$d=\frac{h}{iM}\ \text{(m)} \tag{2}$$

式中　i——等高线最小平距的地面坡度；

d——等高线最小平距的长度；

h——等高线最小平距两端点高程差；

M——所用地形图的比例尺分母数。

例：根据式(2)，按坡度档次划分，求出相应的 d

设：所用地形图比例尺为 1/1000，等高差为 1m

求：① $i=10\%$相对应的等高线最小平距长度 d_{10}

② $i=25\%$相对应的等高线最小平距长度 d_{25}

解：① 由式(2)$d=\frac{h}{iM}$得：

$$d_{10}=\frac{1}{0.1\times1000}=0.01\text{m(即 1cm)}$$

② 同理：

$$d_{25}=\frac{1}{0.25\times1000}=0.004\text{m(即 0.4cm)}$$

以 $d_{10}=1$cm 和 $d_{25}=0.4$cm 直线尺直接在地形图上量得相应的等高线垂直距离长度，即得相应的

地面同坡度地段：

• 等高线垂直距离长度 $d \geqslant 1$cm(即 $i \leqslant 10\%$)的地段为一类用地；

• 等高线垂直距离长度 0.4cm$<d<1$cm(即 $10\%<i<25\%$)的地段为二类用地；

• 等高线垂直距离长度 $d \leqslant 0.4$cm(即 $i \geqslant 25\%$)的地段为三类用地。

(3) 分析的意义与运用

运用坡度分析图布置建筑和道路，可为节约土石方工程量取得效益。一般要求建筑、道路尽量平行于等高线或与等高线斜交布置，避免与等高线垂直布置。同时，也可利用地形坡度作建筑的错跌处理以增加建筑层数，并能取得富于变化的建筑空间与体型。由某居住小区地形坡度分析(图 2-7)可知，该小区基地东部多为三类用地，中、西部地段地势较平缓，有少量二、三类用地，按地势，主要道路宜南北走向布置，可与等高线基本平行，由此也可确定小区主入口方位以南、北两向为宜，同时与居民上下班的路线也相符合。建筑布置，中部较自由，西部边缘地段和东部地段建筑布置宜作错跌处理，或采用对地形适应性较强的点式住宅。

3. 坡向分析

(1) 内容与方法

一般将地形图分为东、南、西、北四个坡向，并分别以符号或颜色区分，即成坡向分析图。东、南、西、北四个坡向的求作，主要以相应方位的 45° 交界线划分，即将等高线四个方位 45°切线交点分别连线，两相邻连线间的地段分别为相应的坡向。

(2) 分析的意义与运用

按我国所处地理纬度，南向坡是向阳坡，为建筑用地最佳坡向，根据地形坡度的大小，向阳坡内建筑日照间距可相应缩小(参见第 4 章有关内容)以节约用地；北向坡则为阴坡，与向阳坡相反，建筑间距相对较大以取得必要的日照；西向坡，在炎热地区要注意遮阳防晒，严寒地区则因能取得一定日照而优于北向阴坡；东向坡对南、北方地区相对均较适中。由某居住小区地形坡向分析(图 2-9)可知，该小区基地西部地段以南向坡为主，部分地段为东向坡，总的来看西部地段坡向为全小区最佳；东部地段次之，地段内以东向坡为主，也有小部分南向坡、西向坡和北向坡；中部地段最差，地段内以西向坡为主。规划设计可根

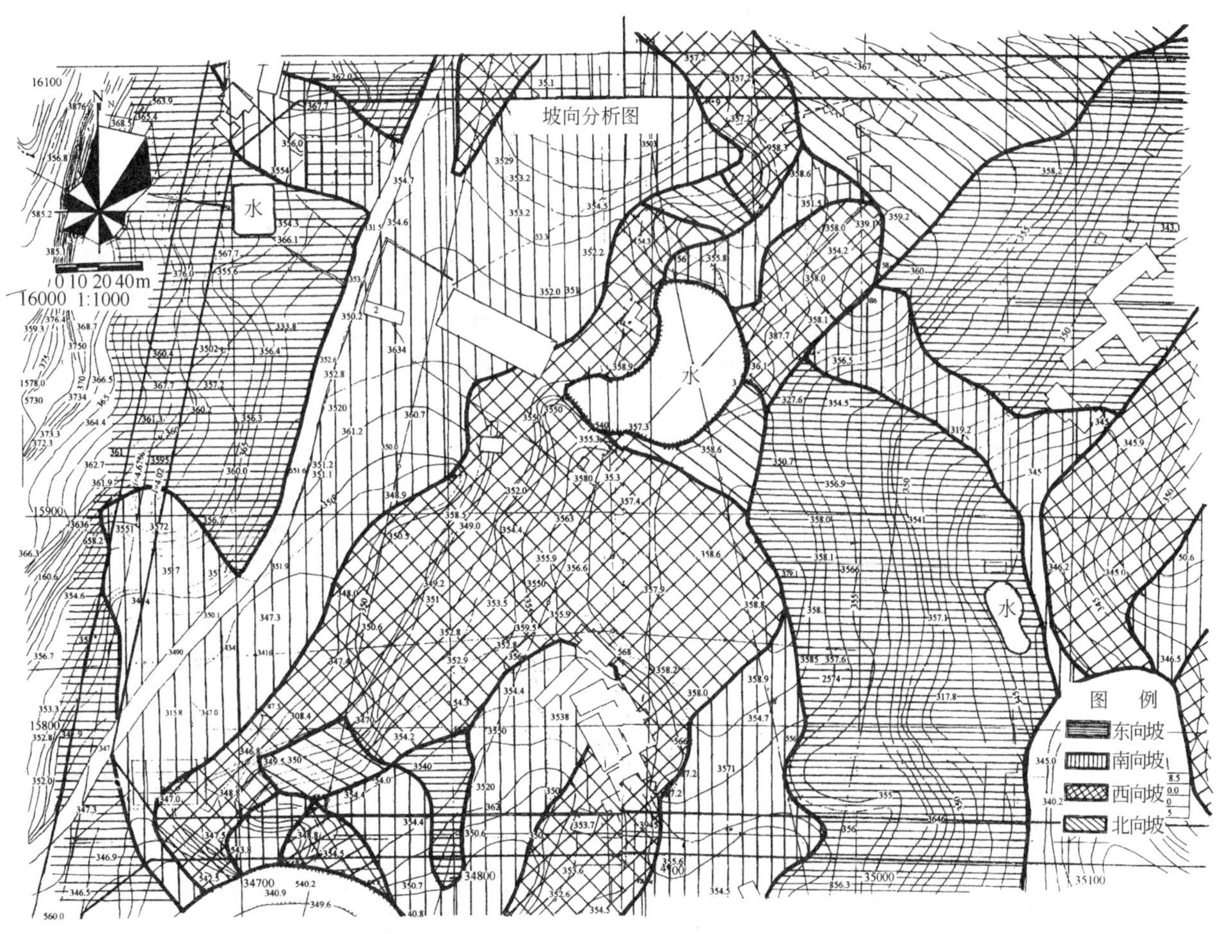

图 2-9 某居住小区地形坡向分析图

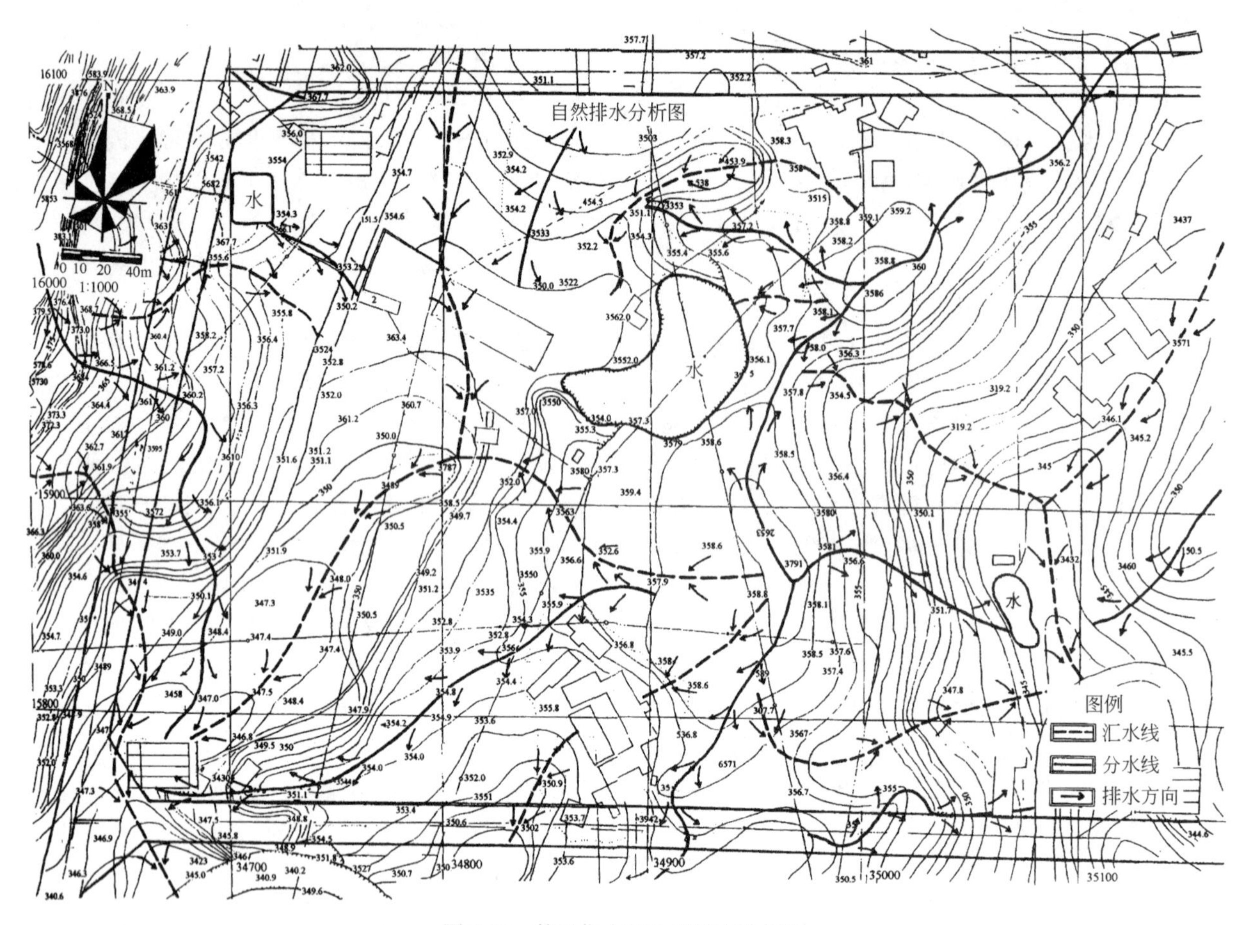

图 2-10 某居住小区地形排水分析图

据基地内的不同坡向给于相应的处理。

4．排水分析

（1）内容与方法

排水分析主要作出地面的分水线和集水线，以分析地面水的流向，作为区内地面排水及管线埋设的依据。分水线即山脊线，山脊的等高线为一组凸向低处的曲线，其最小曲率曲线的法线与切线交点连线即为山脊线，也即所需求作的分水线，分水线附近的雨水必然以分水线为界分别流向山脊两侧；集水线即山谷线，与山脊等高线相反，山谷等高线为一组凸向高处的曲线，其最小曲率曲线的法线与切线交点连线为谷底最低点连线即为山谷线，也即所要求作的集水线，雨水必然由分水线两侧的山坡流向谷底，集中到集水线而向下流或在集水线处汇成溪流。

（2）分析与运用

由某居住小区地形排水分析(图 2-10)可知，该小区基地内西部地段排水主要方向为西向和西南向；中部地段排水主要是南向和西南向；东部地段排水主要为东北向和东南向，整个小区地面排水处理有两个主要方向，即中部和西部向西南向排水，东部则向东南向排水，此分析可作为小区地面排水与地面设计标高的依据。

居住区规划设计除对规划基地进行现状、地形分析外，应全面综合各种因素统筹策划与构思。

第四节 居住区规划设计的构思起步——以“广安市西溪西区居住小区”规划为例

现状分析、地形分析是规划构思的铺路石

因地制宜、因人制宜是规划设计的基本准则

规划设计是一个逻辑思维和形象思维交叉发展的创作过程，初始构思阶段，各种思绪和问题常常错综地纠集在一起，使人浮想联翩却又无从着手。从分析研究基地条件入手，认识其中种种关系和制约条件，并在寻求对策中引发和滋生构思，使创作思维引向图解化，并迅速地进入良性创作境界，避免盲目追求灵感而误入玄虚的困境。这种落到实处、水到渠成的创作方法，概括地说就是行之有效的“务实、求真、创新”之路。

让“广安市西溪西区居住小区”的规划构思作一诠译。

一、集城池之精华　借天地之灵气

——基地条件的分析与定位

- 广安西溪西区居住小区是广安经济技术开发区的重要组成部分，是大型的生活服务配套社区。
- 探索21世纪城市居住的生活模式，定位为安全、卫生、方便、舒适、优美的21世纪生态型社区。

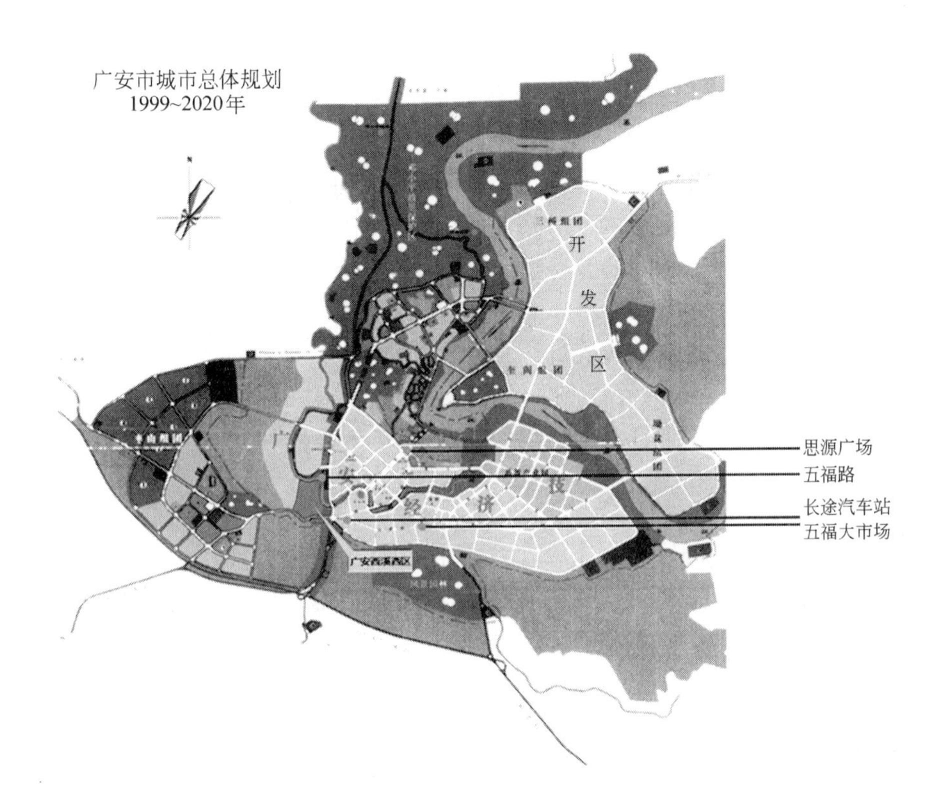

◀ 西溪西区居住小区区位关系图

五福路自南而北从用地东侧穿过，建安路可连接至广安市中心广场——思源广场，在规划区东南侧有长途汽车站和五福大市场、西溪市场。

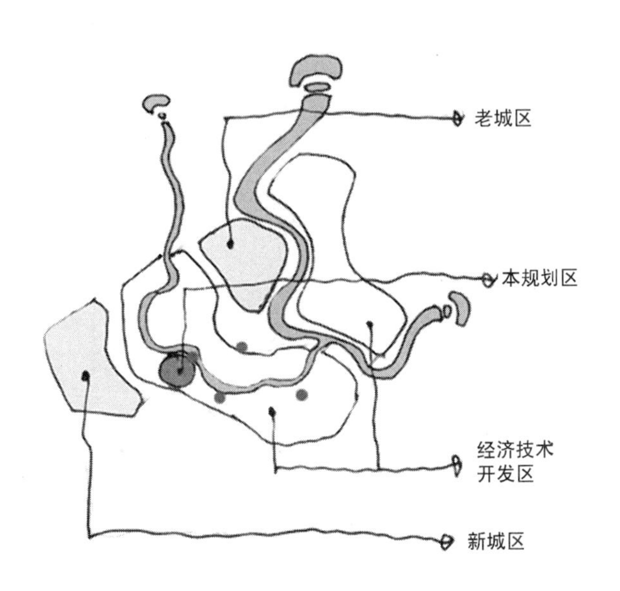

◀ 西溪西区居住小区区位分析示意

新城—老城的过渡

市场—广场的联接

山山—水水的相拥

二、指指紧相扣　山水入村来

——规划要素的组织与定量

- 根据该居住小区用地的特点和周边状况，采用“小区——组团”的规划组织结构。
- 依据规划区与广安经济技术开发区及广安市的区位关系研究住户的流向，在五福路布置主要出入口。

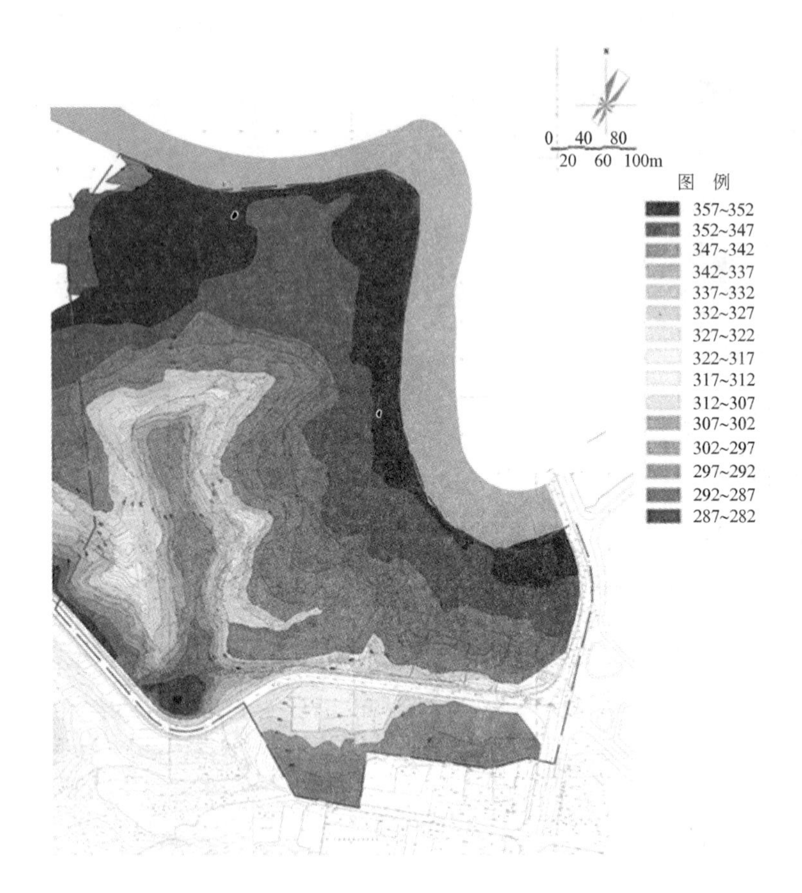

◀ 场地高程分析

用地西部为丘陵高地，东南部为西溪河。全区高差起伏较大，最大高差 75 米，适合建设用地在298～320 米之间。全区地质构造都比较稳定。小区建设的规模和主要技术经济指标值测如下：

主要技术经济指标估测

居住小区用地	30.06hm²
住宅用地	16.00hm²
公共绿地	4.00hm²
住宅建筑面积	32.00 万 m²
公建建筑面积	3.00 万 m²
容积率	1.20
住宅建筑面积净密度	2.00 万 m² /hm²
总建筑密度	30.00%
绿地率	35.00%
总户(套)数	3000 户(套)
停车位	2000 辆

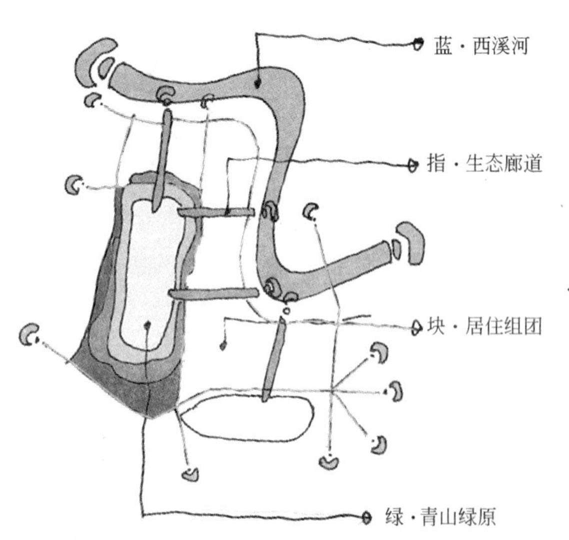

◀ 规划组织结构示意

“蓝—指—块—绿”一体

蓝——西溪河

指——生态廊道

块——居住组团

绿——青山绿原

三、功能景观两相融　舒适方便美家园

——功能和载体的协调与定型

▲ 空间形态意象

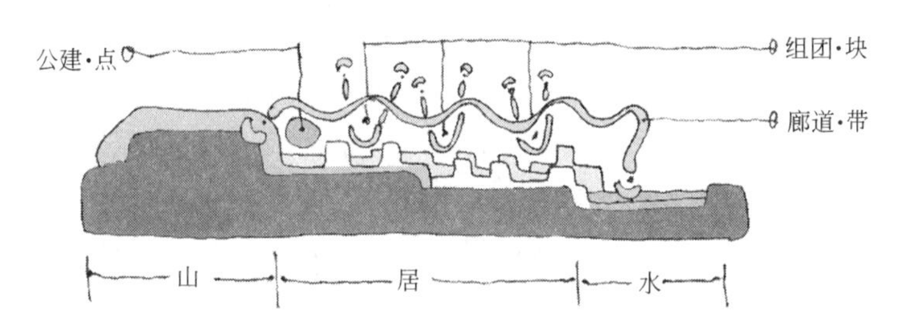

◀ 剖析功能 · 展示景观
廊道是景观的导向
廊道是组团的纽带

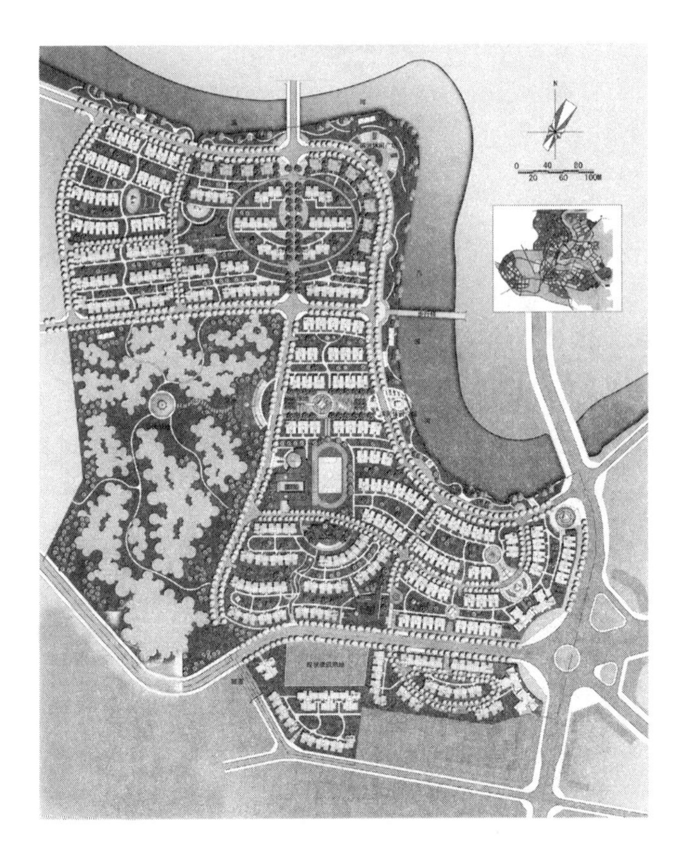

▲ 规划总平面概念

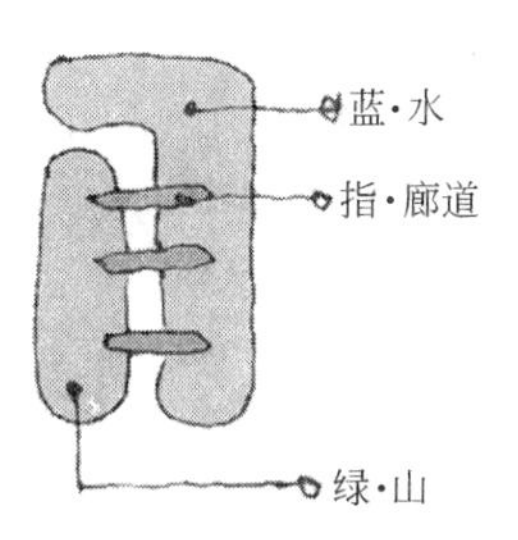

▲ 微观：生态廊道/景观

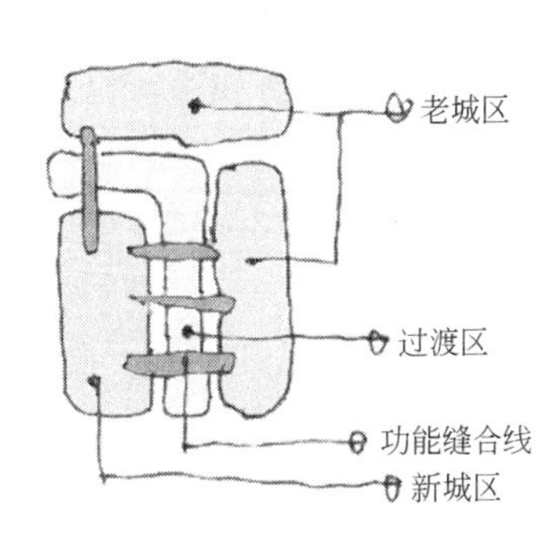

▲ 宏观：缝合线/功能

第三章　居住区的规划组织结构与布局

由居住区的组织构成可知，居住区是一个多元多层次结构的物质与精神生活的载体。居住区以居住功能为主兼容服务、交通、工作、休憩等多种功能，各功能间既相对独立自成系统，又相互联系形成一个有机整体。

第一节　居住区的规划组织结构与布局概念

居住区作为城市用地的组成部分，从行政管理体制上来讲，居住区是城市辖区内一个行政区划；从空间上来讲，居住区是城市空间的一个层次或结点。随着社会、经济、科技的发展，体制会改变，空间布局也会不断变化。

一、居住区规划组织结构与布局的基本模式

居住区规划组织结构主要考虑的因素是人口规模、配套设施和行政管理，即按人口规模划分为居住区级(3～5万人)、居住小区级(0.7～1.5万人)、居住组团级(1～3千人)；每一级按人口规模配置相应的公建配套设施及行政管理机构，与整个城市行政管理体制相适应。规划布局形式则是居住区的空间形态，因手法的不同则有多种多样的布局形式。基本的规划布局是按规划组织结构分级来划分居住区，其规划组织结构较清晰；居住区、小区、组团的规模比较均衡；几个组团组成一个小区，几个小区组成一个居住区，并设有各级中心，即为三级结构，以此类推，还有二级结构形式。多年实践总结，主要有以下类型：

居住区——居住小区——居住组团(三级结构)，如图3-3；

居住区——居住小区(二级结构)，如图3-1；

居住区——居住组团(二级结构)，如图3-2。

此外，还有独立居住小区和独立居住组团之分，它们在城市中都具有相对的独立性。

二、居住区规划组织结构与布局的变化趋向

社会、经济、科技发展等都是居住区规划组织结构产生变化的根本原因，现代化信息社会的发展，不断地改变着人们的生活方式和思想观念，直接涉及居住区的规模标准、配套设施、管理机制等重要规划因素。同时，由于地域性社会经济发展的不平衡性，使消费人群增添了不定性和多样性，居住区的规划必须要以造就多元化组织结构和布局去应对市场的多种需要。

1. 居住区整体环境的主题化与均好性

在市场需求的引导下，借鉴生态学、心理学、园林学等多种边缘学科的研究成果，充实居住区的文化内涵，营造了多种主题的居住区，诸如绿色环保型、健身康乐型、山水园林型等，同时要求规划从整体到局部以至细节都贯穿同一个主题，并要求充分利用自然资源、加大科技含量，将人工环境和自然环境紧密结合，在规划组织结构的框架里表现多个景观亮点，使各家各户都能享有良好的室外环境和景观视野，以环境资源共享的均好性体现居住区的高品位和人文关怀。

2. 居住组团的小型化与私密性

在紧张快节奏的社会生活和喧嚣的城市里，人们倍感“家”这个宁静温馨港湾的意义。居住组团是居民日常生活最接近的户外空间，也是居住室内空间的延伸，人们在营造居住区大空间的同时，看好院落式、街坊式的邻里空间，它们尺度宜人、内静外动，使人感受到亲切祥和的氛围，因而将组团半公共空间引向了小型化私密化。

3. 道路交通环境的人性化与和谐性

应对小汽车入户的热门话题，居住区重视了人性化的道路系统塑造。人车分流和地下停车的动静交通统筹规划，还增加了道路绿化景观和道路设施，体现便捷、安全、舒适、优美要求，与整个居住区的绿化和建筑融为一体，绿荫如廊，一路飘香。尤其出现了精心打造的景观步道、健康步道，商业休闲步行街等特色步行系统，成为人们散步休闲的好去处，满足了居民尤其是老人、儿童日益增长的室外活动需求。

三、探索节约土地的规划途径

生活居住用地在城市总用地中占有的比重最大，论节约土地，居住区应首当其冲，从规划布局方面着手，可有以下探索途径。

(1) 首先要选址适宜，保护耕地，不占良田好土，这是大局，也是最大的节约土地。要充分利用自然环境资源，不大开大挖，因地制宜作好规划，同时注意利用区内不良地质地段，如冲沟、湿地、岩坎等。

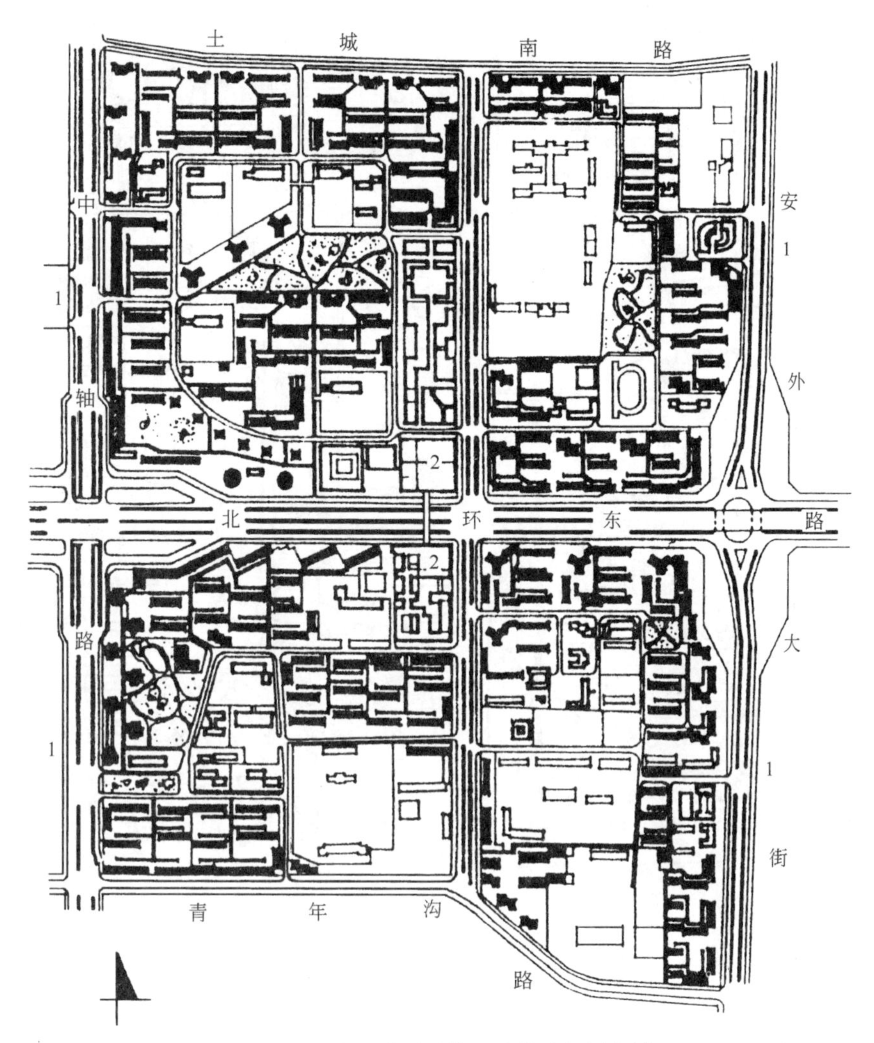

图 3-1　北京五路居居住区片块式规划布局

1—小区商业中心；2—居住区商业文娱中心

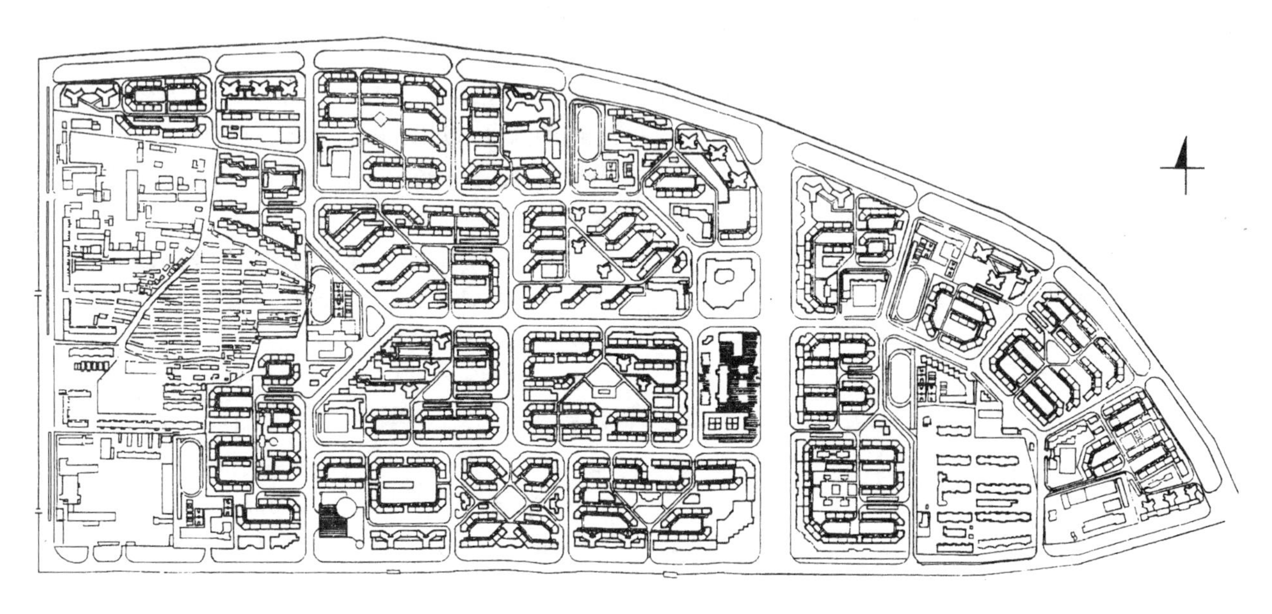

图 3-2　吉林市通潭大路居住区片块式规划布局

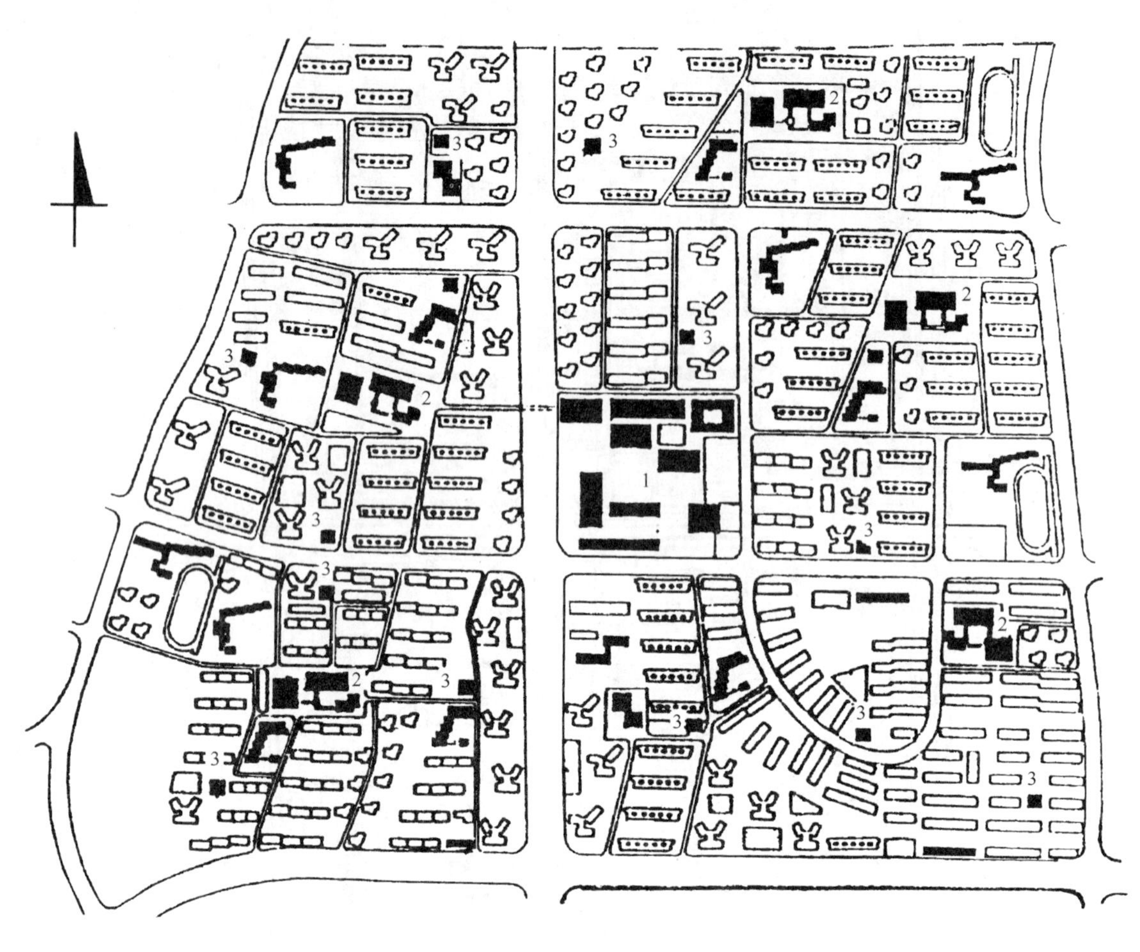

图 3-3　上海曲阳新居住区片块式规划布局

1—居住区中心；2—居住小区中心；3—里委服务中心

(2) 切实考虑国情民情，确定恰当的开发强度，并严格监控合理的技术经济指标体系，这是实质意义上的节地关键。

(3) 区内每项用地都要落实具体节地措施，尤其是居住区占地最大的“住宅用地”，必须认真选择节地性能好的住宅建筑类型及其宅群布置方式，这是节地的胜算之举。

(4) 注意激活消极空间、阴影区、边角余留碎地等规划欠佳之地，并使其降低到最少限度。对不可避免之处，则要积极处理利用，这和规划的整体质量联系在一起。

5. 遵守市场规律，保证规划设计质量，利于经营，分期出让，提高土地附加值，这可以折射节地的效益。

第二节　居住区的规划布局形式

居住区规划布局形式可以与上述规划组织结构基本模式一致，分级划分用地，也可以不一致，应因地制宜创造丰富多彩、各具特色的布局形式。根据居住区规划布局的实态概括为以下主要形式，以供借鉴。

一、片块式布局

住宅建筑在尺度、形体、朝向等方面具有较多相同的因素，并以日照间距为主要依据建立起来的紧密联系所构成的群体，它们不强调主次等级，成片成块，成组成团地布置，形成片块式布局形式。一些居住区常采取按规划组织结构基本模式分级划分地块，各地块配以相应的公共设施，并遵循日照间距布置建筑，因而自然地形成片块式布局形式，如北京五路居居住区(图3-1)，规整地将基地划分了四个居住小区片块，分别在各地块内配以小区中心，四个小区又配置一个共同的居住区中心，形成“居住区——居住小区”二级结构的片块式布局。吉林市通潭大路居住区(图3-2)，则将基地细分出20个居住组团地块，每个组团用地 2.5～5hm^2，分别在每个组团配置相应的活动中心，20个居住组团共同的居住区中心沿干道布置，形成“居住区——

居住组团”二级结构的片块式布局。上海曲阳新居住区(图 3-3)，则按“居住区——居住小区——居住组团”的结构划分用地分别设置各级中心，形成三级结构的片块式布局。

二、轴线式布局

空间轴线或可见或不可见，可见者常为线性的道路、绿带、水体等构成，但不论轴线的虚实，都具有强烈的聚集性和导向性。一定的空间要素沿轴布置，或对称或均衡，形成具有节奏的空间序列，起着支配全局的作用。如上海三林苑小区(图 3-4)，以一步行水街为中心构成“水”轴线布局形式。百米长形水池，配以不锈钢群鱼雕塑、小天使喷泉、天然巨石、植草砖、架空层、弧形长廊，并以大片草坪(7500m^2)衬托，具有显明的欧陆风格。苏州三元小区(图 3-5)，为一“路”轴线式布局。该小区地处于作为城市中轴的主干道终端，是苏州市新区主要景观地段，小区的路轴成为城市景观视廊的延续。主要小区公建在主入口临水而筑，小桥流水相映，呈现真山真水园中城、城中园的水乡特色。广东中山翠亨槟榔小区(图3-6)，则采用多轴线的平行和交叉布局，将绿化景观、建筑群体串连起来，丰富而有序，尤其使一个个亲切的院落小空间统合成整体，不求宏伟场景但求温馨和谐。北京大吉城小区(图 3-7)，以小区西北角的康有为故居广场为起点的斜向轴线，形成统贯小区的一建筑对称轴，对建筑群起着全局的支配作用，外围建筑高，中间建筑低，围合成一具有视线开度的内向性空间，中央轴线方向建筑空间强烈的节奏烘托，使小区形成庄重华贵的空间品质。

三、向心式布局

将一定空间要素围绕占主导地位的要素组合排列，表现出强烈的向心性，易于形成中心。这种布局形式山地用得较多，顺应自然地形布置的环状路网造就了向心的空间布局。如深圳东方花园(图 3-8)，地处深圳湾山地，建筑依山就势筑台布置，形成向心空间，具有良好的日照通风条件和开阔的视野。福建龙山居住区(图3-9)。基地为一东向坡，顺等高线方向布置 环状路网，为取得好朝向，住宅垂直等高线的方向布置，向心式略呈放射状别有风味。但视线较局促，可用屋顶平台来补就。

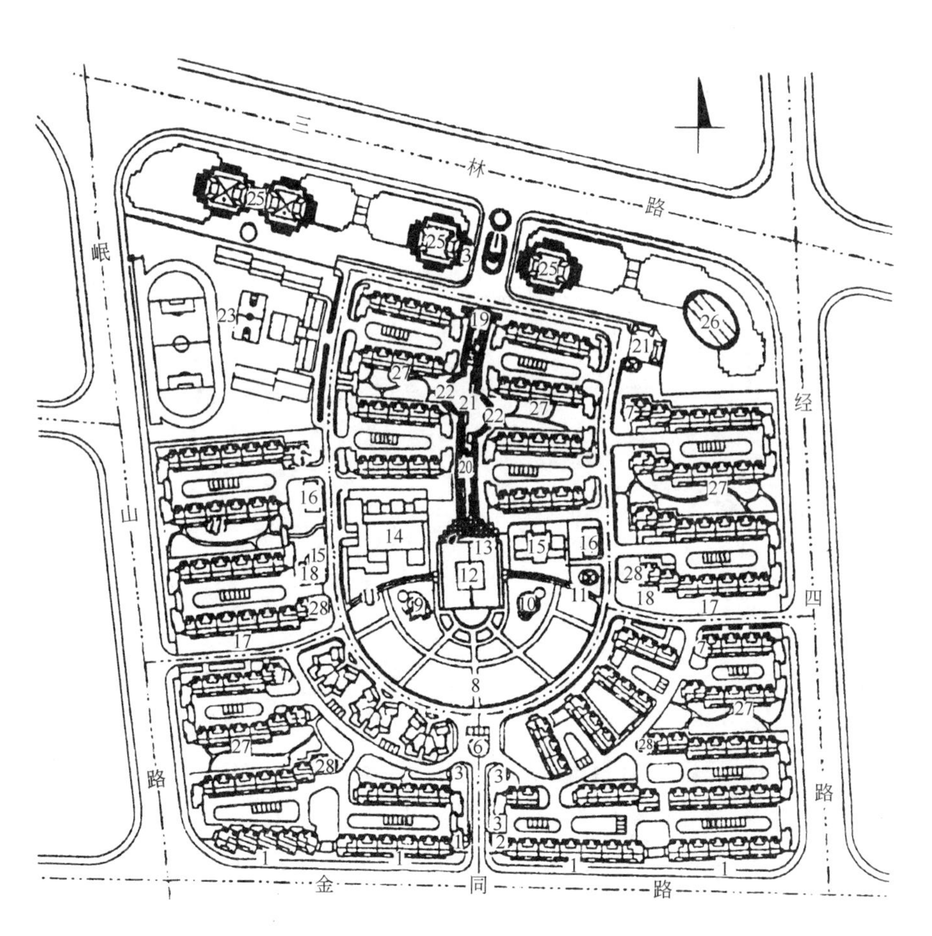

1—门卫
2—公用电话
3—小区指示牌
4—底层综合商场
5—水泵房
6—小区标志
7—居委会
8—大草坪
9—儿童游戏场
10—老年活动场
11—休息长廊
12—社区中心
13—公共厕所
14—幼儿园
15—托儿所
16—变电所
17—小型服务商店
18—煤气调压站
19—喷水池
20—戏水池
21—群鱼雕塑
22—花架
23—小学
24—垃圾站
25—商住高层用地
26—商办高层用地
27—少年、老年活动场所
28—电话交换间

图 3-4　上海三林苑小区轴线式规划布局(水轴)

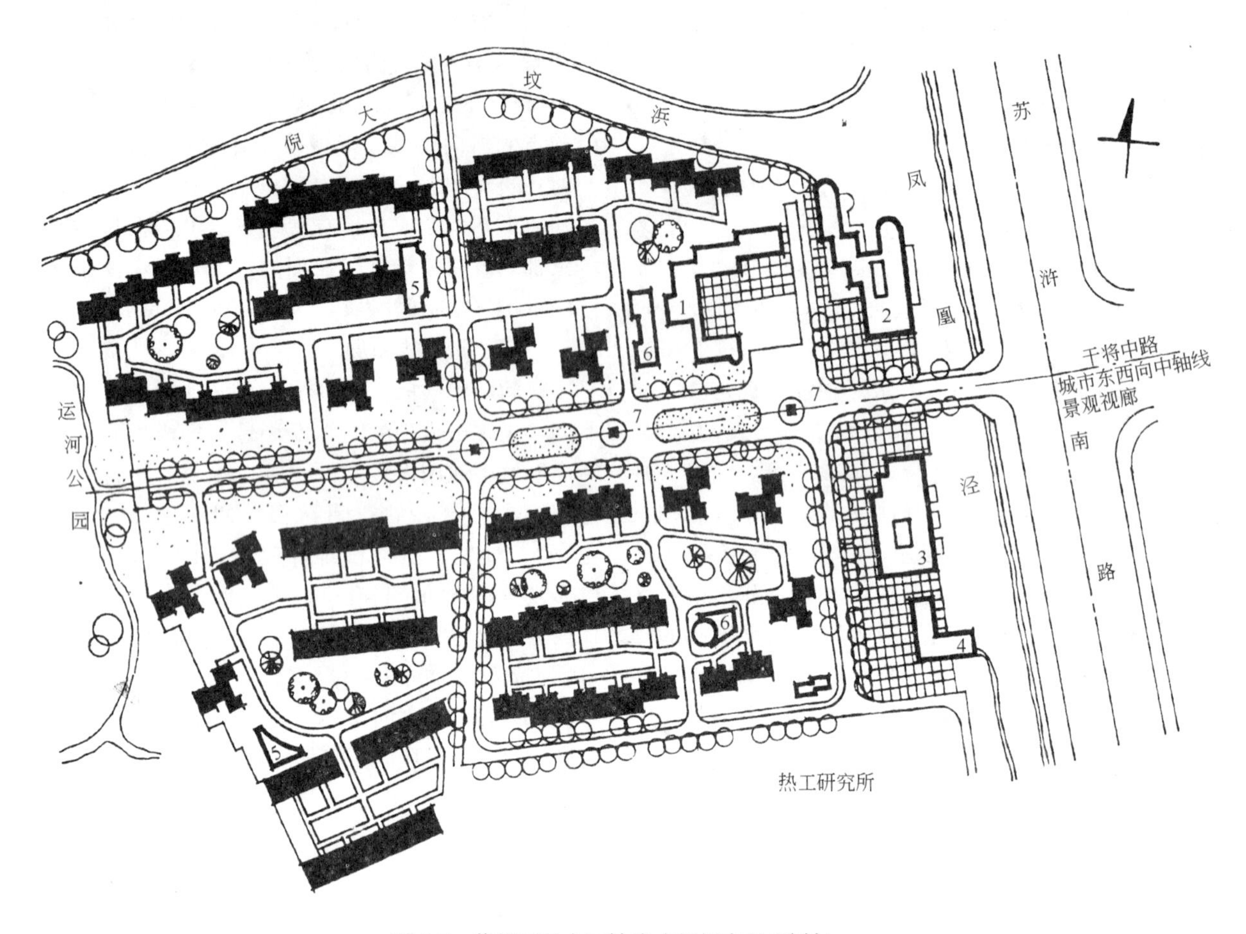

图 3-5 苏州三元小区轴线式规划布局(路轴)

1—托幼；2—文化娱乐中心；3—商业服务中心；4—农贸市场；5—自行车库；6—居委会、自行车库；7—雕塑

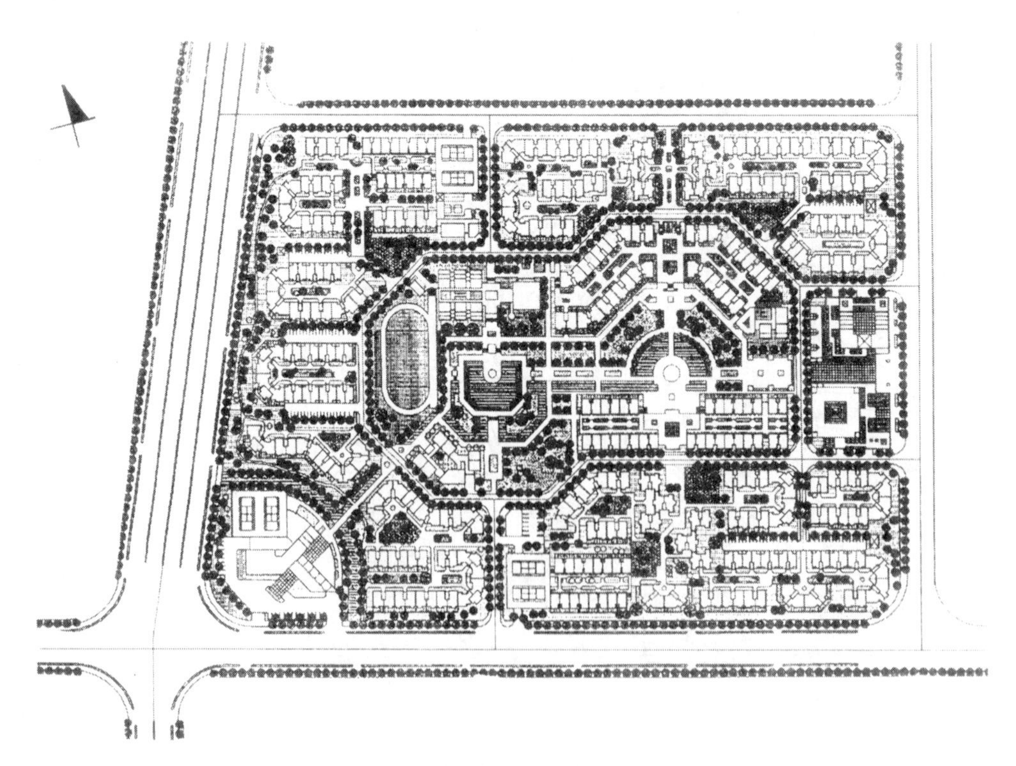

图 3-6 广东中山翠亨槟榔小区轴线式规划布局(多轴线)

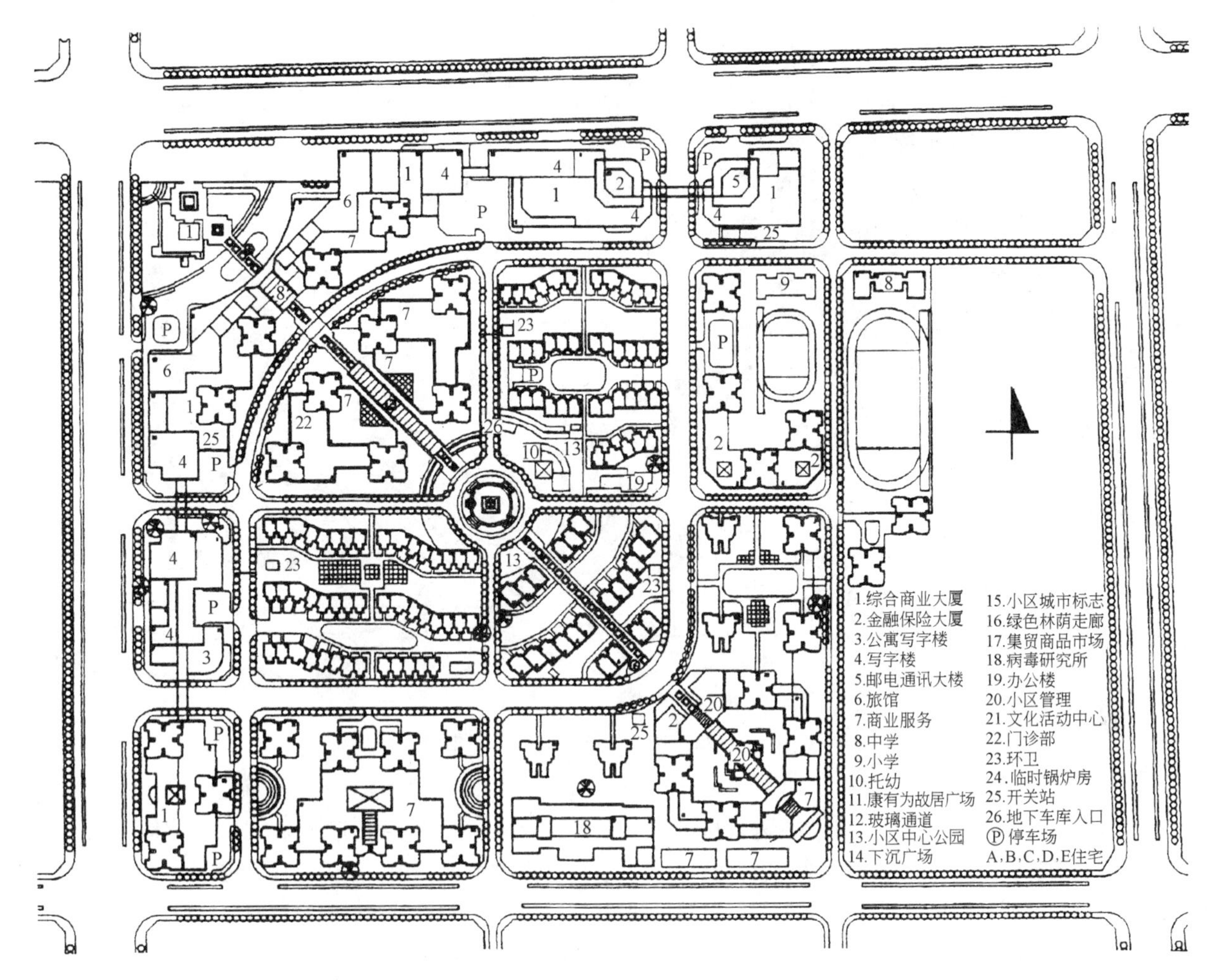

图 3-7 北京大吉城小区轴线式规划布局(建筑空间对称轴)

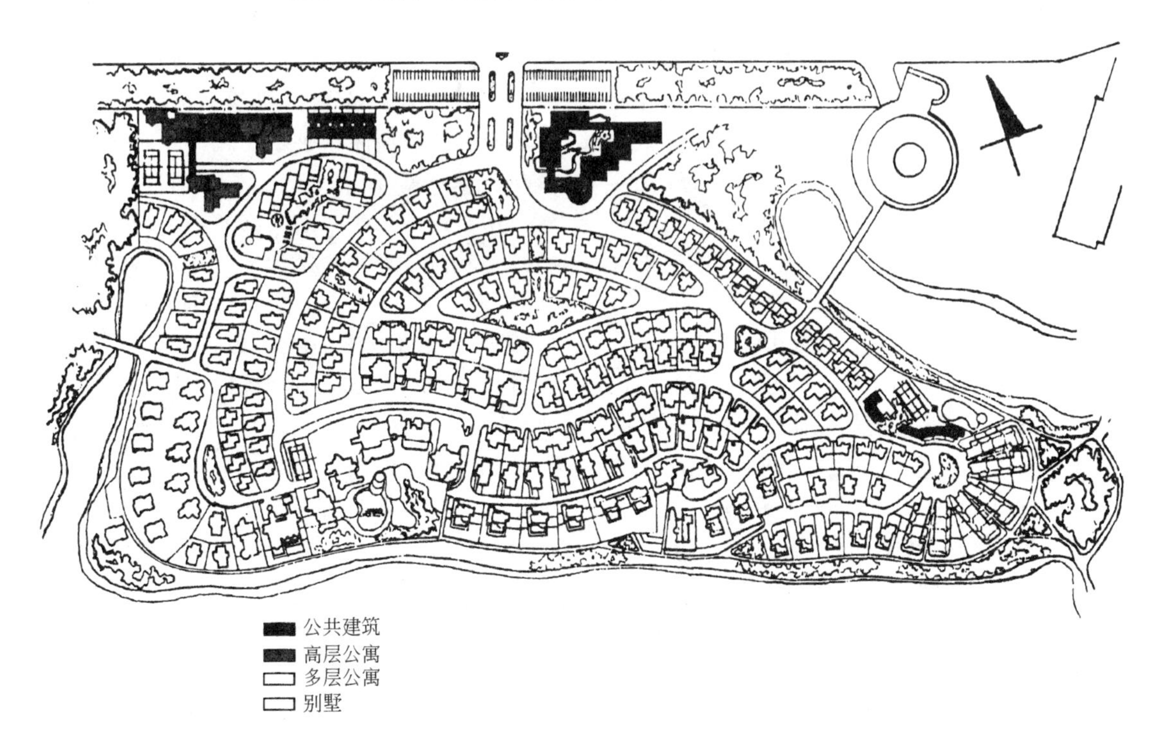

图 3-8 深圳东方花园小区向心式规划布局

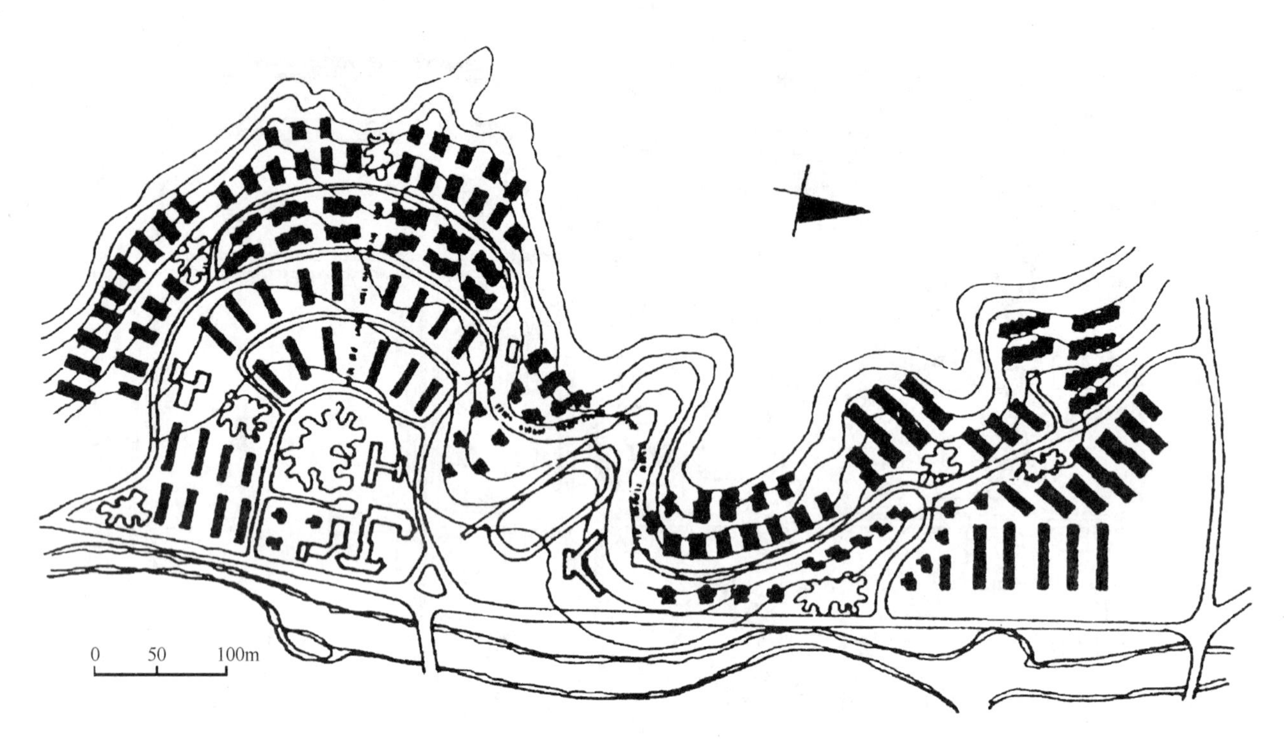

图 3-9 福建龙山居住区向心式规划布局

四、围合式布局

住宅沿基地外围周边布置，形成一定数量的次要空间并共同围绕一个主导空间，构成后的空间无方向性，主入口按环境条件可设于任一方位，中央主导空间一般尺度较大，统率次要空间，也可以其形态的特异突出其主导地位。围合式布局可有宽敞的绿地和舒展的空间，日照、通风和视觉环境相对较好，但要注意控制适当的建筑层数。广州锦城花园小区(图 3-10)，由 15 栋 12 层点式住宅拼接，并随地形自然围合，宅旁绿地小空间和中央集中绿地组成一个整体，同时将住宅底层架空，形成室内外绿化的渗透，使穿堂风贯通调节小气候，为住户提供户内外的活动和交往场所。停车场设于地下。深圳滨河小区(实例 13)由四种点式住宅群沿周边按一定间距布置，并用连廊将各幢住宅二层入口连接起来，廊底层布置公共设施，廊面步行通达每个单元；连廊设通长的花池，形成中心庭院和二层连廊的立体绿化系统，环境宜人。日本广岛市基街高层住宅区(图 3-11)，住宅采用曲尺形自由组合体，利于争取好的朝向，并使道路和空间富有变化，建筑间距达 120～200m，形成大的开畅空间，里面布置小学、幼儿园，托儿所、老人之家、集会广场等公共设施和大片绿地。

五、集约式布局

将住宅和公共配套设施集中紧凑布置，并开发地下空间，依靠科技进步，使地上地下空间垂直贯通，室内室外空间渗透延伸，形成居住生活功能完善、水平—垂直空间流通的集约式整体空间。这种布局形式节地节能，在有限的空间里可很好满足现代城市居民的各种要求，对一些旧城改建和用地紧缺的地区尤为适用。如香港南丰新村(图 3-12)，用地仅 3.2 公顷，居住人口达 12700 人。其布局特点是：12 幢 28～32 层的塔式住宅楼沿矩形用地三面布置，北面开口朝向海湾，可眺望维多利亚港全景。用地的中央部分为地下汽车库，可容 800 车位，库内有梯道直通屋顶平台花园，花园内设有儿童游戏场、球场等活动场地。车行道围绕平台四周布置。由于用地东西两面的高差，平台分别以两个步行地道和两个天桥与各住宅楼连接，居民到中心平台花园不必横穿车道。图 3-13 为北京小营居住区四区规划，在用地狭小、地段不规整的不利条件下，选择集约式平台布局。四栋住宅塔楼下设整体架空平台，主要安排商业及公共服务设施，托幼与平台绿化结合布置以提供充足的活动场地，平台层下设地下停车场，动态与静态交通、小区内外人流与车流分流，并为残疾人专设无障碍道路系统和盲人盲道设施。平台屋顶花园除老人和儿童活动专用场地外，还设有社区文化中心，使自然景观与人文景观相结合，为居民休闲和交往提供高品位的优越环境。伦敦 Bloombury 住宅区(实例 27)，也是类似的集约式整体布局，其特点在于考虑了地处旧区的周

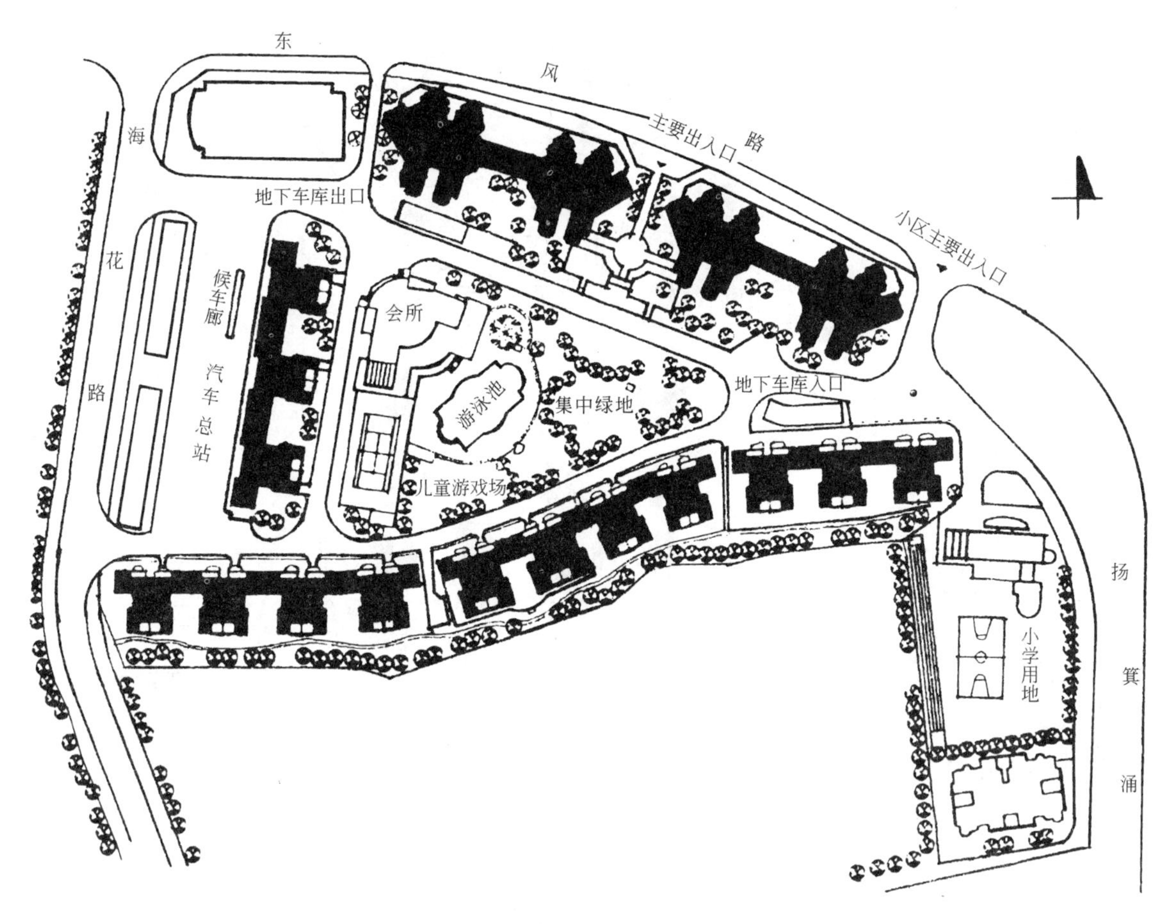

图 3-10　广州锦城花园小区围合式规划布局

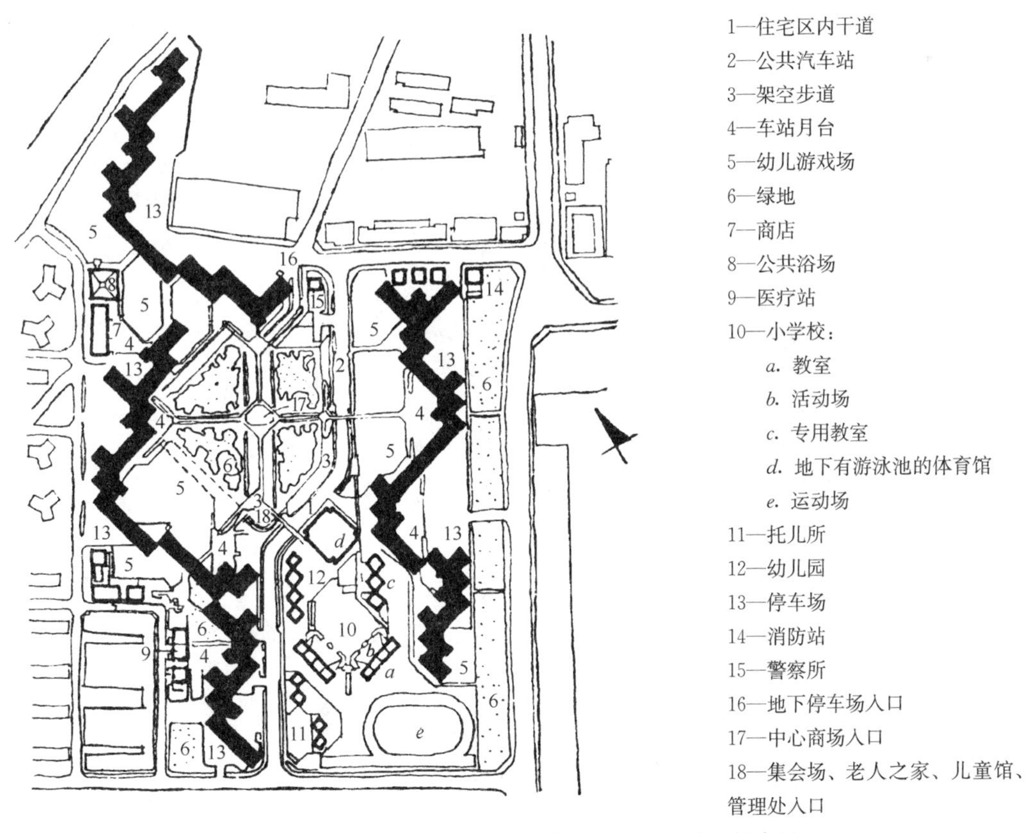

图 3-11　日本广岛市基街高层住宅区围合式规划布局

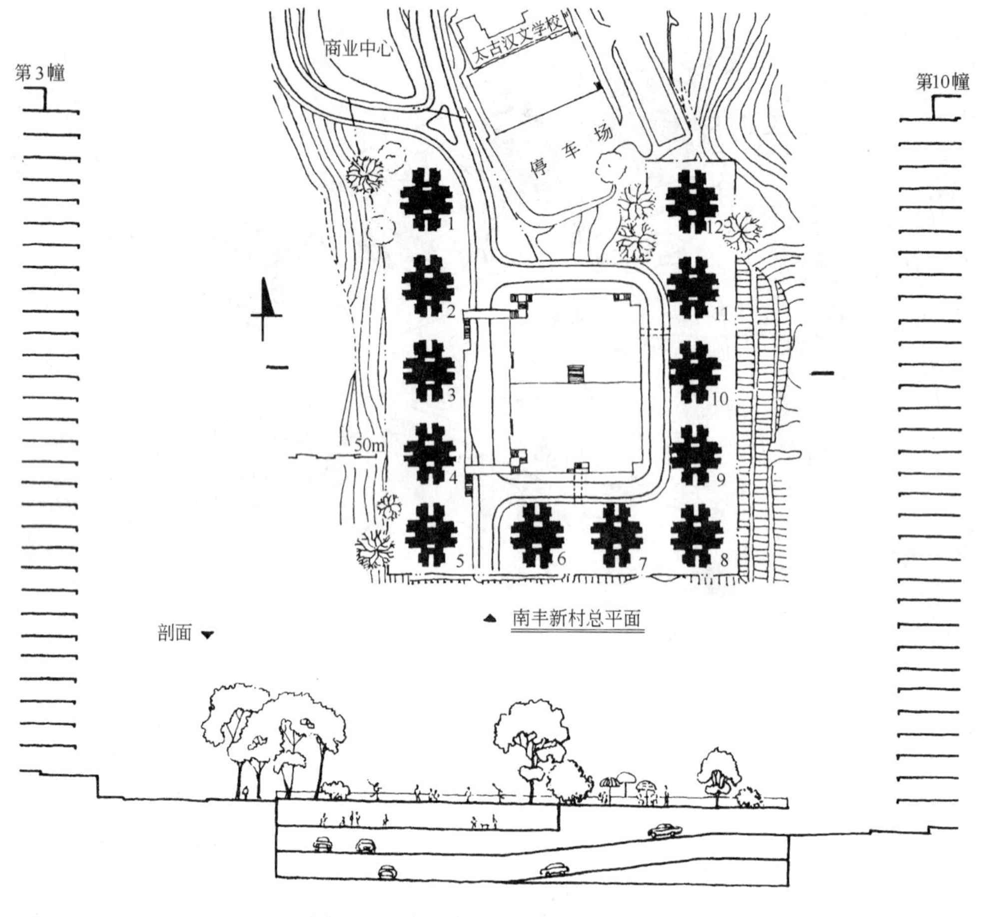

图 3-12　香港南丰新村集约式规划布局

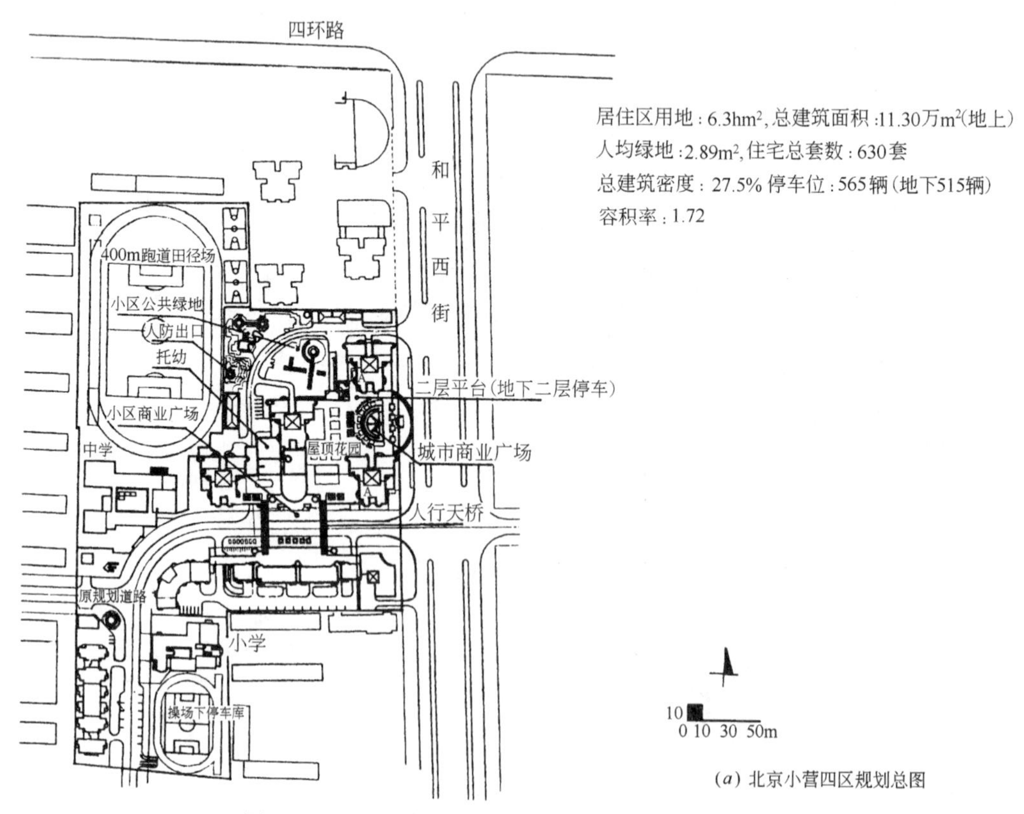

(*a*) 北京小营四区规划总图

图 3-13　北京小营居住区四区集约式规划布局(一)

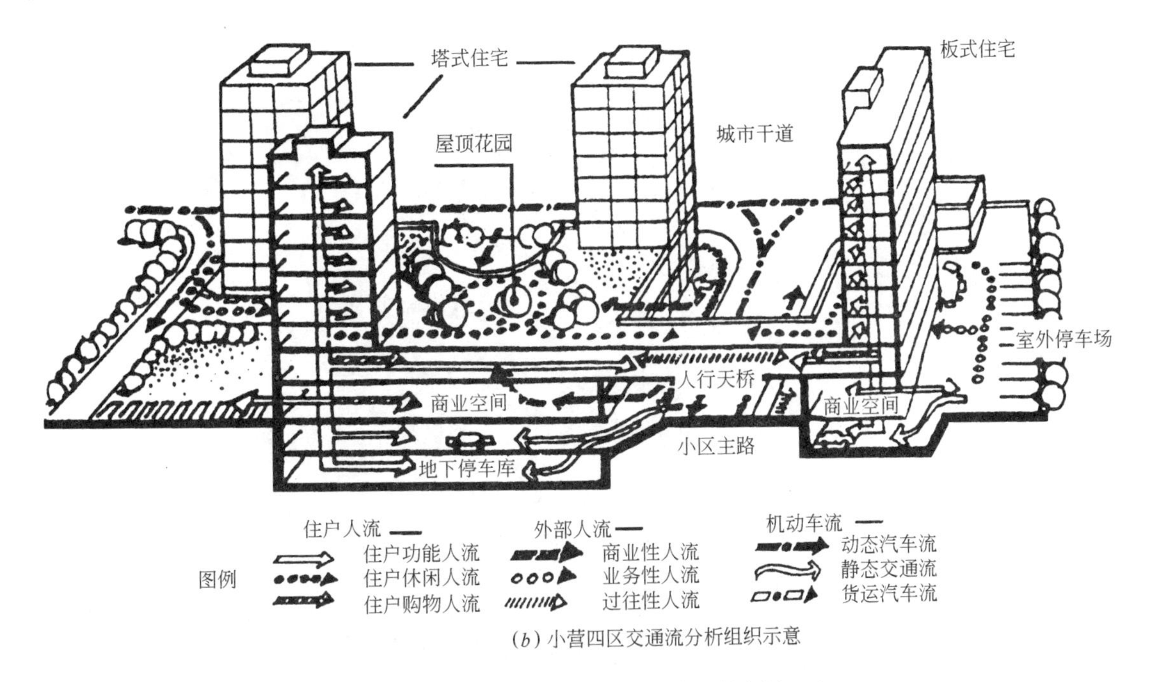

(*b*) 小营四区交通流分析组织示意

图 3-13　北京小营居住区四区集约式规划布局(二)

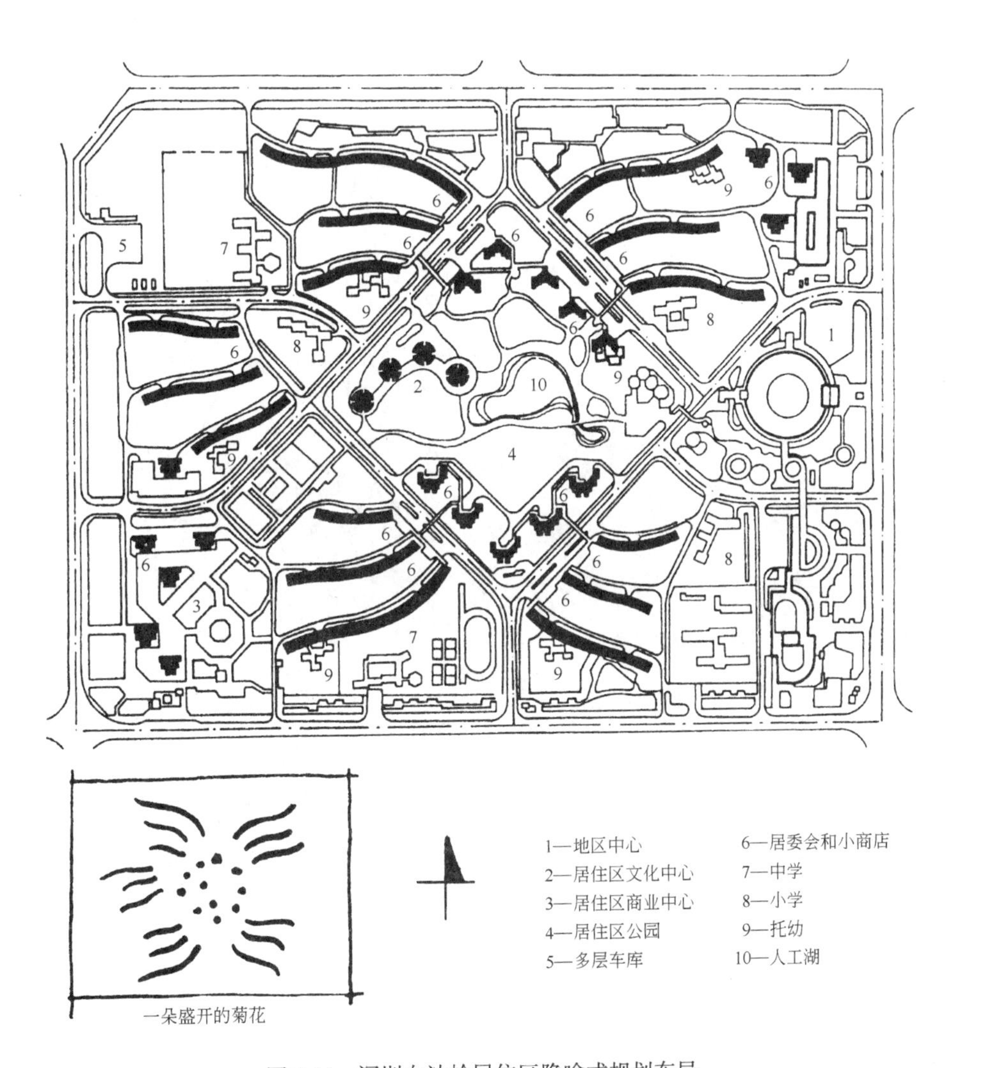

图 3-14　深圳白沙岭居住区隐喻式规划布局

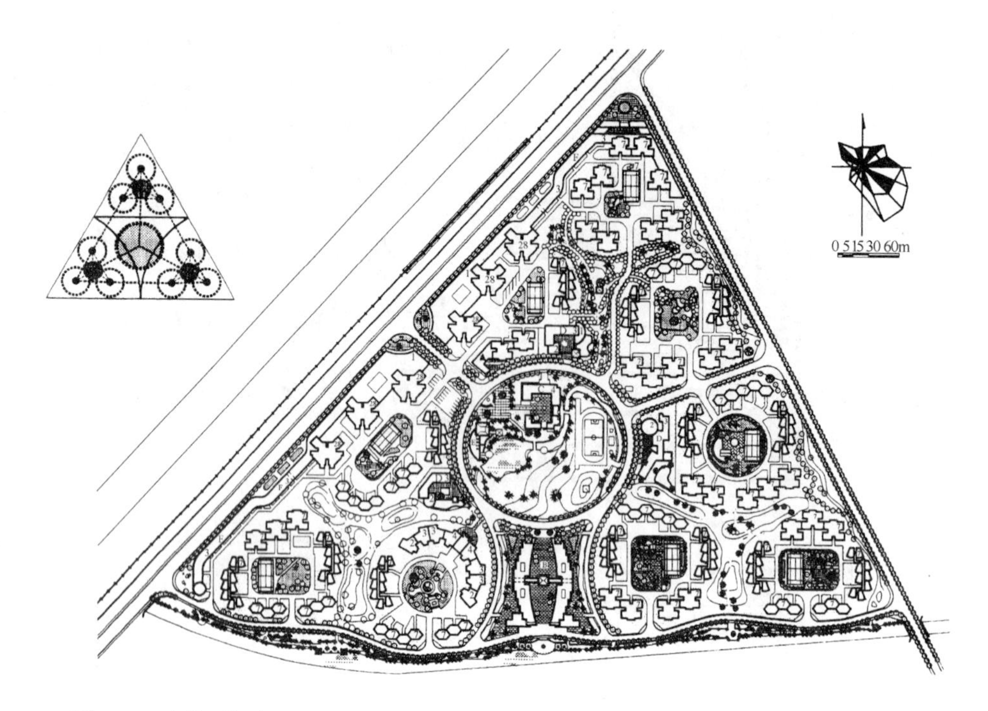

图 3-15　上海“绿色细胞组织”隐喻式规划布局（‘96’上海住宅设计国际竞赛方案）

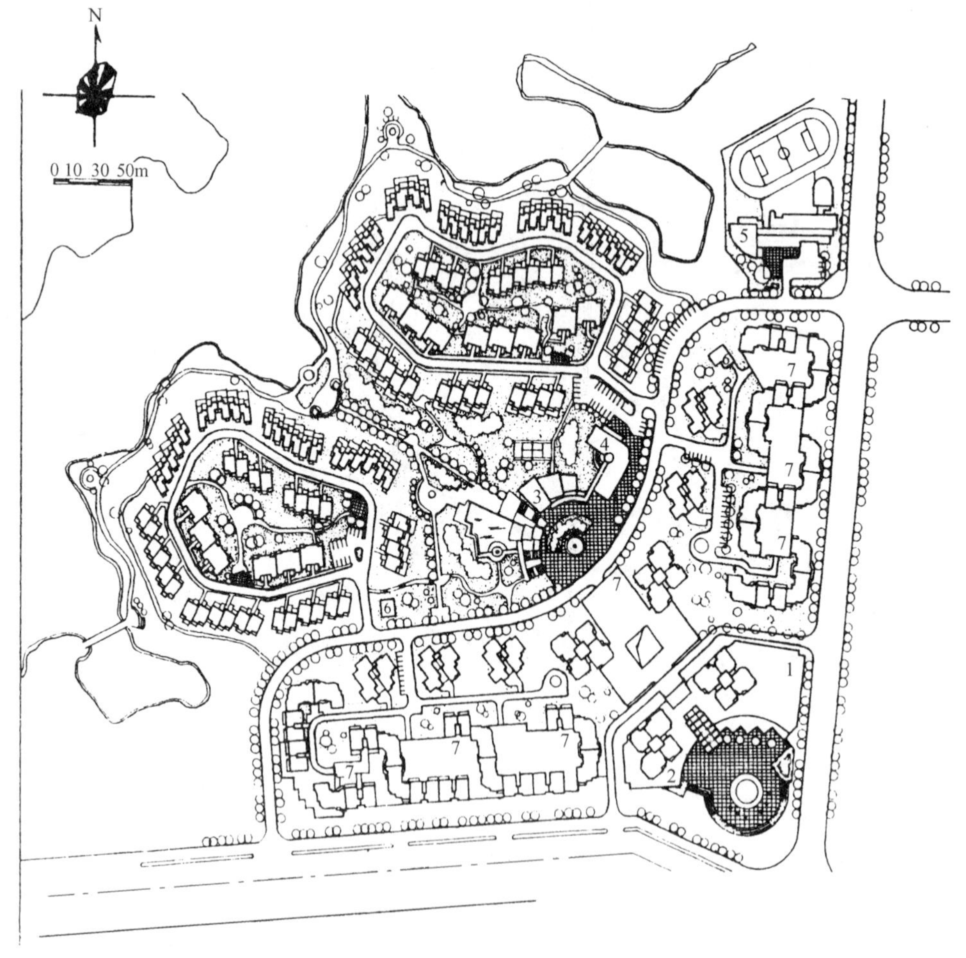

图 3-16　重庆龙湖花园小区“轴线—隐喻——片块”综合式规划布局

1—商业中心；2—物业管理；3—社区中心；4—托幼；5—小学；6—变电所；7—地下车库

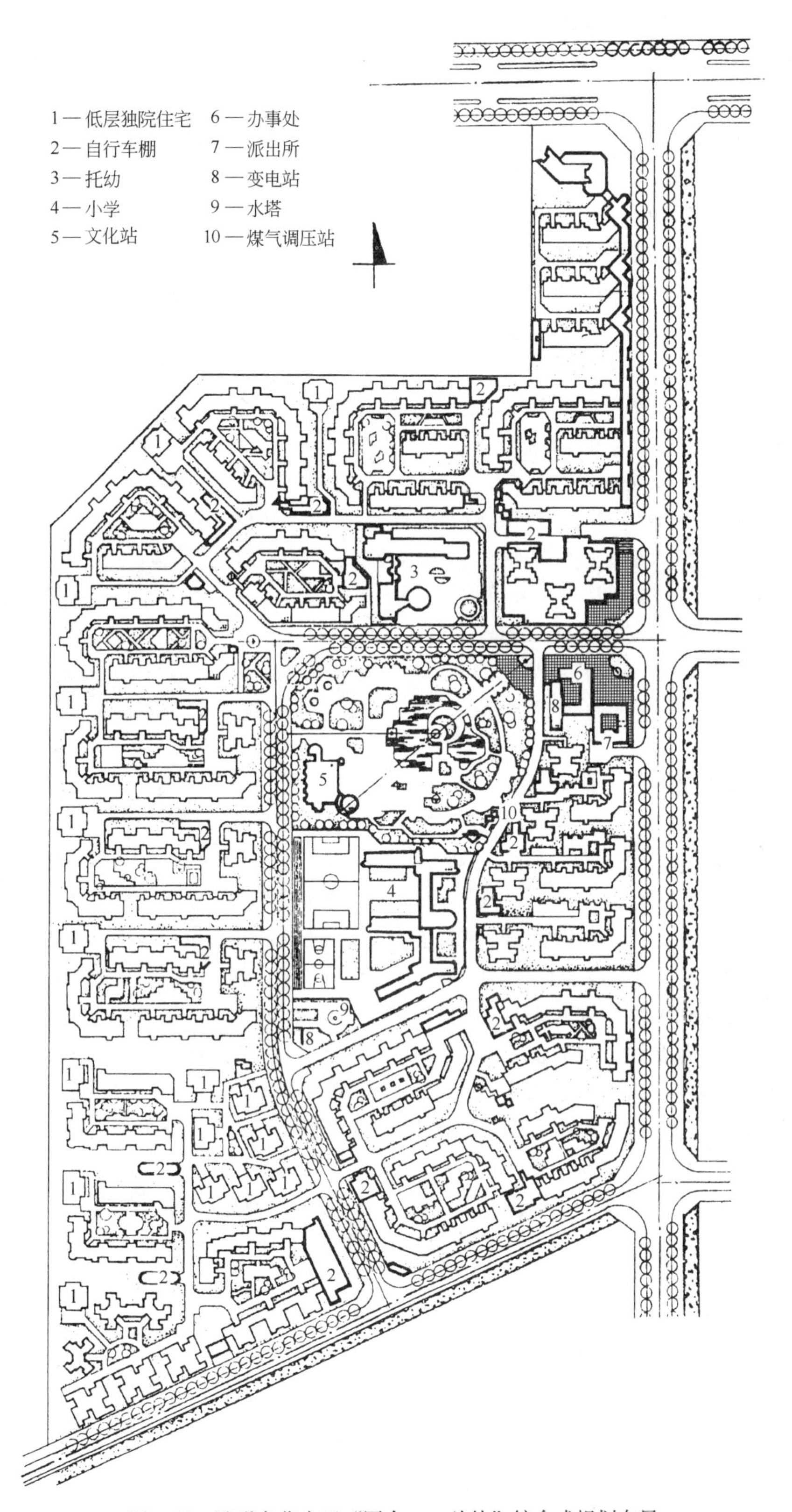

图 3-17　昆明春苑小区“围合——片块”综合式规划布局

围建筑与环境，没有采取大尺度的塔式高层住宅楼，而是采取和旧房屋尺度相协调的多层台阶式住宅楼，围成一个邻里院落。

六、隐喻式布局

将某种事物作为原型，经过概括、提炼、抽象成建筑与环境的形态语言，使人产生视觉和心理上的某种联想与领悟，从而增强环境的感染力，构成了"意在象外"的境界升华。深圳白沙岭居住区(图 3-14)，整体布局采用规整的几何图案，构图简洁流畅，形似一朵盛开的菊花。图中以 10～18 层曲线型板式住宅由中心呈向外飘逸延伸状，如同花瓣；中心 24～30 层点点塔式住宅好比花蕊；低层公建作屋顶花园供居民游憩；板式住宅底层架空视线通透，可改善通风条件，也是停车、活动的适宜场所。丰富的景观、舒展的空间、似花的形态，会给人们带来似花的美好联想和憧憬。又如上海"绿色细胞组织"社区规划(图 3-15)，整体布局形式以植物细胞为原形，将细胞组织"细胞核—细胞质—细胞膜"，抽象为相象的规划形态语言—"房包围树，树包围房，房树相拥，连绵生长"，如同细胞核裂变繁殖的自然生态。让缺乏自然生态和山水景色的喧嚣的上海感受"房在树丛，人在画中"的悦目怡情。

七、综合式布局

各种布局形式，在实际操作中常常以一种形式为主兼容多种形式而形成组合式或自由式布局。重庆龙湖花园小区(图 3-16)为一轴线式、隐喻式和片块式相结合的多种形式综合的布局形式，利用自然地形和水景，以一景观轴线顺着地势叠落直泻湖心，构成控制小区全局的中心，两侧四个组团呈片块式对称格局，其盘旋状和缠绕状住宅群体因"S"形住宅更添动感，如同四条盘龙，高耸的四栋点式住宅楼如同四高昂的龙首，簇拥着中心圆形大平台如同群龙戏珠。特殊的规划语言阐述着"龙吐戏珠，湖生瑞云"的隐喻，更增加龙湖小区环境的情趣。昆明春苑小区(图 3-17)，以多个邻里院落次空间沿基地周边布置围合小区中心主空间，主、次空间相互渗透形成一个整体。其特点是淡化组团、强化院落。扩大了住宅常用的日照间距(由原 1∶1 提高到1∶1.4～1.5)，按 100～180 户的规模组成邻里院落，以院落空间提高居民的领域感，促进居民间交往和自我防卫，使居民活动最频繁的邻里院落改善了空间环境质量，成为小区构成的最基本的生活单元。部分邻里院落和低层独院式住宅，根据用地条件组成片块，因而小区形成围合式和片块式混合的综合式布局。

第三节 居住区规划布局分析

在居住区整体布局的构架中，道路系统起着骨架作用；公建系统是社区建设的核心因素；绿化系统则是生态平衡因素、空间协调因素、视觉活跃因素。它们与占主导地位比重大的住宅群一体，紧密结合基地地理条件和环境特点，构成一个完善的、相对独立的有机整体。

对居住区规划布局的基本内容和要求：

一、道路系统

道路系统是居住区规划布局的骨架。根据地形、气候、用地规模、周围环境以及居民出行方式与规律；结合居住区的结构和布局来确定，要求满足使用、安全、经济的要求。

（一）道路系统规划布置要求

1. 满足使用功能要求

（1）满足各种交通运输要求　应考虑居民上下班、上学、入托、购物；搬运家具、清运垃圾、消防救护、商店货运以及无障碍通道、居民小汽车的通行等等。既要满足居住区人车流内外顺畅又要避免过往车辆穿行，同时要满足区内线路短捷、顺直，避免往返迂回的要求。

（2）利于居住区的规划布局　利于居住区各项用地的划分和有机联系，综合考虑各项建筑及设施的布置要求，以使路网分隔的各个地块能合理地安排不同功能要求的建设内容；利于建筑布置的多样化和良好的日照、通风、卫生环境；便于识别、寻访和街道命名，为创造具有特色的空间环境提供有利条件。

（3）利于工程设施布置　道路骨架基本上能决定埋设于路面地下的市政管线系统布置形式，完善的道路系统不仅利于市政管线的布置，并能简化管线结构和缩短管线长度，减少材料和能源消耗。

2. 满足安全与防护要求

（1）保证行人、行车安全　道路布置要求功能明确，分类系统清晰，线路便捷又具有一定功能使用的灵活性；不同功能的道路相交处，视条件采取主体交叉，或采取人、车分流，或加设人行道，或保证道路有适宜的宽度；为确保行车安全和一定的车速，尽量减少居住区通向城市干道的车道出入口，主要车道出入口处适当加宽便于人、车流暂作停留缓冲，并注意避免长直线坡路段，以防车祸；适当采用尽端式道路减少交通穿越与干扰。

（2）要与抗震防灾规划结合　考虑居民避灾疏散需要，在抗震设防城市，居住区必须保证有通畅的疏散通道，并在因地震诱发的次生灾害（如电气火灾、水管破裂、煤气泄漏等）发生时，能保证消防、救护、工程救险等车辆的出入。

3. 满足经济和节约用地要求

(1) 合理选择道路线路和路基断面　道路布置应做到既适用又节约用地和投资的要求，线路尽量做到短捷、顺直，避免往返迂回；道路宽度应根据人口规模；车流量分级选用适宜的尺寸和缘石半径，以缩小道路面积和用地面积；道路网布置应合理划分用地，使用地划分不致过分零散，或出现难于利用的锐角和碎块；在交通量小的基层生活单元可采用尽端式道路。

(2) 适应地形布置道路　道路应适应自然地形布置，如道路沿山脊、山谷布置、平行或斜交于等高线布置，避免正交于等高线布置等，以减少土石方工程量；道路平行河流布置以减少桥涵等工程设施，可缩短工期和节约投资等等。

(3) 利用现有线路设施　道路布置尽量利用现有线路设施，路面结构材料选择应因地制宜，减少运输。

(二) 道路系统的规划布置

1. 道路网布置基本形式

有贯通式、环通式、尽端式（图 3-18），此外还有以上三种基本形式相结合的混合式或自由式等多种形式。规划布置形式参见本书实例部分。

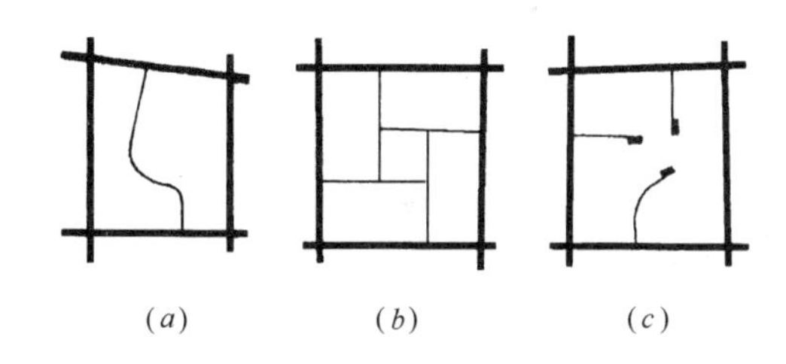

图 3-18　道路网布置基本形式示意

(a)贯通式；(b)环通式；(c)尽端式

2. 人、车流组织

(1) 人车混流　人车流同一块板运行，主要用于车流量小的基层道路，如组团、邻里内部居民小汽车减速缓行较适宜。

(2) 人车分流　居住区人车分流的组织常采用的方式有：车行道附设平行的人行辅道，人车同时平行运行，这种形式较适用于平原地区；人车分离各设独立系统，在山地坡度较大地段，这种处理方式较常见；人、车立交运行，或高架立交或地道立交，常局部用于人车流交叉且人、车流量较大处。

3. 道路分级布置

按居住区的四级道路，由区外引向区内，由主干道引向支路逐级衔接，与居住人口和车流量相对应。

4. 静态交通布置

包括停车设施、广场、回车场、交通岛等，居民小汽车停车面积较大，为节约用地减少干扰和环境的污染，最好作地下停车设施，以附建于集中绿地、活动场地的地下为宜；也可附建于高层住宅地下层，或适当附建于建筑底层作架空层；还可采用单建式停车设施；露天停车场宜作小型临时停车备用。停车设施既要离用户近便，又要避免对用户的干扰。

(三) 几项有关技术要求

1. 关于出入口

(1) 居住区、居住小区的主要车行道至少要有两个方向的对外出入口。

(2) 机动车车道对外出入口间距≮150m。

(3) 人行出入口间距≯80m。

(4) 沿街建筑长度大于 150m 时，应设不小于 4m×4m 的消防车通道。

(5) 当建筑物长度大于 80m 时，应在底层加设人行通道。

(6) 居住区、居住小区车行道与城市级或居住区级道路的交角≮75°。

2. 尽端式道路

长度≯120m，并应设面积≮12m×12m 的回车场。

3. 道路纵坡 i(%)、最大纵坡坡长 L(m)一般要求：

(1) 机动车道　$0.2\leqslant i\leqslant 8.0$；$L\leqslant 200$；

(2) 非机动车道　$0.2\leqslant i\leqslant 3.0$；$L\leqslant 50$；

(3) 步行道　$0.2\leqslant i\leqslant 8.0$；$L\leqslant 300$；

(4) 无障碍通道　$0.5\leqslant i\leqslant 2.5$；$L\leqslant 250$。

4. 公交站

大城市、特大城市的市郊或近郊居住区，应为居住区设置专用公交线路，公交站服务半径≯500mm。

二、公建系统

居住区公共服务设施以居住人口规模为依据配建，它是构成社区中心的核心因素，应与居住区的功能结构、规划布局紧密结合，并与住宅、道路、绿化同步规划建设，以满足居民物质与精神生活的多层次需要。

(一) 公建系统规划要求

(1) 方便使用　不同性质公建布点选择要符合居民行为规律，避免往返迂回，基层服务设施设置更要满足服务半径的要求。

(2) 利于形成社区活动中心　公建设施是构成社区活动的重要内容，选择适当的项目加以组合，形成规模，与周围环境结合，组织社区活动空间，展现社区风采，体现社区精神。

(3) 满足公建自身建设要求　不同性质的公建有不同的功能组织要求和对环境的不同选择，规划要统一协调布置，使各设施功能完善正常运转，以充分发挥设施效益。

(4) 利于经营管理　配套设施主要为本区服务，同时视周边地缘关系，在不干扰居民生活的前提下，提供扩大营业范围、增加经济创收的条件。

(5) 适应社会发展　经济增长、社会进步促使公共服务事业的发展，居住区公建设施项目会不断增新或淘汰，如家务社会化、社会信息化和社会老龄化发展就需增加项目新内容。规划布局需适应发展留有余地。

(二) 公建系统的规划布局

公建设施根据不同项目的使用功能和居住区的规划布局要求，应采用相对集中与适当分散相结合的方式合理布局。

(1) 社区活动中心　将商业服务设施相对集中，选择交通方便、人流集中地段，成片或成街布置，形成商业中心、商业步行街区；将文化体育设施包括青少年活动中心、老年活动中心与公共绿地结合，形成环境优美、内容充实、景观丰富的文化娱乐中心；还可将商业服务和文化体育设施联合起来形成综合性活动中心、会所等，这类集中设置的公共活动中心，常代表社区的形象，具有聚合力。主要为本区居民服务，根据基地环境条件，也可兼顾周边服务，提高使用效率和经济效益。

(2) 教育设施　中小学要求设于环境安静、交通安全的独立地段，校舍和操场要求有良好的朝向。托儿所和幼儿园可联合设置，也可单独设置，选择接送便捷，环境安静、安全、舒适、优美的地段，以利幼儿身心健康，可设于小区主要出入口附近或较适中的位置，要求有充分日照的室外专用活动场地。

(3) 医疗卫生设施　医院卫生所要求设于环境安静、卫生、交通方便、地势平坦、便于病人就诊和救护的独立地段。

(4) 基层商业服务设施　便民小商店售居民日常生活少量必需品，宜分散设置于组团、邻里院落内或其主要出入口附近，便于居民就近购物。

(5) 市政公用设施　变电所、煤气调压站的位置要根据城市规划市政管网入口方向，并要求处于负荷中心，地势避免低洼。锅炉房是采暖地区公用设施的主要项目，一般要求设于下风位，并有燃料、废渣运输车道。居住区停车设施属静态交通，与道路系统关系密不可分(参见第六章)。环卫设施利于实现垃圾袋装化，要考虑集运设施系统，垃圾收集站应靠近便于清运的车行道，并注意掩蔽。

三、绿化系统

居住区的绿化系统除公共绿地(居住区公园、小游园、组团绿地)，还包括宅旁绿地、公共服务设施专用绿地和道路绿地等非公共绿地，此外还包括区内生态、防护绿地。为增大绿化效率，应充分利用空间，发展垂直绿化，同时要普遍提高绿化质量。

(1) 利用自然条件和环境特点，结合居住区规划布局，采用集中与分散相结合，点、线、面相结合的绿化系统。集中绿地要根据不同规模，设置相应的活动场所和场地(参见第四章和第七章)。

(2) 绿化除和各种活动场地结合，还要与住宅建筑空间、公共建筑环境结合，为创造一个优美的生态居住环境提供自然基础条件。

(3) 植物品种选择应考虑植物生态，适应地方气候土壤条件，反映地方特色；住宅庭院注意种植冬可透光、夏可遮阳、无毒无臭、防虫、耐阴、吸尘、防火的植物品种的配植。

四、空间环境

从宏观上整体的来看建筑、街区或整个居住区的规划设计，都应视为一种空间环境的规划设计，即将居住区视作是室内外各类空间环境的综合体，并把多元的居住区环境要素加以综合，形成整体的具有内涵的居住环境。

1. 协调中创造特色

将人工环境融于自然，融于周边环境，融于地域文化，并在融溶的协调中，利用地理自然环境和地方人文环境的特殊性，创造居住区的特色，使居住区具有特殊的文化品位，给人以亲切感、认同感和归属感。

2. 整体中突出中心

从空间的领域关系来看，由私有空间到共享空间，中间的过渡空间可有不同层次设置，有半私有空间或半公有空间，也有两者兼具者，各层次特有的功能、内容、尺度无声地规范着人们的行为，给予人们领域感和安全感，在这有序的整体空间内，共享空间是人们聚集的活动空间，一般由各类公共设施构成，它们如同不可缺少的“起居室”，具有聚合性、凝聚力，是社区的象征，代表社区的精神，也集中地展现居住区的风貌特色。规划处理手法一般是用次空间衬托主空间，或以次空间作导引，形成“前导——中心——结尾”的空间主序列，使社区中心在有序的整体中突现。

3. 连续中沟通交往

连续的空间使人的活动连续，使社区具有一种扩大了的家庭形象，先进的物业管理增强了社区相对的独立性和社会维护能力，整个居住区则可减少封闭的围合与分隔，以利于外部活动场地和空间的拓展与连续，使各类公共活动场地与设施的主动式交往空间和路径、回廊、过道等被动式交往空间连接一气，以使主动和被动交往行为交织起来，利于扩大居民的接触和交往。同时，开阔连续的外部空间具有较强的展示效果。此外如有条件可将建筑底层架空，使建筑内外空间通畅流动，住宅可由多向进出，消除消极空间死角。同时开拓空间立体绿化，组织空间横向联系，形成立体纵横步行系统，如同立体的“街、巷”，如图 4-21(一)、(二)，使居住区空间形式适应现代的立体化城市空间。

4. 保护环境可持续发展

保护环境应从各个方面着手，在居住区规划布局中可从以下几方面来考虑

(1) 满足有关规范要求　保证居住环境基本卫生健康，如有关日照、通风、朝向、防火、防灾等要求，国家有关规范都作明确规定，一般都是环境保护必不可少的基本要求，本书各部分内容都有述及。

(2) 适应环境，防护疏导　对地区的风向、水文地质、地形等环境条件应作充分了解，对不利的环境因素要作防护隔离，如噪声干扰、大气污染，可采取防护带，如设绿带、墙体，隔离噪声源和污染源，防止其扩散；住宅建筑后退布置尽量远离街道，公建设施可作前卫，以消弱噪声。对有利因素可作疏导利用，如道路走向顺应主导风向以组织通风；建筑北闭南敞，冬可避风夏可迎风；锅炉房布置在下风位高地上，以利用高空较大风速，加速烟尘扩散稀释等等。

(3) 提高绿化率和绿化质量　充分发挥绿化环保功能，绿化与居住环境质量有着密切的关系，绿化是天然氧气厂、蓄水库、空气过滤器、温湿度调节器、监测空气的前哨、防风隔声墙，有利生活、美化环境，是环境的保护神。居住区除要做好公共绿地的规划设计，还必须重视普遍的绿化数量和质量。

(4) 加大科技含量　运用科技进步，优化人工生态环境，进行太阳能、风能等自然能源的利用，妥善处理废水、垃圾，进行再生能源的利用，增强环境的自循环能力，创造生态良性循环的可持续发展的居住环境。信息化智能管理，加强社区安全防护；信息网络系统，加强信息传媒和社会交往。

以上各项分析内容为基本内容。针对不同的规划方案还可有其他分析内容，如景观分析、建筑层数分析、规划设计构思分析等。分析图可帮助对方案的深入了解和审视与评价，是一个形象而简明的有效方法。其表达方式没有确定的模式，可有多种形式，但必须主题明确，表达明晰、正确。

五、实例图解分析

[例 1]　福州儒江东村小区(图 3-19)，位于福建福州市开发区快安延伸区，北面为鼓山，南面为闽江，北面隔路有一铁路线通过。居住小区用地 9.4hm²，总居住人口 4025 人，总建筑面积 128055m²。

1. 规划结构分析(图 3-20)

小区分为三个组团，一个扩大院落。一个公建中心和一个小游园联合形成社区中心。每个组团为 3～5 个院落组成。片块式布局形式，多个组团、院落围绕中心绿地——小游园布置。功能结构布局清晰、明确、合理。

2. 道路系统分析(图 3-21)

居住小区内路网主干道采用环通式，次干道为枝状尽端式，宅间小路以步行为主，可减速通行小汽车。小区入口符合主要人流方向，道路分级明确。机动车停车库按组团集中设置，自行车各组团分散布置二、三处，机动车临时停车位设在小区和各组团入口处，使用方便。

3. 公建系统分析(图 3-22)

商业服务中心设于小区南入口，文化活动中心设于中心，小学设于西北一角独立地段，各公建位置适中，但托幼面临小区干道宜作空间围合，加以隔离与维护。

4. 绿化系统分析(图 3-23)

小区中心绿地、防护林带、林荫道以及组团绿地、宅旁绿地等点线面结合形成系统，院落空间有一定变化具有识别性。

5. 空间环境分析(图 3-24)

居住空间组织有序，南入口商业服务中心为前景，文化活动中心达到全区高潮，林荫步道为结尾。小区、组团、院落各层次入口都做了一定处理，有较强的识别性。北部设防护林带、隔音墙、减震沟利于隔减噪声，缓解火车运行震颤，同时，防护林带可阻挡冬季风，也是区内的绿化景观和活动场所。由于过于强调南北向方位，规划布置空间变化不够丰富。

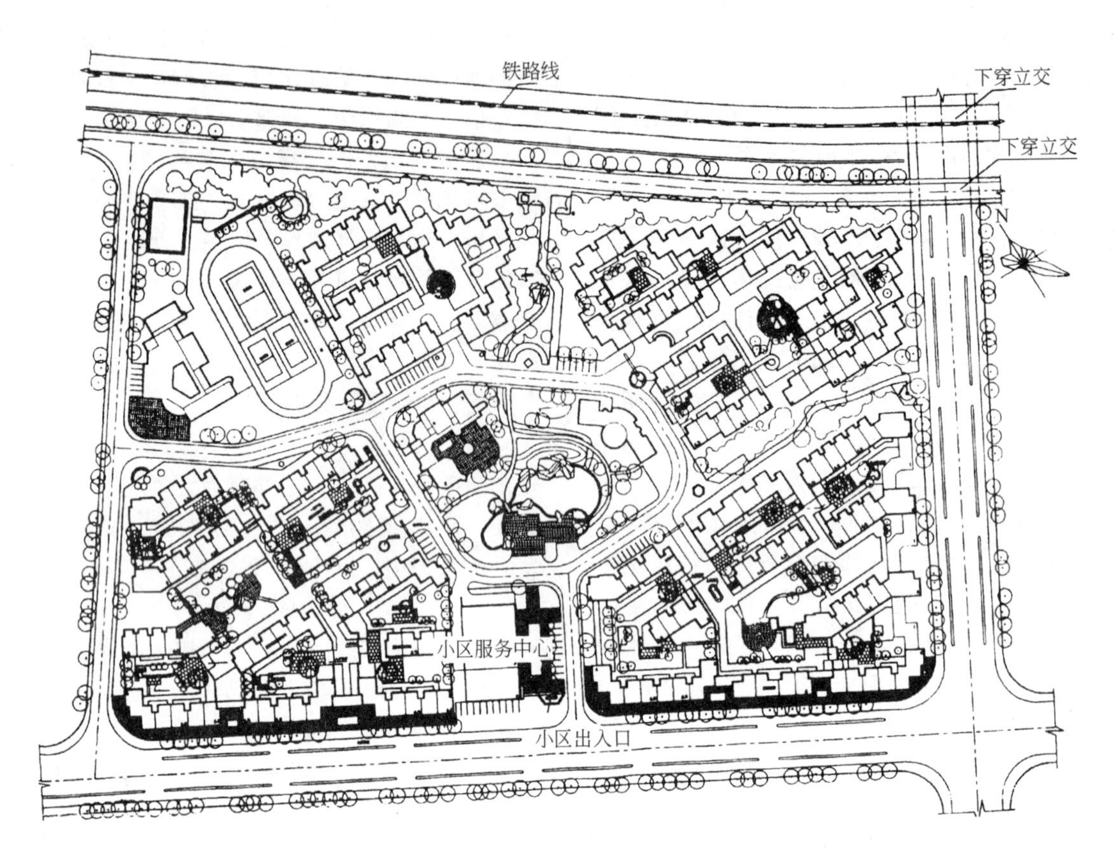

图 3-19　福州儒江东村小区规划平面图

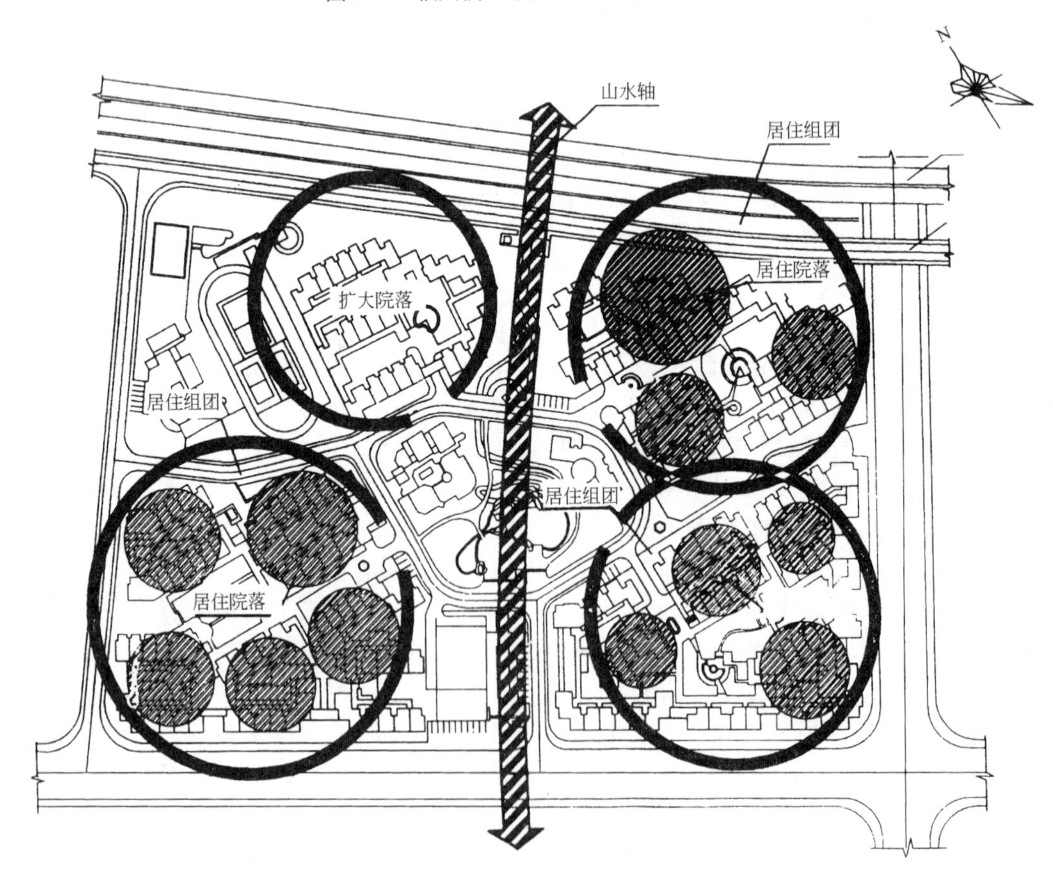

图 3-20　福州儒江东村小区规划组织结构分析

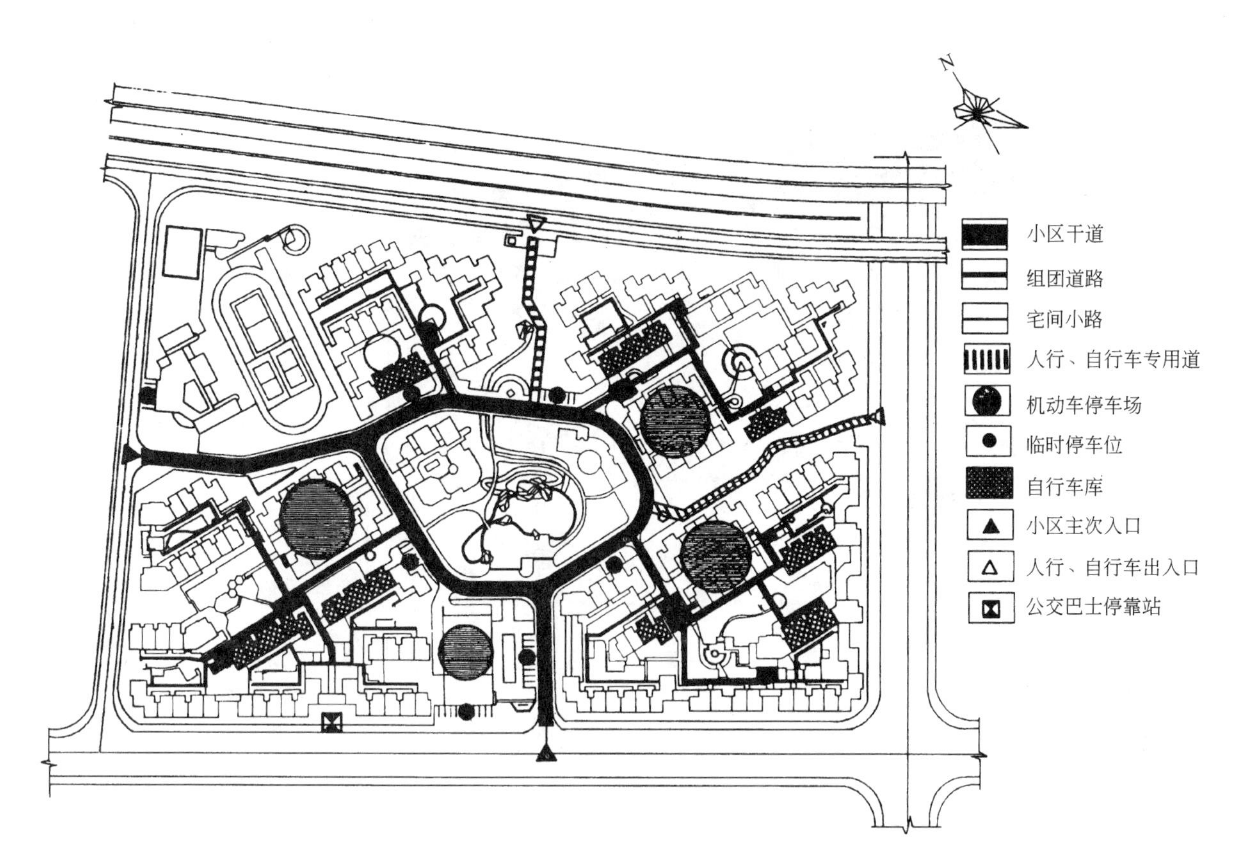

图 3-21 福州儒江东村小区道路系统分析图

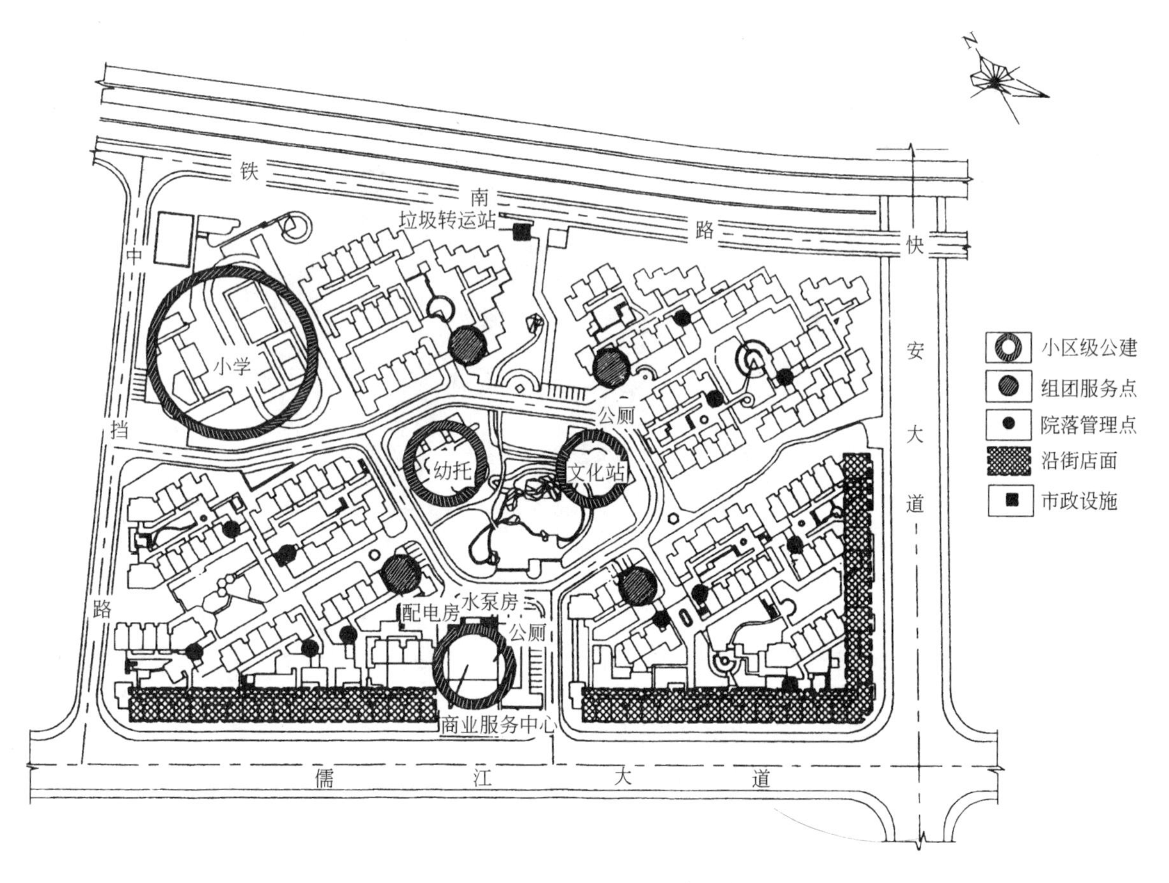

图 3-22 福州儒江东村小区公建系统分析

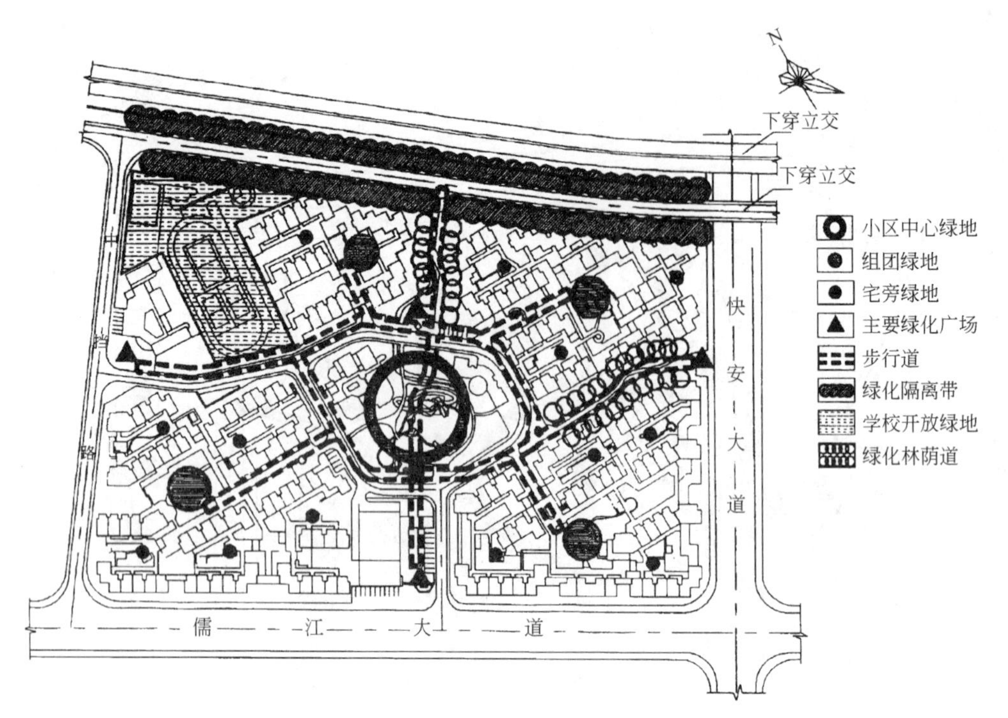

图 3-23　福州儒江东村小区绿化系统分析

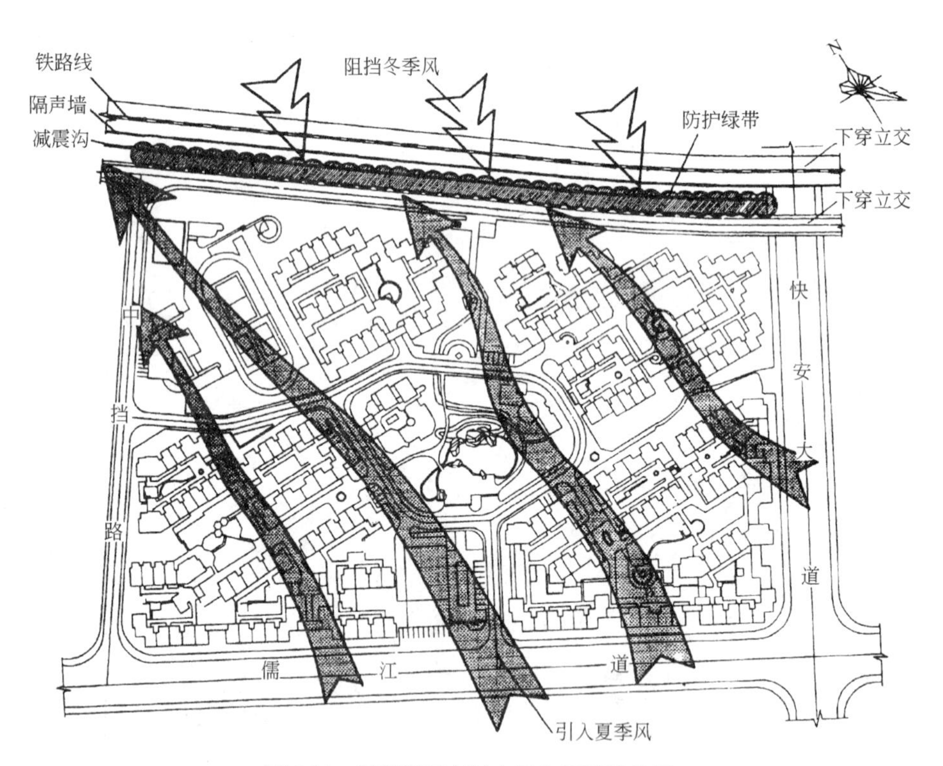

图 3-24　福州儒江东村小区空间环境分析

［**例 2**］　北海银湾花园(图 3-25*a*)，位于广西北海市西部，地势平坦，交通方便，区位优越，小区用地 18.8 公顷。小区共分五个组团，分别围绕小区中心绿地和文化中心布置。道路系统分为三级，主干道分别由东西两端的城市次干道引入，通过中心绿地环路用次干道分别通入各组团。小区的 5 个组团，每个组团设有组团绿地，随道路绿化和小区中心绿地组成小区点、线、面绿化系统。小区东入口设有商业服务中心。基层商店布置在各组团入口。

小区布局合理，用地配置恰当，规划结构简明；住宅群采用院落式，有一定错落变化；公建布置合理，各级中心绿地适宜。其分析图见(图 3-25*b*、*c*、*d*、*e*、*f*、*g*)。

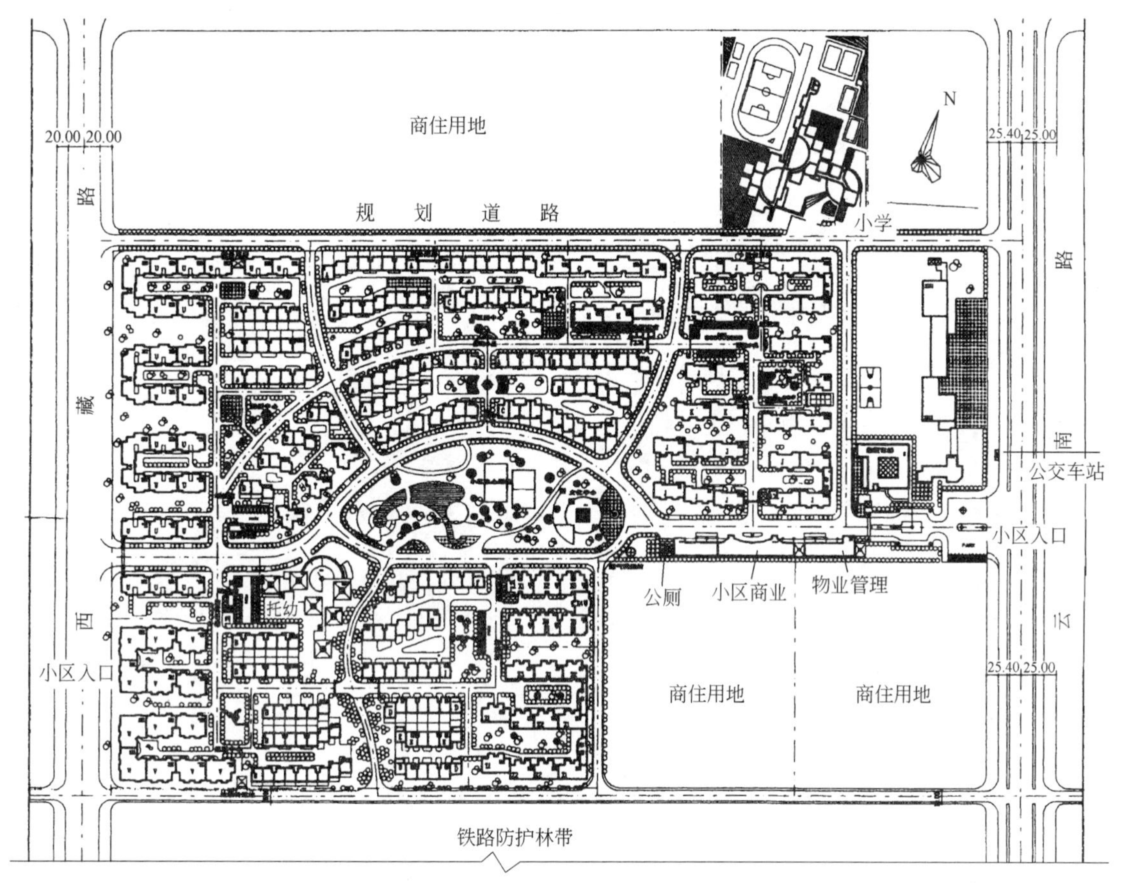

(*a*) 小区规划总平面图

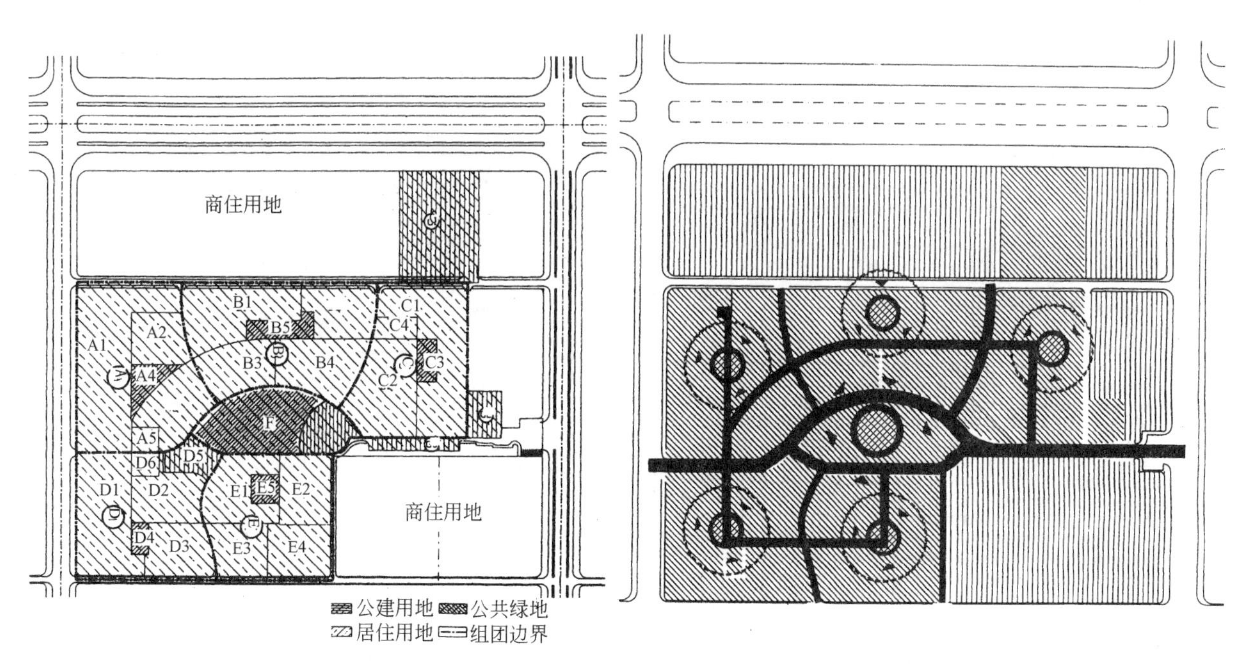

(*b*) 用地功能分析图

(*c*) 小区结构分析图

图 3-25 北海银湾花园规划分析图(一)

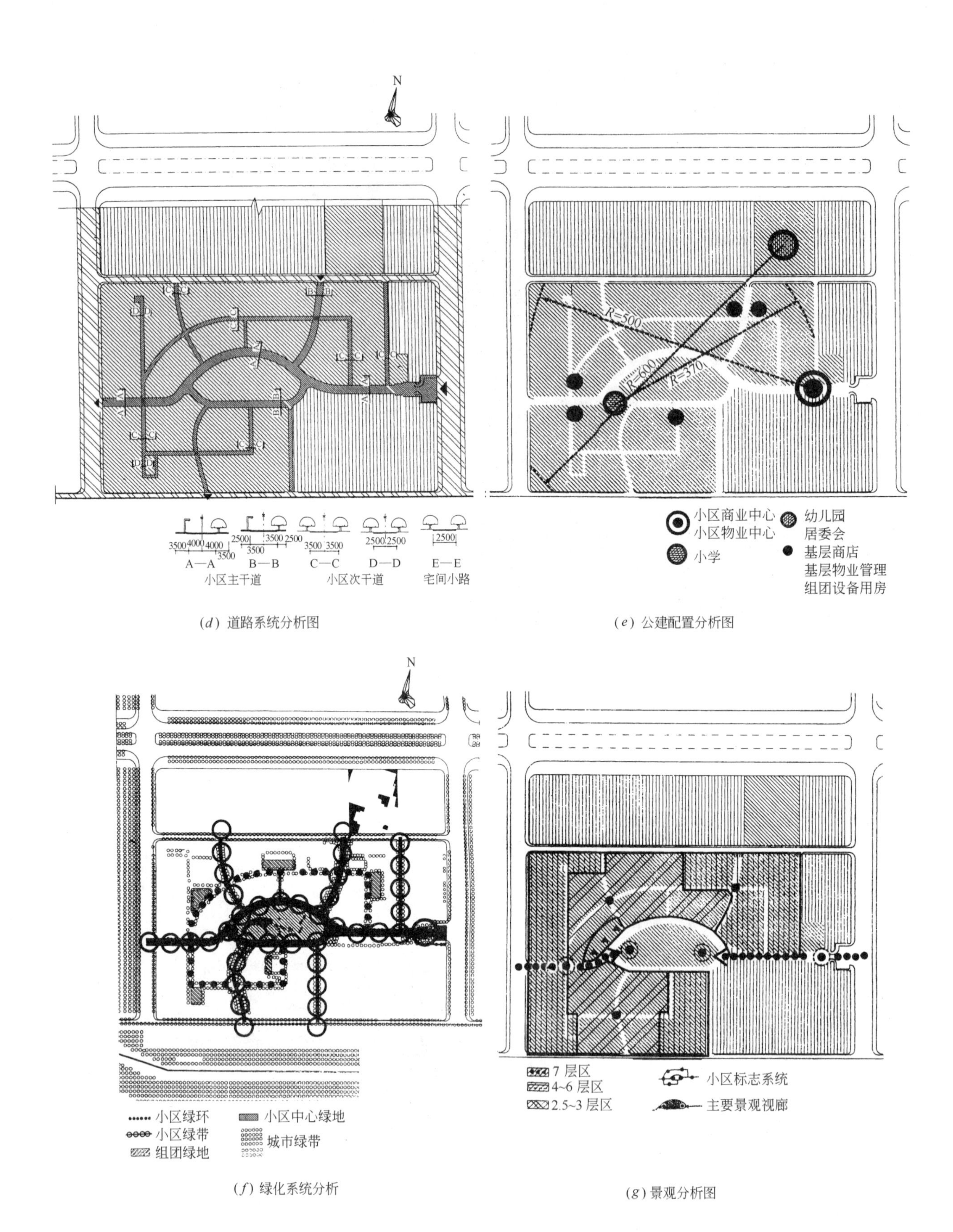

(d) 道路系统分析图

(e) 公建配置分析图

(f) 绿化系统分析

(g) 景观分析图

图 3-25 北海银湾花园规划分析图(二)

第四章　住宅用地规划设计

住宅用地，在居住区内不仅占地最大，其住宅的建筑面积及其所围合的宅旁绿地在建筑和绿地中也是比重最大的。住宅用地的规划设计对居住生活质量、居住区以至城市面貌、住宅产业发展都有着直接的重要影响。住宅用地规划设计应综合考虑多种因素，其中主要内容包括：住宅选型、住宅的合理间距与朝向、住宅群体组合、空间环境及住宅层数密度等。

第一节　住宅建筑的合理选择与布置

住宅选型应主要确定住宅标准、住宅套型和形体。在住宅建筑布置中房屋间距不仅关系到日照通风的基本要求，还关系到消防安全、管线埋设、土地利用、视线及空间环境等多种因素，根据我国所处地理位置与气候状况，以及居住区规划实践，表明绝大多数地区只要满足日照要求，其他要求基本都能达到，因此以满足日照要求为基础，综合考虑其他因素为原则来确定合理的房间距。房屋的良好朝向可以提高日照和通风的质量，也是建筑布置中需重视的问题。

一、住宅建筑选型要点

（一）依据国家现行住宅标准

住宅标准是国家的一项重大技术经济政策，反映国家技术经济及人民生活水平，不同时期有不同的住宅标准。住宅标准的确定应按照国家的住宅面积指标和设计标准规定，并结合当地具体执行情况酌定。考虑到国家经济建设发展，建设小康居住水平的目标，一般宜选择适合我国中等收入居民可接受的水平(或根据实地调查，作具体应对)和现代家庭生活行为的实际需要；能较好地体现居住性、舒适性和安全性的文明型大众住宅，具体可体现为：不同套型配置合理，套型类别和空间布局具有较大的适应性和灵活性，以保证多种选择，适应生活方式的变化和时代的发展，延长住宅使用寿命；平面布置合理，体现公私分离、动静分离、洁污分离、食寝分离、居寝分离的原则，并为住户留有装修改造余地；住宅设备完善，节约能源，管线综合布置，管道集中隐蔽，水、电、气三表出户；电话、电视、空调专用线齐全，并增设安全保卫措施；住宅室内具有优质声、光、热和空气环境。

（二）适应地区特点

包括不同地区的自然气候特点、用地条件和居民生活习俗等。目前我国各地区都有相应的地方性住宅标准设计，可作为住宅选型的参考，如炎热地区住宅设计首先需满足居室有良好的朝向和自然通风，避免西晒；而在寒冷地区，主要是冬季防寒防风雪；坡地和山地地区，住宅选型就要便于结合地形坡度进行错层、跌落、掉层、分层入口、错跌等调整处理(图 9-3)。居民生活习俗也需细心体察，如有的喜欢安静封闭性住宅，有的则喜欢便于交往的开敞性住宅等等，要考虑多种选择的需要。

（三）适应家庭人口结构变化

随着经济与社会的发展、城市化进程、生活水平的提高以及计划生育政策实施，我国家庭人口结构变化有以下特征需引为住宅选型的密切关注：①家庭人口规模小型化，四口人核心家庭大量演化为三口人核心家庭；②社会高龄化，预测 21 世纪中我国将达到超老龄化社会标准；③家庭人口的流动性、单身家庭、空巢家庭增长。相适应的住宅类型可选择社会性较强的公寓式住宅、老人公寓、两代居以及灵活适应性较强的新型结构住宅等。

（四）利于节能、节地、节水、节材(简称“四节”)

住宅的尺度包括进深、面宽、层高，对“四节”具有直接的影响，由几何学可知，圆的内接矩形中以正方形的面积最大，周长最短。因此一般认为一梯两户的住宅单元进深在 11m 以下时每增加 1m，每公顷用地可增加建筑面积约 1000m^2，同时因外墙缩短可节约材料和能量，进深在 11m 以上效果则不明显。若将单元拼接成接近方形的楼栋时，更能体现“四节”要求，但进深过大住宅平面布置会出现采光和穿套等问题。住宅的面宽宜紧缩，但过窄使进深相对加大也会产生上述问题。关于住宅的层高，据分析层高每降低 10cm，便能降低造价 1%，节约用地 2%，但必需满足通风、采光要求，同时要顾及居民生活习惯和心理承受。

（五）注重提高科技含量

小康型住宅要求运用新材料、新产品、新技术和新工艺(简称“四新”)。住宅选型应考虑新型结构、材料和设备，使住宅具有静态密闭和隔绝(隔声、防水、保温、隔热等)、动态控制变化(温度变化、太阳照射、空气更新等)、生态化自循环(太阳能、风能、雨水利用、废弃物转换消纳等)以及智能化系统(安全防范、管理与监控、信息网络等)，运用科技进步改善住宅性能，提高居住舒适度。

（六）利于规划布置

住宅形式应适应用地条件，协调周边环境，利于组织邻里及社区空间，形成可识别的多样空间环境及良好街景，使整个居住区具有特色风貌。

（七）合理确定住宅建筑层数

前已述及住宅层数是确定居住区用地规模的直接因素见(表 2-2)。要确定住宅层数，首先要考虑城市所在的建筑气候地区和城市规划要求，同时要考虑居住区规划人口数、用地条件、地形地质、周围环境及技术经济条件等，此外还应考虑居住区空间环境及建筑景观规划的需要。从经济角度看，合理提高住宅层数是节约用地的主要手段，但不是层数越高用地越省就越经济，随着层数增高，建筑造价越高，人们心理和生理承受能力减弱，在使用上也带来某些不便。

二、住宅的合理间距

（一）日照间距

住宅建筑间距分正面间距和侧面间距两大类，凡泛指的住宅间距，为正面间距。日照间距则是从日照要求出发的住宅正面间距。住宅的日照要求以“日照标准”表述。决定住宅日照标准的主要因素，一是所处地理纬度，我国地域广大，南北方纬度差有 50 余度，在高纬度的北方地区比纬度低的南方地区在同一条件下达到日照标准难度大得多。二是考虑所处城市的规模大小，大城市人口集中，用地紧张的矛盾比一般中小城市大。综合上述两大因素，在计量方法上，力求提高日照标准的科学性、合理性与适用性，规定两级“日照标准日”，即冬至日和大寒日。“日照标准”则以日照标准日里的日照时数作为控制标准。这样，综合上述“日照标准”可概述为：不同建筑气候地区、不同规模大小的城市地区；在所规定的“日照标准日”内的“有效日照时间带”里；保证住宅建筑底层窗台达到规定的日照时数即为该地区住宅建筑日照标准(表4-1)。

住宅建筑日照标准＊ **表 4-1**

建筑气候区划	Ⅰ、Ⅱ、Ⅲ、Ⅶ气候区		Ⅳ气候区		Ⅴ、Ⅵ气候区
	大城市	中小城市	大城市	中小城市	
日照标准日	大　寒　日			冬　至　日	
日照时数(h)	≥2	≥3		≥1	
有效日照时间带(h)	8～16			9～15	
计算起点	底 层 窗 台 面				

注：底层窗台面是指距室内地坪 0.9m 高的外墙位置。
建筑气候区划实名祥见表 2-2 编者注(下同)。

1. 标准日照间距

所谓标准日照间距，即当地正南向住宅，满足日照标准的正面间距。

由图 4-1 示：　$\mathrm{tg}h=\dfrac{H}{L}$

则 $L=\dfrac{H}{\mathrm{tg}h}$　式中：$H=H_1-H_2$

令 $a=1/\mathrm{tg}h$

$\therefore L=a\cdot(H_1-H_2)$

式中　L——标准日照间距(m)；

H——前排建筑屋檐标高至后排建筑底层窗台标高之高差(m)；

H_1——前排建筑屋檐标高(m)；

H_2——后排建筑底层窗台标高(m)；

h——日照标准日太阳高度角；

a——日照标准间距系数(表 4-1、表 4-2)。

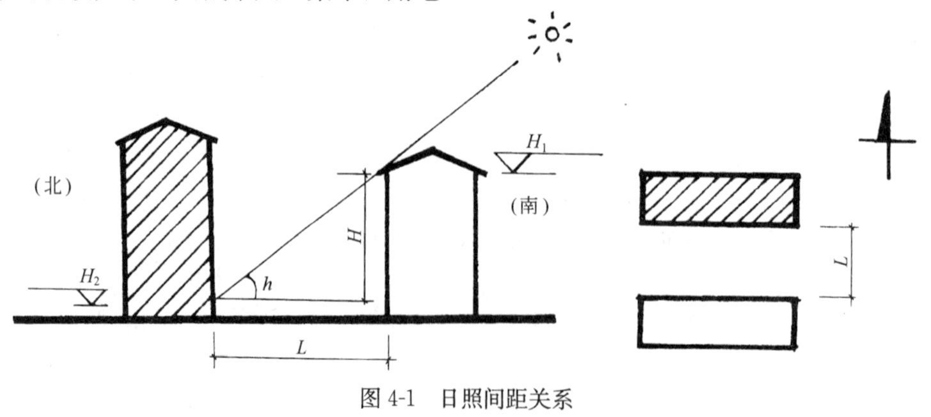

图 4-1　日照间距关系

全国主要城市不同日照标准的间距系数 表 4-2

序号	城市名称	纬度(北纬)	冬至日	大寒日			现行采用
			日照一小时	日照一小时	日照二小时	日照三小时	
1	长春	43°54′	2.24	1.93	1.97	2.06	1.7～1.8
2	沈阳	41°46′	2.02	1.76	1.80	1.87	1.7
3	北京	39°57′	1.86	1.63	1.67	1.74	1.6～1.7
4	太原	37°55′	1.71	1.50	1.54	1.60	1.5～1.7
5	济南	36°41′	1.62	1.44	1.47	1.53	1.3～1.5
6	兰州	36°03′	1.58	1.40	1.44	1.49	1.1～1.2；1.4
7	西安	34°18′	1.48	1.31	1.35	1.40	1.0～1.2
8	上海	31°12′	1.32	1.17	1.21	1.26	0.9～1.1
9	重庆	29°34′	1.24	1.11	1.14	1.19	0.8～1.1
10	长沙	28°12′	1.18	1.06	1.09	1.14	1.0～1.1
11	昆明	25°02′	1.06	0.95	0.98	1.03	0.9～1.0
12	广州	23°08′	0.99	0.89	0.92	0.97	0.5～0.7

注：本表按沿纬向平行布置的 6 层条式住宅(楼高 18.18m、首层窗台离室外地面 1.35m)计算。
摘自中华人民共和国国家标准《城市居住区规划设计规范》GB 50180—93(2002 年 3 月版)。

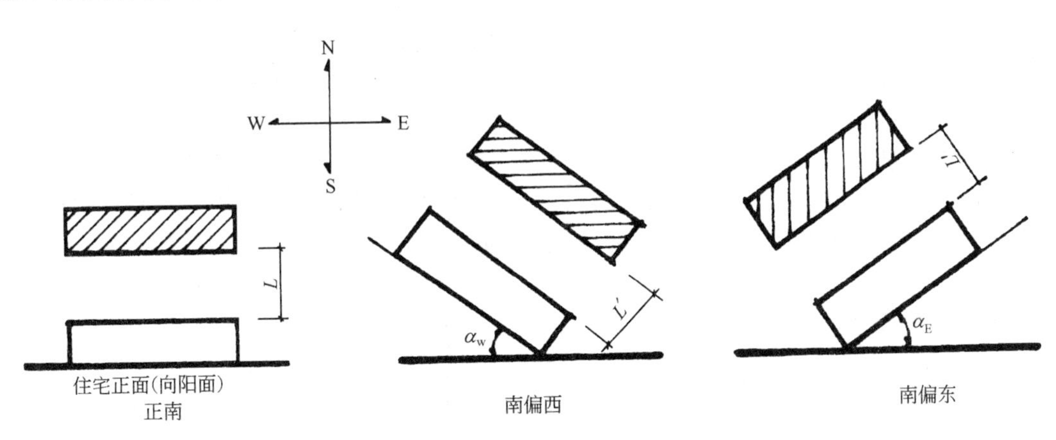

图 4-2 不同方位日照间距关系

2. 不同方位日照间距

当住宅正面偏离正南方向时，其日照间距以标准日照间距进行折减换算。(图 4-2)所示：

$$L'=b\cdot L$$

式中 L'——不同方位住宅日照间距(m)；

L——正南向住宅标准日照间距(m)；

b——不同方位日照间距折减系数查(表 4-3)。

不同方位间距折减换算表 * 表 4-3

方位	0°～15°(含)	15°～30°(含)	30°～45°(含)	45°～60°(含)	>60°
折减值	1.0L	0.9L	0.8L	0.9L	0.95L

注：① 表中方位为正南向(0°)偏东、偏西的方位角。

② L 为当地正南向住宅的标准日照间距(m)。

③ 本表指标仅适用于无其他日照遮挡的平行布置条式住宅。

日照间距计算示例：

例： 重庆地区某居住区，前排房屋檐口标高为 20m，后排房屋底层窗台标高为 1.5m。试求①该房屋的日照间距；②该房屋朝向为南偏东 20°的日照间距。

解： ① $L=a\cdot(H_1-H_2)$

先确定标准日照间距系数 a：

根据重庆属Ⅲ类建筑气候区、大城市查表：

由(表 4-1)，重庆日照标准日为“大寒日”；日照时数≥2h

由(表 4-2)，标准日照间距系数 $a=1.14$ 现行值为 0.8～1.1

分别取低限和高限值 0.8 和 1.14。

则 $L_1=0.8(20-1.5)=14.8\text{m}$

$L_2=1.14(20-1.5)=21.09\text{m}$

∴ 日照间距为 14.8～21.1m(21.1m 为标准日

照间距）

② $L'=b\cdot L$

已知：房屋方位角南偏东 20°。

由表（表 4-3），$b=0.9$

则 $L_1'=0.9\times14.8=13.32\text{m}$

$L_2'=0.9\times21.1=18.99\text{m}$

∴ 南偏东 20°时的日照间距为 13.32～18.99m（18.99m 为标准折减日照间距）

（二）住宅侧面间距

除考虑日照因素外，通风、采光、消防，以及视线干扰管线埋设等要求都是重要影响因素，这些因素的考虑比较复杂，山墙无窗户的房屋间距一般情况可按防火间距的要求确定侧面房间距。侧面有窗户时可根据情况适当加大间距以防视线干扰，如北方一些城市对视线干扰问题较注重，要求较高，一般认为不小于 20m 为宜，而一些用地紧缺的城市，特别是南方城市的广州、上海，难以考虑视线干扰问题，长此以久比较习惯了，便未作主要因素考虑，只满足消防间距要求。一般来说，防火间距是最低限要求。

三、住宅的朝向选择

住宅朝向主要要求能获得良好自然通风和日照。我国地处北温带，南北气候差异较大，寒冷地区居室避免朝北，不忌西晒，以争取冬季能获得一定质量的日照，并能避风防寒。炎热地区居室要避免西晒，尽量减少太阳对居室及其外墙的直射与辐射，并要有利自然通风，避暑防湿。

从住宅获得良好的自然通风出发，当风向正对建筑时，要求不遮挡后面的住宅，那么房间距需在 4～5H 以上，布置如此之大的通风间距是不现实的，只有在日照间距的前提下来考虑通风问题。从不同的风向对建筑组群的气流影响情况看，如图4-4所示，当风正面吹向建筑物，风向入射角为 0°时（风向与受风面法线夹角）背风面产生很大涡旋，气流不畅，若将建筑受风面与主导风向成一角度布置时，则有明显改善，当风向入射角加大至 30°～60°时，气流能较顺利地导入建筑的间距内，从各排迎风面进风（图 4-3、4-4）。因此，加大间距不如加大风向入射角对通风更有利。此外还可在建筑的布置方式上来寻求改善通风的方法，如将住宅左右、前后交错排列或上下高底错落以扩大迎风面，增多迎风口；将建筑疏密组合增加风流量；利用地形、水面、植被增加风速、导入新鲜空气等（图 4-5），这样，在丰富居住空间的同时并充实了环境的生态科学内涵。住宅朝向的确定，可参考我国城市建筑的适宜朝向表 4-4。该表主要综合考虑了不同城市的日照时间、太阳辐射强度、常年主导风向等因素制成，对具体的规划基地还与地区小气候、地形地貌、用地条件等因素有关，组织通风时需一并考虑（图 4-6）。

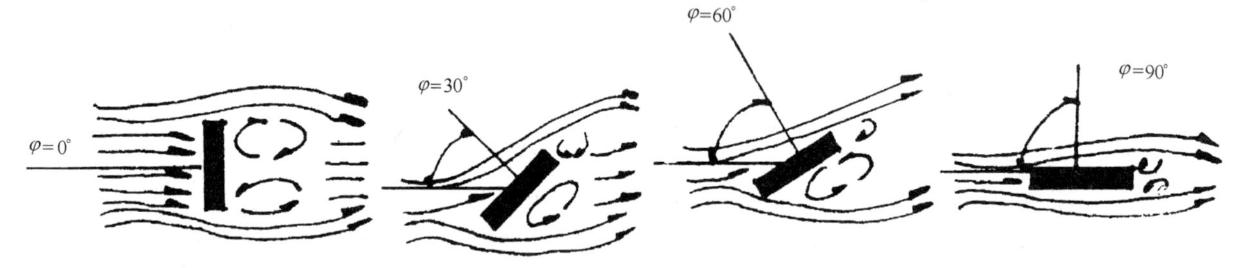

图 4-3 风向入射角对建筑气流影响

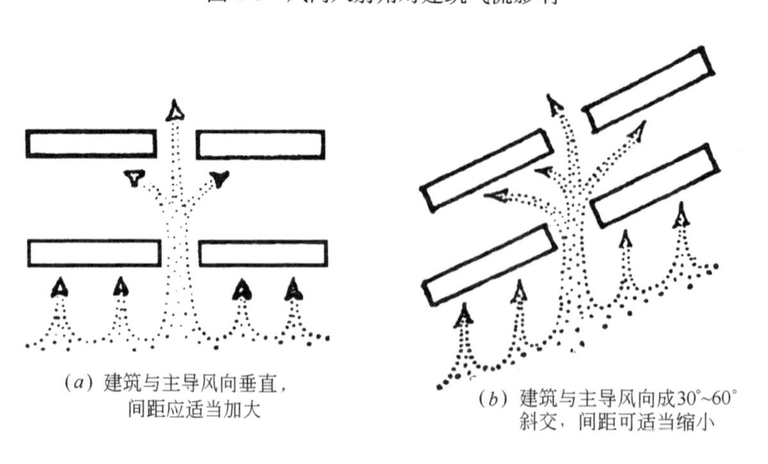

图 4-4 通风与建筑间距关系

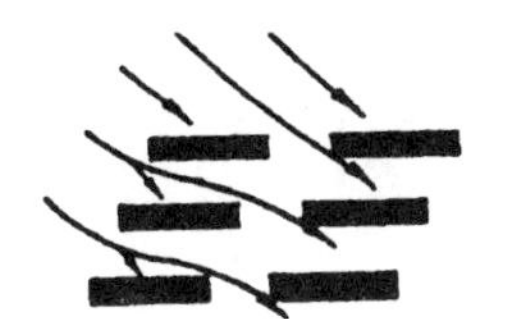

住宅错列布置增大迎风面，利用山墙间距，将气流导入住宅群内部

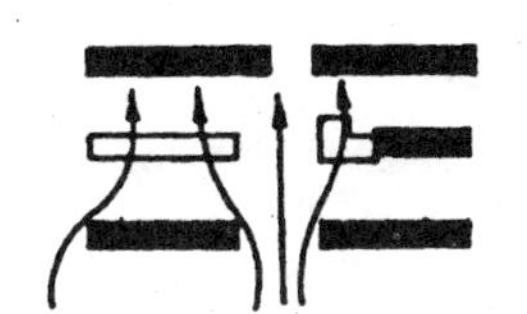

低层住宅或公建布置在多层住宅群之间，可改善通风效果

住宅疏密相间布置，密处风速加大，改善了群体内部通风

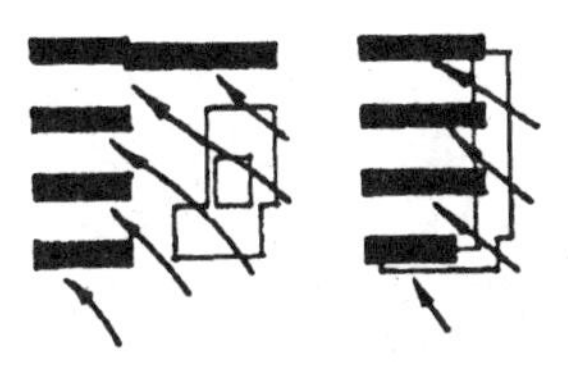

高低层住宅间隔布置，或将低层住宅或低层公建布置在迎风面一侧以利进风

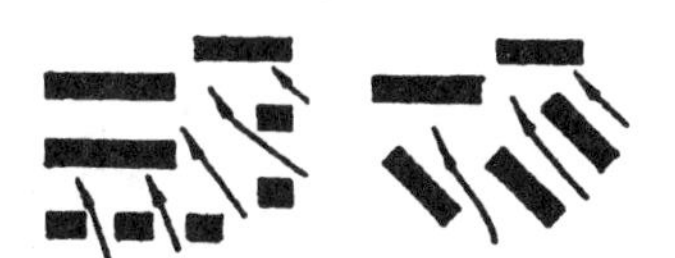

住宅组群豁口迎向主导风向，有利通风。如防寒则在通风面上少设豁口

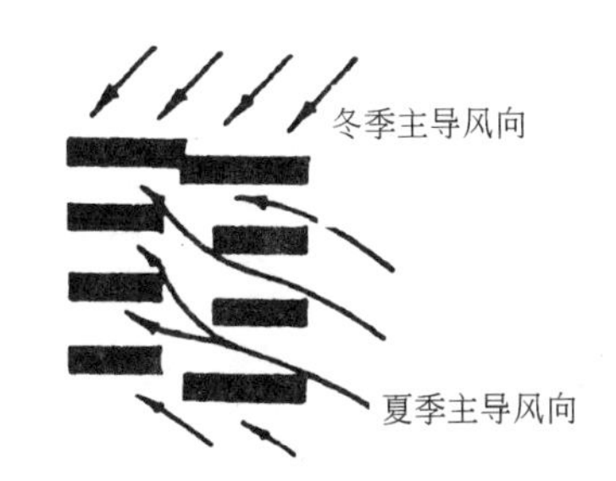

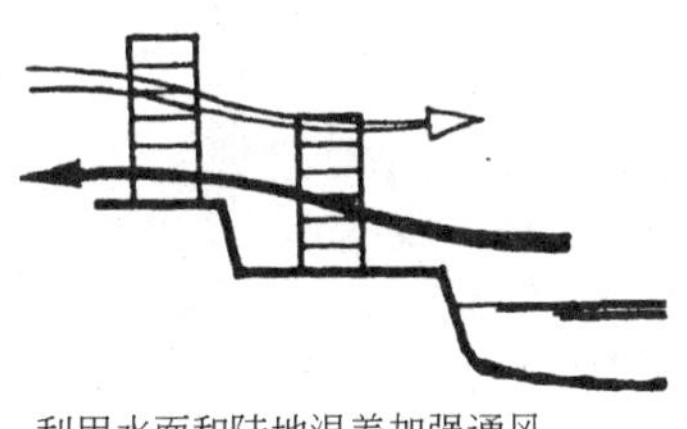

利用水面和陆地温差加强通风

利用局部风候改善通风

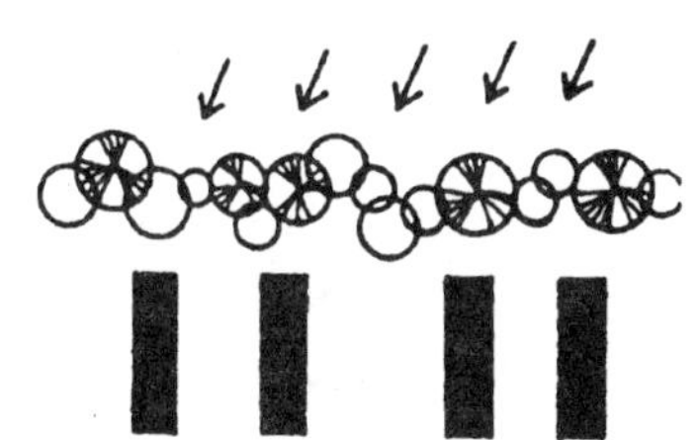

利用绿化起导风或防风作用

图 4-5　住宅群体通风和防风措施

全国部分地区建议建筑朝向表　　**表 4-4**

地　区	最 佳 朝 向	适 宜 朝 向	不 宜 朝 向
北京地区	正南至南偏东 30°以内	南偏东 45°以内，南偏西 35°以内	北偏西 30°～60°
上海地区	正南至南偏东 15°	南偏东 30°，南偏西 15°	北、西北
石家庄地区	南偏东 15°	南至南偏东 30°	西
太原地区	南偏东 15°	南偏东至东	西北
呼和浩特地区	南至南偏东，南至南偏西	东南、西南	北、西北
哈尔滨地区	南偏东 15°～20°	南至南偏东 15°、南至南偏西 15°	西北、北
长春地区	南偏东 30°，南偏西 10°	南偏东 45°，南偏西 45°	西北、北、东北
沈阳地区	南、南偏东 20°	南偏东至东，南偏西至西	北东北至北西北
济南地区	南、南偏东 10°～15°	南偏东 30°	西偏北 5°～10°
南京地区	南、南偏东 15°	南偏东 25°，南偏西 10°	西、北
广州地区	南偏东 15°，南偏西 5°	南偏东 22°30′，南偏西 5°至西	
重庆地区	南、南偏东 10°	南偏东 15°，南偏西 5°、北	东、西

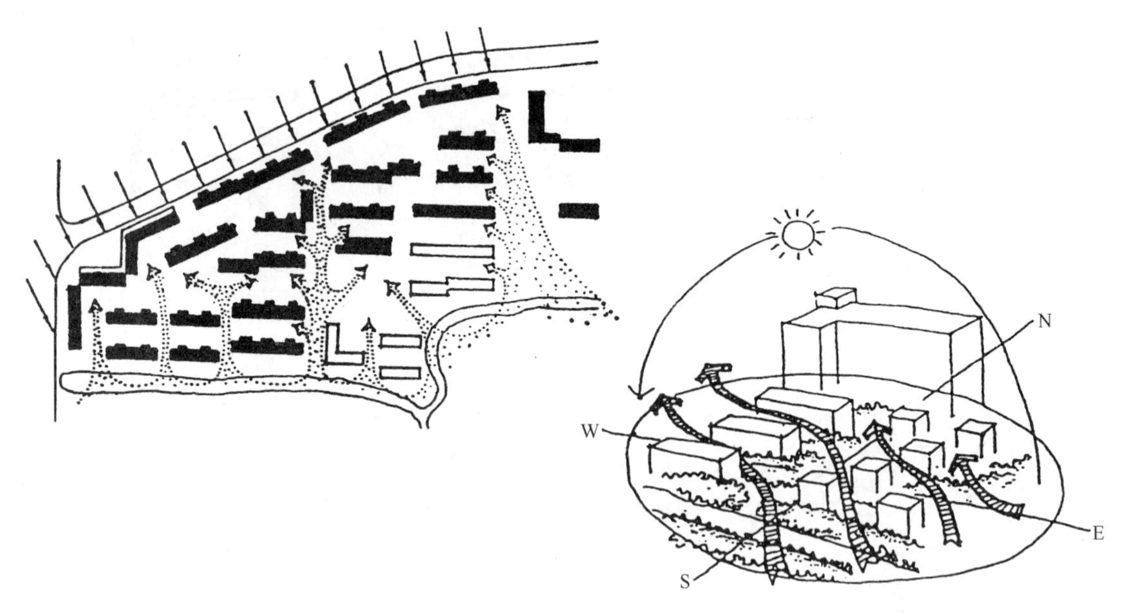

图 4-6　建筑布置与通风关系

上海天钥新村，周围比较空旷，布置成西北封闭，东南开敞，有利夏季迎东南风，冬季挡西北风

第二节　住宅群体空间组织

组织室外空间环境的主要物质因素是地形地貌、建筑物、植物三类。其中对室外空间影响最大的是建筑对空间的限定与布局，它决定着空间的形态、尺度以及由此而形成的不同空间品质的感受，产生积极或消极的影响。

一、住宅群体空间特征

1. 空间的封闭感和开敞感

封闭的空间可提供较高的私密性和安全感，但也可能带来闭塞感和视域的限制。开敞空间则与此相反。封闭和开敞可以有程度上的不同，它取决于建筑围蔽的强弱。

2. 主要空间和次要空间

建筑物的单调布置，或杂乱地任意布置都不能建立具有一定视觉中心的空间，但是只有单一的主要空间也会给人以单调感。如果结合主要空间布置一些与其相联系的次要空间(或称子空间)，就能使空间更为丰富；当人处于某个特殊位置时，这些子空间将被遮掩，使人感觉空间时隐时显，产生奇妙的变化而耐人寻味(图 4-7)。

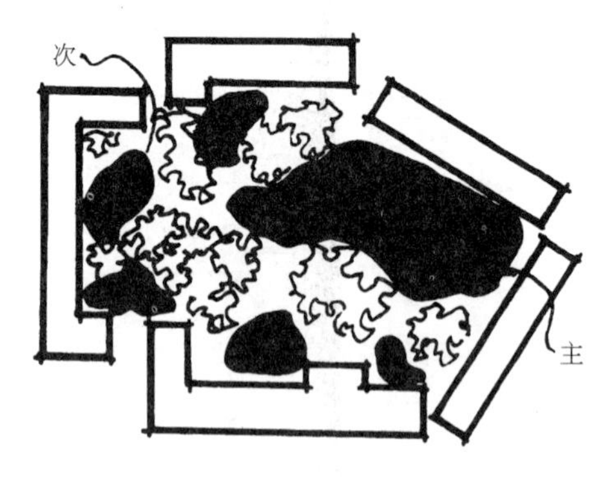

图 4-7　主、次空间关系

3. 静态空间和动态空间

具有动态感的空间，常能使人们引起对生活经验中某种动态事物的联想，缓解呆板的建筑形象，给人以轻松活泼、飘逸荡漾的良好心理感受。如图 4-8“风车形”建筑组群，使静止的内院富有动感。

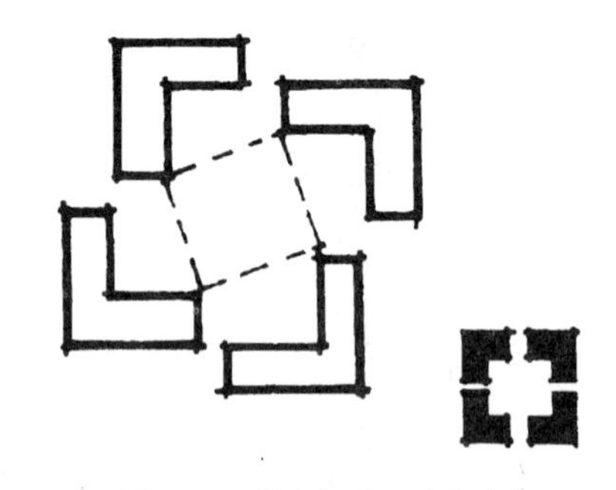

图 4-8　“风车形”动态空间

行列式空间布局带给人以单调感，向两侧伸展的线性空间把人的注意引向尽端，有组织的线性空间则不然，如图4-9通过空间的转折和一系列空间形态及尺度的转换，不知情的来访者会因获得变化的动态景观和新奇的空间而感到愉快，同时多视点多视角的空间到处都有对不速之客警惕的眼睛，增强了空间的自我监护及安全感。

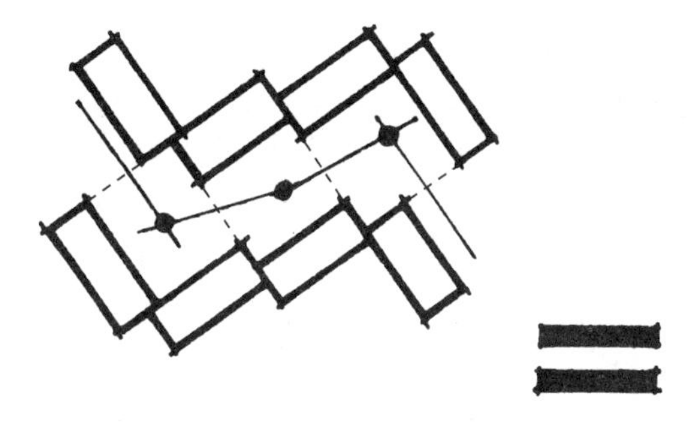

图 4-9　多视角线性空间

4．刚性空间和柔性空间

刚性空间由建筑物构成，柔性空间由绿化构成。较为分散的建筑，常利用植物围合成空间(图 4-10)。绿化不但能界定空间，而且能柔化刚性体面。许多建筑利用攀缘植物、悬垂植物，使墙面、阳台、檐口等刚性体面得以柔化和自然环境融为一体，增强了协调感和舒适感。

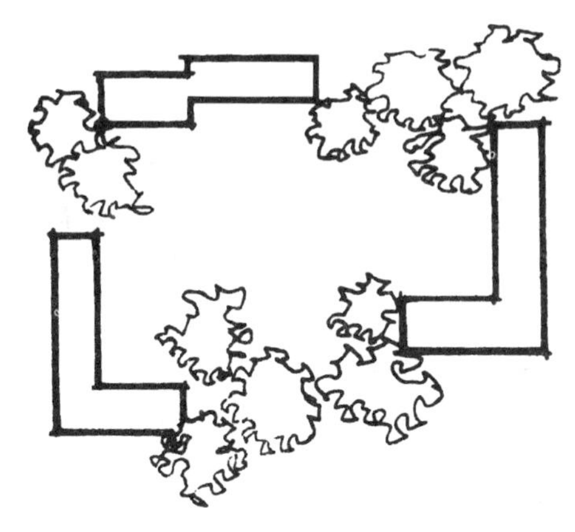

图 4-10　植物围合和柔化空间

二、住宅群体空间组合

1．住宅群体组合的基本原型

“行列式”、“周边式”和“点群式”是住宅群体组合的三个基本原型(图 4-11)。此外，还有三种基本原型兼而有之的“混合式”或因地形地貌、用地条件的限制，随圆就方而形成的“自由式”组合。后两种则应属前三种基本原型的次生型，其形式多变不定。

(1) 行列式　日照通风条件较优越，利于管线敷设和工业化施工；但形式单调，识别性差，易产生穿越交通。

(2) 周边式　具有内向集中空间，便于绿化、利于邻里交往、节约用地、防风防寒；但东西向比例较大、转角单元空间较差，有旋涡风、噪声及干扰较大、对地形的适应性差等。

(3) 点群式　日照和通风条件较好，对地形的适应能力强，可利用边角余地，缺点是外墙面积大，太阳辐射热较大，视线干扰较大，识别性较差。

以上各群体及其空间基本形式，均有各自的优势，其不足之处注意在规划设计中加以完善处理。事物总是在寻求解决问题的道路中得到发展。

2．住宅群体组合再创造

由于用地紧缺，住宅群体空间受到日照、防火、工业化模数等多种技术性因素支配的程度极大。小康居住环境要求“用地不多，环境美”，也就是在重重制约中，仍不放弃尽可能的审美境界。运用美学原理将住宅群体构成的元素抽象成美学要素，并以“统一与变化”的基本美学理论进行再创造，仍不失为一种有效途径。

住宅群体构成的美学要素：

(1) 形态要素　点(点式、塔式住宅、水塔、烟囱、树等)；

线(条形住宅、围墙、连廊、绿篱、林荫道等)；

面(板式住宅、墙面、地面、树墙、水面等)。

(2) 视觉要素　建筑及各构成物的体量、尺度、色彩、肌理等。

(3) 关系要素　建筑及各构成物布置的位置、方向、间距等。

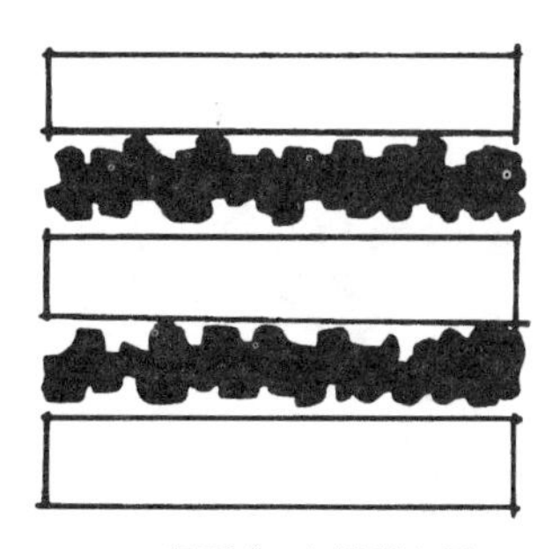

(*a*)“行列式”与线型空间

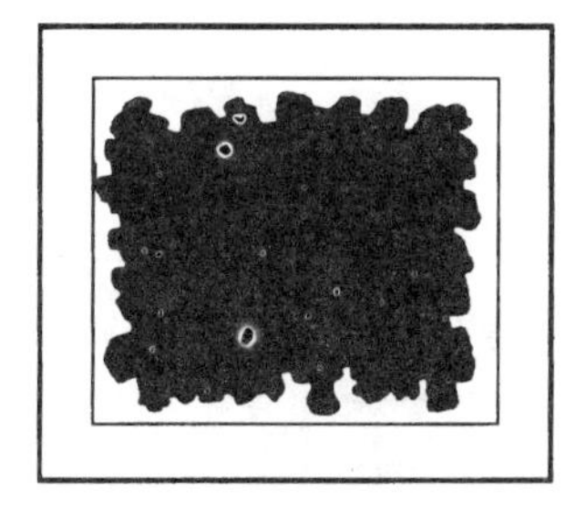

(*b*)“周边式”与集中型空间

(*c*)“点群式”与松散型空间

图 4-11　住宅群体原型及空间特征

将以上构成要素，有规律的连续变化，使之有节奏，有主次，有呼应，有内在联系，在变化中求统一，在统一中求变化，使多样而不杂乱，协调而不呆板。例如住宅群体组织有大量的重复排列，简单的重复，即各构成要素基本不变化，单调乏味犹如时钟的嘀嗒声，催人入睡，如图 4-12(*a*)所示。若改变其排列的“间距”这一要素(图 4-12*b*)，则打破原来那种精确的重复，出现变化的节奏。如若再加上“体量”这一要素的变化(图 4-12*c*)，则犹如注入重音，节奏抑扬顿挫。要是再变化一下“体形”、“方向”要素(图 4-12*d*)，则如同加上装饰音般生动活泼等等。当更多的可变要素被发掘激活，住宅群体的组合排列形式何止万千，取舍中定要将最基本的功能和技术要素紧紧结合起来考虑，避免单纯的形式构图。

三、住宅群体空间组合实例分析

图 4-13，变化“尺度”（住宅高低、长短）、“间距”、“形体”等要素。住宅在水平、垂直方向有规律的变化，构成两个开敞的院落面向森林，每个院落开口处以点式高层住宅耸入森林，与参天林木浑然一体，使群体内外绿化连成一片，空间大为开阔，同时标志性很强的点式高层住宅更加强了院落的界定，其群体组合形式虽以“行列式”为主，但仅几项“要素”的规律性变化，就在规律性排列中取得变化与统一的良好效果。

图 4-14，变化住宅长、高“尺度”及“体形”，变化排列“方向”、“间距”等要素。七栋长条形住宅，忽而平行，忽而垂直，忽而偏成角度，排列方向的多种变化形成院落间的穿插，空间活泼多变。另一方向，排列整齐的三栋点式住宅和三栋排列整齐的条形住宅，相呼应又相对比，它们的严谨又和自由变化的另一组形成对比；在自由中求严谨，使空间活而不乱。它们在相互对比的变化中取得了统一，数栋住宅，笔墨不多，蕴含丰富，是一“自由式”住宅群体的优秀之作。

图 4-15，变化“形体”、“方向”、“间距”等要素。由扇形住宅单元，以不同方向连续组合成曲线形院落，扇形的概念被消失在整体之中。三五点式宅群点缀一旁，使其体型和空间形式上的强烈对比，衬托院落蜿蜒曲折的动感，如同草原上流淌着的小河边散落着稀疏可见的牛羊，一幅“祥和盛世图”，充满了意境。

图 4-16，变化“体形”、“方向”、“尺度”等要素。“Y”形点式住宅在一定翼缘方向，采取锯齿形连排延伸，使点式住宅产生了线性效果，从而加强了空间的限定作用，改变了“点群式”群体组合的空间松散性。两相交的道路，一街景为相交建筑两斜面与绿地相拥，具有纵深透视效果，另一街景则以锯齿形重复韵律取胜。丰富的空间与建筑景观，一改“点群式”组群单调的重复。

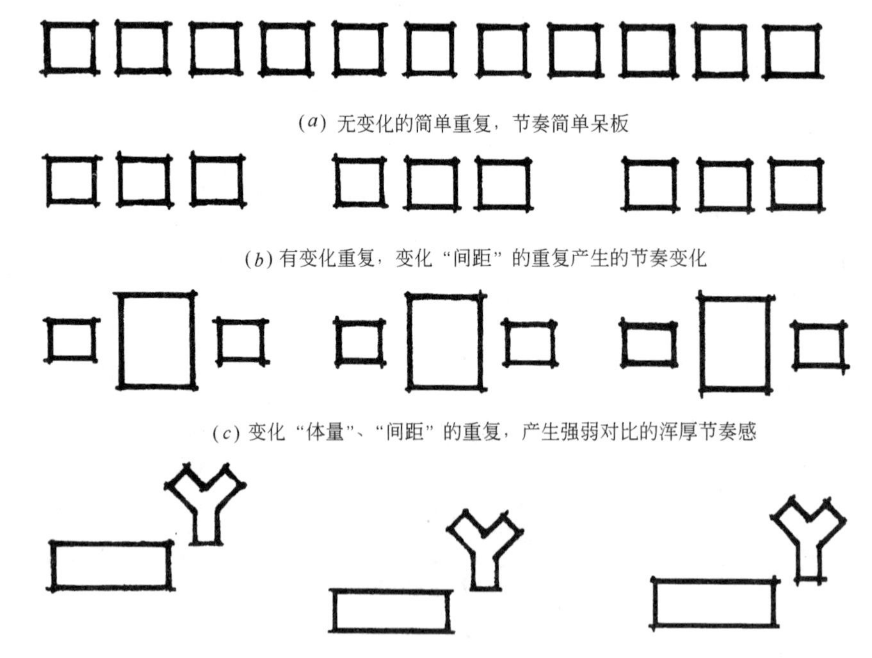
(*a*) 无变化的简单重复，节奏简单呆板

(*b*) 有变化重复，变化“间距”的重复产生的节奏变化

(*c*) 变化“体量”、“间距”的重复，产生强弱对比的浑厚节奏感

(*d*) 变化“体形”、“尺度”、“方向”的重复，产生轻松节奏感

图 4-12　住宅群体组合的美学运用示意

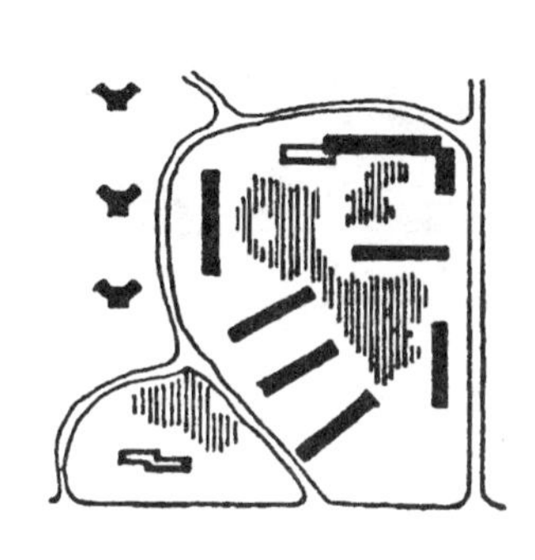

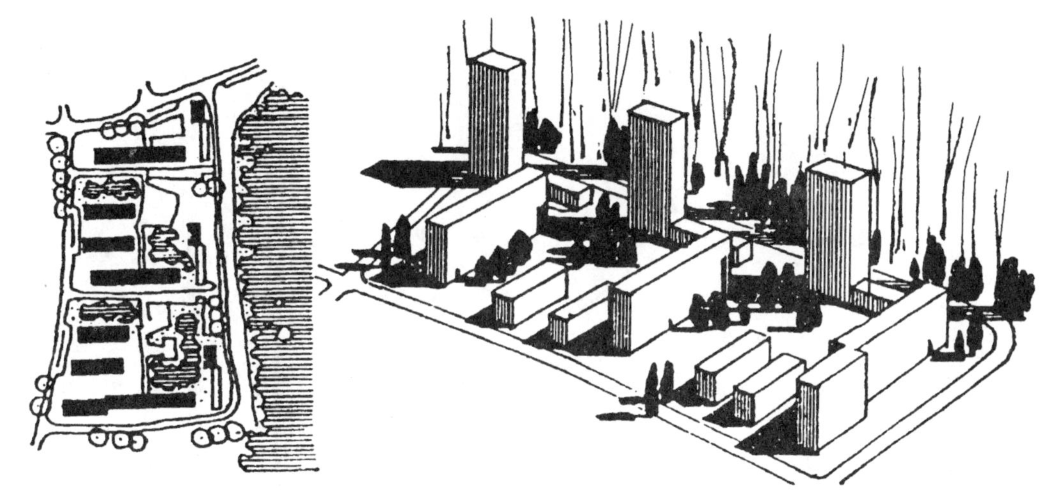

图 4-13　瑞士伯尼尔小区的住宅群

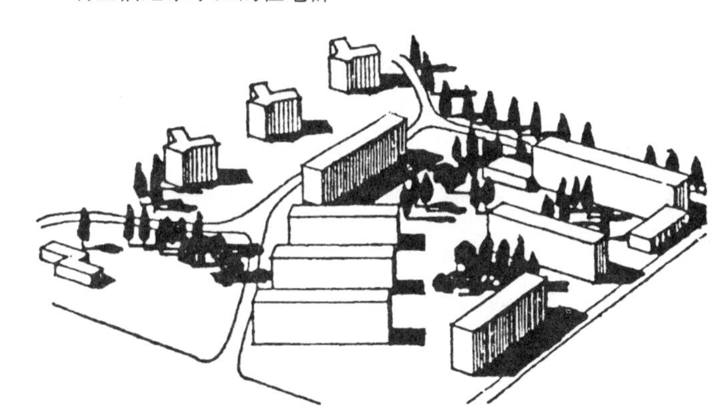

图 4-14　北京古城小区的住宅群

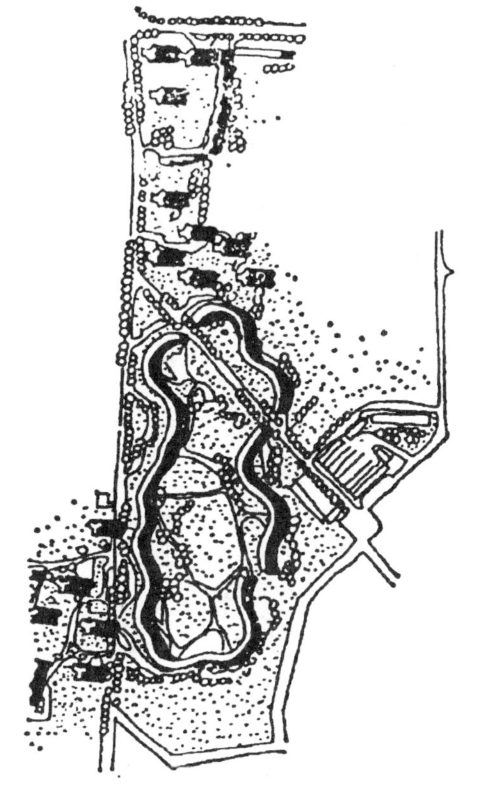

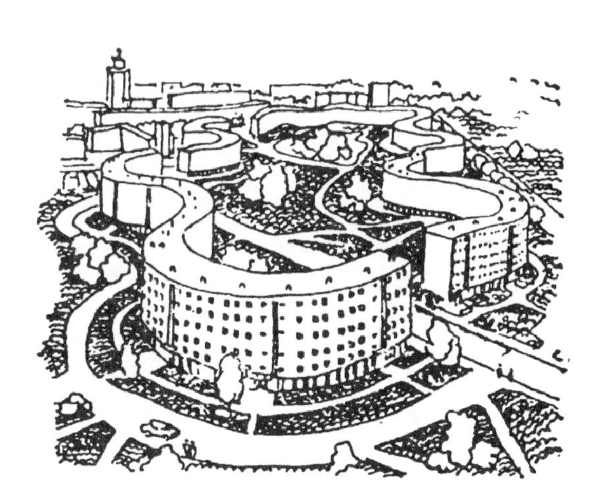

图 4-15　法国宠丹城古迪利衰居住区的住宅群

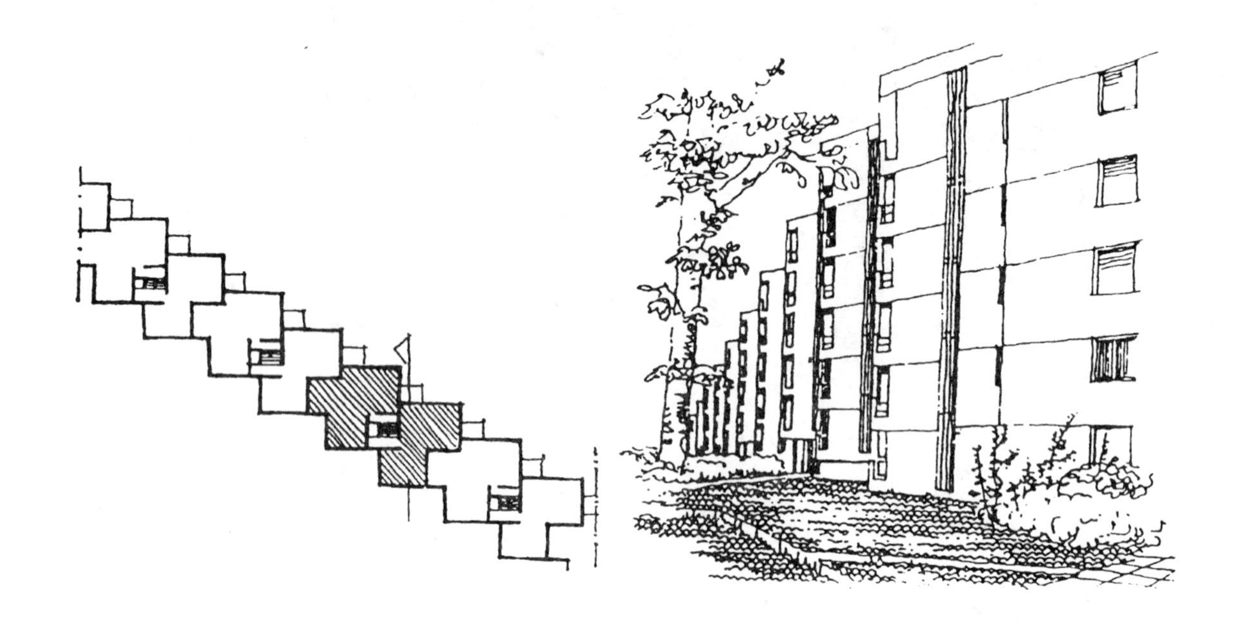

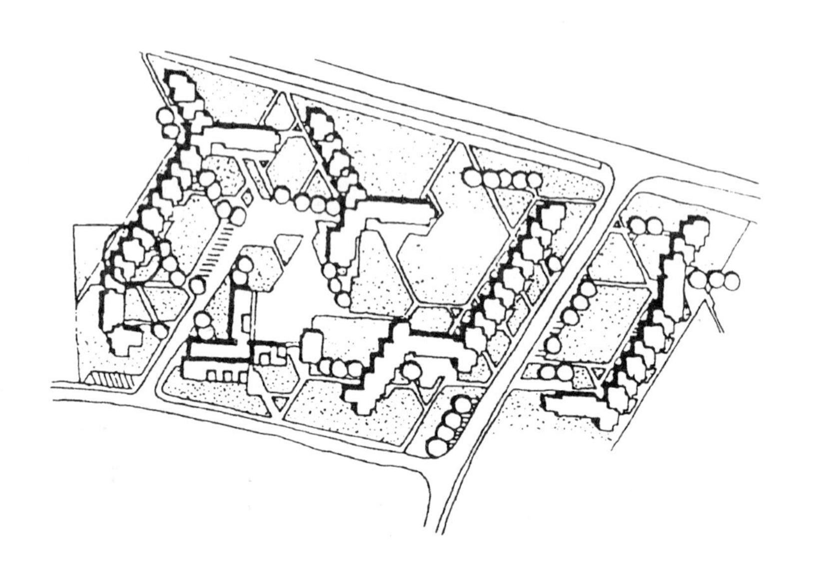

图 4-16　瑞士温特图尔某住宅群

图 4-17，变化“位置”（错行、错列的住宅排列）等要素。小区处于山坡地，其西向坡沿街住宅群的处理，采用了叠落的行列式错列布置，顺应坡的走向，形成立体街景层次，富有节奏和韵律感，既保证了住宅的好朝向，又体现了山庄风貌。

图 4-18，变化“尺度”、“体型”、“位置”等要素。该住宅群处于纽约东河畔，临街面水而筑，类三合院宅群向东河开口层层叠落，高层住宅镇后，视野大展，波光帆影尽收眼底。四组宅群相错布置，形成内外缭绕的庭院空间，使宅群整体更富层次和韵律，成为点缀东河的重要建筑景观。与前述合肥琥珀山庄的住宅群体相比，它们分别处于山地和平原水滨两种截然不同的自然条件，但它们都形成叠落的建筑层次和纵深的环境景观。前者顺应了自然利用了自然；后者仿照了自然，争得了自然，两者均融入了自然，取得了异曲同功的良好效果。

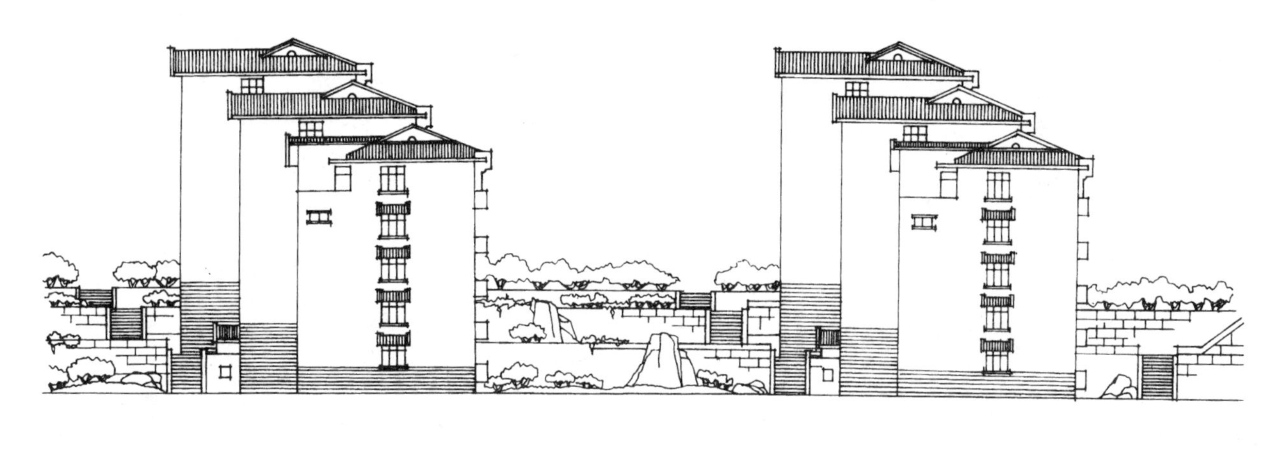

(*a*)

(*b*)

图 4-17　合肥琥珀山庄小区西向坡跌落式住宅群

(*a*)

(*b*)

图 4-18　纽约东河居住区滨河住宅群

第三节　宅旁绿地组织

“宅旁绿地”是住宅内部空间的延续和补充，它虽不象公共绿地那样具有较强的娱乐、游赏功能，但却与居民日常生活起居息息相关。结合绿地可开展各种家务活动、儿童林间嬉戏、绿荫品茗奕棋、邻里联谊交往，以及衣物晾晒、家具制作、婚丧宴请等场面均是从室内向户外铺展，使众多邻里乡亲甘苦与共、休戚相关，密切了人际关系，具有浓厚的传统生活气息，使现代住宅单元楼的封闭隔离感得到较大程度的缓解，使以家庭为单位的私密性和以宅间绿地为纽带的社会交往活动都得到满足和统一协调。根据宅旁空间不同领域属性及其使用情况可分为三部分(图4-19)。

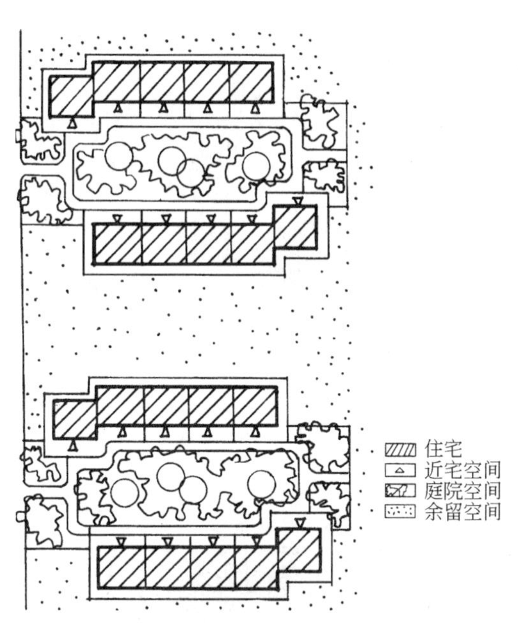

图 4-19　宅旁绿地空间构成示意

• 近宅空间：有两部分，一为底层住宅小院和楼层住户阳台、屋顶花园等。另一部分为单元门前用地，包括单元入口、入户小路、散水等，前者为用户领域，后者属单元领域。

• 庭院空间：包括庭院绿化、各活动场地及宅间小路等，属宅群或楼栋领域。

• 余留空间：是上述两项用地领域外的边角余地，大多是住宅群体组合中领域模糊的消极空间。

一、近宅空间环境

近宅空间对住户来说是使用频率最高的亲切的过渡性小空间，每天出入住宅楼的必经之地，同楼居民常常在此不期而遇，幼儿把这里看成家门最为留恋，老人也随着照看孩子。在这里可取信件、拿牛奶、等候、纳凉、逗留；还可停放自行车、婴儿车、轮椅等，并经常在这里检修擦拭等等生活行为往往不约而同。在这不起眼的小小空间里体现住宅楼内人们活动的公共性和社会性，它不仅具有适用性和邻里交往意义，并具有识别和防卫作用。规划设计要在这里多加笔墨，适当扩大使用面积，作一定围合处理，如作绿篱、短墙、花坛、坐椅、铺地等(图4-20)，自然适应居民日常行为，使这里成为主要由本单元使用的单元领域空间。至于底层住户小院、楼层住户阳台、屋顶住户花园等属住户私有，除提供建筑及竖向绿化条件外，具体布置可由住户自行安排，也可提供参考菜单。此外更有一些建筑小品化和立体化近宅空间的创造(图 4-21)，使住宅立面和邻里交往空间丰富而更具人性化和现代化。

二、庭院空间环境

宅间庭院空间组织主要是结合各种生活活动场地进行绿化配置，并注意各种环境功能设施的应用与美化。其中应以植物为主，使拥塞的住宅群加入尽可能多的绿色因素，使有限的庭院空间产生最大的绿化效应。

(一) 场地布设

各种室外活动场地是庭院空间的重要组成，与绿化配合丰富绿地内容相辅相存。

1. 动区与静区　动区主要指游戏、活动场地；静区则为休息、交往等区域。动区中的成人活动如早操、练太极拳等，动而不闹，可与静区贴邻合一；儿童游戏则动而吵闹，可在宅端山墙空地、单元入口附近或成人视线所及的中心地带设置。

2. 向阳区与背阳区　儿童游戏、老人休息、衣物晾晒以及小型活动场地，一般都应置于向阳区。背阳区一般不宜布置活动场地，但在南国炎夏则是消暑纳凉佳处。

3. 显露区与隐蔽区　住宅临窗外侧、底层杂务院、垃圾箱等部位，都应隐蔽处理，以护观瞻和私密性要求。单元入口、主要观赏点、标志物等则应显露无遗，以利识别和观赏。

一般来说，庭院绿地主要供庭院四周住户使用，为了安静，不宜设置运动场、青少年活动场等对居民干扰大的场地。3～6 周岁幼儿的游戏场是主要内容，幼儿好动，但独立活动能力差，游戏时常需家长伴随。掘土、拍球、骑儿车等是常见的游戏活动。儿童游戏场内可设置沙坑、铺砌地、草坪、桌椅等，场地面积一般为 150～450m²。此外，老人休息场地，放一些木椅石凳；晾晒场地需铺设硬地，有适当绿化围

(*a*) 最小的开敞型近宅空间

(*b*) 绿篱围合的观赏型近宅空间

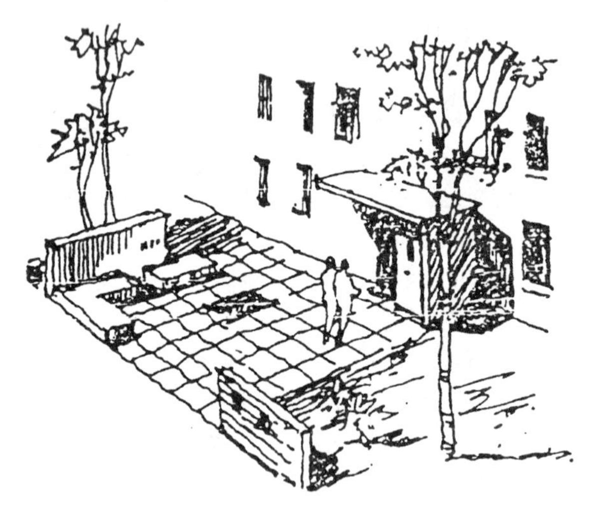

(*c*) 设置绿篱、短墙、硬铺地的半开敞型近宅空间

(*d*) 设置围栏、棚盖的半公共型近宅空间(日)

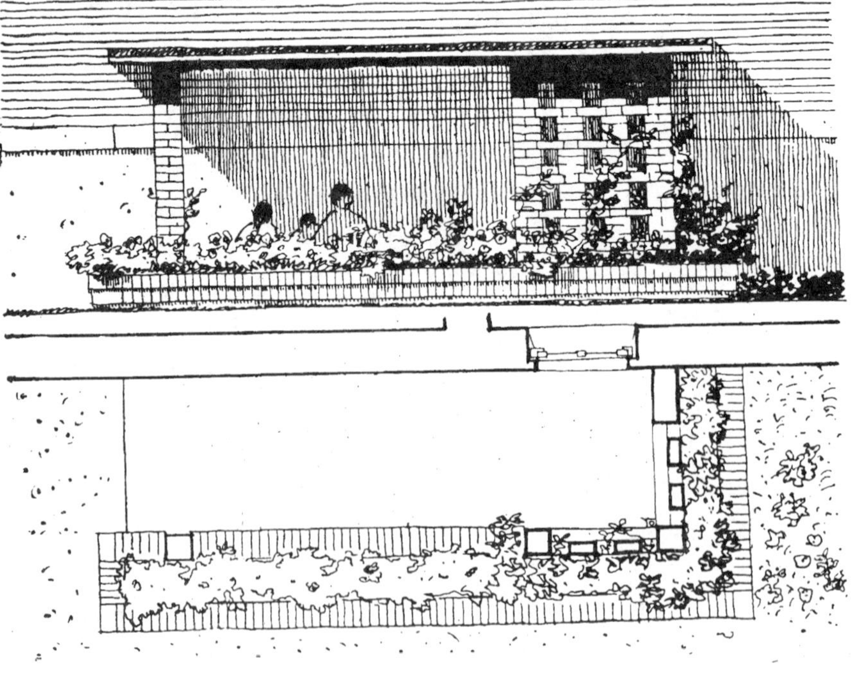

(*e*) 设置门斗、花池座位的防护型近宅空间(俄)

图 4-20　近宅空间环境的几种处理形式

(a) 立体街巷式近宅空间

(b) 跌落式平台近宅空间(法)

图 4-21　立体化近宅空间(一)

(*c*) 天桥下沉式近宅空间

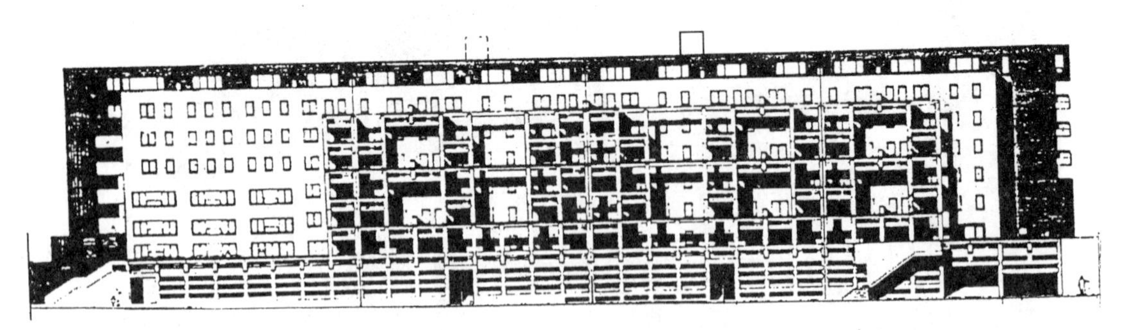

(*d*) 多层次附加立面式近宅空间(法)

图 4-21　立体化近宅空间(二)

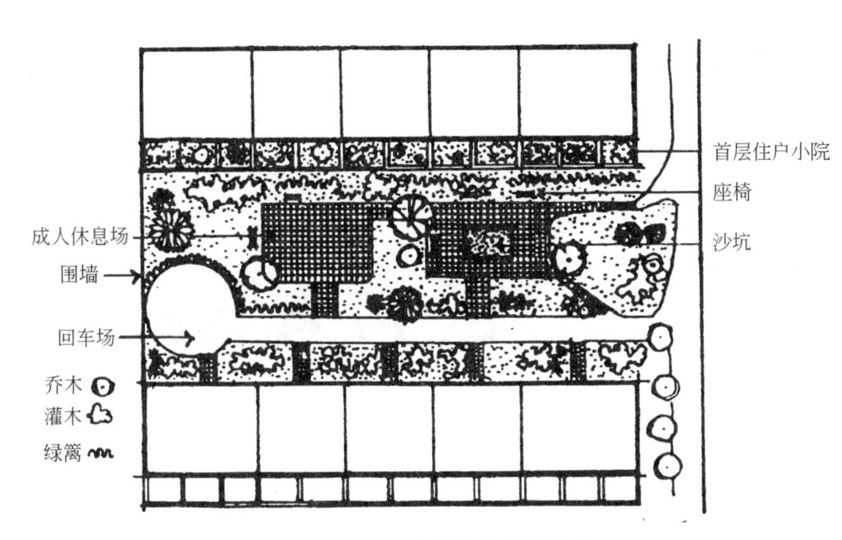

图 4-22　庭院绿地布置示意

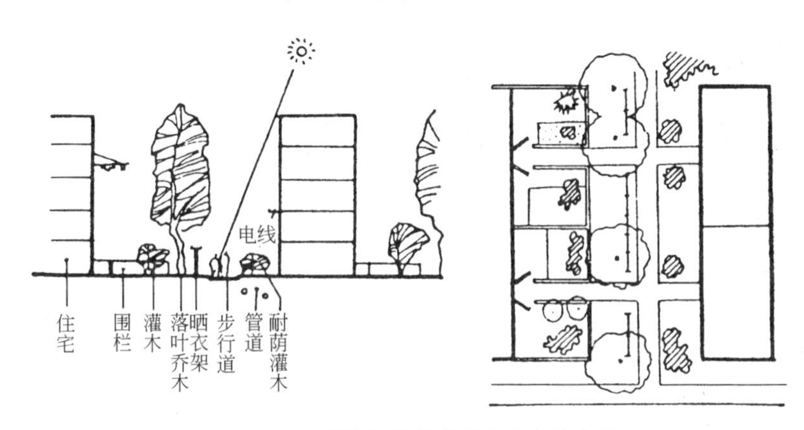

图 4-23　建筑间距较小的住宅庭院布置

合。场地之间宜用铺砌小路联系起来，这样，既方便了居民，又使绿地丰富多彩(图 4-22、图 4-23)。

（二）植物构设

植物是组织和塑造自然空间的有生命的建筑材料，构成外部空间的顶棚、墙壁、地面，使人工建筑空间走向大自然与大自然融为一体。“乔木”是庭院空间的骨干因素，形成空间构架；“灌木”是协调因素，适于空间围合；“花卉”是活跃因素，用以点缀装饰；“草皮”是背景因素，用以铺垫衬托；“藤蔓”是覆盖因素，用于攀附和垂直绿化。植物构建空间和景观的功能应有尽有。宅间庭院空间运用植物加以限定和组织，可丰富空间层次，增强空间变化，形成不同的空间品质，使有限的宅间庭院空间小中见大。常用的几种组织空间的手法有：

1. 围合　将绿篱树墙、花格栅栏等作为空间竖向界面围合成的空间，其限定界面愈多、愈高、愈厚、愈实，则其限定性愈强，也愈能反映私密、隐蔽、防卫等特征；反之则限定性减弱，反映公共、开敞、交往的特征。

2. 覆盖　将瓜棚花架、树荫伞盖等作为空间水平界面限定空间，人的视线和行动不受限制，但有一定的潜在空间意识和安定感。这种覆盖如作线型延伸，形成树廊，则具明显的导向性和流动感。

3. 凹凸　凸起的绿丘，高低错落的住宅屋顶绿化，具有较强的展示性；凹陷的下沉庭园绿化则有较强的隐蔽性、安全性，与上部活动隔离，形成闹中取静之所。

4. 架空　住宅与分层入口处的天桥、高架连廊等，交相穿插，飘逸空凌，可组成生动的立体绿化空间。

5. 肌理变化　草坪、花圃与各种硬质材料铺装的场地间，因材质肌理的不同，自然形成空间的区分与限定，形成意象性的开敞活动空间。

6. 设置　设置形成的空间是把物体独立设置于空间的视觉中心部位，形成具有向心性的意向性空间。设置物要求具有突出的点缀或标志作用。植物设置物可选有特色姿态的孤植树、植物雕塑。庭院孤植树的佼佼者如榕树气根盘扎若带、盘槐枝条悬垂若帘、大王椰子叶羽若翎；花果艳而多姿的梅、樱、桃、石榴、玉芝、合欢、木棉等。植物雕塑可用常绿树种柏类修剪成形，或用攀缘植物作成形的支架攀缘，各类植雕万千姿态，按庭院构景所需进行选用。

（三）庭院小筑

住宅建筑密度较高，宅间绿化空间开度一般较小。以植物景素为主体，来象征自然，为让人们在有限空间领略自然风采，满足人们崇尚自然的心理需求，因此小品设置应结合建筑部件、室外工程实施，进行艺术加工，使之不占或少占绿化面积，又具有使用、识别、观赏等多重功能。当然，在视觉敏感部位，也应适当设置观赏性较强的艺术小品，如水池盆景、置石点景等我国传统庭院小品，简洁而意味深长。

1. 路和地面铺装　庭院的路有两类，一为宅旁小路，一为绿地园路。前者是住宅群和外界沟通的步行小路，一般由每个单元门开始与住区内车行道连通；有引导人流、敷设管线、组织排水等功能，宽度2.5～3m，必要时可通车，要求线形规则便捷。绿地园路则曲径通幽，由庭院景观的需要而设，具有联系场地、疏导空间、组织景观等作用，所谓“路从景出，景随路生”，便是绿地园路的情境。

路面和场地的铺装有整体式和镶嵌式。前者可用水泥、三合土整体浇注。后者可用地砖、石材铺设，缝间可嵌植小草，自然美观，防尘抗滑，还能减少地面辐射热。

2. 水面　水面是天然的镜子，可借蓝天彩霞、日月星光映照水边景物，使空间延伸拓展、明快绚丽；水体还可清洁空气，滋润心扉。利用自然水体或消防水池稍事加工便成为景观水，“虽由人作，宛自天成”（图4-24）。

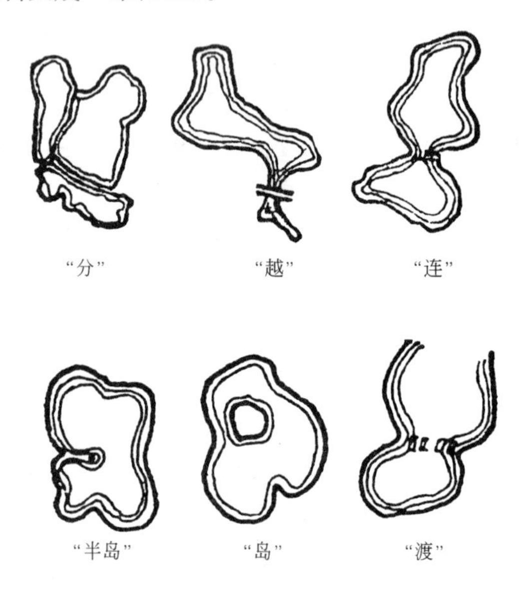

图4-24　自然型水面塑造

3. 置石　叠山置石是我国庭院中独特景观，古人有“尝石而悦、据石而座、倚石而眠、枕石而居、叩石而歌、登石而远眺”等怡然情致之说，叠山置石成为我国庭院造景的经久不衰的传统手法。“置石”是山石造景中小型简便易行的一种，用小型石材或仿石材零星布置，不加堆叠即称“置石”。点置时山石呈半埋半露状，可置于土山、水畔、墙角、路边、树下以及花坛等处，以点缀景点，观赏引导和联系空间。现代住宅庭院的用地局限，适宜采用群置和散置，群置是六七块或更多石材成群布置，大小形体各异的石材要求疏密有致，高低错落，互相顾盼，形成生动自然石景。散置是将石材或仿石材零星布置，仿若山岩余脉或散落风化残石，有坐、立、卧姿态，散置时要求若断若续、相互贯联、彼此呼应的自然情趣，不感零乱散漫或整齐划一。少量山石的点饰可收到“片山多致、寸石生情”之效(图4-25)。小石雕是赋于主题的置石，别具情趣(图4-26)。

(*a*) 置石安稳

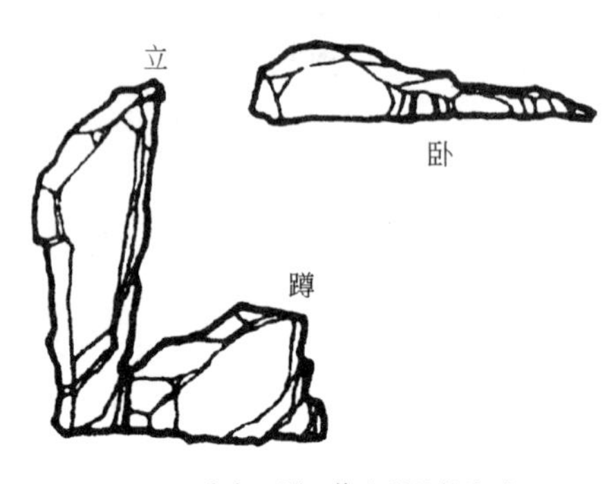

(*b*) 石姿　若人所处的姿式

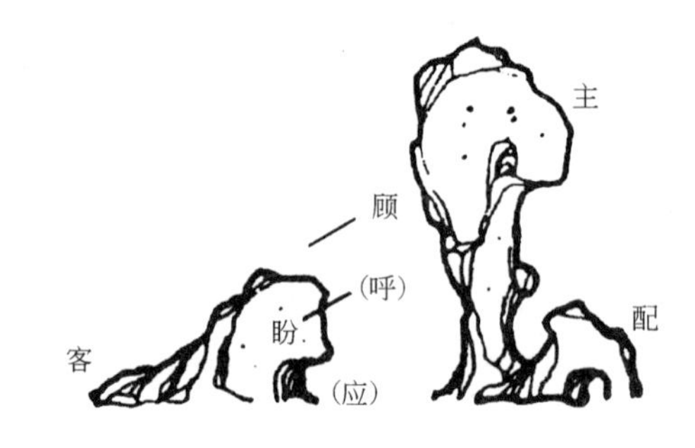

(*c*) 石情　若人所表露之情。如顾盼、呼应、俯仰、笑怒等

图4-25　置石塑型

4. 设施小品

• 建筑部件小品：如单元入口、室外楼梯、平台、连廊、过街楼、雨篷等。

• 室外工程实施小品：如天桥、室外台阶、挡土墙、护坡、围墙、出入口、栏杆等。

• 公用设施小品：如垃圾箱、灯柱、灯具、路障、路标等。

• 活动设施小品：如儿童游戏器具、桌椅等。

以上这些不可缺少但常不被重视的普遍性设施和部件应精心设计，提高其品位，使一草一木、一路一坎、一池一水、一山一石，浑然一体，创造出具有传统气息和时代脉搏的居住庭院空间环境，并体现标准不高气质高、用地不多环境美的创作境界。

图 4-26　小石雕

（四）庭院设计示例(图 4-27～图 4-31)

三、余留空间环境

宅旁绿地中一些边角地带、空间与空间的连接与过渡地带，如山墙间距、小路交叉口、住宅背对背的间距，住宅与围墙的间距等空间，尤其对一些消极空间，需做出精心安排。所谓消极空间又称负空间，主要指没有被利用或归属不明的空间。一般无人问津，常常杂草丛生，藏污纳垢，又很少在视线的监视之内，易被坏人利用，成为不安全因素，对居住环境产生消极的作用。居住区规划设计要尽量避免消极空间的出现，在不可避免的情况下要设法化消极空间为积极空间，主要是发掘其潜力进行利用，注入恰当的积极因素，例如可将背对背的住宅底层作为儿童、老人活动室，其外部消极空间立即可活跃起来，也可在底层设车库、居委会管理服务机构；在住宅和围墙或住宅和道路的间距内作停车场；在沿道路的住宅山墙内可设垃圾集中转运点，近内部庭院的住宅山墙内可设儿童游戏场、少年活动场；靠近道路的零星地可设置小型分散的市政公用设施，如配电站、调压站等，如图 4-32、图4-33 所示。

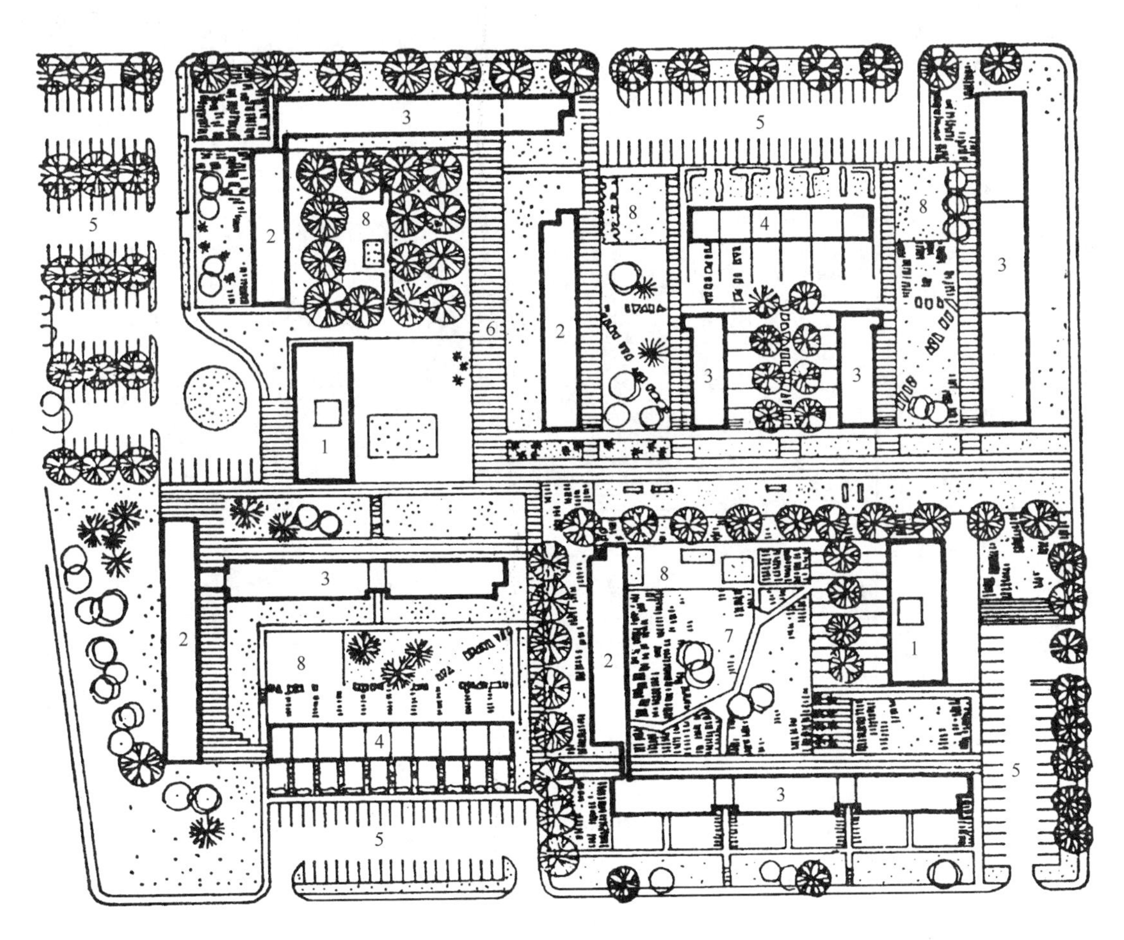

图 4-27　加拿大温哥华马可林公园住宅群的庭院设计

1—14 层住宅；2—4 层住宅；3—3 层住宅；4—2 层住宅；5—停车场；6—铺地；7—草坪；8—儿童游戏场

(*a*)

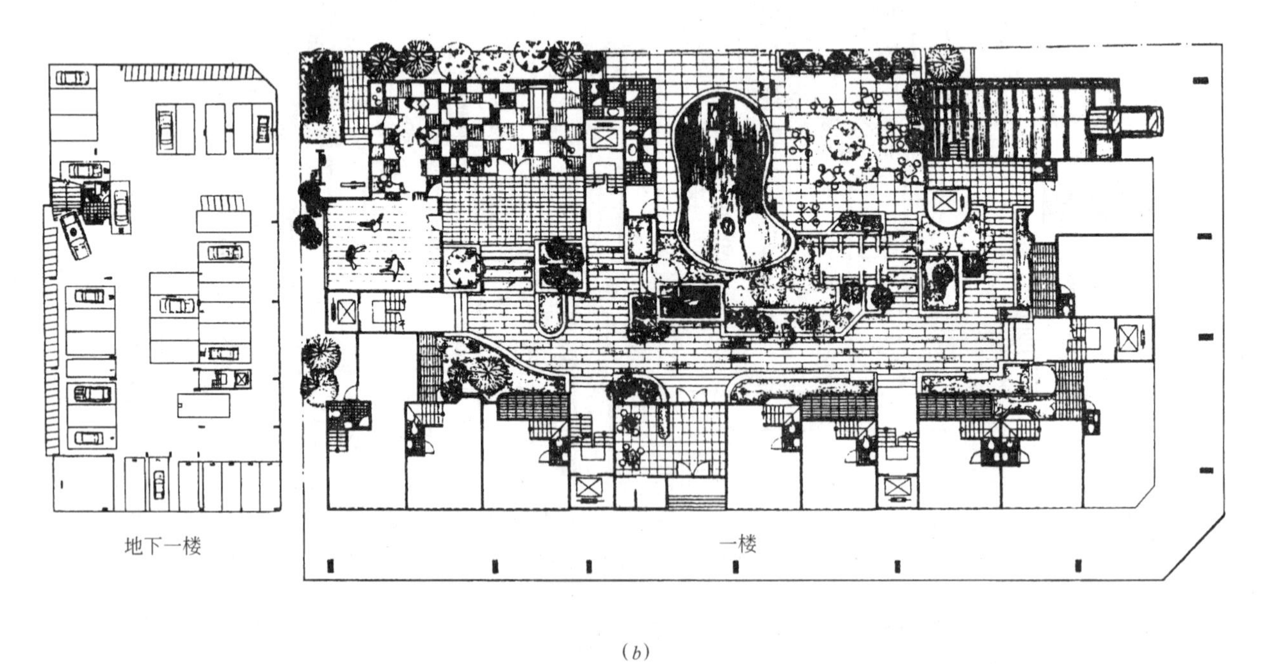

(*b*)

图 4-28　台湾高雄翰林世家底层架空庭院设计

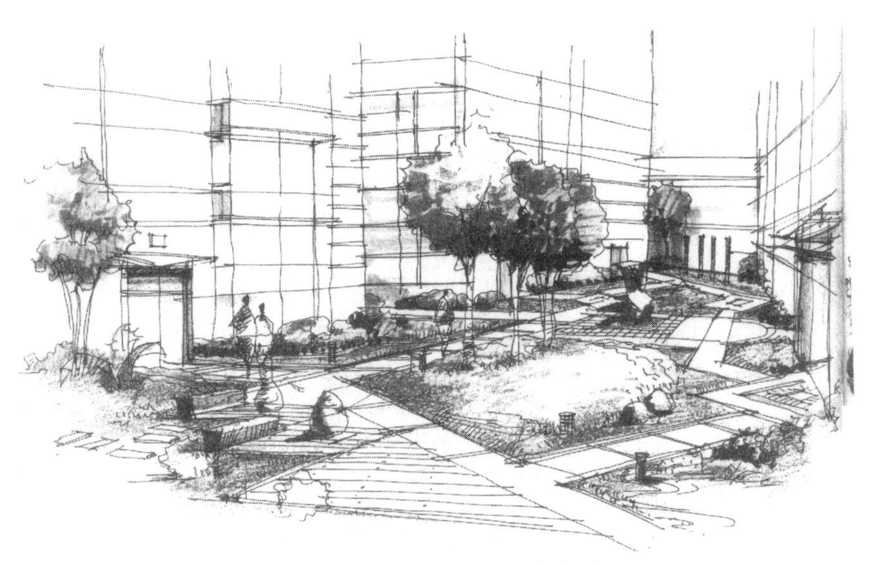

图 4-29　嘉兴巴黎都市小区宅旁绿地

宅间小路形成几何折线，在其围合的平面内点缀一些小品，使宅旁环境显得活泼和富有生气

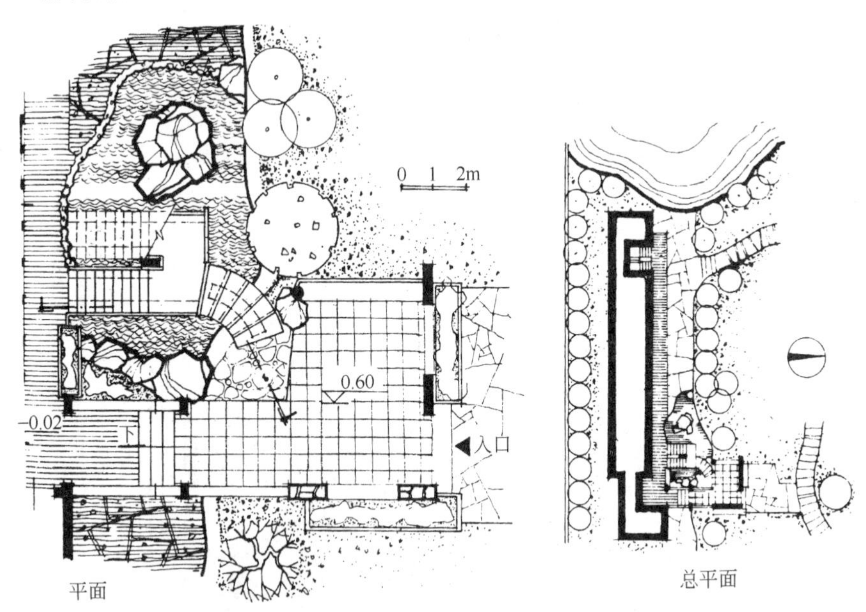

图 4-30　番禺某住宅室外楼梯小景

住宅室外楼梯小品化，使庭院空间富有情趣，也是完善住宅群布局的点睛之笔

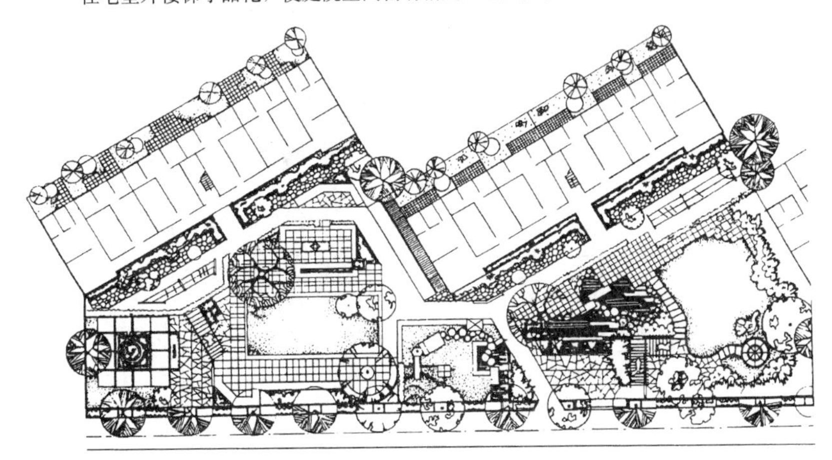

图 4-31　某临街宅旁庭院

丰富了街景，并有削减街道噪声作用

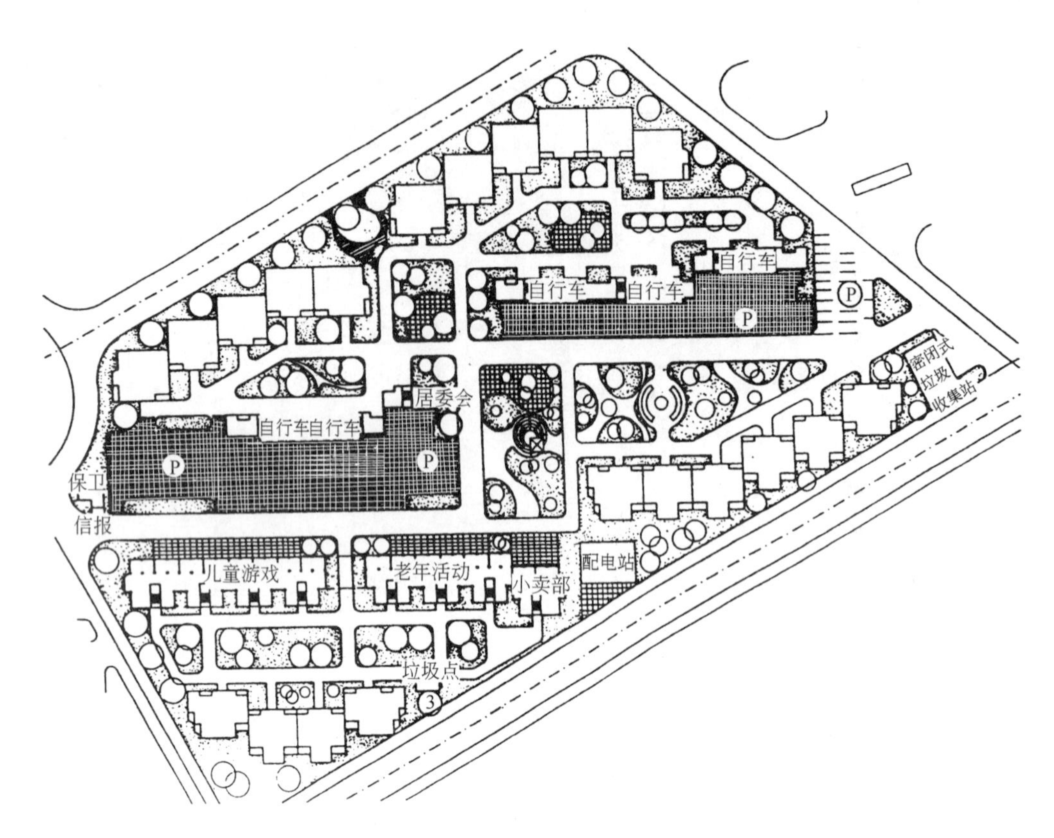

图 4-32　嘉兴穆湖小区边角余留地的利用

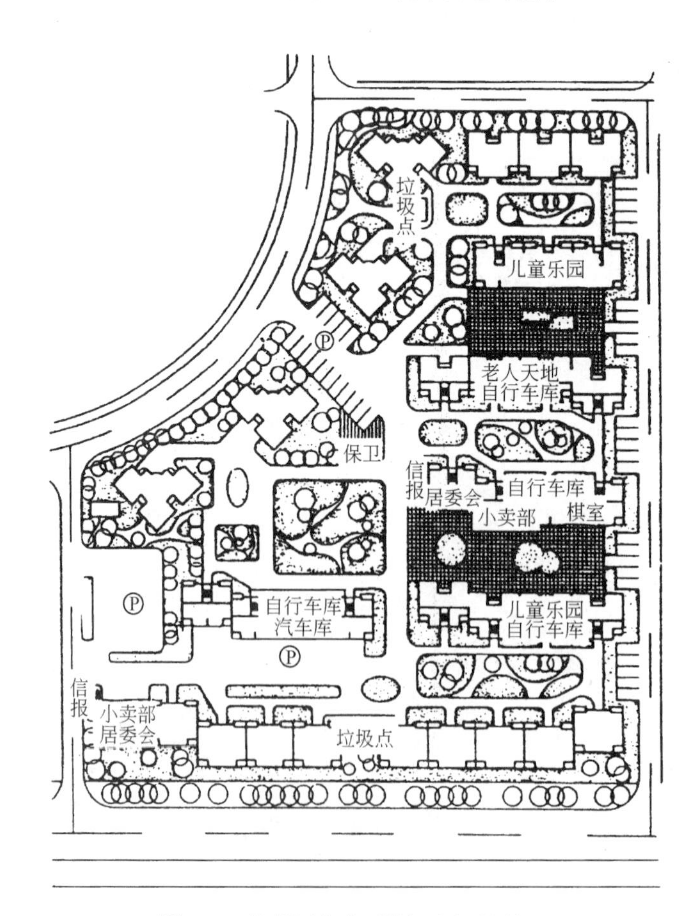

图 4-33　柳州河东小区消极空间的利用

图 4-34 为日本崎玉县和光市西大和住宅区的一住宅山墙空间的处理，原是一平淡无奇直线型小路，设计者匠心独运，做了一条柔和的曲线型道路，绿荫、儿童游戏器具散布其间忽隐忽现，使僵硬的山墙间顿生情趣。图 4-35 利用挡土设施作成掩体垃圾收集点，并用绿化掩蔽，防晒吸尘利于环境卫生和观瞻。图 4-36 将沿山墙的一条梯道做成折线型，使休息平台增宽，结合绿化将路灯、果皮箱稍作处理，作为路标小品点缀，为令人劳累的攀登空间凭添了轻松的符号。

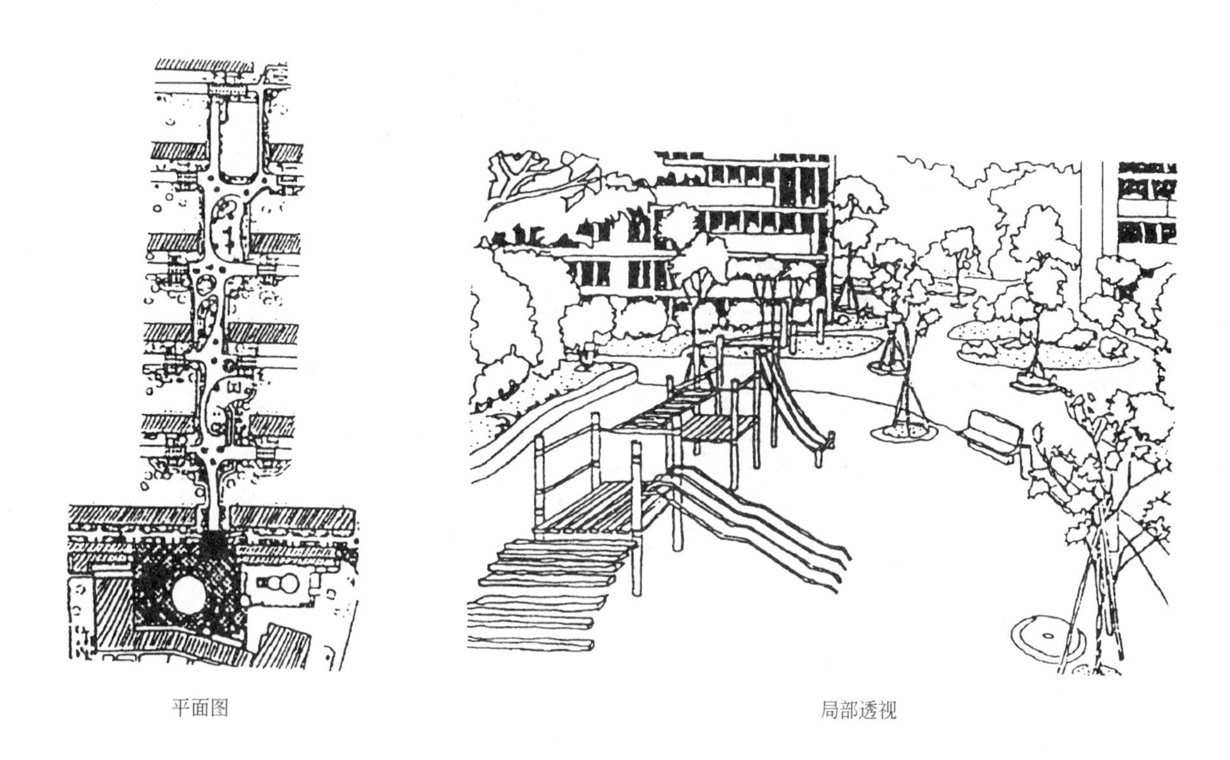

图 4-34 日本崎玉县和光市西大和住宅区一住宅山墙空间处理

图 4-35 挡土墙内掩体垃圾收集点

图 4-36　沿山墙的梯道设计

第五章　公建用地规划设计

公建用地由各类公共建筑及其专用的道路场地、绿化及小品等内容构成，其公共建筑设施是构成的主体。公建设施不仅与居民的生活密切相关，并体现居住区的面貌和社区精神，在经济效益方面也起着重要的作用。

第一节　居住区公建设施的构成与规划特征

居住区公建设施构成分别可按功能性质、使用频率和规模级别进行分类，以利于功能组合、规划布局及分级配建。随着物质与文化生活的提高，公建设施不断寻求文化品位的高层次，从整体环境出发，体现出系统化、综合化、步行化、景观化、社会化以及设备完善化规划的明显特征。

一、公建设施配套的分类与设置

（一）按功能性质分类

共分八类，即教育、医疗卫生、文体、商业服务、社区服务、金融邮电、市政公用、行政管理及其他等八类。每一类又分为若干项目，如教育类设有托儿所、幼儿园、小学、中学等项目，详见表5-2。根据各类公建功能特点可进行分区、选址、组织修建，以及运营管理等。如商业服务设施和文化体育活动设施可邻近设置，二者业务经营上有联系，可综合形成中心，设置于不影响车行交通的人流出入口附近、人流交汇或过往人流频繁地段，既方便本区居民又便于过往顾客，以增加营业销售。

（二）按使用频率分类

可分为两类，即居民每日或经常使用的公共设施和必要而非经常使用的公共设施两类。前者主要指少年儿童教育设施和满足居民小商品日常性购买的小商店，如副食、菜店、早点铺等，要求近便，宜分散设置。后者主要满足居民周期性、间歇性的生活必需品和耐用商品的消费，以及居民对一般生活所需的修理、服务的需求，如百货商店、书店、日杂、理发、照相、修配等，要求项目齐全，有选择性，宜集中设置，以方便居民选购，并提供综合服务。

（三）按配建层次分类

以公共设施的不同规模和项目区分不同配建水平层次，可分为三类。即①基层生活公共服务设施（以1000～3000人的人口规模为基础），宜配建便民店，如小日货、小日杂等。②基本生活公共服务设施（以1～1.5万人的人口规模为基础），宜配建托幼、小学、卫生站、文化活动站、综合副食店等。③整套完善的生活公共设施（以3～5万人的人口规模为基础），宜配建中学、综合管理服务、综合百货商场、食品店、综合修理部、文化活动中心、门诊所、医院等。一般来讲，服务人口规模越大，吸引范围就愈大，公共服务设施配建水平（配建项目及面积指标）愈高，服务等级和提供的商品档次愈高，这类公共服务设施宜集中设置在较高一级的公共中心，如居住区中心。反之，应分设在低一级公共中心如居住小区、居住组团等。

二、公建设施规划特征

（一）系统化

居住区公共服务设施是城市公共服务系统的组成部分。城市居住用地按不同人口规模配建相应级别的公建服务设施，其规模、项目、经营等都有其系统的延续性，并受城市规划布局的制约和支撑。同时，居住区还具有相对的独立性，以其特有的居住功能满足居民的物质与精神生活的多层次需求。

（二）综合化

紧张的生活节奏使人们对闲暇生活寄于更多的要求，丰富多彩、多种选择是消费时尚。因而公共服务设施将购物、饮食、娱乐、文化、健身、休憩等多种功能综合配置，使居民一次行动便可达到多种目的。这样不仅方便使用，提高设施效率，同时，可节约用地，减少费用并利于经营管理。

（三）步行化

保证购物环境的安全、舒适，将车行和步行分离，创造宽松的购物环境和氛围，闹中取静。使顾客能从容选择、品评、欣赏商品，构成良好的购物心理，促进商品的销售。专为少年儿童和老人的设施，以及基层服务管理设施，多考虑适宜的步行距离。

（四）景观化

在保证使用功能的同时组织环境景观，适当配置绿化、铺地、小品等，提高公共设施环境的文化品位，将商品陈列在良好的环境中，一个好的商场便是一个展览馆，逛商店轻松惬意，购商品、看商品、看景物、人看人，各得其所，热闹又悠然，让人们的紧张生活有片刻调剂。同时，公共设施环境的景观化更新，可活跃住区空间单一的格调，利于展示社区风彩，并为城市添景增色。

（五）社会化

将公共设施及购物环境视为提供社交活动的场所、商务沟通的平台，对宣传国家方针政策、维护社区治安、提供社会化服务等都是良好的公众场所。

（六）设备完善化

适应公共活动和购物行为的需求，从安全、卫生、交通、休息、交往等行为所需，配置相应设施和设备，提高公建设施环境的精神与物质文明，见表5-1。公共设施项目与内容随社会发展和市场需要不断充实和更新。

街道设施分类及设置参考　　**表5-1**

类别	项目	设置原则	参考数据
交通设施	公共汽车站	步行商业区的出入口附近	
	停车场	区内宜设地下或地面停车场	停车位数计算：1车位/300～500m² 公建面积
公用设施	路灯	可按10～15m间距设置	步行商业街内以小于6m为宜
	公共厕所	宜设于休息场地附近与绿化配合	
绿化	行道树	选择适宜树种及栽植形态 并考虑与休息设施配合	行栽距6～10m或0.9～1.5m宽
	花草坛	宜与休息设施组合考虑设置	土壤深度：草木＞0.15m 矮树＞0.3，高树＞0.9m
休息	座椅	按不同场地考虑形式、围合布置形式	双人椅长1.50m，坐面高0.38m，椅背0.8～0.9m
卫生设备	饮水器	功能与装饰结合，保证视觉洁净感	高度以0.8m为宜
	烟蒂筒	根据吸烟行为	高度0.8m左右，筒形直径0.35～0.55m
	废物箱	造型醒目，便于清除废物，与休息设施配合	高0.6～0.9m
公共设施	电话亭	选择人群聚集、滞留场所设置	正方形0.8m×0.8m，高度2.0m
	悬挂式电话机	色彩醒目，局部围合隔声，视线通透	电话设置高度1.5m左右(残疾者用0.8m)
	指路标	方向变换及人群多，聚集停留场所	设置高度2.0～2.40m 字体8cm以上(视距6m以下)
	标志牌	符号含意清晰、醒目、美观	
	导游图	设于出入口及中心人群停留场所	
	报时钟	功能与装饰相结合	高度6m以下，钟面0.8m左右
	雕塑小品	考虑城市文脉及场所行为设计造型	
	路面彩砖	表面光洁、防滑、色彩宜人	以0.3m×0.3m～0.45m×0.45m为宜
	车挡护栏	根据交通状况考虑固定式或活动式	高度0.6～1.0m为宜

第二节　公建设施的规划布置

公建设施的集中布置形式可分为沿街布置、成片布置、沿街成片混合布置以及其他布置等多种形式。

一、沿街布置

这是一种历史最悠久、最普遍的布置形式。当今交通快速、拥挤、污染严重的情况，为创造祥和的街道空间和购物环境，需要精心规划设计，运用各种手法。如空间的层次划分、限定；功能的分离、组织；景观的设计、塑造；设备的运用、安置等。街道空间的限定元素主要是各类公共建筑，它们可为商住楼也可单独设置，建筑与街道空间结合的方式灵活多样如图5-2。街道的各类设施见表5-1。

沿街布置形式还可分为双侧布置、单侧布置、混合式布置以及步行街等。

（一）沿街双侧布置

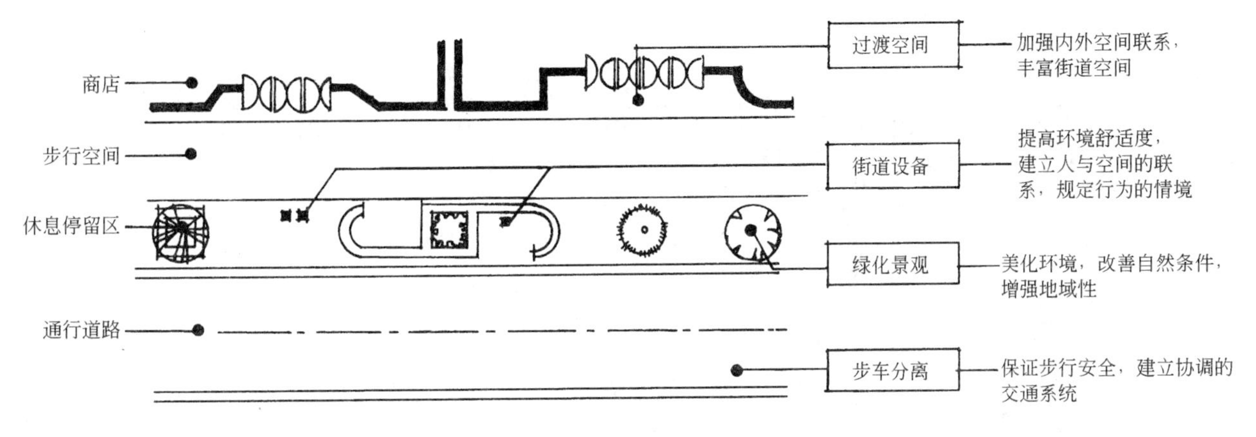

图 5-1　街道空间分区平面示意图

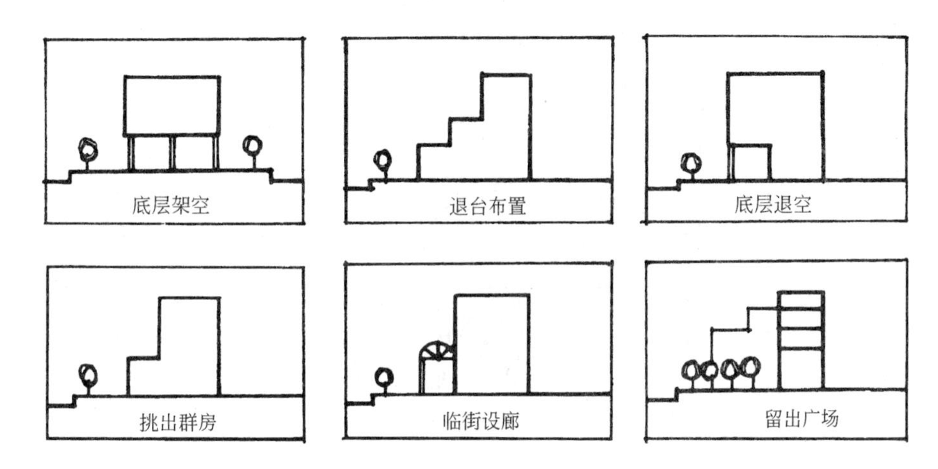

图 5-2　建筑与街道空间结合方式示意

在街道不宽、交通量不大的情况下，双侧布置，店铺集中、商品琳琅满目，商业气氛浓厚。居民采购穿行于街道两侧，交通量不大较安全省时。如果街道较宽，像居住区的主干道超过 20m 宽，可将居民经常使用的相关商业设施放在一侧，而把不经常使用的商店放在另一侧，这样可减少人流与车流的交叉，居民少过马路，安全方便。如辽化居住区中心街道(图 5-3)，将人流多的公共建筑如文化馆、百货商店、副食商店、饭店、体育馆等设置在街道同一侧。并相应配置了较宽的步行活动区，利用地形，将其置于台地上，形成绿地，设坐椅供休息，在繁华商业街开辟了一叶绿洲。在台地上与平行道隔离，安全感领域感犹然而生。

（二）沿街单侧布置

当所临街道较宽且车流较大，或街道另一侧与绿地、水域、城市干道相临时，这种沿街单侧布置形式比较适宜。常州清潭小区(图 5-4)，位于城市东南部，商业服务设施布置顺应主要人流方向，由小区主要道路一侧通过小区主入口，沿城市道路向着城市主体方向延伸。北京塔院小区(图 5-5)，北临城市道路，隔路是一所市级医院，小区商业设施布置在小区出入口两侧的临城市道路一边，既便于居民上下班顺路购物，还能对外营业，为近邻单位带来方便。在用地非常紧缺的上海，康乐小区(实例 8)几乎将全部公共设施布置在沿街和临水的小区边缘。除小学校设于小区东边缘临水且安静的独立地段外，其他公建均沿南部城市道路布置。其中老年俱乐部、托儿所、幼儿园约占沿街长度的一半，用庭院绿化与街道隔离；商业服务、公用、管理等设施则布置在沿街的另一端，形式丰富、空间紧凑、线路短捷。沿街两端一紧一松、一虚一实的处理手法，恰到好处，体现了它们特有的功能和风采，成为小区前沿的一道风景线，同时丰富了城市景观，并体现了节地、隔音、方便使用、增收盈利等规划要求。

（三）步行商业街

在沿街布置公共设施的形式中，将车行交通引向外围，没有车辆通行或只有少量供货车辆定时出入，形成步行街。步行和车行分流形式有环型、分枝型以及立体型等形式(图 5-6)。北京西罗园 11 区

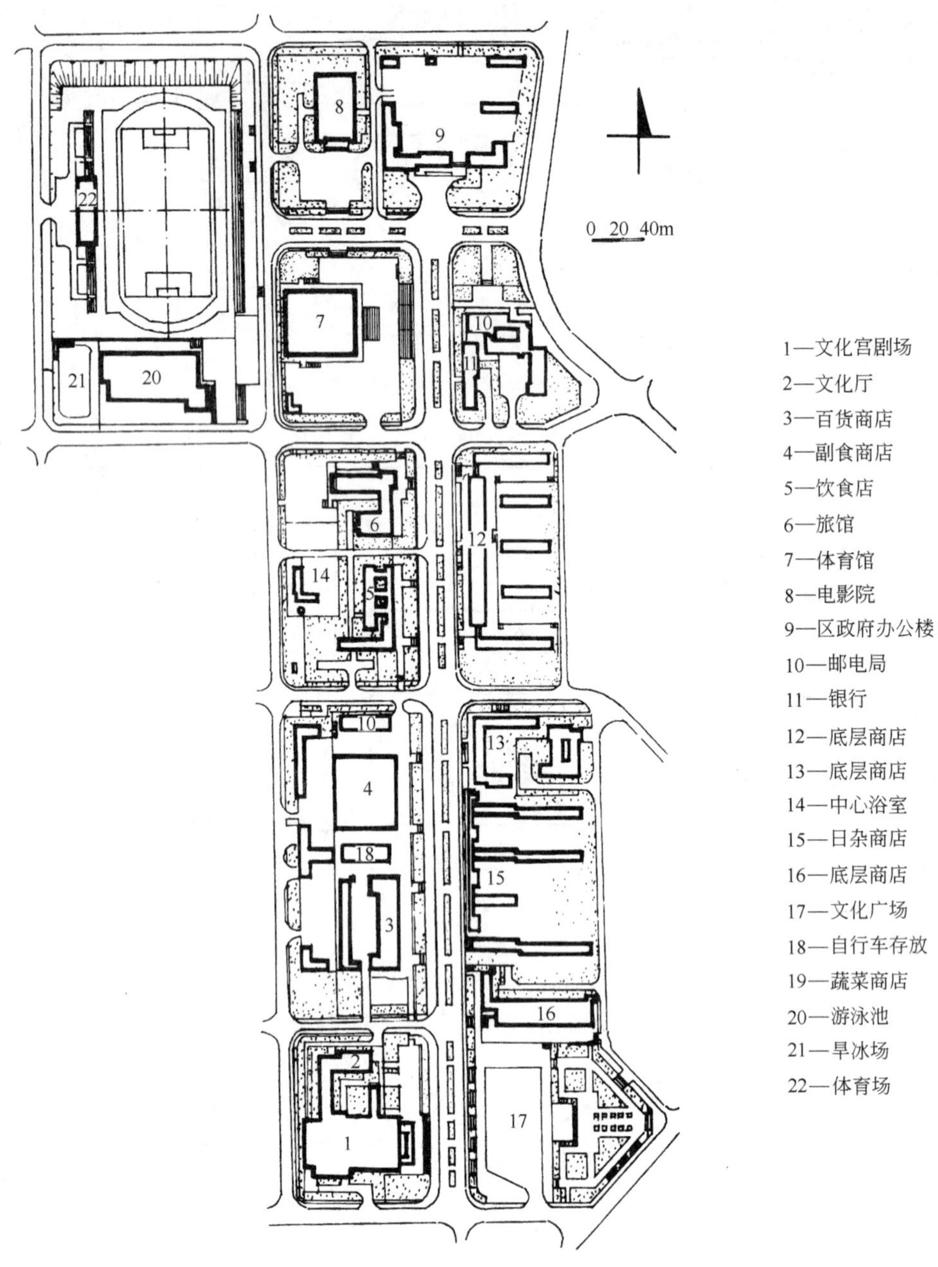

(*a*) 辽化生活区中心街规划图

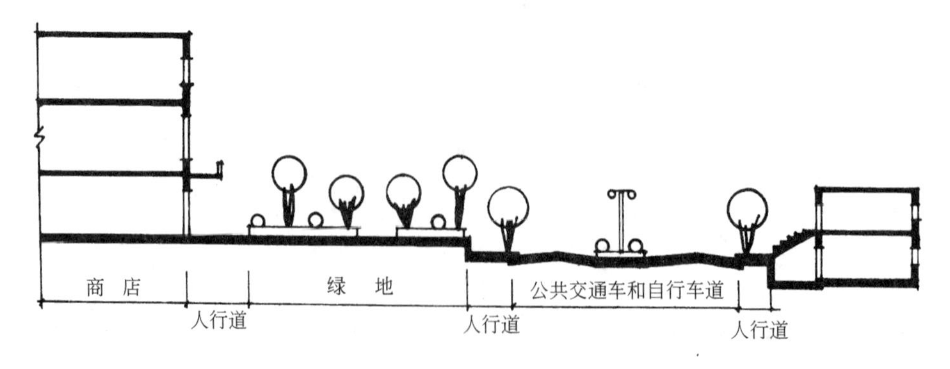

(*b*) 剖面图

图 5-3 辽化居住区中心街公建双侧布置

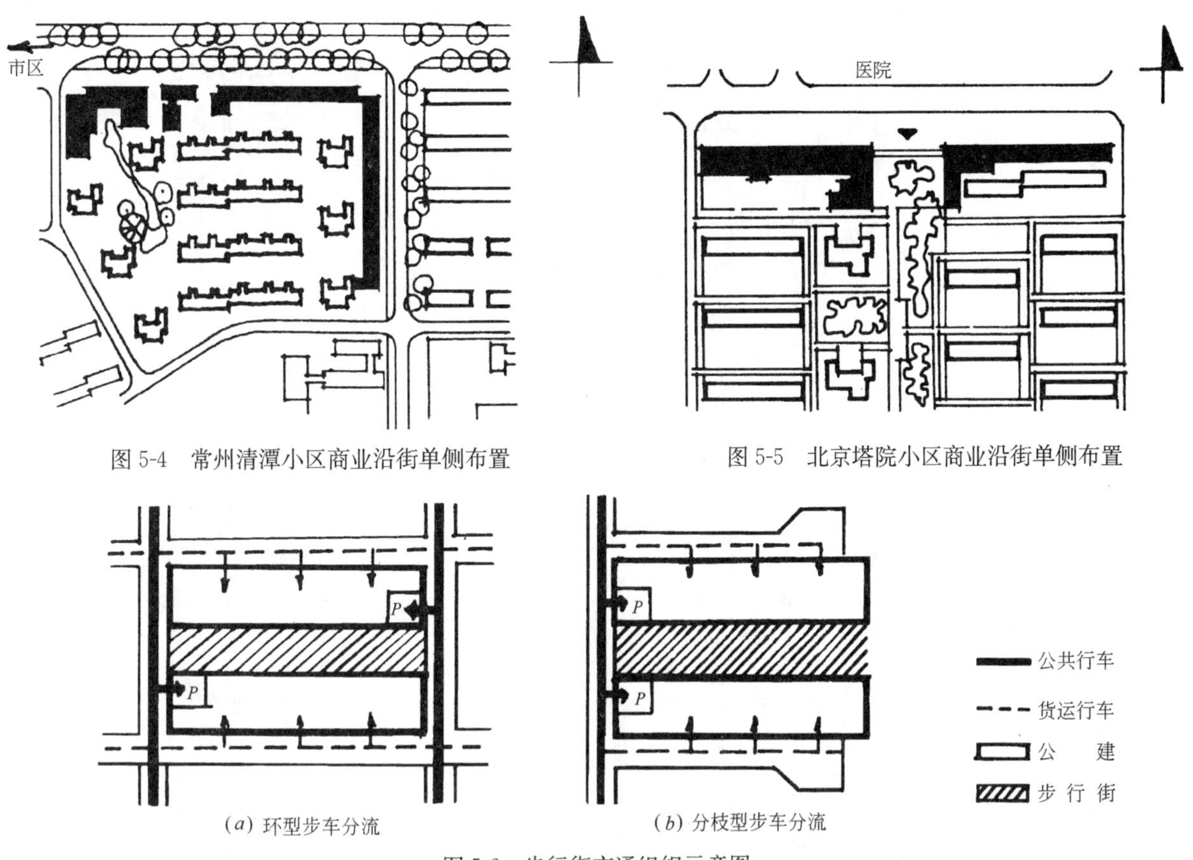

图 5-4　常州清潭小区商业沿街单侧布置

图 5-5　北京塔院小区商业沿街单侧布置

(*a*) 环型步车分流

(*b*) 分枝型步车分流

图 5-6　步行街交通组织示意图

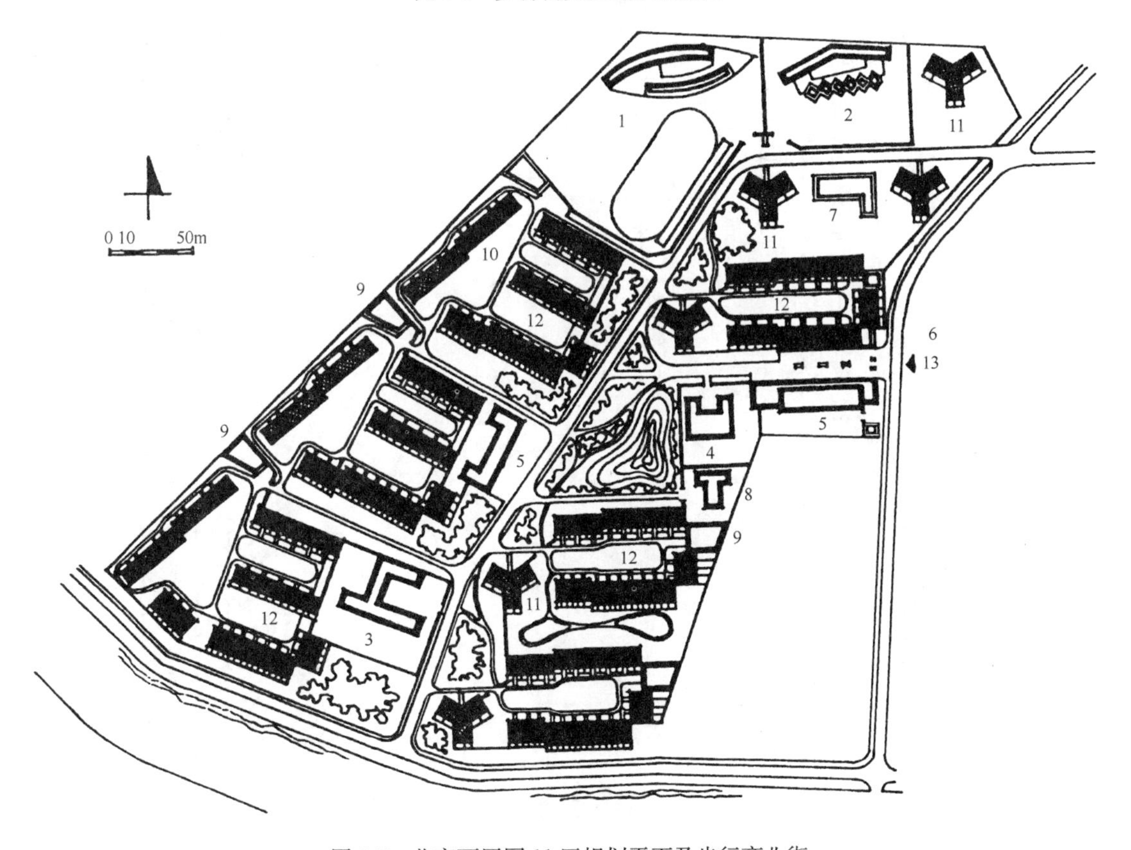

图 5-7　北京西罗园 11 区规划平面及步行商业街

1—中学；2—小学；3— 幼儿园；4—托儿所；5—商店；6—住宅底层商店；7—街道办事处；
8—小区管理处；9—自行车库；10—14 层住宅；11—20 层住宅；12—6 层住宅；13—步行街

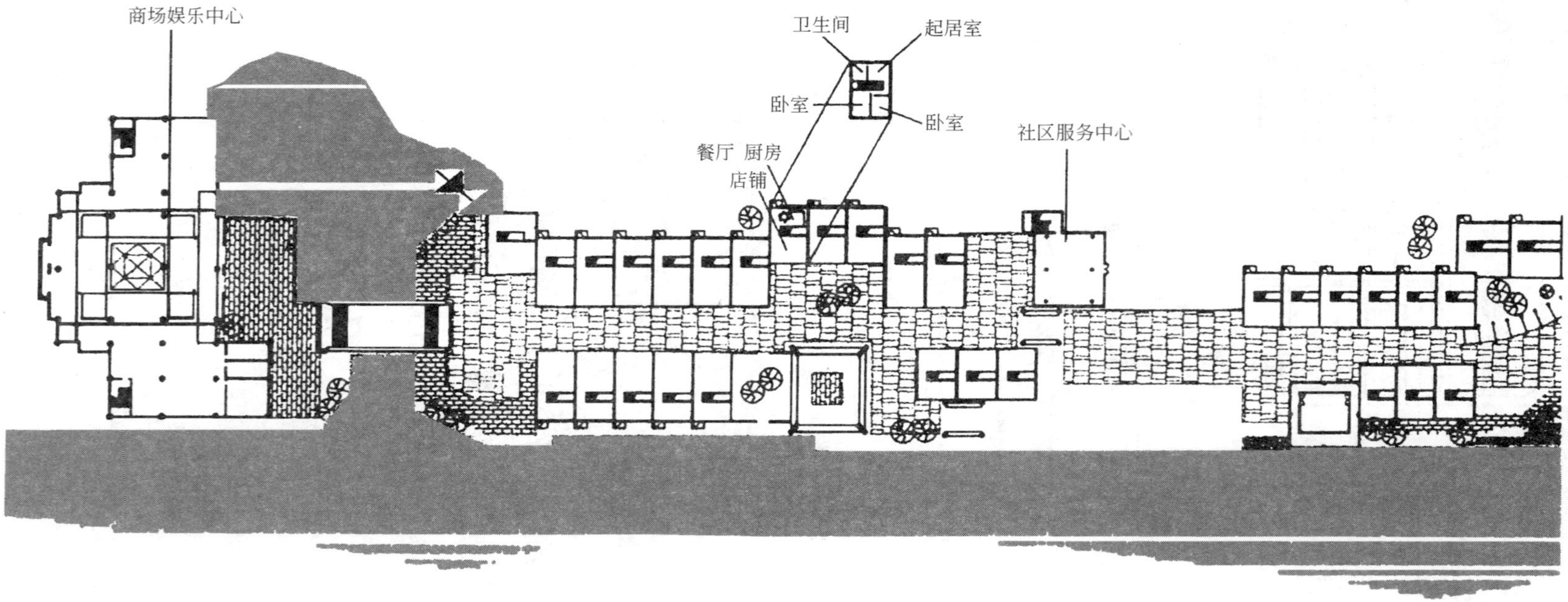

小区商业步行街平面布置图(局部)

小区商业步行街立面图(局部)

图 5-8　苏州竹园小区临水步行商业街

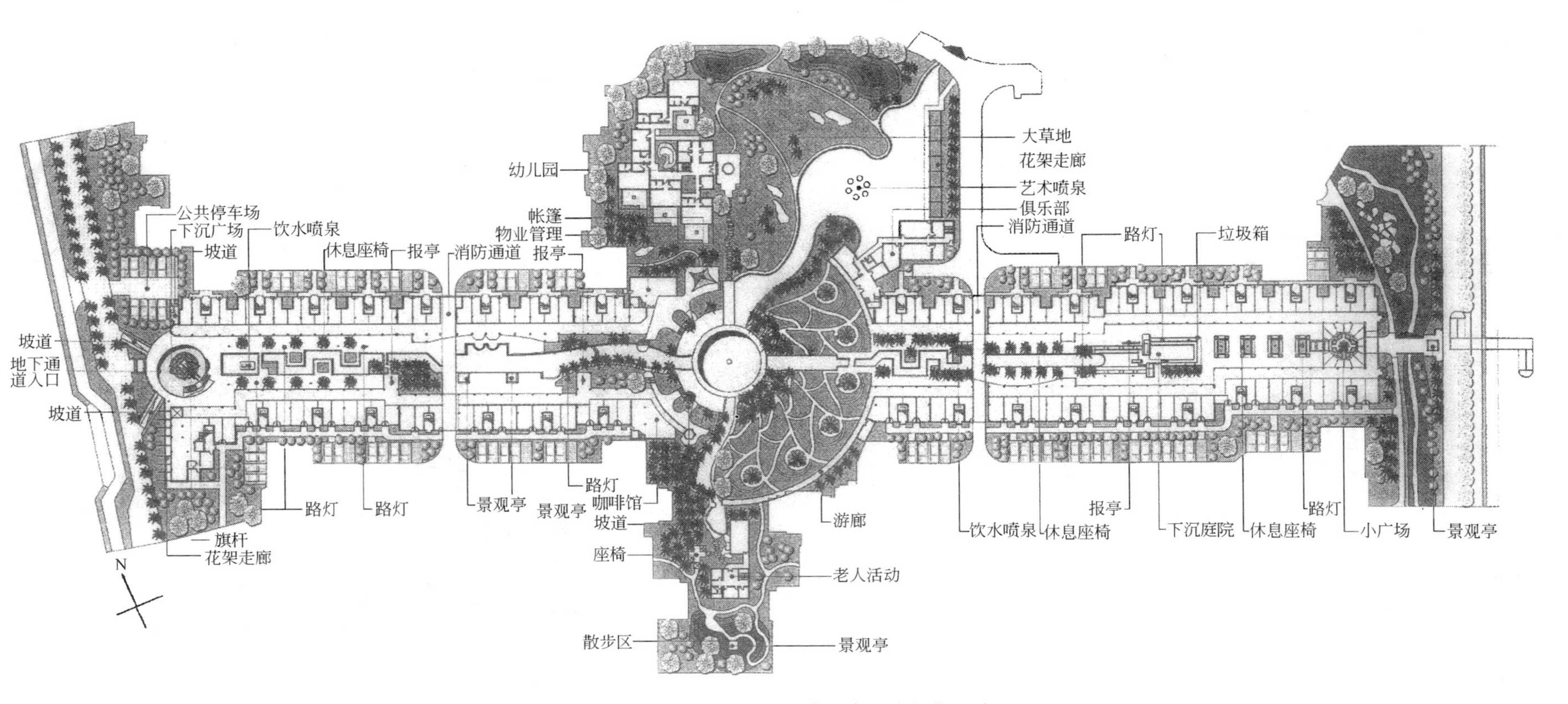

图 5-9 厦门市前埔居住小区东区商业步行街设计

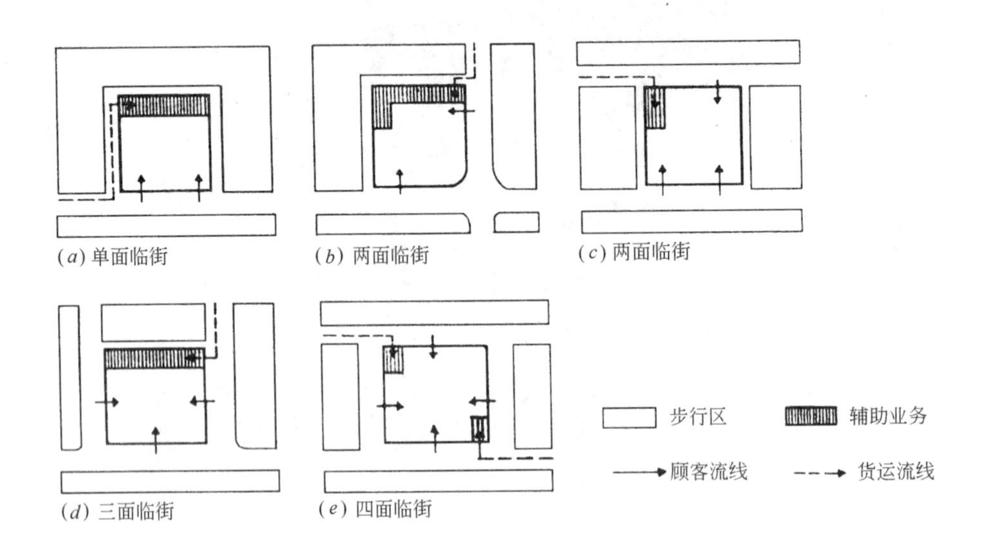

图 5-10　步行片区交通组织示意图

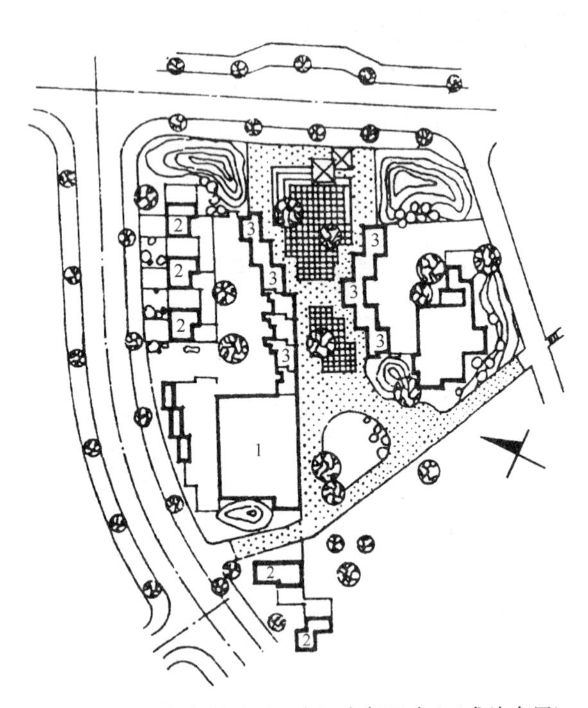

图 5-11　日本大阪千里・古江台邻里中心(成片布置)

1—市场；2—新开店铺；3—店铺

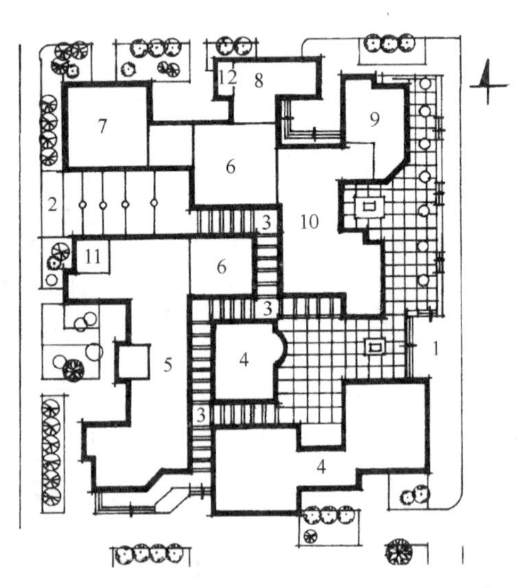

图 5-12　山东胜利油田孤岛新镇中华社区商业服务中心(成片布置)

1—休息广场；2—贸易广场；3—步行道；4—餐饮店；5—金融、商业服务；6—食品店；7—菜店；8—冷库；9—粮店；10—百货商店；11—锅炉房；12—公厕

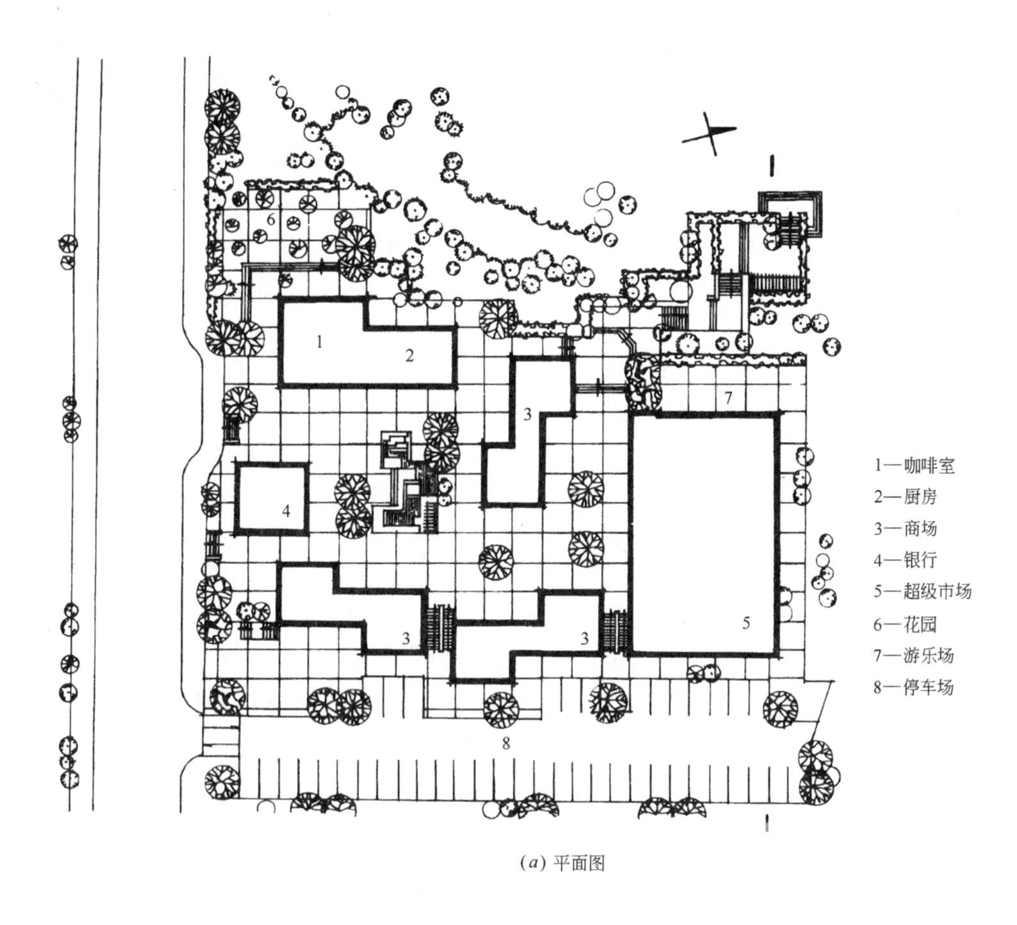

(a) 平面图

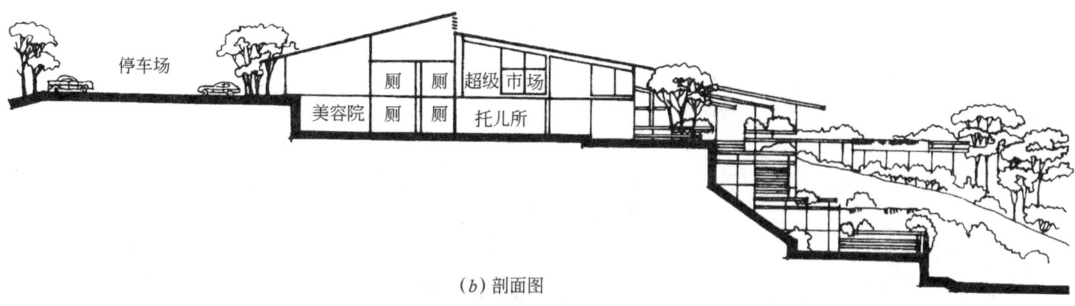

(b) 剖面图

图 5-13　香港赛西湖大厦商业中心(成片布置)

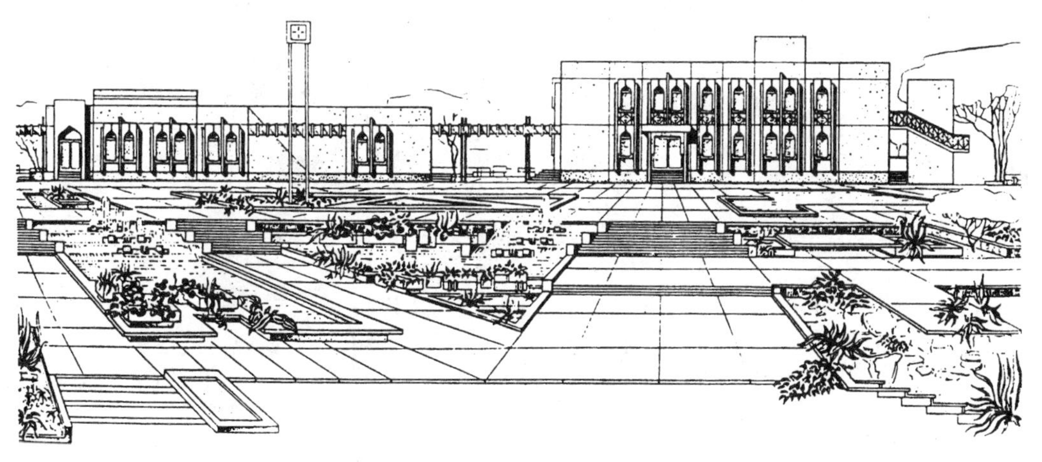

图 5-14　塔吉克斯坦某居住区中心(成片布置)

(图 5-7)，一东西走向的步行街与南北走向的小区主干道相交处以绿地隔离；步行街商业楼后面的专用杂务院设专用出入口通向城市车行道，为步行街禁止机动车通行创造了条件。苏州竹园小区(图 5-8)以过境的石城河为主，临水面结合绿化布置步行商业街，并以林荫小路与各组团连接，丰富居民生活情趣，体现了"临水而居"、"择河而市"的江南水乡传统与特色。厦门市前埔区居住小区东区商业步行街(图 5-9)结合地区特点，在小区中部布置了一条宽 9～15m 的景观骑楼商业步行街，所有公共服务设施及绿地均与此相关联，把居民的主要休憩活动转移到步行街，营造了小区生动活泼的生活气氛。

二、成片布置

这是一种在干道临接的地块内，以建筑组合体或群体联合布置公共设施的一种形式。它易于形成独立的步行区，方便使用，便于管理，但交通流线比步行街复杂。根据其不同的周边条件，可有几种基本的交通组织形式，如图 5-10 所示。成片布置形式可有院落型、广场型、混合型等多种形式。其空间组织主要由建筑围合空间，辅以绿化、铺地、小品等。如日本大阪千里古江台邻里中心(图 5-11)将商业服务设施与绿化结合，在中心布置了树木、亭、廊等，便于购物时休息观赏。山东胜利油田孤岛新镇中华社区商业服务中心(图 5-12)将众多项目组织在一起，形成两个小广场，并用曲折的步道相连，灯具、彩旗、广告悬挂在步行道梁枋，富有商业气氛。建筑形体平坡顶结合，大小空间结合，主次分明，使众多建筑组合在一起杂而不乱，室内外空间变化有序。香港赛西湖大厦商业中心(图 5-13)，巧妙地利用了缓坡地形。有数栋小巧的建筑围合场地，水池绿化小品置于中心部位，形成向心空间，其用地四周由绿化围合，环境优美。塔吉克斯坦某居住区公共中心(图 5-14)，采用民族风格的建筑形式，体现了浓厚的地域文化。武汉某居住小区中心(图 5-15)以会所泳池为中心，水面、绿化相互映衬，场地活动自由，具有观赏性和现代生活气息。

三、混合布置

这是一种沿街和成片布置相结合的形式，可综合体现两者的特点。也应根据各类建筑的功能要求和行业特点相对成组结合，同时沿街分块布置，在建筑群体艺术处理上既要考虑街景要求，又要注意片块内部空间的组合，更要合理地组织人流和货流

图 5-15 武汉某居住小区中心

的线路。上海曹杨新村居住区中心(图 5-16)兼有双向沿街和局部成片布置的混合形式，将人流较大的综合商店、电影院、饮食店等置于沿街同一侧，其辅助设施仓库、停车场、厨房等置于后院。沿街两侧分别有支路作为货运线路。电影院、文化馆紧临支路与人流较少的邮电、医疗对街布置，使集中人流有三个方向的疏散口，以免拥塞主干道。建筑以低层单独设置为主，有少量商住楼，高低错落，变化有致。珠海某居住小区(图 5-17)将建筑和绿地相对集中布置，采用平台式商住楼和内庭院形式组织商业服务设施，以一个个庭院建筑沿街连续布置，充分利用沿街地段的商机，这种布置方式节地节能，有大片集中绿地，但住宅建筑净密度较高。

无锡芦庄小区中心(图 5-18)在小区主入口结合文化活动广场布置商业服务中心，并向城市道路延伸，营造了休闲购物的环境，同时为上下班居民提

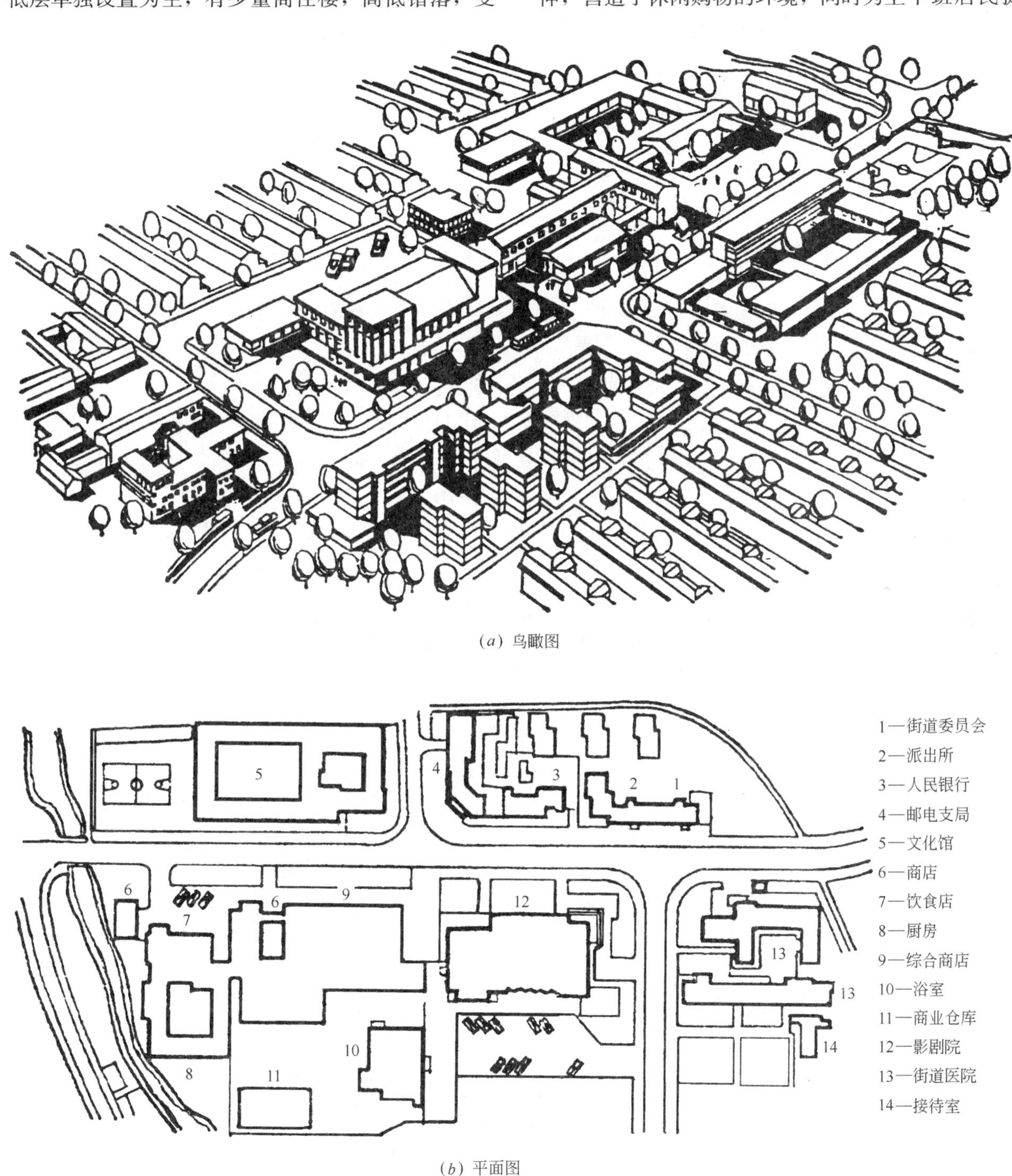

(*a*) 鸟瞰图

(*b*) 平面图

图 5-16 上海曹杨新村居住区中心(混合布置)

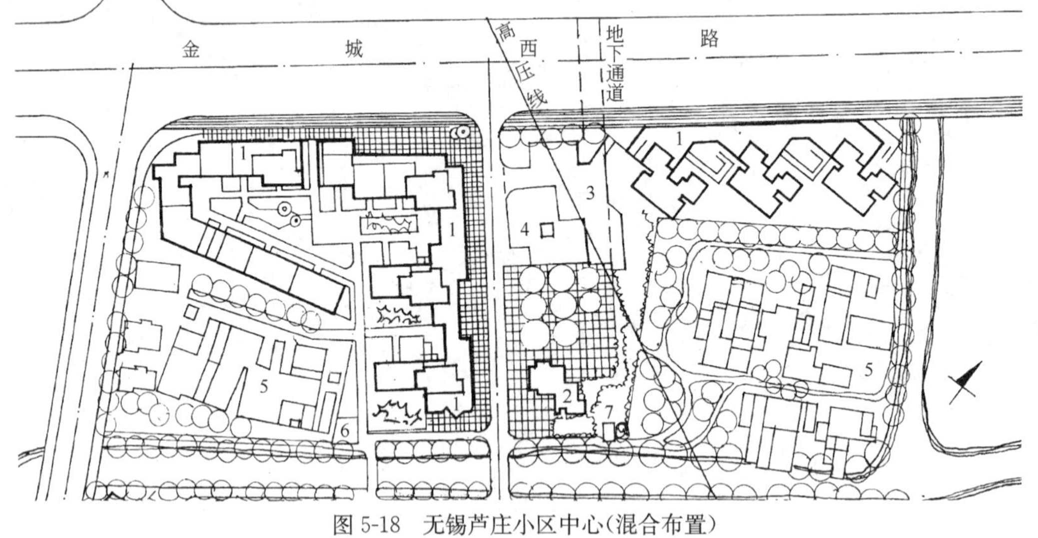

图 5-18　无锡芦庄小区中心(混合布置)

1—综合商业服务中心；2—文化活动中心；3—广场；4—入口标志；
5—保留自然村；6—煤气站；7—公厕

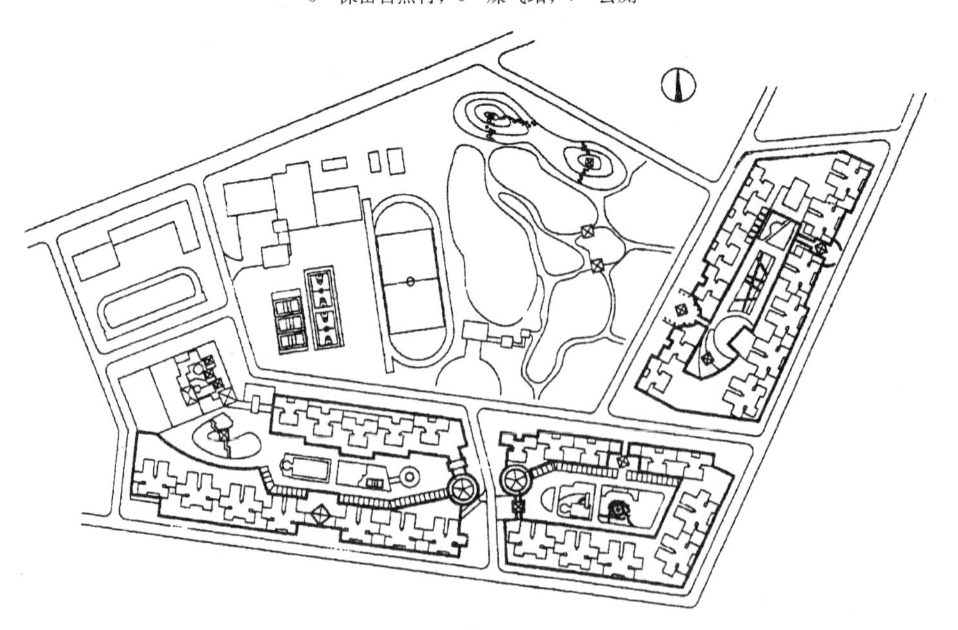

图 5-17　珠海某住宅小区平台式商住楼内庭院布局

供顺路购物的方便，并可兼顾街上过往行人。

以上沿街、成片和混合布置三种基本方式各有特点，沿街布置对改变城市面貌效果较显著，若采用商住楼的建筑形式比较节约用地，但在经营管理方面不如成片集中布置方式有利。在独立地段，成片集中布置的形式有可能充分满足各类公共建筑布置的功能要求，并易于组成完整的步行区，利于经营管理。沿街和成片相结合的混合布置方式则可吸取两种方式的优点。在具体进行规划设计时，要根据当地居民生活习惯、建设规模、用地情况以及现状条件综合考虑，酌情选用。

四、其他布置

对使用频率高、服务专业性强的设施，应按其特点要求作针对性处理，如小学、托幼、老年设施等，需就近安排，在适宜的服务半径里(图 5-21)提供专用基地，要求环境优越、交通便利、不干扰附近居民生活和出行等。对一些基层服务设施如便民店、居委会、停车场等要考虑其贴近居民的服务要求，等等，同时要注意展示这类设施的建筑与环境景观的个性特色，为居住区增添风采。成都锦成苑小区(图 5-19)，幼儿园布置在小区中心地段，位置适中，符合人流主要方向，方便居民上下班接送小孩，并可顺路购物，从而使居民一次出行，完成多项事务。小学布置在小区北端较独立地段，服务半径小，上学近便，对居民无噪声干扰。小区在景观规划方面注意对公共设施景观的整 体组织，以一条南北贯通的林荫步道将小区中心绿地、托幼、小学等公共设施组织成观赏线路。托幼、小学均成为这条视觉变化绿廊里的出色景点，提高了小区的文化品位。莆田中特城小区(图 5-20)结合地形和周边

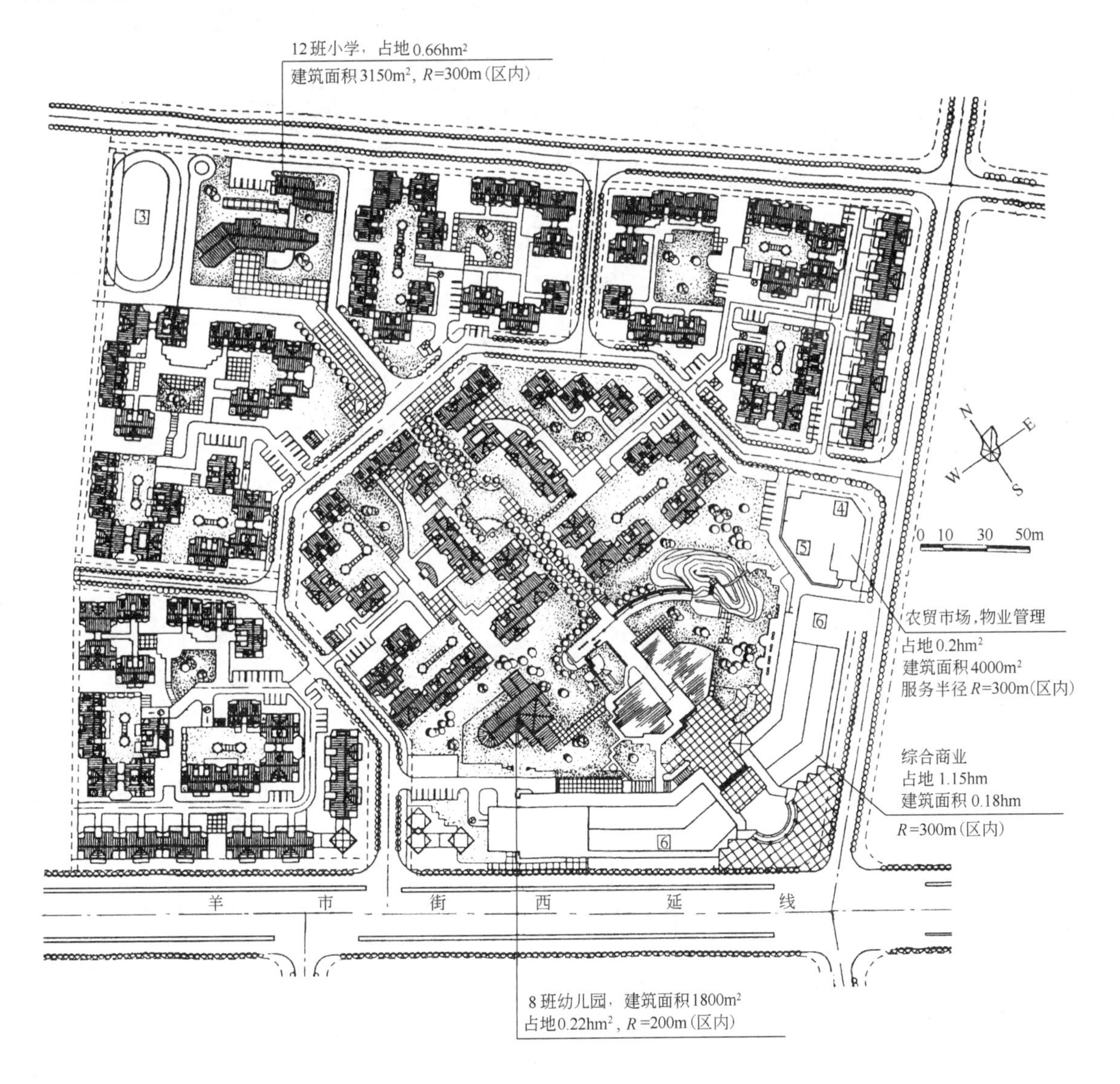

图 5-19 成都锦城苑小区规划总平面图

1—托幼；2—垃圾收集点；3—小学；4—物业管理；5—农贸市场；6—商业公建

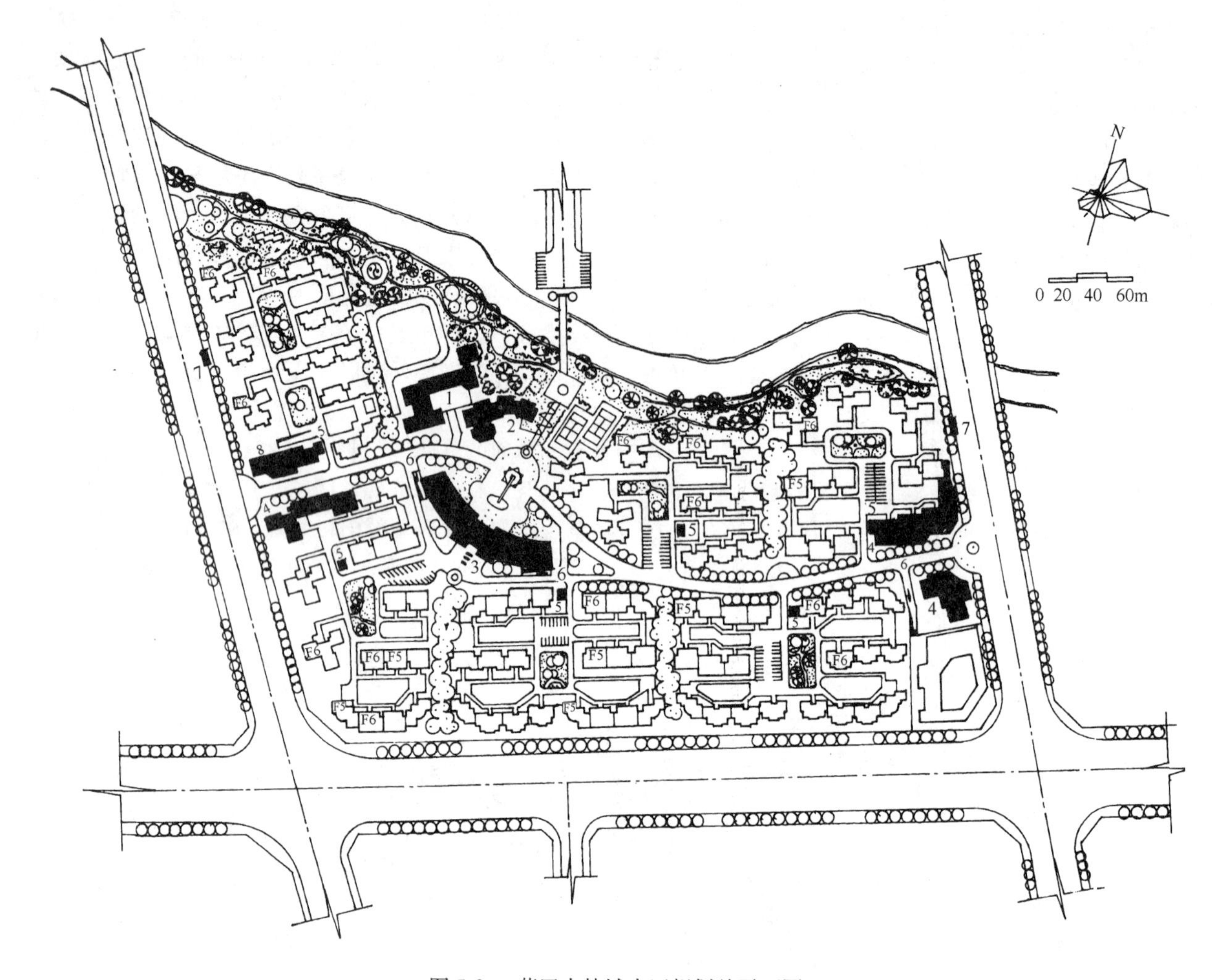

图 5-20　莆田中特城小区规划总平面图

1—小学；2—托幼；3—中心公建；4—商业；5—组团管理服务；6—地下车库入口；7—公交站；8—停车库

环境特点，将公益性公建和营利性公建分别设于小区中心和小区两出入口地带，布局合理，使用方便，同时将托幼和小学作为小区中心的组成部分，为小区中心增添了祥和的文化气息，小学掩映于边缘滨河绿地，环境优美也不会给邻里带来干扰。商业服务设施分设于小区两出入口处，既缩短了小区东西较长距离的服务半径，又与城市公交站取得配合，内外人流交汇，可充分发挥设施服务潜力，恰到好处。

第三节　公建配套设施的项目与规模

居住区公共服务设施的配建，主要反映在配建的项目和面积指标两个方面。公建项目及其面积确定的主要依据是：居民在物质与文化生活方面的多层次需要，公建项目服务的人口规模，以及公共服务设施项目自身经营管理的要求。因此配建的项目和面积与其服务的人口规模相对应时，才有可能方便居民使用和发挥各项目最大经济效益和社会效益。例如一所小学校宜服务于(1～1.5 万人)的人口规模，便是实践的一例证。

一、配建项目

以人口规模的级别，对应配建配套的公共设施项目，见“公共服务设施项目分级配建表”(表5-2)。高一级配建项目含低一级项目，如居住区级配建文化体育类的项目，应包括文化活动中心、文化活动站，并宜配建居民运动场；居住小区级配建文化体育类的项目，应设文化活动站；居住组团或基层居住单位则可以酌情配建文化活动站等。以此类推，各类公建项目均应成套配建，不配或少配则会给居民带来不便。当人口规模界于两级别之间时，应酌情选配高一级的若干项目。根据实践经验，当居住人口规模大于组团小于小区时，一般增配小区级项目，使其从满足居民基层生活需要经增配后能满足基本需要；当居住人口规模大于小区而小于居住区时，一般增配居住区级项目，使其从满足居民基本生活需要经增配后能较完善地满足日常生活需要；当居住人口规模大于居住区时，可增配医院、银行分理处、邮电支局、食品加工等高一级设施，以满足居民多方面日益增长的基本需要。

公共服务设施分级配建表 * 表 5-2

类　别	项　　目	居住区	小　区	组　团
教　育	托儿所	—	▲	△
	幼儿园	—	▲	—
	小学	—	▲	—
	中学	▲	—	—
医疗卫生	医院(200～300 床)	▲	—	—
	门诊所	▲	—	—
	卫生站	—	▲	—
	护理院	△	—	—
文化体育	文化活动中心(含青少年、老年活动中心)	▲	—	—
	文化活动站(含青少年、老年活动站)	—	▲	—
	居民运动场、馆	△	—	—
	居民健身设施(含老年户外活动场地)	—	▲	△
商业服务	综合食品店	▲	▲	—
	综合百货店	▲	▲	—
	餐饮	▲	▲	—
	中西药店	▲	△	—
	书店	▲	△	—
	市场	▲	△	—
	便民店	—	—	▲
	其他第三产业设施	▲	▲	—
金融邮电	银行	△	—	—
	储蓄所	—	▲	—
	电信支局	△	—	—
	邮政所	—	▲	—
社区服务	社区服务中心(含老年人服务中心)	—	▲	—
	养老院	△	—	—
	托老所	—	△	—
	残疾人托养所	△	—	—
	治安联防站	—	—	▲
	居(里)委会(社区用房)	—	—	▲
	物业管理	—	▲	—
市政公用	供热站或热交换站	△	△	△
	变电室	—	▲	△
	开闭所	▲	—	—
	路灯配电室	—	▲	—
	燃气调压站	△	△	—
	高压水泵房	—	—	△
	公共厕所	▲	▲	△
	垃圾转运站	△	△	—
	垃圾收集点	—	—	▲
	居民存车处	—	—	▲
	居民停车场、库	△	△	△
	公交始末站	△	△	—
	消防站	△	—	—
	燃料供应站	△	△	—

续表

类　别	项　目	居住区	小　区	组　团
行政管理及其他	街道办事处	▲	—	—
	市政管理机构(所)	▲	—	—
	派出所	▲	—	—
	其他管理用房	▲	△	—
	防空地下室	△②	△②	△②

注：① ▲为应配建的项目；△为宜设置的项目。

② 在国家确定的一、二类人防重点城市，应按人防有关规定配建防空地下室。

此外，居住区公共服务设施项目，根据现状条件及基地周围现有设施情况，可对配建项目和面积做适当增减。如处在郊区、流动人口多的地方可增加百货、食品、服装等项目或增大同类设施面积；若地处商业中心地带则可减少同类项目和面积等。

随着市场经济与文化水平的提高，促使公共服务事业的发展，会新增或淘汰一些项目，因此需为发展留有余地。

二、配建面积

公共服务设施规模以每千居民所需的建筑和用地面积作控制指标，即以“千人总指标与分类指标”控制(简称“千人指标”)，见表5-3。“千人指标”是一个包含了多种因素的综合性指标，具有很高的总体控制作用。根据居住人口规模估算出需配建的公共服务设施总面积和各分类面积，作为控制公建规划项目指标的依据。当居住人口数介于两级人口规模时，其配套设施面积进行插入法计算。当按居住区、小区、组团三级规模控制时，上一级指标覆盖下一级指标，即小区含组团；居住区含小区和组团指标，这样，在总指标控制前提下，可灵活

公共服务设施控制指标 *（m^2/千人）　　**表 5-3**

类别＼居住规模		居住区		小区		组团	
		建筑面积	用地面积	建筑面积	用地面积	建筑面积	用地面积
总指标		1668～3293 (2228～4213)	2172～5559 (2762～6329)	968～2397 (1338～2977)	1091～3835 (1491～4585)	362～856 (703～1356)	488～1058 (868～1578)
其中	教育	600～1200	1000～2400	330～1200	700～2400	160～400	300～500
	医疗卫生 (含医院)	78～198 (178～398)	138～378 (298～548)	38～98	78～228	6～20	12～40
	文体	125～245	225～645	45～75	65～105	18～24	40～60
	商业服务	700～910	600～940	450～570	100～600	150～370	100～400
	社区服务	59～464	76～668	59～292	76～328	19～32	16～28
	金融邮电 (含银行、邮电局)	20～30 (60～80)	25～50	16～22	22～34	—	—
	市政公用 (含自行车存车处)	40～150 (460～820)	70～360 (500～960)	30～140 (400～720)	50～140 (450～760)	9～10 (350～510)	20～30 (400～550)
	行政管理及其他	46～96	37～72	—	—	—	—

注：① 居住区级指标含小区和组团级指标，小区级含组团级指标；

② 公共服务设施总用地的控制指标应符合表2-3规定；

③ 总指标未含其他类，使用时应根据规划设计要求确定本类面积指标；

④ 小区医疗卫生类未含门诊所；

⑤ 市政公用类未含锅炉房。在采暖地区应自行确定。

分配，既能保证总的配建控制，又可满足不同基地和多种规划设计布局的需要。

各类公建设施的具体项目的面积确定，一般应以其经济合理的规模进行配建，根据各公建项目的自身专业特点要求，可参考有关建筑设计手册。现行国家规范《城市居住区规划设计规范》(GB 50180—93)2002 年 3 月版的“公共服务设施各项目的设置规定”(表 5-4)中列了各公建项目的一般规模，是根据各项目自身经营管理及经济合理性决定的，可供有关项目独立配建时参考。国家确定的一、二类人防重点城市应配建的防空地下室、新出现的第三产业，或由于改革发展，今后拟配建的新项目，不能归入上述七类，可暂统归入“其他”类。“其他”类的控制指标，由于各地差异大而目前又难以统计，因而没有确定分类控制指标，总控制指标中也未包括“其他”类指标，在执行时应另加，以便切合实际地指导本地居住区规划建设。

三、服务半径

上述各级公建项目，均由相应人口规模支撑，因而有相应的服务范围，按国家规范以“服务半径”——服务范围的空间距离为标准做表述，也可用相应的时间距离做参照，如图 5-21。

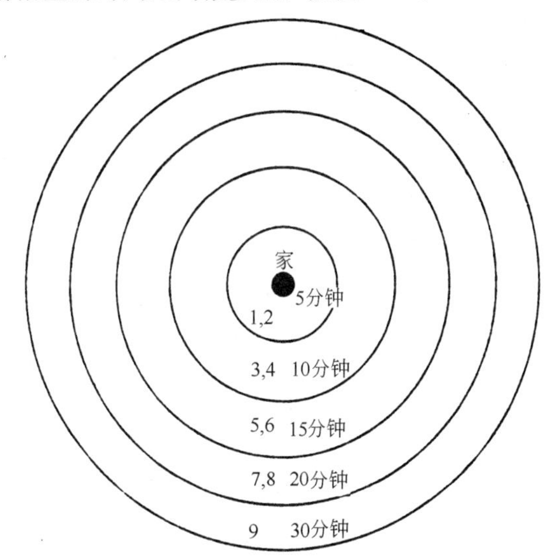

图 5-21 居住区各项设施适宜的步行时间距离与服务半径

1—老人活动场；2—儿童游戏场；3—幼儿园；4—文化活动站；5—小学；6—商业中心；7—中学；8—超市；9—医院

服务半径：居住区级 800～1000m 小区级 300～500m 组团级 150～200m

公共服务设施各项目的设置规定＊ **表 5-4**

<table>
<tr><th rowspan="2">类 别</th><th rowspan="2">项目名称</th><th rowspan="2">服 务 内 容</th><th rowspan="2">设 置 规 定</th><th colspan="2">每处一般规模</th></tr>
<tr><th>建筑面积(m²)</th><th>用地面积(m²)</th></tr>
<tr><td rowspan="4">教育</td><td>(1) 托儿所</td><td>保教小于 3 周岁儿童</td><td rowspan="2">(1) 设于阳光充足，接近公共绿地，便于家长接送的地段
(2) 托儿所每班按 25 座计；幼儿园每班按 30 座计
(3) 服务半径不宜大于 300m；层数不易高于 3 层
(4) 三班和三班以下的托、幼园所，可混合设置，也可附设于其他建筑，但应有独立院落和出入口，四班和四班以上的托、幼园所，其用地均应独立设置
(5) 八班和八班以上的托、幼园所，其用地应分别按每座不小于 7m² 和 9m² 计
(6) 托、幼建筑宜布置于可挡寒风的建筑物的背风面，但其生活用房应满足底层满窗冬至日不小于 3h 的日照标准
(7) 活动场地应有不少于 1/2 的活动面积在标准的建筑日照阴影线之外</td><td>—</td><td>4 班≥1200
6 班≥1400
8 班≥1600</td></tr>
<tr><td>(2) 幼儿园</td><td>保教学龄前儿童</td><td>—</td><td>4 班≥1500
6 班≥2000
8 班≥2400</td></tr>
<tr><td>(3) 小学</td><td>6～12 周岁儿童入学</td><td>(1) 学生上下学穿越城市道路时，应有相应的安全措施
(2) 服务半径不宜大于 500m
(3) 教学楼应满足冬至日不小于 2h 的日照标准</td><td>—</td><td>12 班≥6000
18 班≥7000
24 班≥8000</td></tr>
<tr><td>(4) 中学</td><td>12～18 周岁青少年入学</td><td>(1) 在拥有 3 所或 3 所以上中学的居住区内，应有一所设置 400m 环形跑道的运动场
(2) 服务半径不宜大于 1000m
(3) 教学楼应满足冬至日不小于 2h 的日照标准</td><td>—</td><td>18 班≥11000
24 班≥12000
30 班≥14000</td></tr>
</table>

续表

类　别	项目名称	服务内容	设　置　规　定	每处一般规模	
				建筑面积(m^2)	用地面积(m^2)
医疗卫生	(5) 医院	含社区卫生服务中心	(1) 宜设于交通方便，环境较安静地段 (2) 10万人左右则应设一所300～400床医院 (3) 病房楼应满足冬至日不小于2h的日照标准	12000～18000	15000～25000
	(6) 门诊所	或社区卫生服务中心	(1) 一般3～5万人设一处，设医院的居住区不再设独立门诊 (2) 设于交通便捷、服务距离适中的地段	2000～3000	3000～5000
	(7) 卫生站	社区卫生服务站	1～1.5万人设一处	300	500
	(8) 护理院	健康状况较差或恢复期老年人日常护理	(1) 最佳规模为100～150床位 (2) 每床位建筑面积≥30m^2 (3) 可与社区卫生服务中心合设	300～4500	—
文化体育	(9) 文化活动中心	小型图书馆、科普知识宣传与教育；影视厅、舞厅、游艺厅、球类、棋类活动室；科技活动、各类艺术训练班及青少年和老年人学习活动场地、用房等	宜结合或靠近同级中心绿地安排	4000～6000	8000～12000
	(10) 文化活动站	书报阅览、书画、文娱、健身、音乐欣赏、茶座等主要供青少年和老年人活动	(1) 宜结合或靠近同级中心绿地安排 (2) 独立性组团也应设置本站	400～600	400～600
	(11) 居民运动场、馆	健身场地	宜设置60～100m直跑道和200m环形跑道及简单的运动设施	—	1000～15000
	(12) 居民健身设施	篮、排球及小型球类场地，儿童及老年人活动场地和其他简单运动设施等	宜结合绿地安排	—	—
商业服务	(13) 综合食品店	粮油、副食、糕点、干鲜果品等	(1) 服务半径居住区不宜大于500m，居住小区不宜大于300m基层网点(综合副食店、菜店、早点铺等)及自行车存车处不宜大于150m (2) 地处山坡地的居住区其商业服务设施的布点，除满足服务半径的要求外，还应考虑上坡空手，下坡负重的原则	居住区：1500～2500 小区：800～1500	—
	(14) 综合百货商场	日用百货、鞋帽、服装、布匹、五金及家用电器		居住区：2000～3000 小区：400～600	—
	(15) 餐饮	主食、早点、快餐、正餐等		—	—
	(16) 中西药店	汤药、中成药及西药等		200～500	—
	(17) 书店	书刊及音像制品		300～1000	—
	(18) 市场	以销售农副产品和小商品为主	设置方式应根据气候特点与当地传统的集市要求而定	居住区：1000～1200 小区：500～1000	居住区：1500～2000 小区：800～1500
	(19) 便民店	小百货、小日杂	宜设于组团的出入口附近	—	—
	(20) 其他第三产业设施	零售、洗染、美容美发、照相、影视文化、休闲娱乐、洗浴、旅店、综合修理以及辅助就业设施等	具体项目、规模不限	—	—

续表

类别	项目名称	服务内容	设置规定	每处一般规模	
				建筑面积(m^2)	用地面积(m^2)
金融邮电	(21) 银行	分理处	宜与商业服务中心结合或邻近设置	800～1000	400～500
	(22) 储蓄所	储蓄为主		100～150	—
	(23) 电信支局	电话及相关业务等	根据专业规划需要设置	1000～2500	600～1500
	(24) 邮电所	邮电综合业务包括电报、电话、信函、包裹、兑汇和报刊零售等	宜与商业服务中心结合或邻近设置	100～150	—
社区服务	(25) 社区服务中心	家政服务、就业指导、中介、咨询服务、代客定票、部分老年人服务设施等	每小区设置一处，居住区也可合并设置	200～300	300～500
	(26) 养老院	老年人全托式护理服务	(1) 一般规模为150～200床位 (2) 每床位建筑面积≥40m^2	—	—
	(27) 托老所	老年人日托(餐饮、文娱、健身、医疗保健等)	(1) 一般规模为30～50床位 (2) 每床位建筑面积为20m^2 (3) 宜靠近集中绿地安排，可与老年活动中心合并设置	—	—
	(28) 残疾人托养所	残疾人全托式护理	—	—	—
	(29) 治安联防站	—	可与居(里) 委会合设	18～30	12～20
	(30) 居(里) 委会(社区用房)	—	300～1000户设一处	30～50	—
	(31) 物业管理	建筑与设备维修、保安、绿化、环卫管理等	—	300～500	300
市政公用	(32) 供热站或交换站	—	—	根据采暖方式确定	
	(33) 变电室	—	每个变电室负荷半径不应大于250m；尽可能设于其他建筑内	30～50	—
	(34) 开闭所	—	1.2万～2.0万户设一所；独立设置	200～300	≥500
	(35) 路灯配电室	—	可与变电室合设于其他建筑内	20～40	—
	(36) 燃气调压站	—	按每个中低调压站负荷半径500m设置；无管道燃气地区不设	50	100～120
	(37) 高压水泵房	—	一般为低水压区住宅加压供水附属工程	40～60	—
	(38) 公共厕所	—	每1000～1500户设一处；宜设于人流集中处	30～60	60～100
	(39) 垃圾转运站	—	应采用封闭式设施，力求垃圾存放和转运不外露，当用地规模为0.7km^2～1km^2设一处，每处面积不应小于100m^2，与周围建筑物的间隔不应小于5m	—	—
	(40) 垃圾收集点	—	服务半径不应大于70m，宜采用分类收集	—	—

续表

类 别	项目名称	服务内容	设置规定	每处一般规模	
				建筑面积(m^2)	用地面积(m^2)
市政公用	(41)居民存车处	存放自行车、摩托车	宜设于组团内或靠近组团设置，可与居(里)委会合设于组团的入口处	1～2辆/户；地上0.8～1.2m^2/辆；地下1.5～1.8m^2/辆	
	(42)居民停车场、库	存放机动车	服务半径不宜大于150m	—	—
	(43)公交始末站	—	可根据具体情况设置	—	—
	(44)消防站	—	可根据具体情况设置	—	—
	(45)燃料供应站	煤或罐装燃气	可根据具体情况设置	—	—
行政管理及其他	(46)街道办事处	—	3万～5万人设一处	700～1200	300～500
	(47)市政管理机构(所)	供电、供水、雨污水、绿化、环卫等管理与维修	宜合并设置	—	—
	(48)派出所	户籍治安管理	3万～5万人设一处；应有独立院落	700～1000	600
	(49)其他管理用房	市场、工商税务、粮食管理等	3万～5万人设一处；可结合市场或街道办事处设置	100	—
	(50)防空地下室	掩蔽体、救护站、指挥所等	在国家确定的一、二类人防重点城市中，凡高层建筑下设满堂人防，另以地面建筑面积2%配建。出入口宜设于交通方便的地段，考虑平战结合	—	—

第六章　道路用地及停车设施规划设计

居住区道路是城市道路的延续，也是居住区的重要骨架构成。居民日常生活的交通活动量很大，常久以来，公交车、自行车、步行为主的交通方式，为适应私人小汽车的发展需作一定调整，国家规范要求居住区内的居民汽车停车率不应小于10%。此外，居住区道路还应为残疾人及老年人消除交通障碍，使全体居民都能共享社会发展成果。

第一节　居住区道路构成

居住区的道路有车行道和步行道之分，车行道包括机动车道和非机动车道；步行道包括人行便道、梯道、坡道。各类道路由路面、线型控制点以及道路设施等构成因素。

一、道路尺度

道路的宽度是道路空间的重要因素，从人体工学的角度来衡量，道路空间尺度应符合人、车及道路设施在道路空间的交通行为，它包括人与车的流量、速度、尺度，以及各种道路设施的数量、尺度和技术要求。

居住区各类道路的最小宽度如下，参照图 6-1。

(1) 机动车行道　单车道宽 3～3.5m，双车道宽 6～6.5m。

(2) 非机动车道　自行车单车道宽 1.5m，双车道宽 2.5m。

(3) 人行便道　设于车行道一侧或两侧的人行便道最小宽度为 1m，其他地段人行步道最小宽度可小于 1m。如人行便道的宽度超过 1m 时可按 0.5m 的倍数递增。

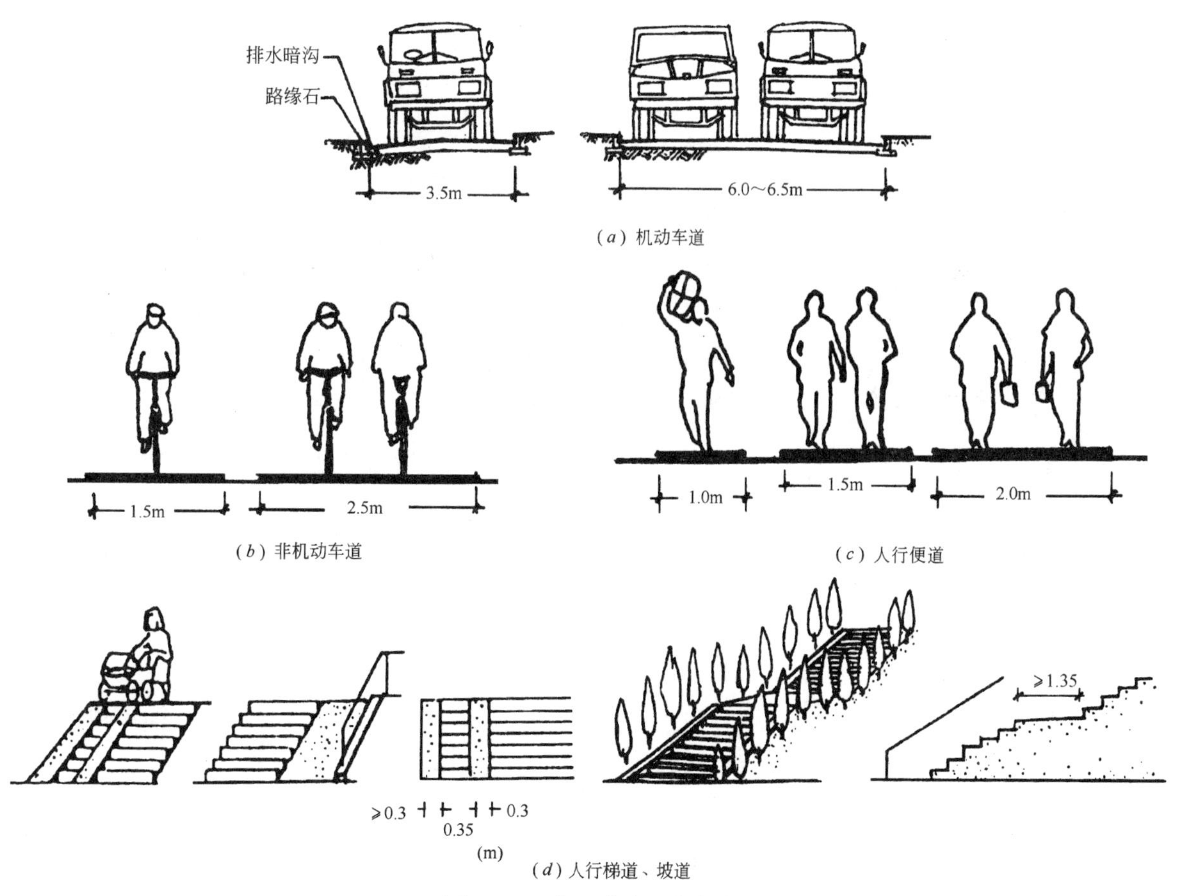

图 6-1　居住区道路基本宽度

（4）人行梯道　当居住区用地坡度或道路坡度≥8%时，应辅以梯步并附设坡道供非机动车上下推行，坡道坡度比≤15/34。长梯道每12～18级需设一平台。

二、线型控制

道路线型因用地条件、地形地貌、使用功能和技术的需要，有直线型、曲线型、折线型等多种线型，对线型起控制作用的部位有道路的交叉、转弯、变坡、尽端等处(参见第九章)。

（1）转弯半径　道路转弯或交叉处的平曲线半径的大小(道路交叉口的曲线又叫缘石半径，主要根据行车型号、速度等情况确定，如图6-2所示)。平曲线的作法如图6-3所示。

（2）道路尽端　尽端式道路为方便行车进退、转弯或调头，应在该道路的尽端设置回车场，回车场的面积应不小于12m×12m，(图6-4)为各类型回车场的最小面积，各种形式的回车场具体规模尺度根据使用车型和用地条件酌定。

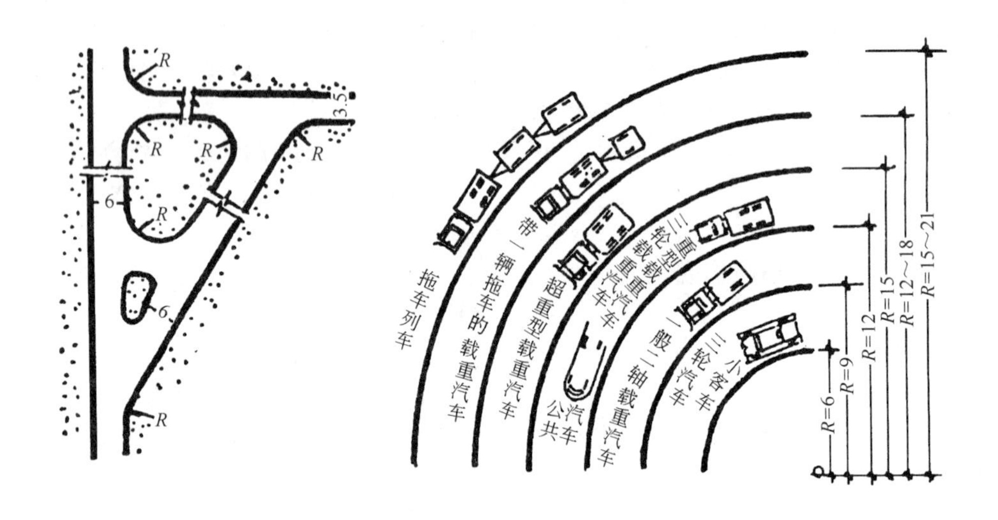

图6-2　道路转弯半径(缘石半径)(m)

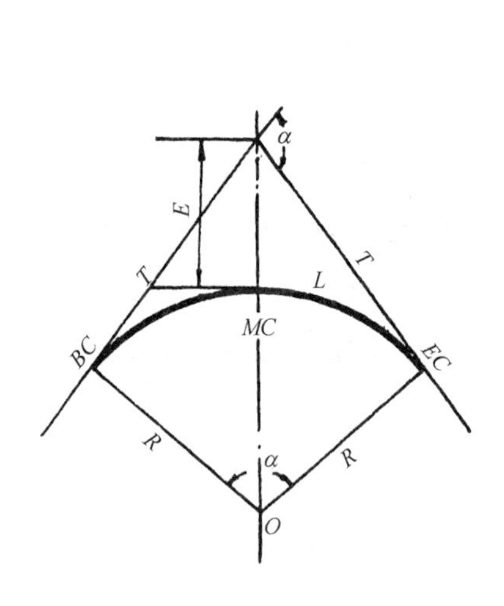

图6-3　平曲线的几何要素

*T*为切线长；*E*为外距；

*R*为平曲线半径；*L*为曲线长。

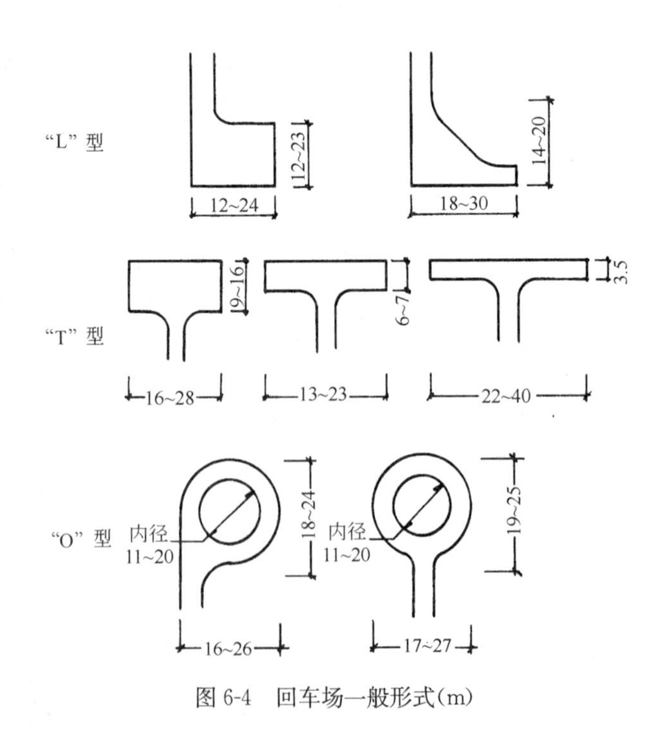

图6-4　回车场一般形式(m)

三、道路设施

主要有绿化设施、公用、卫生、休息、停车等设施。

（一）道路绿化

道路绿化可为行人遮荫，保护路基，美化街景、防尘隔音等功能，可发挥绿化多方面作用。行道树是道路绿化的普遍形式，其种植方式有“树池式”和“种植带式”两种。树池形状如图 6-5 所示。种植带式则可种植灌木、草皮、花卉，也可种植乔木形成林荫，形式多样。

（二）安全视距

机动车车道的绿化、建筑和构筑物等的布置要注意在道路交叉口及转弯处要考虑行驶车辆的视距，即“道路交叉口安全视距”（图6-6），安全视距为交叉口平曲线内侧司机视线能看得见对面来车的距离S(以右侧通行为准)，在安全视距的清除范围内，规定不得设置 1.2m 视线高度以上的障碍物，以确保行车安全。

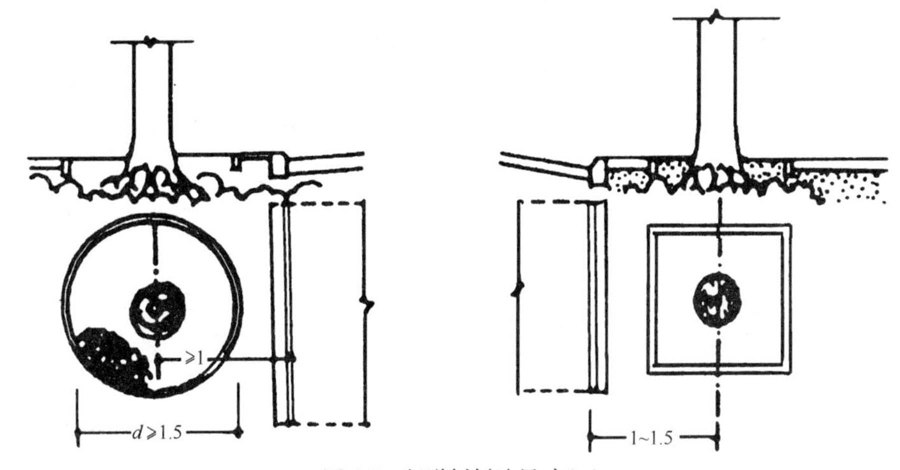

图 6-5　行道树树池尺寸(m)

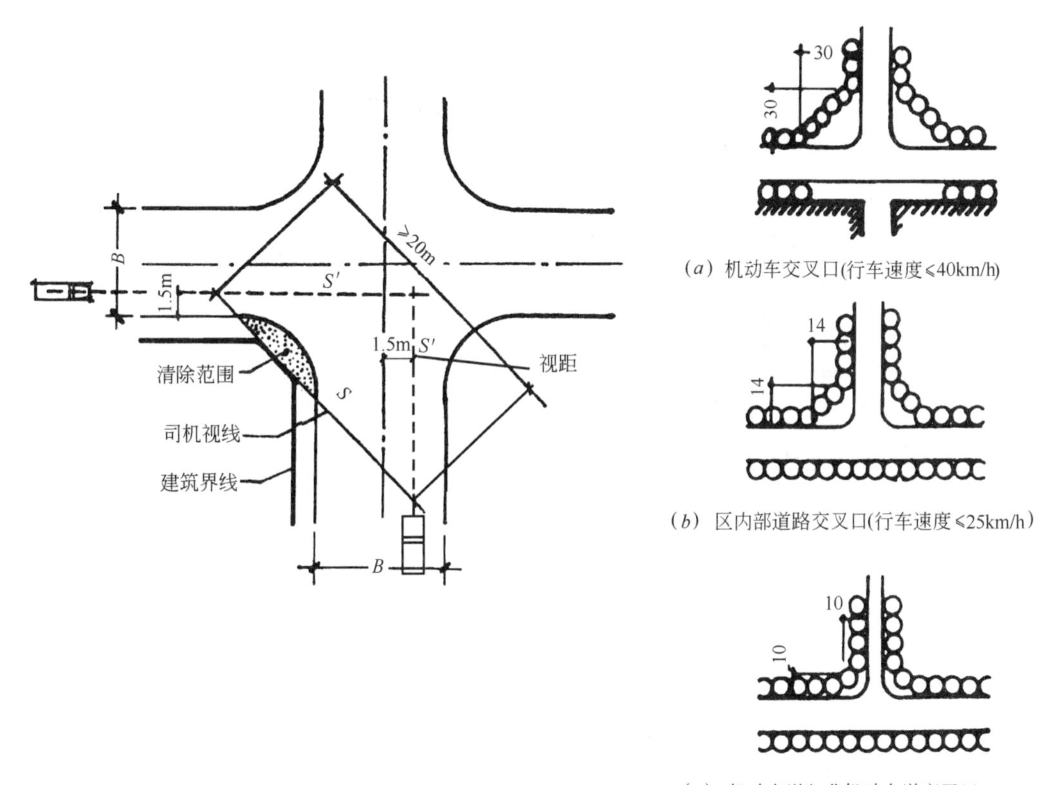

图 6-6　交叉路口安全视距(m)

（三）道路使用设备

步行道边设置公用、卫生、休息等使用设备，方便行人并保护街道清洁卫生，参见表 5-1。

（四）道路边缘至相邻建筑和构筑物最小距离

为不影响建筑和构筑物的使用功能，并保证行人行车的安全和有利于安排地下管线，有利于地面绿化和各种设备等的布置，对建筑物有出入口的一面，离道路应保持较宽的间距作为进出建筑的缓冲和临时性停车，保障正常交通，各种情况的间距要求见表 6-1。在具体规划中，可视用地条件适当放宽，以考虑主体建筑的空间比例尺度取得更好的视觉效果。

道路边缘至建、构筑物最小距离(m)＊　　表 6-1

与建、构筑物关系 \ 道路级别			居住区道路	小区路	组团路及宅间小路
建筑物面向道路	无出入口	高层	5	3	2
		多层	3	3	2
	有出入口		—	5	2.5
建筑物山墙面向道路		高层	4	2	1.5
		多层	2	2	1.5
围墙面向道路			1.5	1.5	1.5

注：居住区道路的边缘指红线；小区路、组团路及宅间小路的边缘指路面边线，当小区路设有人行便道时，其道路边缘指便道边线。

第二节　居住区道路分级

居住区内的道路，根据居住区规模大小，并综合交通方式、交通工具、交通流量以及市政管线敷设等因素，将道路作了分级处理，使之有序衔接，有效运转，并能节约用地。居住区道路一般分为四级，主要以道路宽度表述，对于重要地段，可考虑作局部调整，如商业街、活动中心等人车流较集中的路段可适当加宽。

一、居住区级道路

是居住区内的主干道，也是居住区与城市道路网相衔接的中介性道路，在大城市它可视为城市的支路，在中小城市可作为城市次干道。它不仅要满足由城市进入居住区客货交通需要，还要提供足够的市政管线敷设空间。其路宽应考虑机动车道、非机动车道及人行便道，并应设置一定宽度的绿化以及道路设施等，按各构成部分的合理尺度，居住区级道路的最小红线宽度不宜小于 20m，必要时可增宽至 30m。机动车道与非机动车道在一般情况下采用混行方式，车行道宽度不应小于 9m，如图 6-7。

二、居住小区级道路

是居住区内的次干道，对居住小区来说则是小区的主路，沟通小区内外关系。其道路宽度的确定主要考虑小区内部的机动车、非机动车与人行交通，不允许引进公交车，路面宽度宜为 6～9m，道路红线宽度根据规划要求确定。但建筑控制线的宽度(即两侧建筑物的间距)要考虑小区内市政管线的敷设要求，在无供热管线区最小限值为 10m(图 6-8)。在需敷设供热管线区，最小限值为 14m。其道路横断面的一般形式如图 6-9。

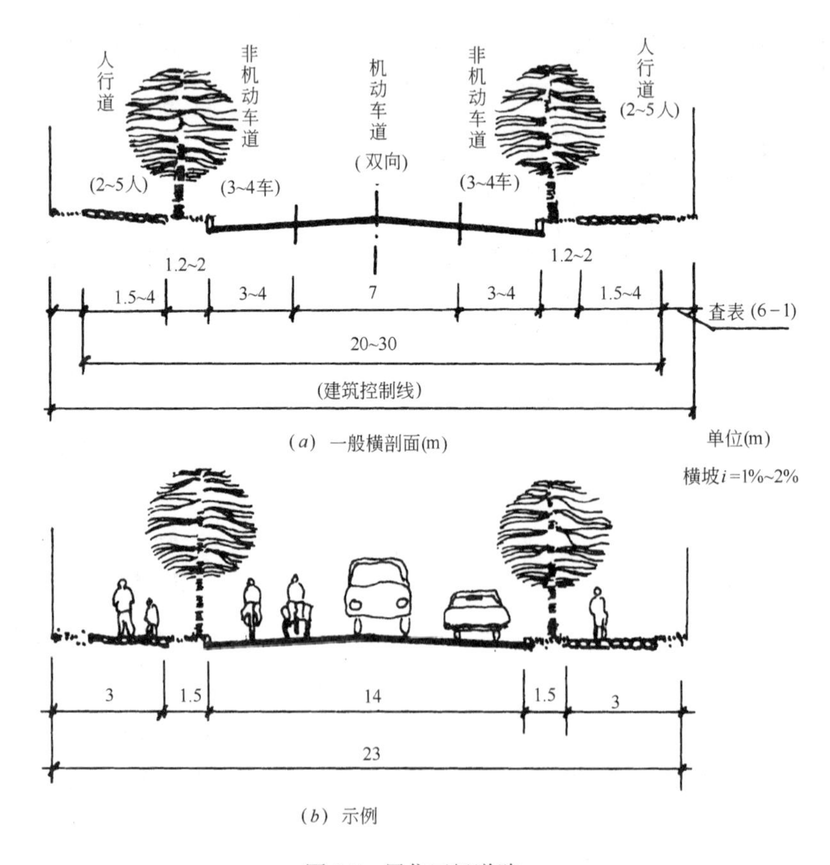

图 6-7　居住区级道路

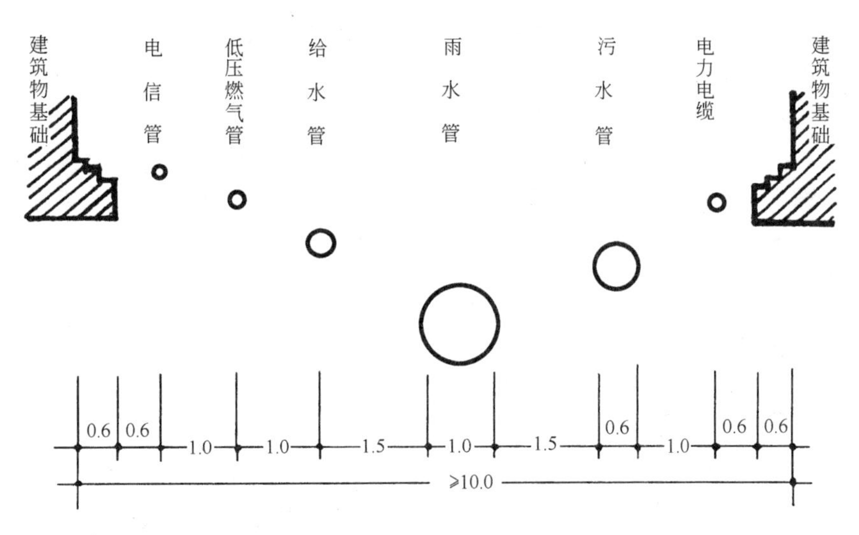

图 6-8 无供热管线的居住小区级道路市政管线最小埋设走廊宽度(m)

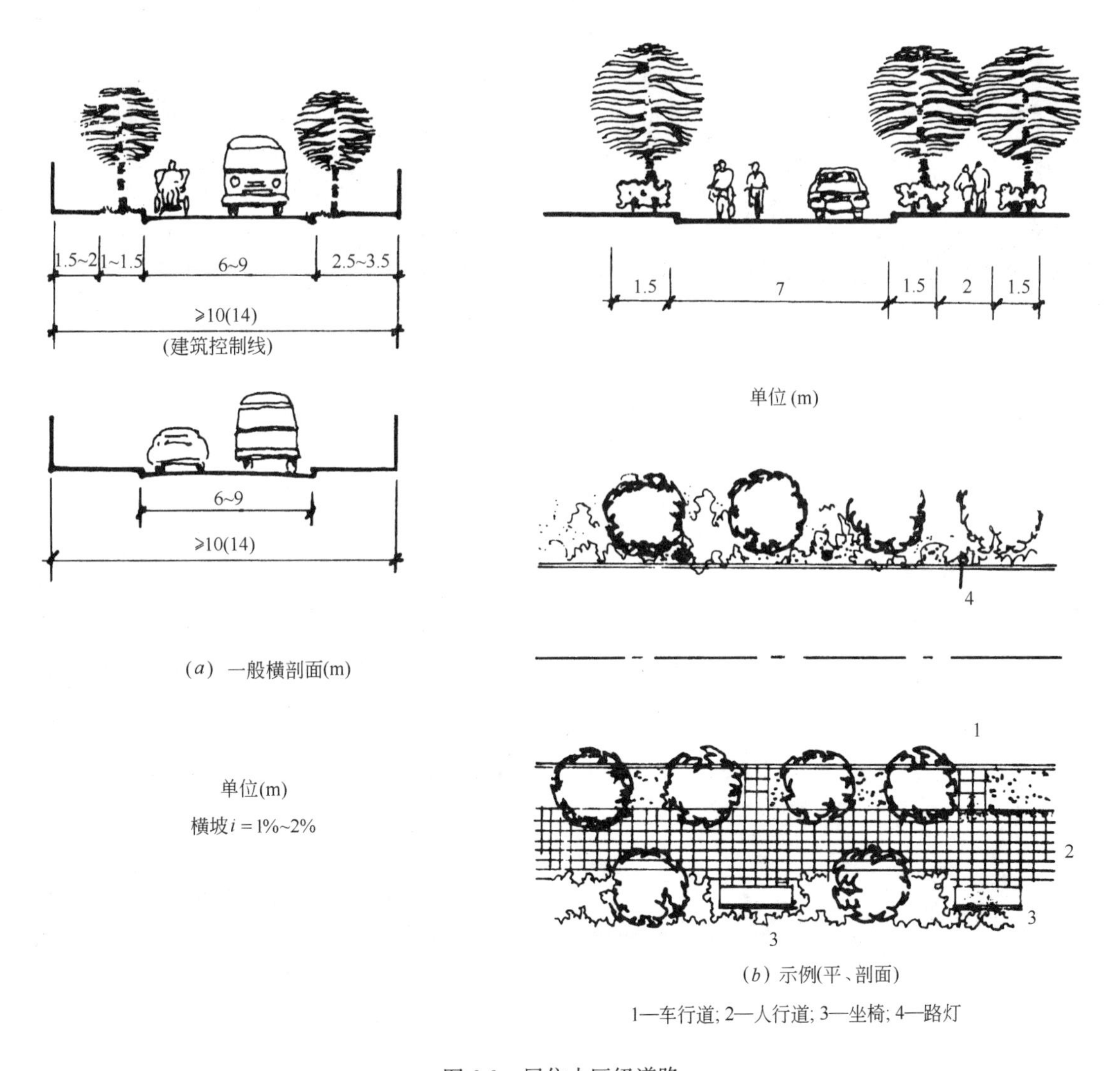

图 6-9 居住小区级道路

三、居住组团级道路

是居住小区的支路，对居住组团来说是主路，用以沟通组团内外关系。路面人车混行，确定路面宽度涵义也类似居住小区级道路，只是道路交通流量和地下管线的埋设均要小于居住小区级道路，一般按单车道加上行人的正常通道，路面宽度为4～5m，在用地条件有限的地区可采用3m。为满足大部分地下管线的埋设要求，其两侧建筑控制线宽度在无供热管道区不小于8m，在需设供热管道区则不小于10m。大部分情况不需专设人行道，其道路横断面一般形式如图6-10。

四、宅间小路

是进出住宅及庭院空间的最末级道路，其平时主要是自行车及人行交通，但要满足清运垃圾、救护、消防和搬运家具等需要，则按照居住区内部小型机动车辆低速缓行的通行宽度考虑，宅间小路的路面宽度为2.5～3m，这样也兼顾了必要时私人小汽车的出入。其一般形式如图6-11。

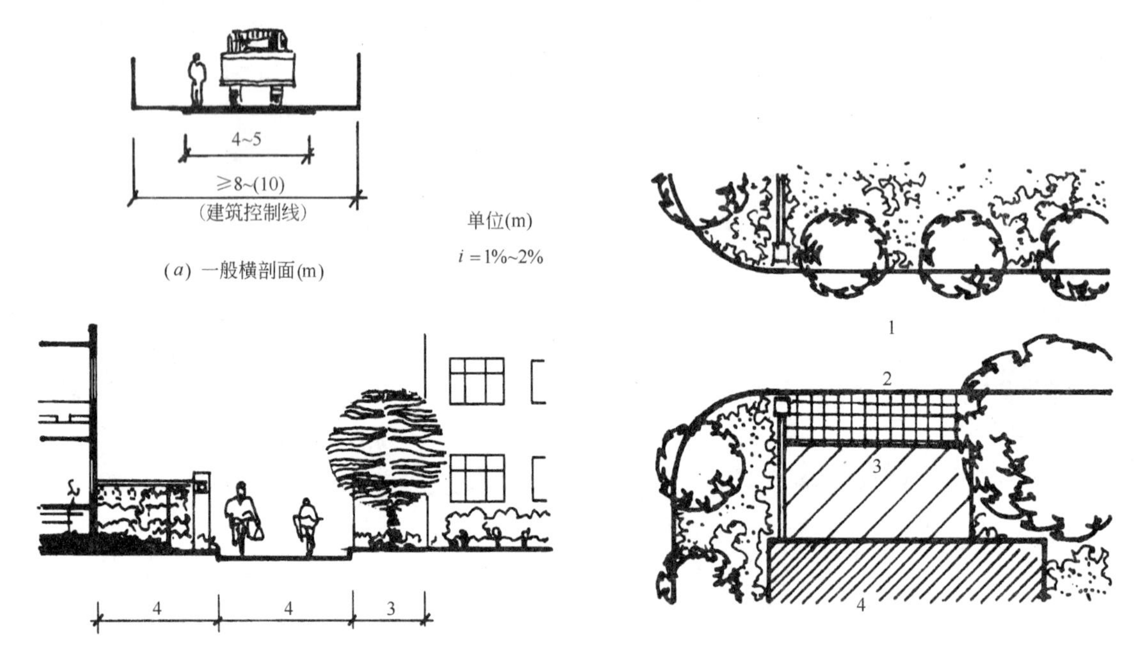

(b) 示例(平、剖面)

1—车行道；2—人行道；3—值班室；4—住宅

图6-10　居住组团级道路

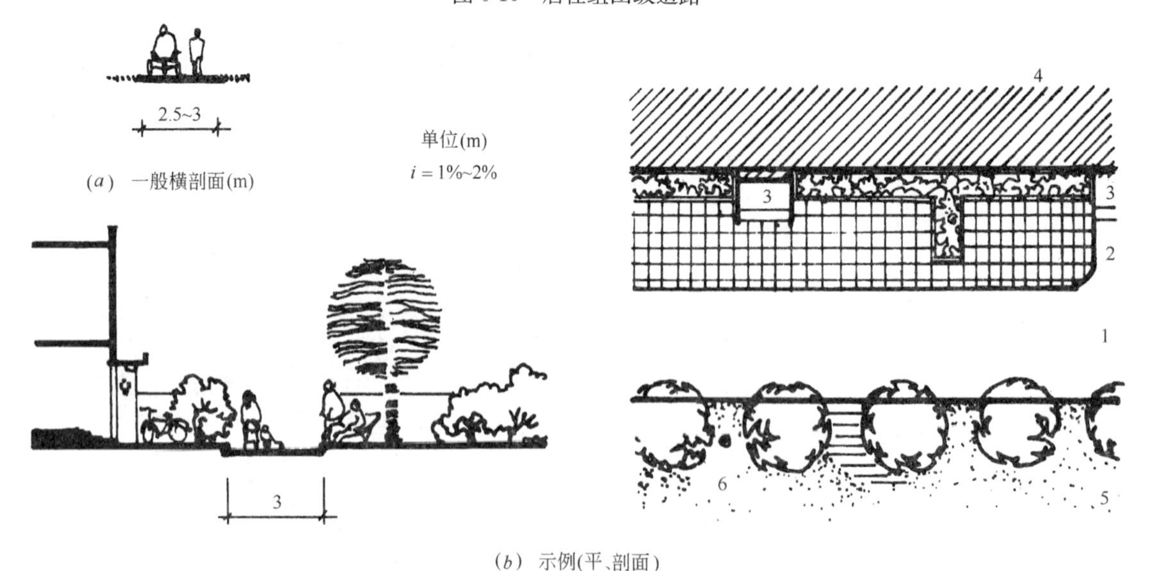

(b) 示例(平、剖面)

1—宅间小路；2—近宅空间；3—单元入口；4—住宅；5—庭院空间；6—路灯

图6-11　宅间小路

第三节 无障碍设计

我国残疾人及老年人的比例较高，残疾人占总人口的4.7%，老年人口也达总人口的10%左右。作为现代城市建设，无障碍设施是必不可少的组成部分。居住区内有必要在公共活动中心、老年人活动中心以及老年公寓等地段设置无障碍通行设施，如海口府城样板居住小区无障碍规划(图6-12)。无障碍交通规划的主要依据是满足轮椅和盲人的出行要求。按照其行为模式对主要人行步道的宽度、纵坡、建筑物出入口的坡道等进行设计，满足无障碍设计要求。

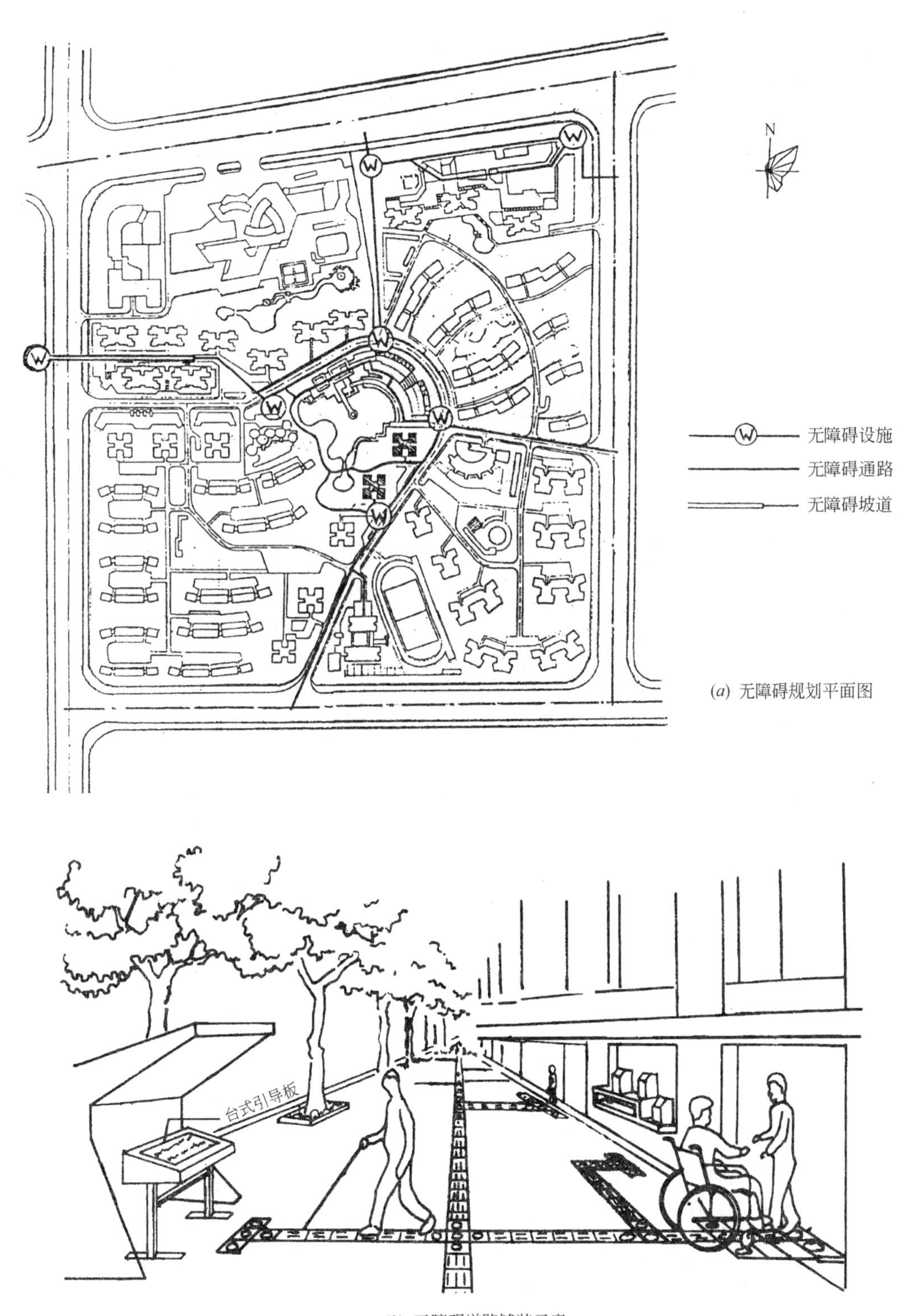

(*a*) 无障碍规划平面图

(*b*) 无障碍道路铺装示意

图6-12 海口府城样板居住小区无障碍规划

一、轮椅坡道

（1）室外轮椅坡道最小宽度　根据手摇轮椅尺度及乘坐者自行操作所需空间，坡道最小宽度为1.5m（图6-13*a*）。若另加身边护理所需空间，则坡道宽度≯2.5m。

（2）坡道一般形式　根据用地具体情况可有不同的处理，一般形式有单坡段型和多坡段型之分（图6-13*b*）。其纵向坡度应≯2.5%，也可用坡段的

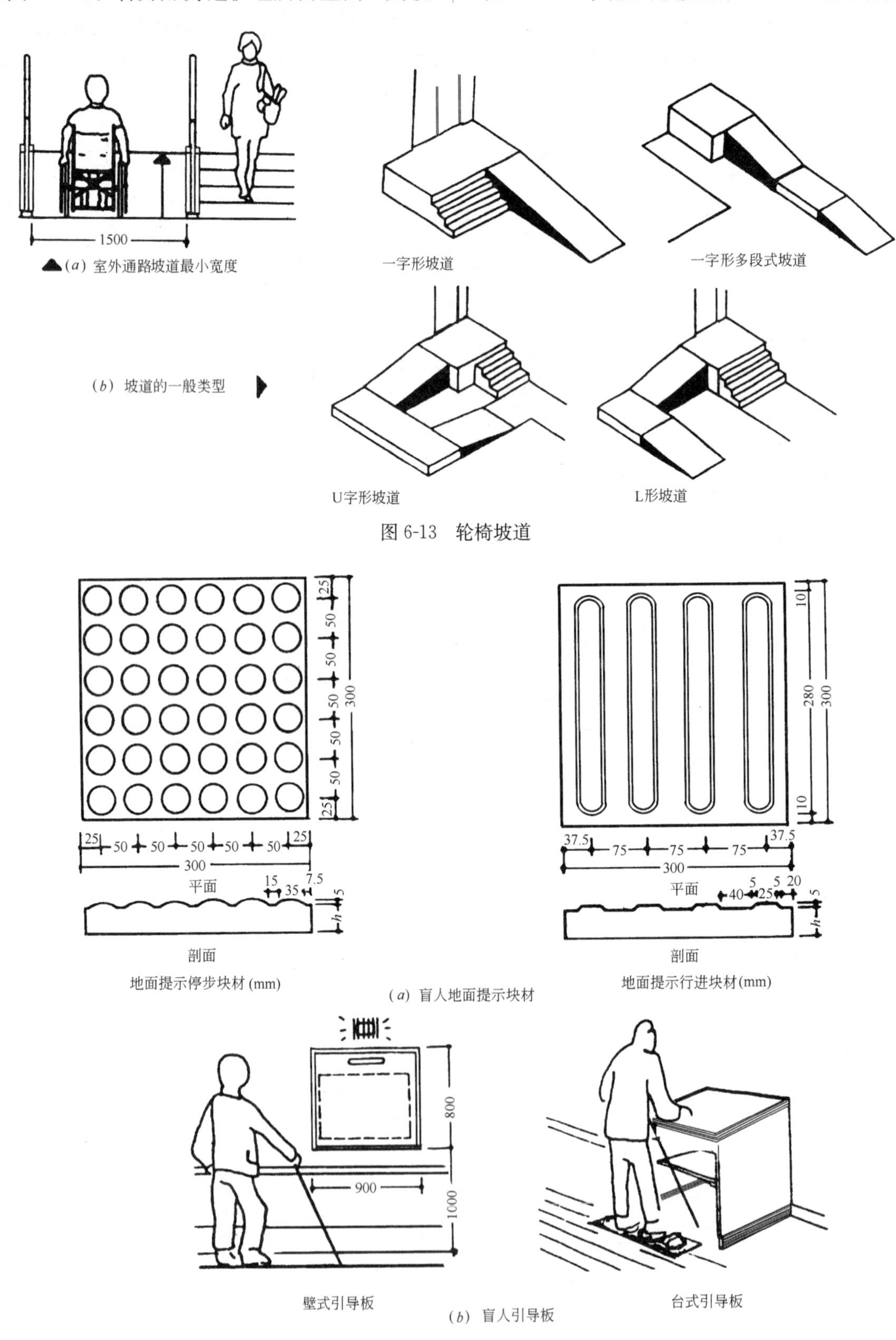

图6-13　轮椅坡道

图6-14　盲人路引设施

高度和水平长度的关系来表述便于操作(表 6-2)。坡道的平台尺度：中间平台最小深度≮1.2m，转弯和端部平台深度≮1.5m。

每段坡道的坡度、坡段高度和水平长度的最大允许值 表 6-2

坡　　度	1/20	1/16	1/12	1/10	1/8	1/6
地段最大高度(mm)	1500	1000	750	500	350	200
地段水平长度(mm)	30000	16000	9000	5000	2800	1200

二、盲人盲路

盲人是依靠触觉、听觉及光感等取得信息而进行活动的，因此在盲人活动地段的主要道路及其交叉口、尽端以及建筑入口等部位设置盲人引导设施，为盲人的行进与活动传递信息。

(一) 盲人路引

是一种特制的铺地块材和盲人引导板，铺设与设置于盲人的通道上，形成盲人能识别的专用行进线路。

(1) 地面提示块材　有“行进块材”与“停步块材”两种(图 6-14*a*、表 6-3)。前者提示安全行进，后者提示停步辨别方向、建筑入口、障碍或警告宜出事故的地段等等。

地面提示块材尺寸与类别 表 6-3

	规格(mm)					备注
行进块材	150	200	250	300	400	方形
停步块材	150	200	250	300	400	方形
厚度(*h*)	2～10	2～20	2～50	2～50	2～50	

(2) 盲人引导板　有盲文说明牌和触摸引导图，置于专用台面或悬挂墙面上，供盲人触摸(图 6-14*b*)。

(二) 改变走向的地面布置

盲人盲路一般铺以“行进块材”，当提示需转弯、十字路口、路终端等则改铺“停步块材”，其布置方式如图 6-15(*a*)所示。

(三) 提示建筑入口、障碍物的地面布置

见(图 6-15*b*、*c*)，无障碍道路示意(图 6-12)。

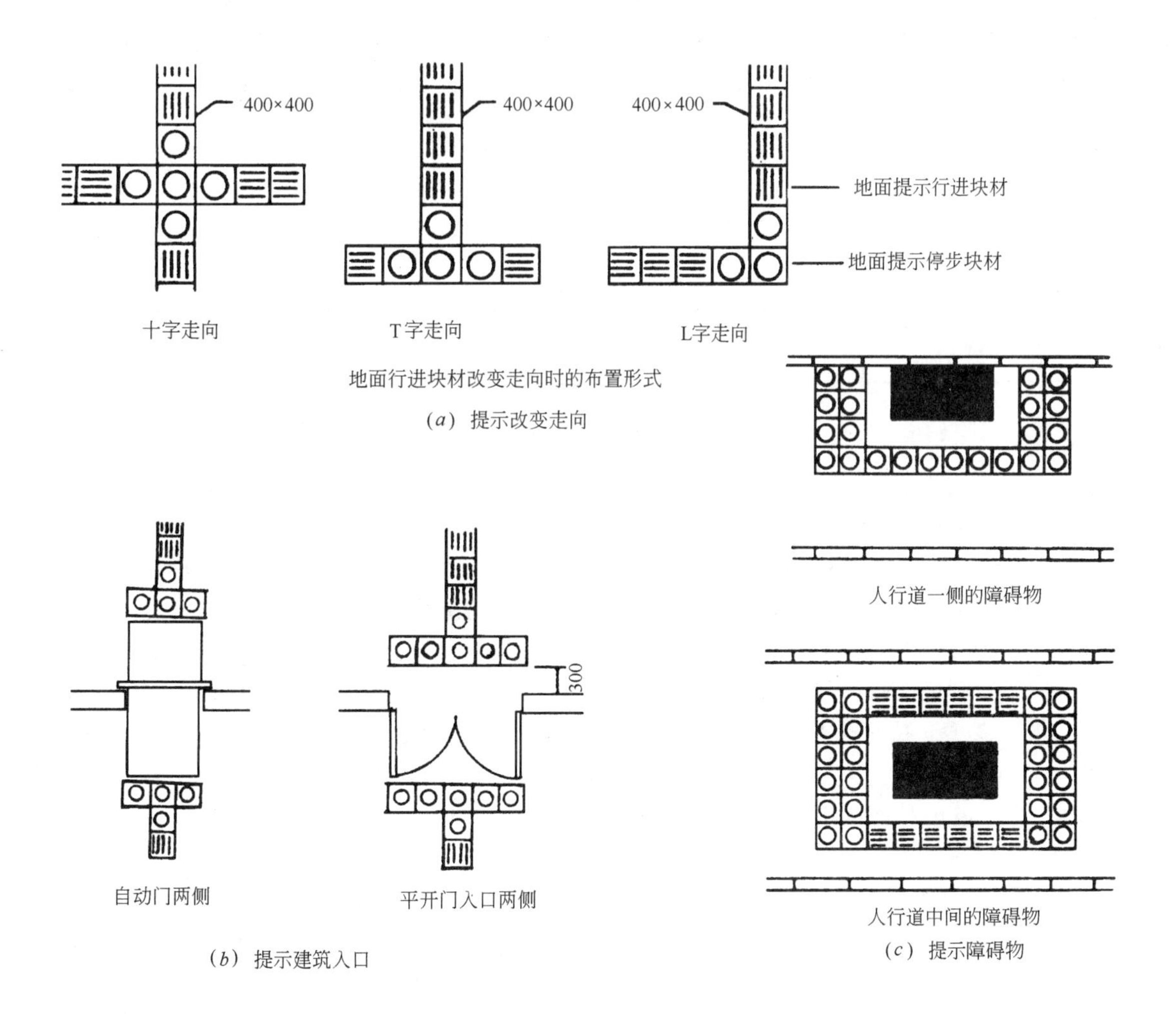

图 6-15　盲人无障碍设施布置

第四节　停车设施规划设计

居住区的停车设施，包括机动车和非机动车的室内外停车场和停车库，在居住区内的布局常采用集中和分散相结合的方式，以便于掌握适宜的服务半径(≯150m)，并方便居民使用。停车设施以地下或半地下优先，地面停车率≯住户数的10%。

一、机动车的停车组织

机动车的停车方式与交通组织是停车设施的核心问题，要求解决好停车场地内的停车与行车通道关系，及其与外部道路交通的关系，使车辆进出顺畅、线路短捷、避免交叉与逆行。为居民提供方便、安全、高效的服务。

(一) 车辆停放的基本形式

车辆停放方式关系到车位组织、停车面积以及停车设施的规划设计。车辆停放方式有三个基本类型，即平行式、垂直式和斜列式(图6-16、表6-4)。

(1) 平行式　车辆平行于行车通道的方向停放。其特点是所需停车带较窄，驶出车辆方便、迅速，但占地最长，单位长度内停车位最少。

(2) 垂直式　车辆垂直于行车通道的方向停放，其特点是单位和长度停车位最多，但停车带占地较宽(需按较大型车身长度计)，且在进出时需倒车一次，因而要求通道至少有两个车道宽，布置时可两边停车合用中间通道。

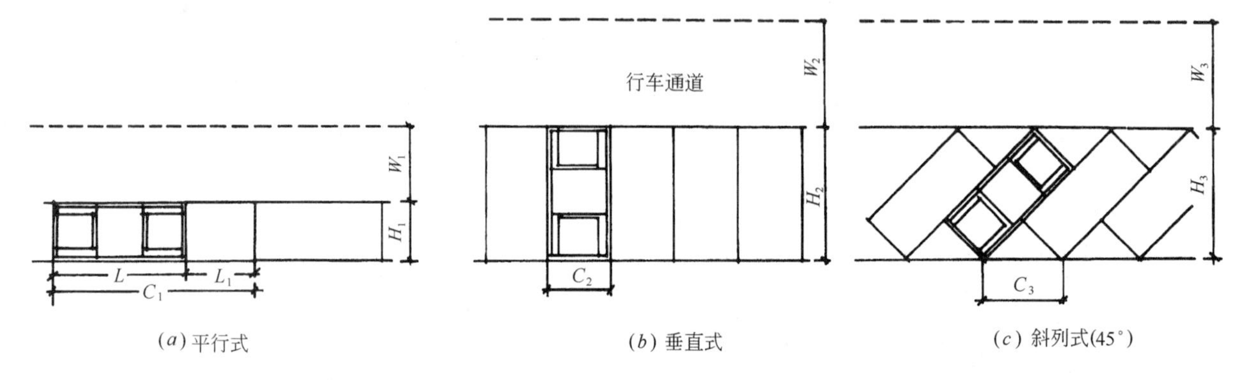

(a) 平行式　　(b) 垂直式　　(c) 斜列式(45°)

图6-16　汽车停放的基本方式

停车段基本尺度参考表(m)　　**表6-4**

车　型	平行式				垂直式			斜列式(45°)		
	W_1	H_1	L_1	C_1	W_2	H_2	C_2	W_3	H_3	C_3
小客车	3.50	2.50	2.70	8.00	6.00	5.30	2.50	4.50	5.50	3.50
载重卡车	4.50	3.20	4.00	11.00	8.00	7.50	3.20	5.80	7.50	4.50
大客车	5.00	3.50	5.00	16.00	10.00	11.00	3.50	7.00	10.00	5.00

注：通道为双行时，需加宽2～3m。

(3) 斜列式　车辆与行车通道成角度停放(一般有30°、45°、60°三种)。其特点是停车带宽度随停放角度而异，适于场地受限制时采用。其车辆出入及停放均较方便，有利迅速停放与疏散，但单位停车面积比垂直停车要多，特别是30°停放，用地最费，较少采用。

以上三种停车方式的具体选用应根据停车场库性质、疏散要求和用地条件等因素综合考虑。

(二) 停车场地内部交通组织

场内水平交通组织应协调停车位与行车通道的关系。常见的有一侧通道一侧停车、中间通道两侧停车、两侧通道中间停车以及环形通道四周停车等多种关系(图6-17)。行车通道可为单车道或双车道，双车道比较合理，但用地面积较大。中间通道两侧停车，行车通道利用率较高，目前国内外采用这种形式较多。两侧通车中间停车时，若只停一排车，则可一侧顺进，一侧顺出，进出车位迅速、安全，但占地面积大得多，只对有紧急进出车要求的情况采用，一般中间停两排车。此外，当采用环形通道时，应尽可能减少车辆转弯次数。

(三) 停车场地与外部道路交通组织

协调停车场地内外交通流线，主要将停车场地内部通行车道、出入口与场地外部道路贯通起来，使进出车辆顺畅便捷、疏散迅速，并保证上下班高峰时段的安全高效运转。图6-18概括了在几种道路

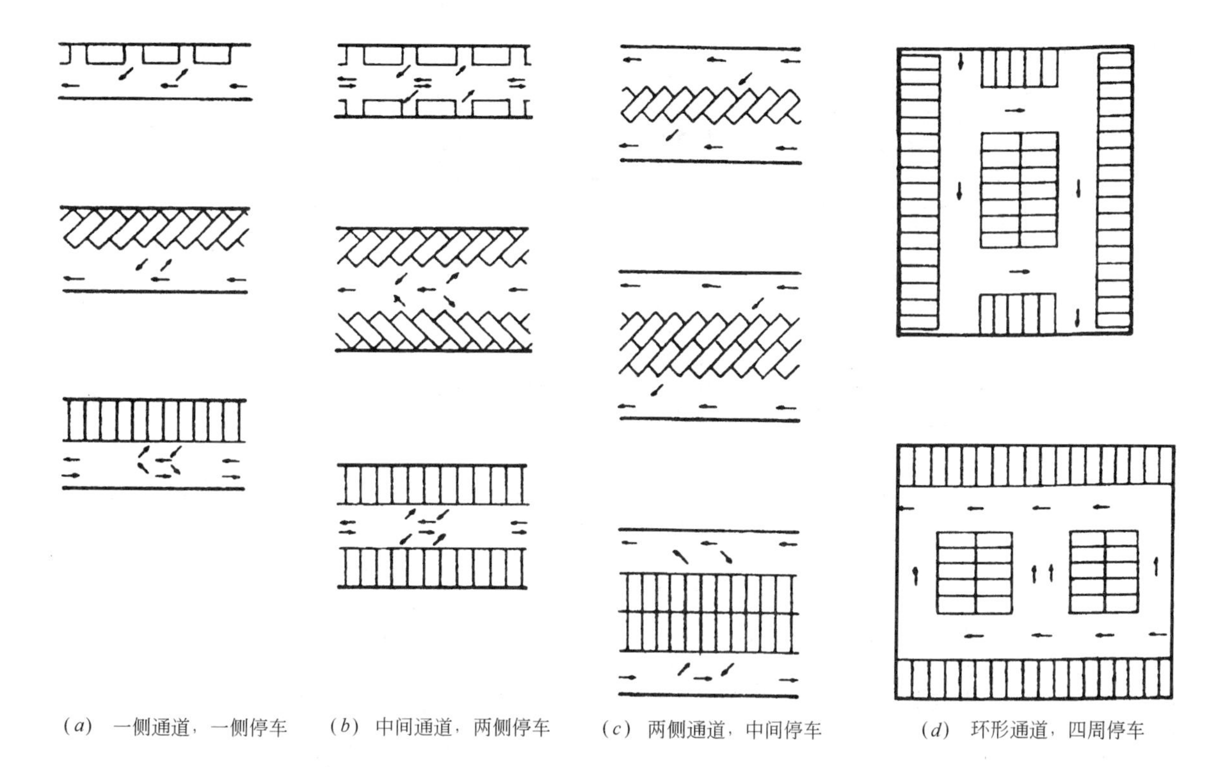

(*a*) 一侧通道，一侧停车　(*b*) 中间通道，两侧停车　(*c*) 两侧通道，中间停车　(*d*) 环形通道，四周停车

图 6-17　停车场行车通道与停车位的关系

交通形式下，停车场地内行车通道和出入口位置的相应布置方式。

二、停车场、停车位的设置

居住区机动车的停放以集中和分散停放方式相结合。停车场是一种露天的集中停放方式，为便于使用、管理和疏散，宜布置在车行道毗连的专用场地上，图 6-19 为常见的三种停车场布置形式。

分散设置的小型停车场和停车位，可利用路边、庭院以及边角零星地段，由于规模小布置自由灵活，形式多样，使用方便，缺点是零散不易管理，影响观瞻。只能临时或短时间使用。图 6-20 为一组形式各异的机动停车位集锦。图 6-21 是在住宅山墙端拓宽道路一侧布置的停车位，利用道路而节省专设行车通道用地；同时在住宅背面消极空间里布置了小型停车场，环形行车道与道路连接，人车分行，既接近住户但又较少干扰。图 6-22 为西班牙马德里 M-30 螺旋曲线形住宅群庭院的两条道路尽端的停车场，一设在螺旋线开口位置即庭院出入口部位，另一则置于庭院外缘螺旋线适中部位，照顾到使用半径，并保证了庭院的安宁，用地紧凑，最大限度地利用了地形，布置巧妙。

集中设置停车场要注意规模的控制，过大的停车场不仅占地多，使用不便，同时有碍观瞻，尤其是高楼的俯视，使人感到空洞乏味。此外，停车场和停车位均应作好绿化，增加绿荫保护车辆防止暴晒、降解噪音和空气污染，场地绿地率应≮30%。有条件最好能就近配置休闲场地，以利于车辆安全，还可为居民带来一些交往的机会。

三、汽车库的设置

汽车库停车是一种室内停车形式，利于管理与维护，安全可靠，受到居民青睐，但投资较大。

（一）汽车库的一般形式

有单建式、附建式及两者的混合式共三种基本形式，如图 6-23 所示。每一形式又可有地上、半地下、地下之分，库内地坪面低于室外地坪面高度超过该层车库净高一半时为地下汽车库，并有单层多层之分。目前我国多采用单层形式。

（二）汽车库的竖向交通

地下汽车库的地上地下、多层汽车库的层与层之间的垂直交通方式分为坡道式和机械式两类，根据不同的功能特性，两类中又可分为若干具体形式。坡道式对居住区较为适宜，它有以下几种形式（图 6-24、表 6-5）。

（1）长直线型：上下方便，结构简单，在地面上的切口规整，采用较多。

（2）短直线型：使用方便，节省面积，结构较复杂，适用于多层车库。

（3）倾斜楼板型：由坡度很缓的(≯5%)停车楼面连续构成，无需再设专用的坡道，节约用地，但交通线路较长，对车位有干扰。

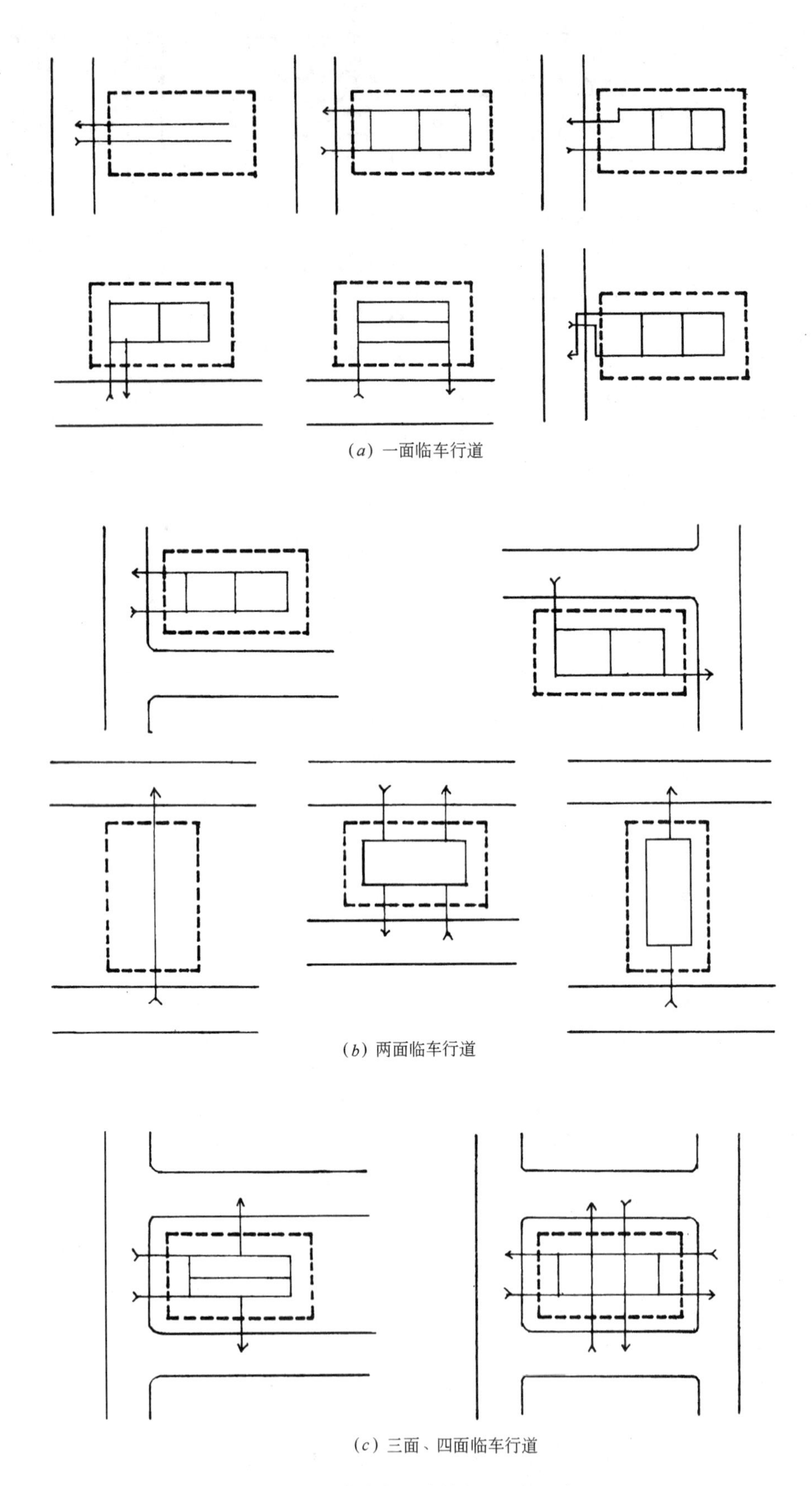

图 6-18　停车场地内外交通组织示意

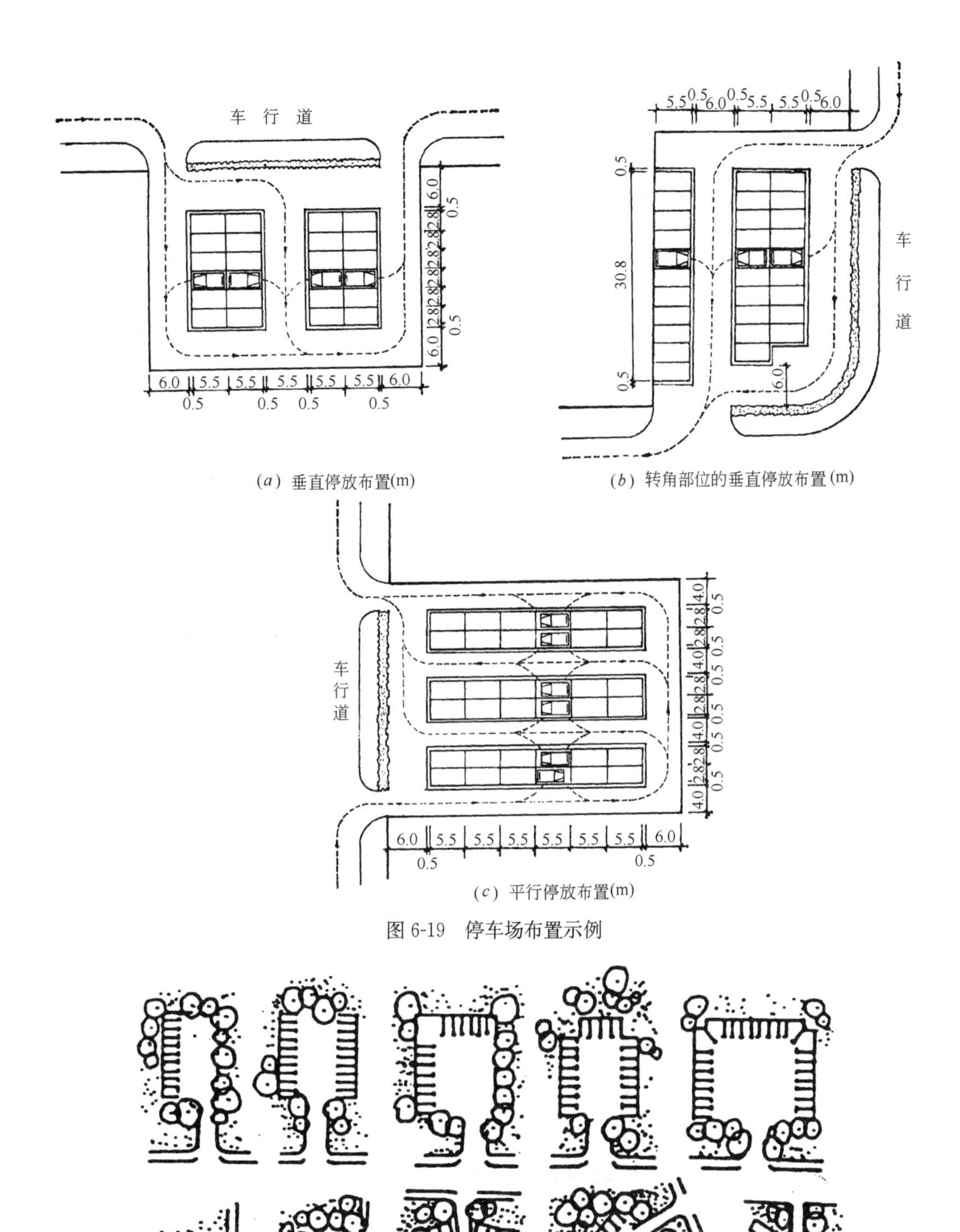

(*a*) 垂直停放布置(m)

(*b*) 转角部位的垂直停放布置(m)

(*c*) 平行停放布置(m)

图 6-19　停车场布置示例

图 6-20　机动停车位布置

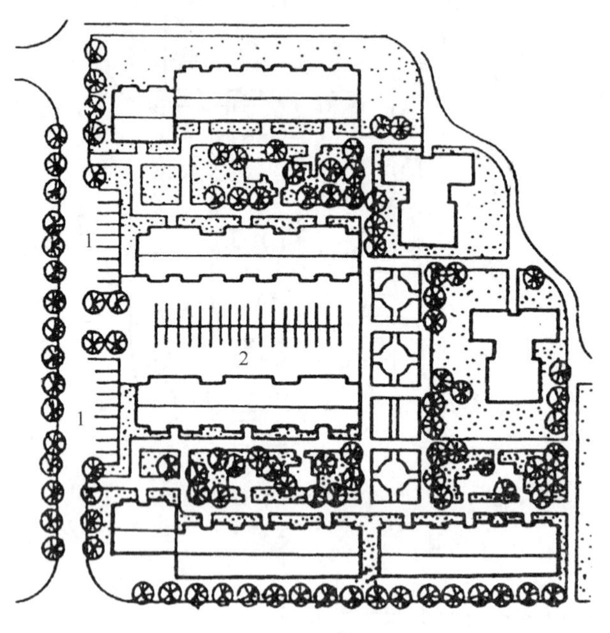

图 6-21 广州东辉广场居住组团停车场布置

1—停车位(可停 9 辆车)

2—停车场(可停 36 辆车)

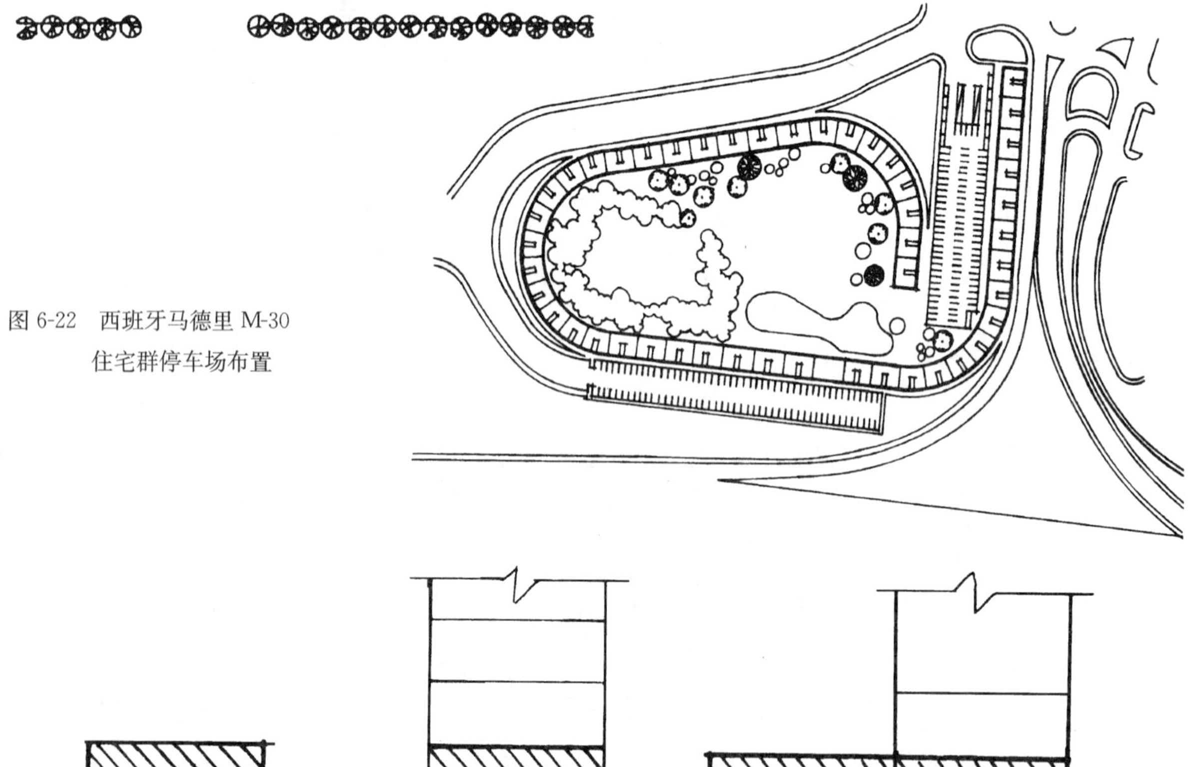

图 6-22 西班牙马德里 M-30 住宅群停车场布置

(*a*) 单建式　　(*b*) 附建式　　(*c*) 混合式

图 6-23 汽车库基本形式示意

坡道参数参考　　**表 6-5**

类　型	小型汽车		载重汽车	
	纵　坡(%)	坡道宽(m)	纵　坡(%)	坡道宽(m)
直线坡道	≤12	3～3.5(单) ≥5.5(双)	≤8	3.5～4(单) ≥7(双)
曲线坡道	≤9	4.2～4.5(单) ≥7.8(双)	≤6	5.55(单) ≥9.4(双)

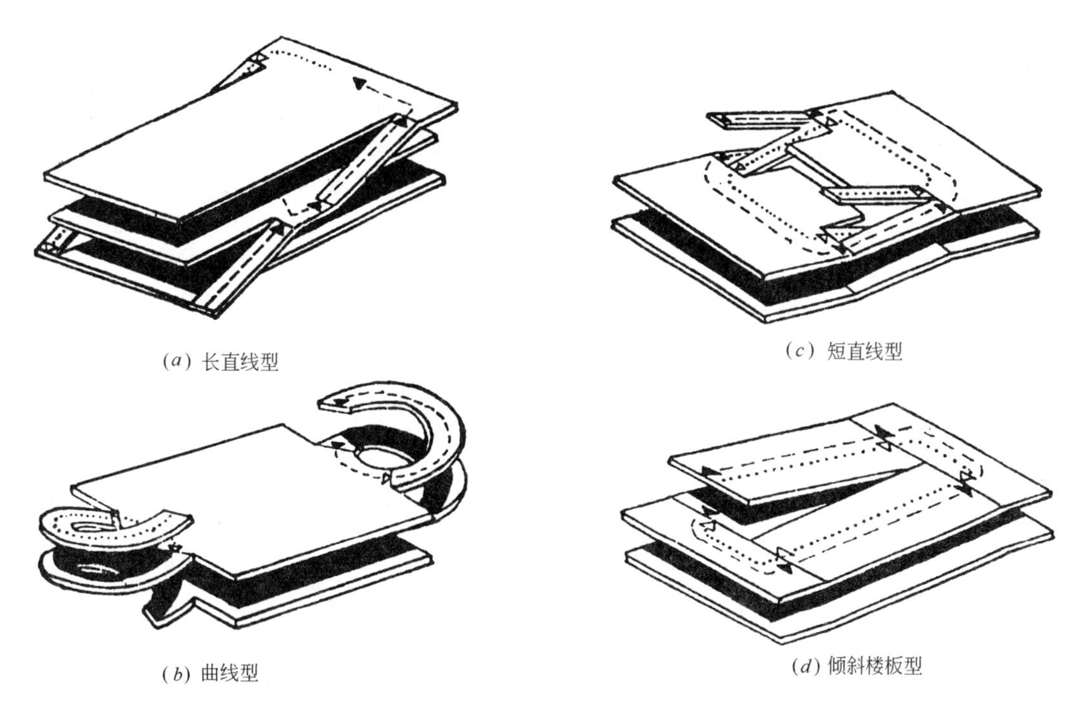

(*a*) 长直线型　(*c*) 短直线型

(*b*) 曲线型　(*d*) 倾斜楼板型

图 6-24　坡道形式

(4) 曲线型：主要优点是节约空间，能适应狭窄的基地，为使行车安全，必须保持适当坡度和足够宽度。

(三) 汽车库几项尺寸要求

(1) 汽车库室内最小净高：小型车——2.20m；轻型车——2.80m。

(2) 疏散口　地上汽车库和停车场，当停车位大于 50 辆时，其疏散口数不少于 2 个。地下车库当停车位大于 100 辆时，其疏散口数不少于 2 个。疏散口距离不小于 10m。汽车疏散坡道宽度不应小于 4m，双车道不宜小于 7m。

(3) 汽车库门前需留有足够场地供调车、停车、洗车等作业。

(4) 汽车库柱网尺寸(图 6-25)。

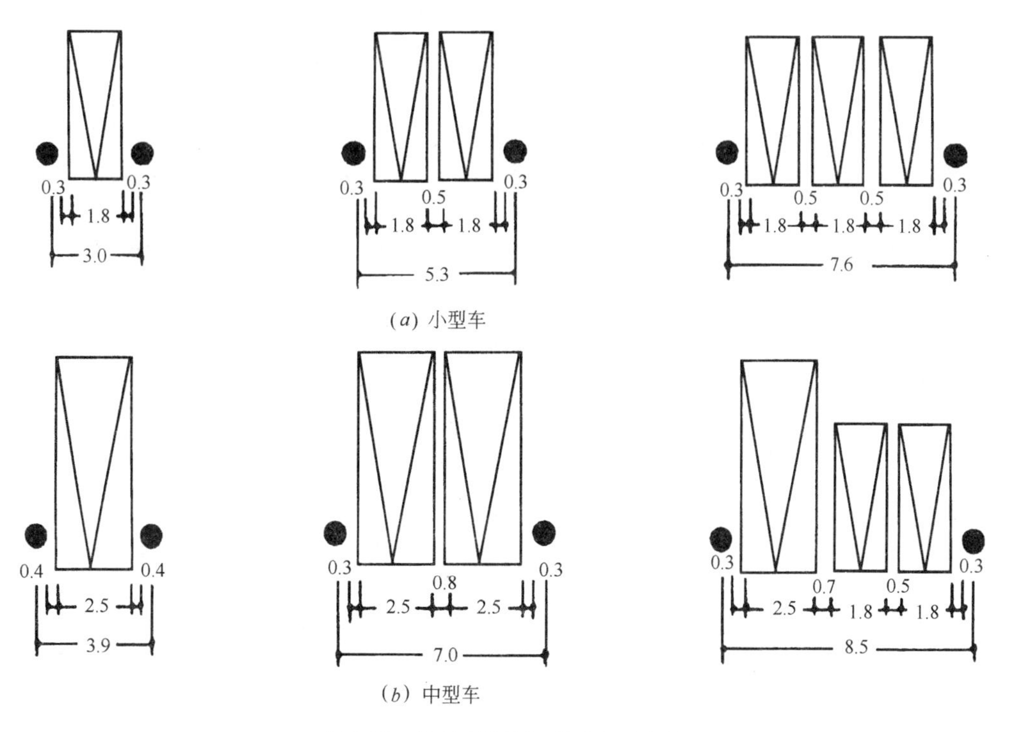

(*a*) 小型车

(*b*) 中型车

图 6-25　汽车库柱距的最小尺寸(m)

（四）汽车库设施示例

1. 单建式汽车库

常选择各种场地的地下，如广场、绿地、活动场地等。它主要特点是对地面上的空间和建筑物基本没有影响，只有少量出入口和通风口外露地面，能保持外部空间完好并能节约用地；同时车库柱网尺寸和外形轮廓不受地面使用条件的限制，可完全按照车库技术要求修建，从而能提高车库面积利用率。图 6-26、27、28 便是分别修建在广场、绿地下的单建式地下车库。

2. 附建式汽车库

多附建于住宅楼、公建的底层、半地下或地下层，也可附建于高层住宅建筑的地下室中。这类车库受上部建筑结构制约，灵活性和停车量均有局限，附建于住宅建筑的裙房或公共建筑下部相对好些。图 6-29为附建于宅间消极空间一侧住宅楼半地下的附建式单层停车库，对住户干扰少，使用方便，外部院落行车道铺以空心植草地砖可吸尘、消音、减振。

加里福尼亚(美)Santa Monica 小区的停车库(实例 28)，为附建式地上多层停车库，附建于“金字

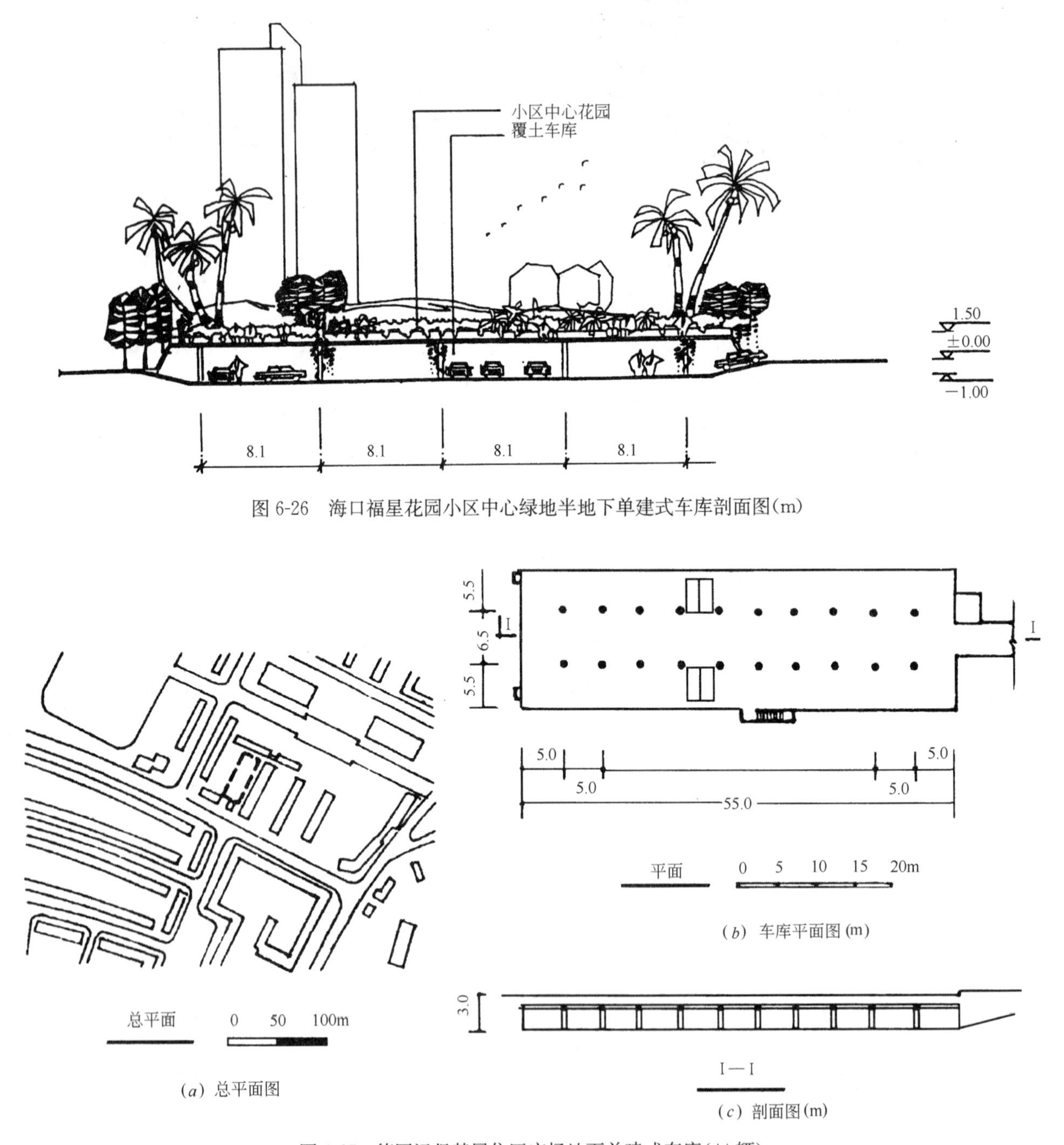

图 6-26　海口福星花园小区中心绿地半地下单建式车库剖面图(m)

(*b*) 车库平面图(m)

(*a*) 总平面图

(*c*) 剖面图(m)

图 6-27　德国汉堡某居住区广场地下单建式车库(44 辆)

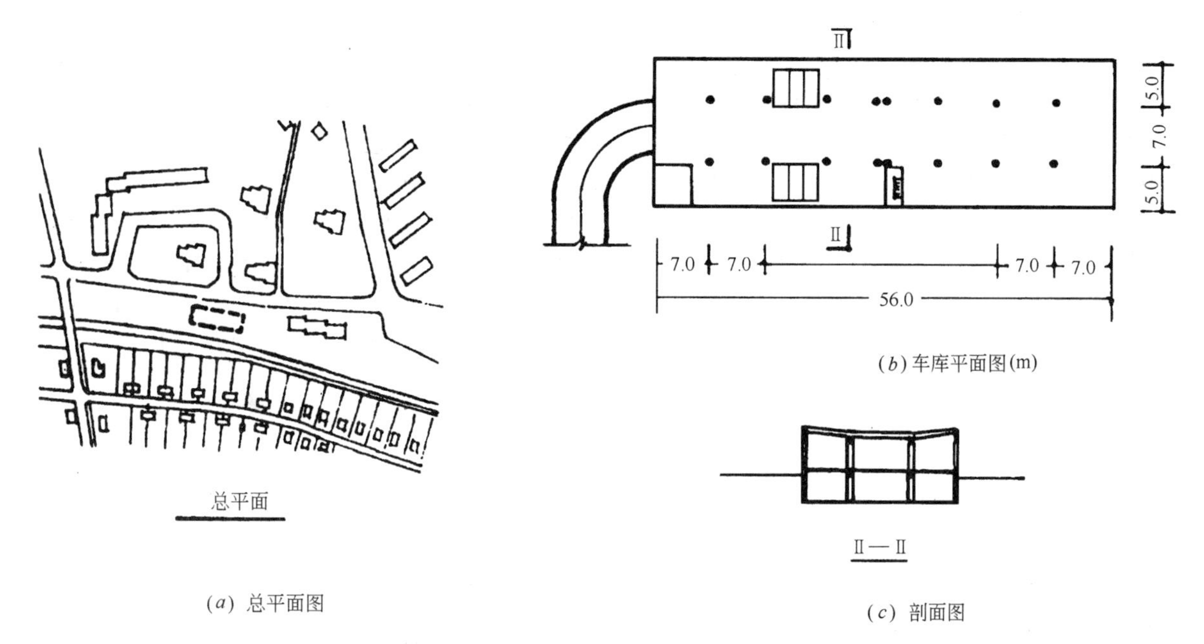

(*a*) 总平面图　　(*b*) 车库平面图(m)　　(*c*) 剖面图

图 6-28　德国汉堡某居住区公共绿地地下单建式车库(45 辆)

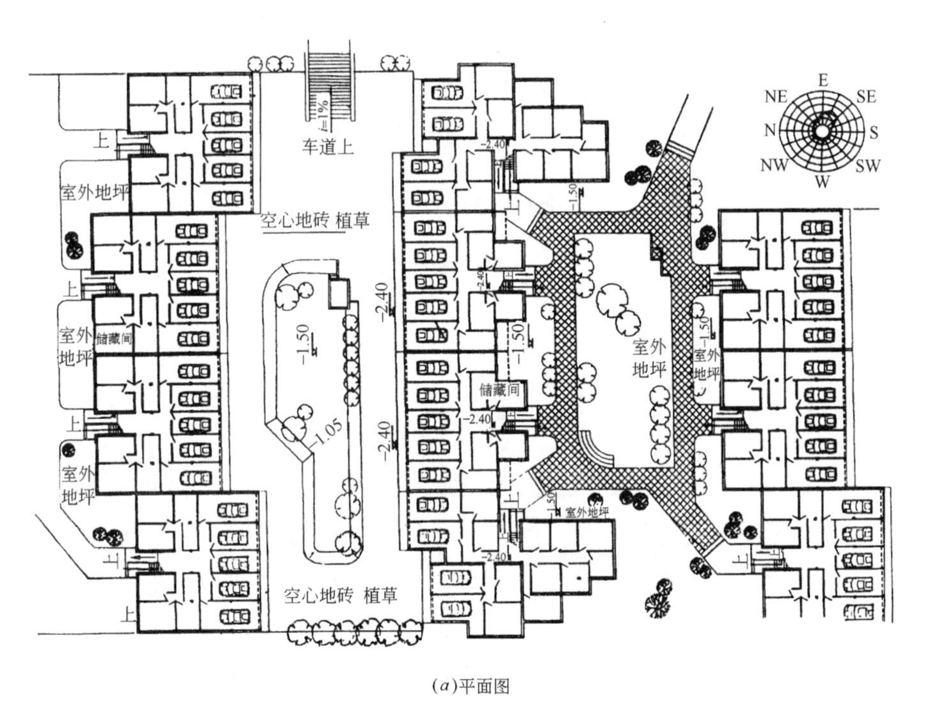

(*a*)平面图

(*b*)剖面图

图 6-29　厦门集美东海居住小区宅间消极空间一侧住宅楼的半地下附建式停车库

塔”式住宅的中心部位，利用了缺少自然采光的暗室。图 6-30 附建于高层商住楼平台地下，为附建式多层地下车库。

3. 混合式汽车库

即单建式和附建式组合的形式，一部分单建于外部空间，一部分附建于建筑物，两部分结合在一起互相延伸补充，充分利用空间，扩大停车容量，增强使用的应变能力，兼具单建与附建两者优点。图 6-31 是设于住宅单元组合体的单层半地下混合式车库，其单建部分设于庭院地下层；附建部分设于住宅单元半地下层，两者形成一个整体，分别停放小汽车和自行车。图 6-32 为混合式地下单层汽车库，地上为 12～14 层住宅楼。汽车库的附建部分利用住宅楼基础构件的孔洞停车；住宅楼两侧的地下加预制拱板，为车库的单建部分，两部分形成一个整体。管线由装配式预制构件专设的管线廊道通过。该车库利用了高层建筑的地下结构空间和延伸的地下空间，不仅节约用地且节约建筑材料，构思巧妙。

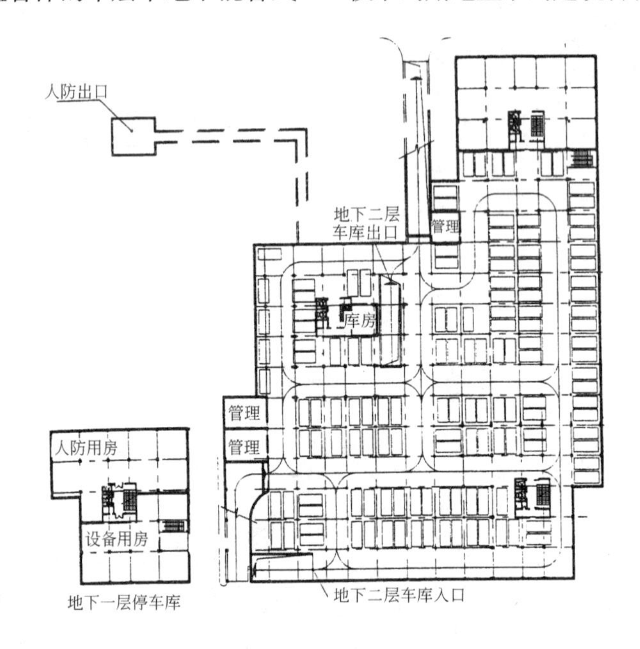

图6-30　北京小营居住区四区高层商住楼平台附建式地下多层停车库(2层)布置

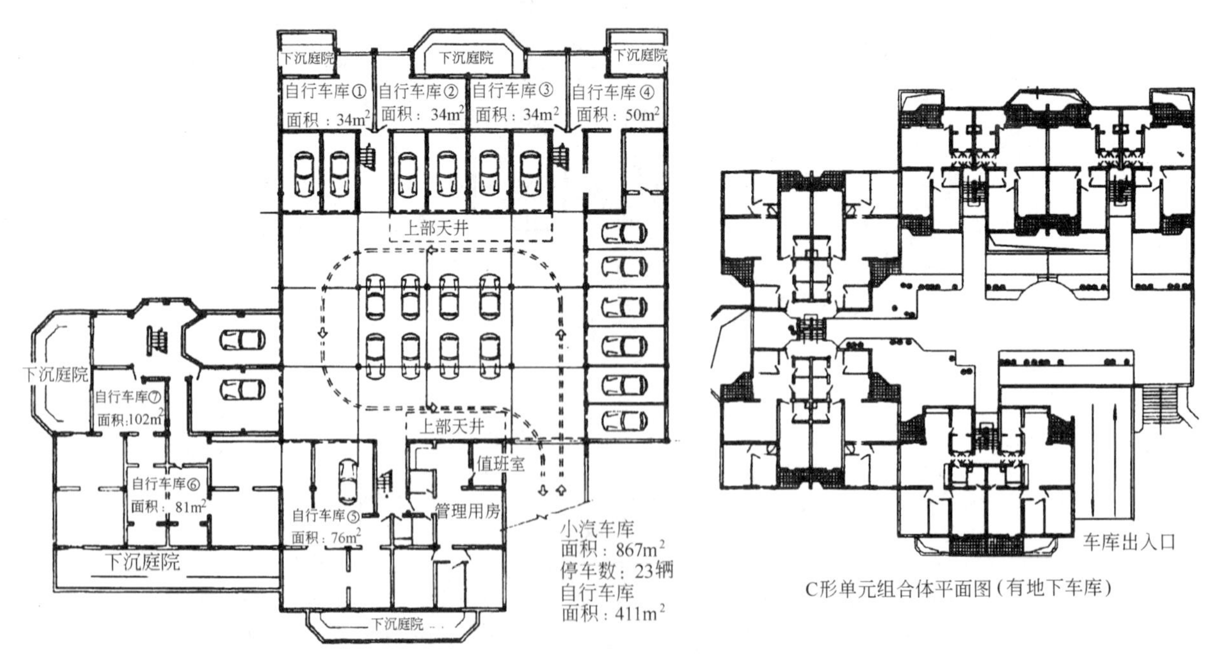

C形单元组合体半地下车库平面图

C形单元组合体平面图(有地下车库)

(*a*) 单元组合体及车库平面图

图 6-31　成都锦城苑小区半地下混合式车库(一)

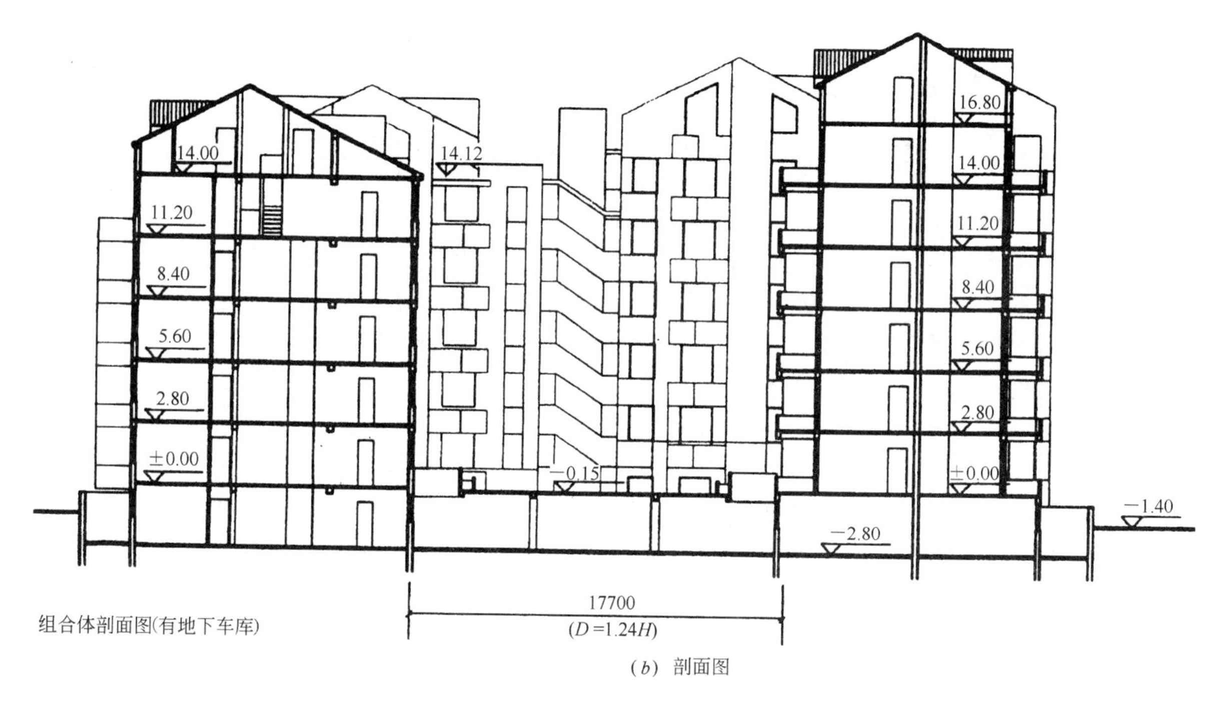

(b) 剖面图

图 6-31　成都锦城苑小区半地下混合式车库(二)

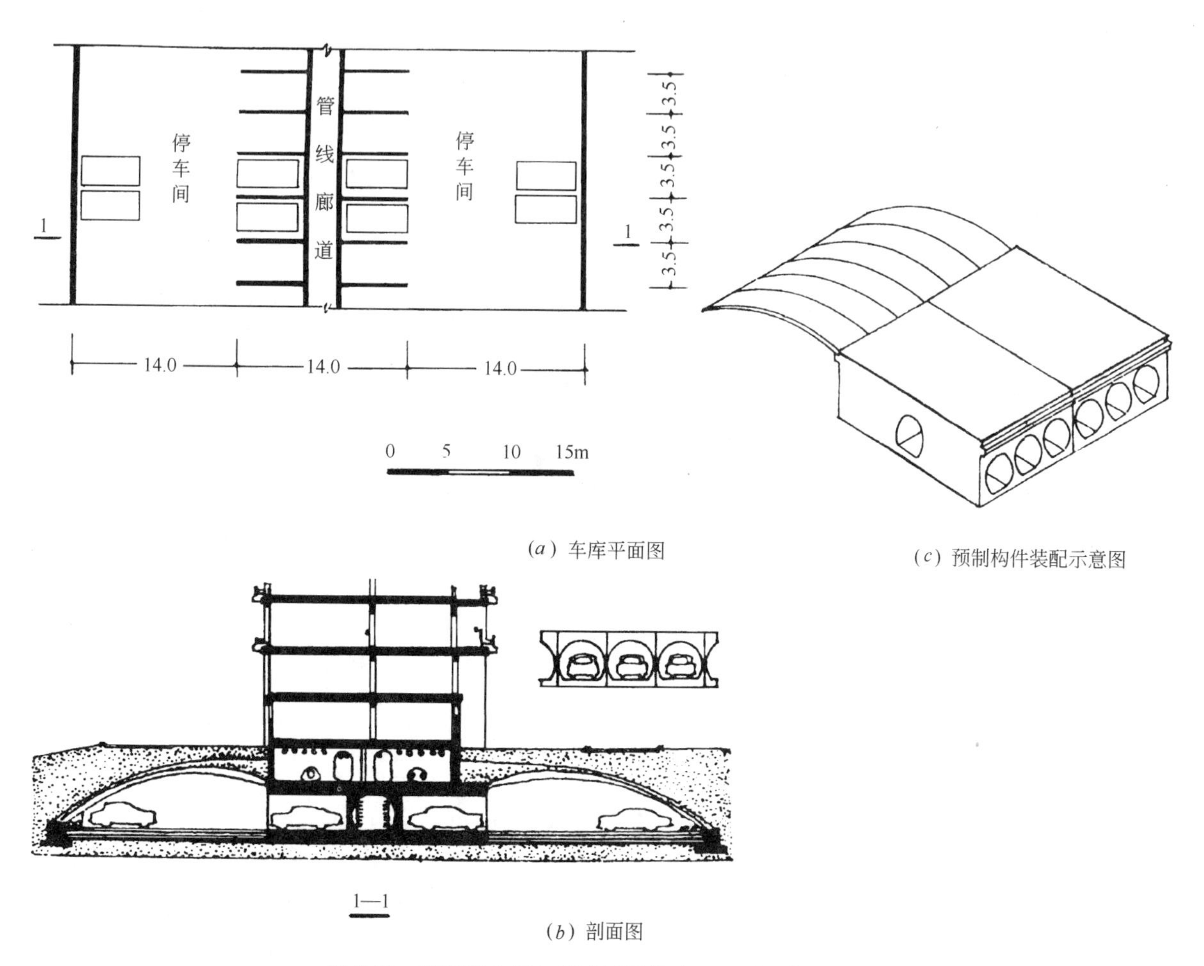

(a) 车库平面图

(c) 预制构件装配示意图

(b) 剖面图

图 6-32　莫斯科北切尔当诺沃居住小区地下混合式车库

第七章　公共绿地规划设计

居住区公共绿地是居住区绿化环境的主体。其功能有三方面，首先是构建居住室外自然生活空间，满足居民各种休憩、健身、交往等活动的需要。其二是美化、净化居住环境，运用绿化创造优美环境，同时发挥绿化生态环保作用，提高环境质量与品位。此外，为防灾避难留有隐蔽疏散的安全防备。

居住区公共绿地包括一定规模的公园、小游园、小块绿地以及带状绿地等。居住区用地紧，建筑密度高，公共绿地有限，更应以高标准的规划设计，发挥公共绿地的最大效益。一般对 1.0hm^2 以上规模的公共绿地要求有明确的功能分区；对 0.4hm^2 以上 1.0hm^2 以下的公共绿地要求有一定的功能分区；对 0.04hm^2 左右的小块公共绿地要求景观有灵活的布置。各级公共绿地位置要与其同级的道路紧邻，并作开敞布置，以便使用。

第一节　公共绿地基本功能与布局

一、基本功能分区

居住区公共绿地的功能可按小型综合性公园的功能组织来考虑，一般有安静游憩区、文化娱乐区、儿童活动区、服务管理设施等。

（一）安静游憩区

作为游览、观赏、休息、陈列用，需大片的风景绿地，在园中占的面积比例较大。安静活动应与喧闹活动隔离，宜选择地形富于变化且环境最优的部位。区内宜设置休息场地、散步小径、桌凳、廊亭、台、榭、老人活动室、展览室以及各种园林种植，如草坪、花架、花坛、树木、水面等。

（二）文化娱乐区

是人流集中热闹的动区，其设施可有俱乐部、陈列室、电影院、表演场地、溜冰场、游戏场、科技活动等，可和居住区的文体公建结合起来设置。这是园内建筑和场地较集中的地方，也是全园的重点，常位于园内中心部位。布置时要注意排除区内各项活动之间的相互干扰，可利用绿化、土石等加以隔离。此外视人流集散情况妥善组织交通，如运用平地、广场或可利用的自然地形，组织与缓解人流。

（三）儿童活动区

在居住区少年儿童人数的比重较大，不同年龄的少年儿童，如学龄前和学龄儿童要分开活动；各种设施都要考虑少年儿童的尺度，可设置儿童游戏场、戏水池、障碍游戏、运动场、少年之家科技活动园地等。各种小品形式要适合少年儿童的兴趣、寓教育于娱乐，增长知识，丰富想像。植物品种颜色鲜艳，注意防止有毒、有刺、有臭的植物。考虑一定成人的休息和照看儿童的需要。区内道路布置要简捷明确易识别，主要路面能通行童车。

（四）服务管理设施

可有小卖、租借、休息以及废物箱、厕所等。园内主要道路及通往主要活动设施的道路宜作无障碍设计，照顾残疾人和老年人等行动不便的特殊人群。

图 7-1 为一小型综合型居住区公园，地处建筑密度很高的商住综合居住区，占地约 3hm^2。公园设计针对居民文化活动的需要，以将近 1/3 的用地设置文化娱乐设施形成文化娱乐区，为园内主要功能区，位于中心部位，设有文化厅、文化娱乐厅、放映室等，文化厅与文化娱乐厅隔湖相望，并有小广场穿插其间，相互分隔以免干扰，小广场便于文化厅的人流疏散。青少年活动区和儿童游戏区分设公园的两个端部出入口部位，便于日常的使用。安静游憩区设于边缘僻静的独立地段，有大片绿地与动区分隔过渡。公园布局采用自由手法，道路、场地、水体、喷水池、花坛及部分建筑均采用曲线形体，藉以构成柔性自然空间和渐变的景观，为周围僵硬的大尺度商住楼带来几许温馨与柔美。

二、绿地基本布置形式

绿地布置形式较多，一般可概括为三种基本形式，即规则式、自然式以及规则与自然结合的混合式等，如图 7-2 所示。

（一）规则式

布置形式较规则严整，多以轴线组织景物，布局对称均衡，园路多用直线或几何规则线型，各构成因素均采取规则几何型和图案型。如树丛绿篱修剪整齐，水池、花坛均用几何形，花坛内种植也常用几何图案，重点大型花坛布置成毛毯型富丽图案，在道路交叉点或构图中心布置雕塑、喷泉、叠水等观赏性较强的点缀小品。这种规则式布局适用于平地，如图 7-6、图 7-9、图 7-12、图 7-14 等。

（二）自由式

以校仿自然景观见常，各种构成因素多采用曲折自然形式，不求对称规整，但求自然生动。这种自由式布局适于地形变化较大的用地，在山丘、溪

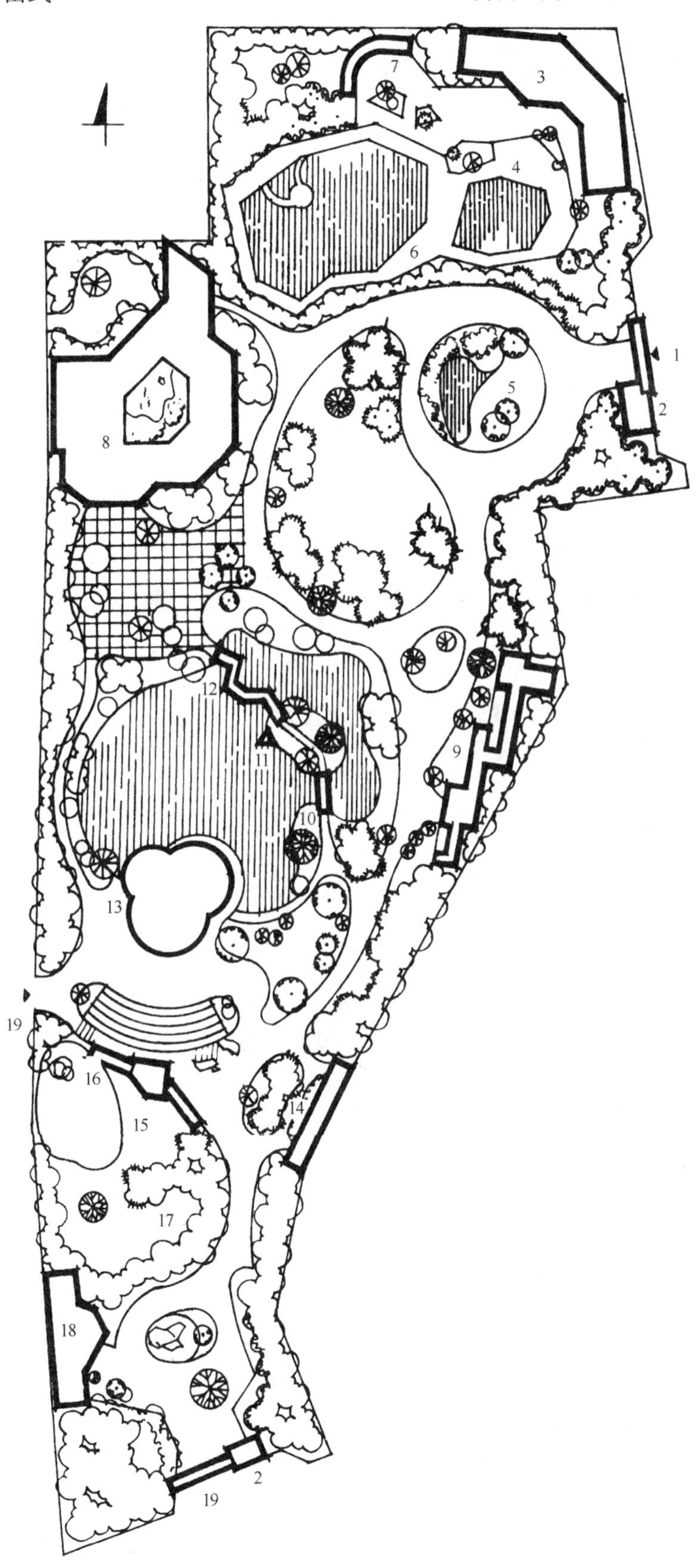

1—主入口
2—门房
3—少年宫
4—儿童池
5—喷水池
6—游泳池
7—休息廊
8—文化厅
9—万寿廊
10—拱桥
11—三角亭
12—曲桥
13—文化娱乐厅
14—公共厕所
15—放映室
16—休息廊
17—儿童乐园
18—宝宝乐
19—次入口

图 7-1　深圳罗湖区公园规划平面图(自由式)

图 7-2　绿地布置的基本形式示意

流、池沼之上配以树木草坪，种植有疏有密，空间有开有合，道路曲折自然，亭台、廊桥、池湖作间或点缀，多设于人们游兴正浓或余兴小休之处，与人们的心理相感应，自然惬意。自由式布局还可运用我国传统造园手法取得较好的艺术效果，如图 7-1、图 7-4、图 7-5、图 7-8、图 7-11、图 7-13 等。

（三）混合式

是规则与自由式相结合的形式，运用规则式和自由式布局手法，既能和四周环境相协调，又能在整体上产生韵律和节奏，对地形和位置的适应灵活，如图 7-3、图 7-7、图 7-10、图 7-15 等。

第二节　居住区各级公共中心绿地

居住区的公共绿地，根据不同的人口规模和组织结构设置相应的中心公共绿地，包括居住区级中心绿地——“居住区公园”、居住小区级中心绿地——“小游园”、居住组团中心绿地——“组团绿地”，以及其他具一定规模的块状和带状公共绿地，

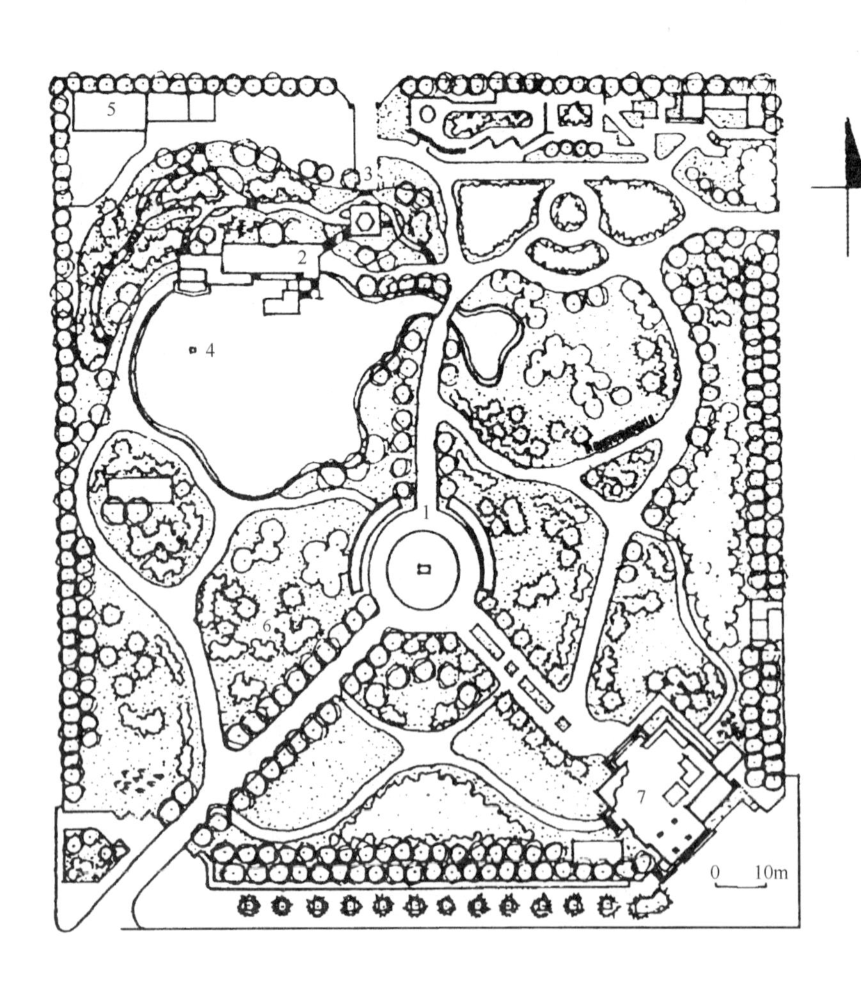

图 7-3　北京古城公园(混合式)

如儿童游戏场、运动场、林荫道、绿化带等。

一、居住区公园

主要供居住区居民就近使用，其用地规模不小于 $1hm^2$，一般为 $1\sim2hm^2$。要求位置与居住区级道路相邻，并向其开设主出入口；园内有明确的功能分区，能设置较完善的游憩活动设施，如设儿童活动设施的儿童游乐区、有老年人休息活动设施的老年活动区等。其服务半径以步行一刻钟左右为宜(800～1000m)。如上述深圳罗湖区公园即属于居住区级公园，全园为自由式布局(图 7-1)。北京古城公园占地 $2.35hm^2$，是自由式和规则式相结合的混合式布局(图 7-3)，主入口由轴线导入规则的中心雕塑广场，以水池为背景，使小小园子给人开阔的第一印象。由三条直线园路从中心广场辐射全园以分割园区，有供游赏的山水园、幽静的花卉盆景区、雀跃的儿童游戏区等。不多的小建筑大多隐退园区边缘，使园区内有更多的绿地种植，草坪、树荫、曲径小路，漫游其间空气清新，是晨练的好地方，更是老人打太极拳、舞太极剑、溜鸟的好去处。

二、居住小区小游园

万人左右的居住小区中心绿地用地规模不小于 $0.4hm^2$，一般为 $0.4\sim0.6hm^2$，步行 10 分钟左右(约 500m)。要求位置与小区级道路相邻，并向其开设主出入口；园内有一定的功能划分，综合设置儿童活动设施、老年人活动设施和一般游憩散步区等基本功能。设置内容可有花木草坪、花坛水面、雕塑、儿童设施和铺装地面等。

图 7-4 长沙望江花园小区中心绿地与环境。该小区中心绿地布置在小区主路一侧，与西南角的山丘绿化连成一片，并通过林荫道向居住群渗透。小区文体、托幼等公共设施和场地围绕中心绿地布置，丰富了绿地内容。高居山丘的文化活动站更成为主路的对景和全园的观景台，空间的利用和景观结合，相得益彰。该中心绿地为外向性自由式布局。

图 7-5 无锡市沁园新村绿化环境的中心——小游园。位于新村中部，由小区主路围合，面积约

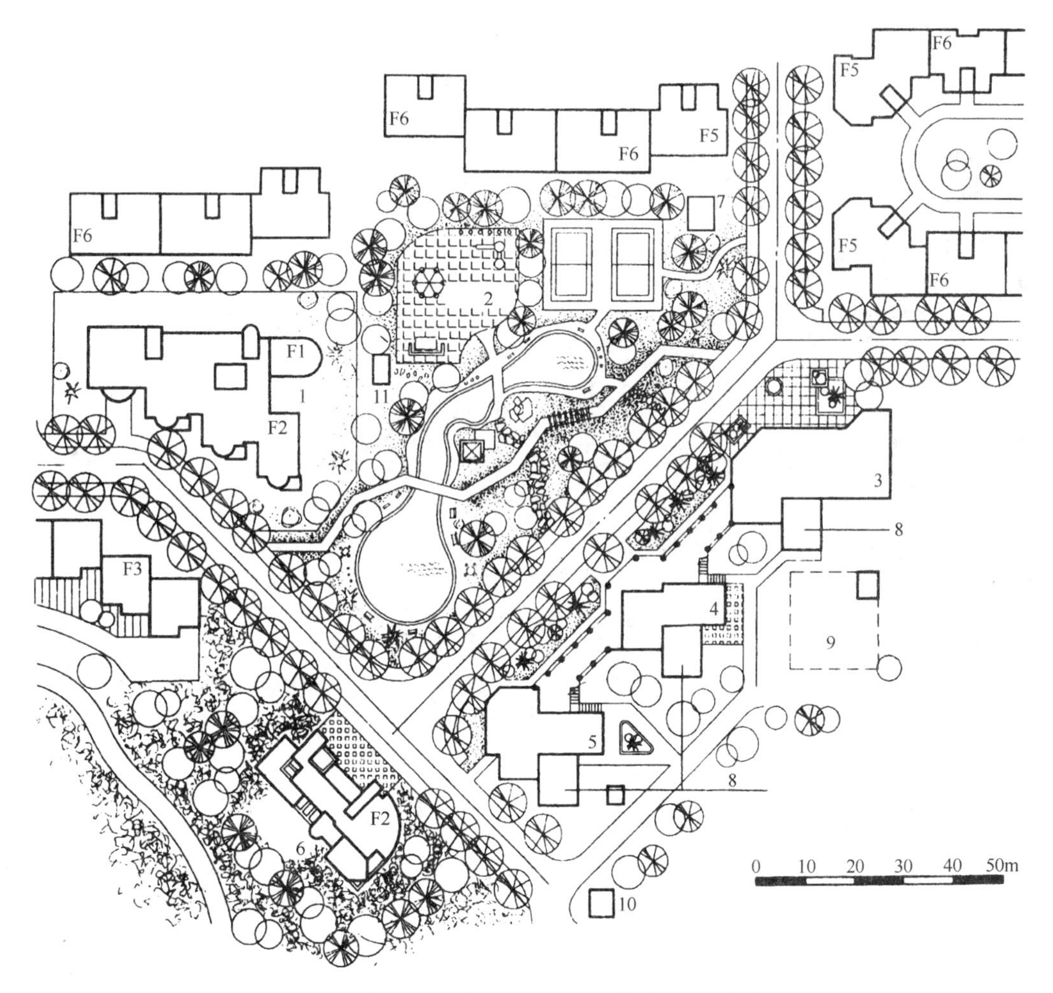

图 7-4 长沙望江花园小区中心环境设计(自由式)

1—幼儿园；2—儿童游戏场；3—粮油饮食；4—邮电储蓄；5—茶园；6—文化站；7—变电站；8—自行车库；9—空调站；10—垃圾转运；11—公厕

(a) 小游园景观之一

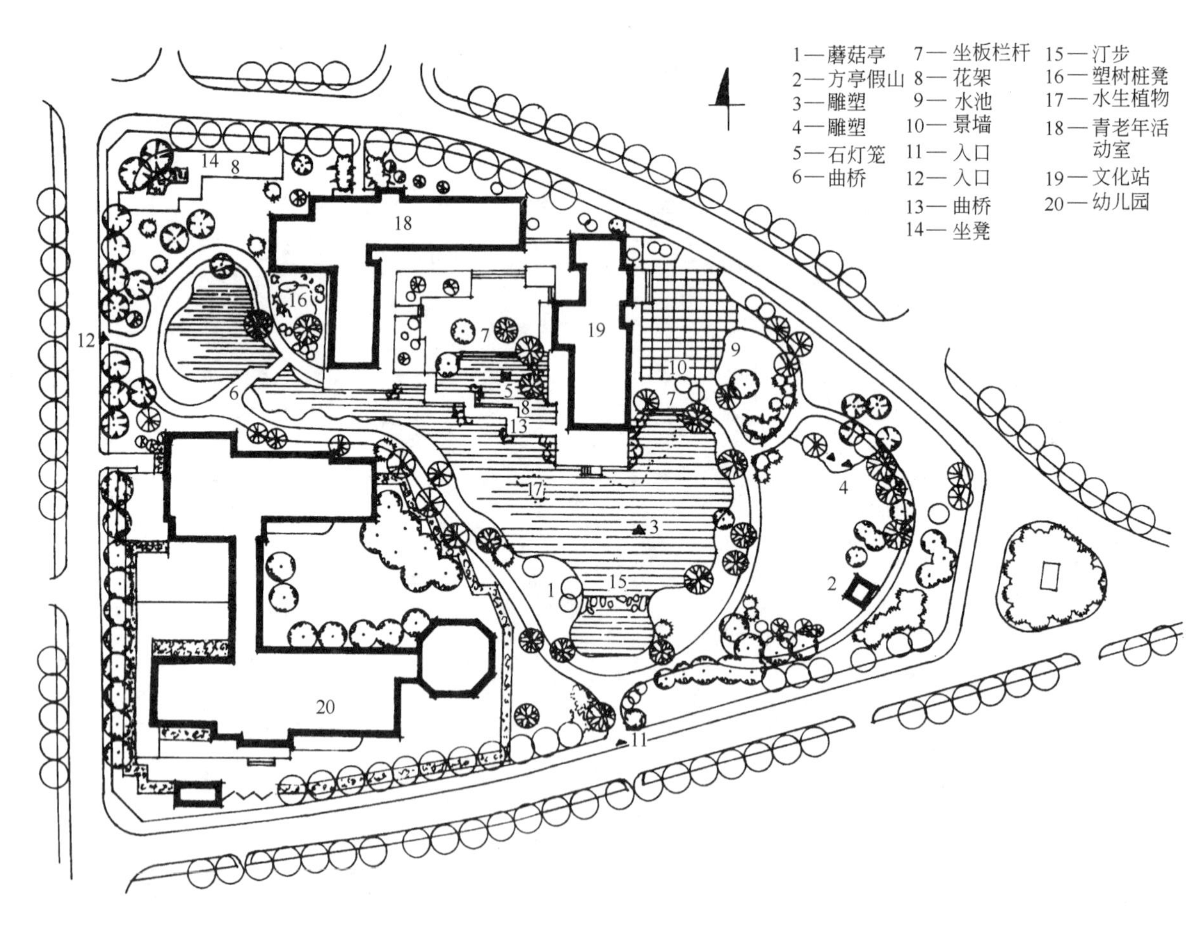

(b) 规划平面图

图 7-5　无锡市沁园新村小游园(自由式)

0.9hm²，为新村居民共享空间。小游园与小区文化娱乐公共设施结合，将青老年活动室、文化站设计成一组园林小品建筑，并与园地山水结合，辅以各种园林小品、蘑菇亭、方亭假山、雕塑、石灯、曲桥、汀步、景墙、花架等等，景观丰富；绿地广铺草坪形成底色基调，使园内主题更为显。全园为内向性自由式布局。

图 7-6 某居住小区小游园。以下沉式旱喷泉为中心组织各种活动场地，全园以绿化为主调，开敞灵便。中央涡旋状动态绿化布置与风车形旱喷泉相呼应，各场地软硬铺装相间，其功能灵活应变，可作表演场、游戏场、露天茶坐，也可组织小型竞技、习武、对奕等，周边林荫环境，任闲庭信步。该园为应变性规则式布局。

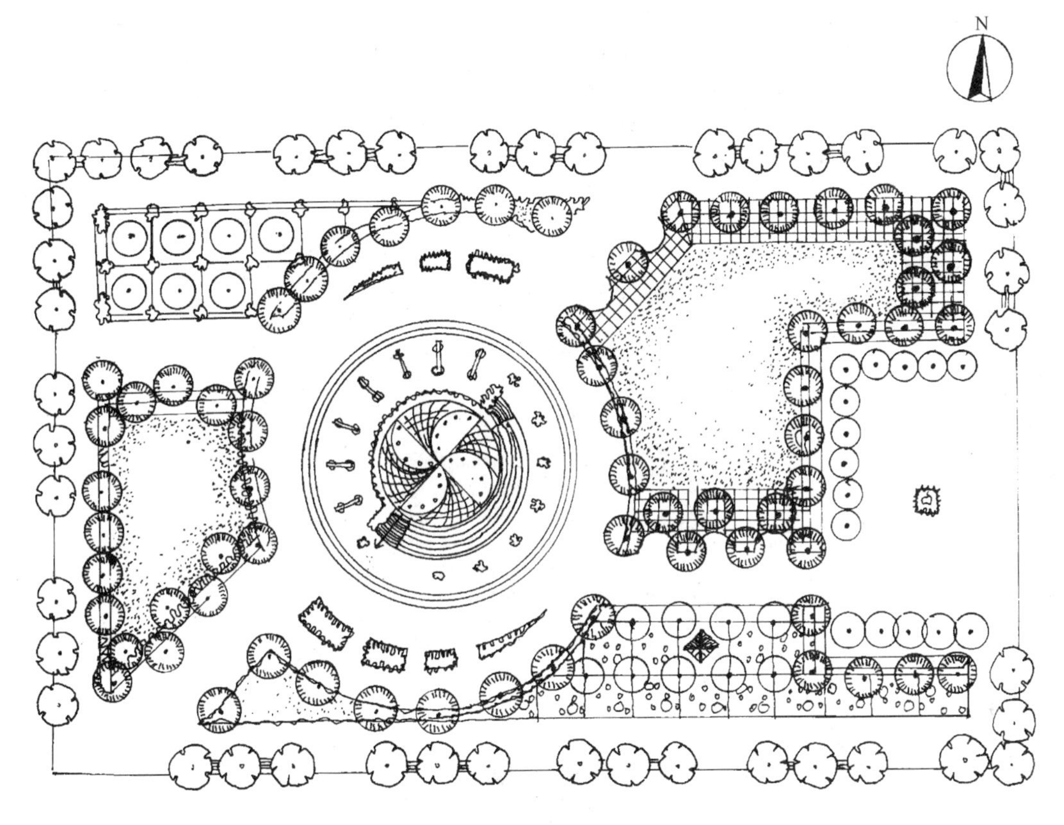

图 7-6　某居住小区小游园(规则式)

图 7-7 深圳某居住小区小游园。该游园由居住建筑围合，采用自由式和规则式混合布局，以各种丰富的水景组织游园空间。前庭以水流长渠、树林为前导，透过雾喷泉的神密雾幕进入中庭；中庭结合各种活动功能组织水景，并设置儿童戏水池、游戏场，适合各年龄段儿童使用；后庭以张拉篷为中心组织休闲活动，营造宁静的游园气氛。该园运用了多种造园手法，景序明确，序景—主景—结景发展自然，组景精心，寓乐于景，可参与可游赏。

三、居住组团公共绿地

要便于设置儿童活动场地，并适合老年和成年人休闲活动而不干扰周围居民生活的基本要求。用地规模不小于 0.04hm²，其中院落式组团绿地(住宅日照间距内用地)不小于 0.05～0.2hm²。服务半径步行 3 分钟左右(约 200m)。要求结合基地情况灵活布置，绿地内宜设花卉草坪、桌椅、简易儿童设施等。组团公共绿地位置要求与组团级道路相邻，并向其开放主出入口。

图 7-8 北京某居住组团公共绿地——自然式布局的水巷。该水巷布置在住宅建筑群体山墙之间，安静怡然，“以水为源、以人为本”，从亲水广场到水中栈台，以至喷泉广场结景，并将水引入每个住宅院落，体现户户有景观、共享自然资源的“均好性”设计理念，和回归自然，追求简洁的现代景观设计造园手法。全园为自由式布局。

图 7-9 某台地散点式居住组团绿地。该组团基地共由三层台地组成，其顶层在中部，为全园主体，设有水池、柱廊、跌水、草坪、桌椅等。每一栋点式住宅融环境于一体，同时又布置各异，利于识别。组团外围利用高差、公共设施及绿篱等作隔离，形成安宁优美的邻里空间。全园为以圆形为母体的规则式布局。

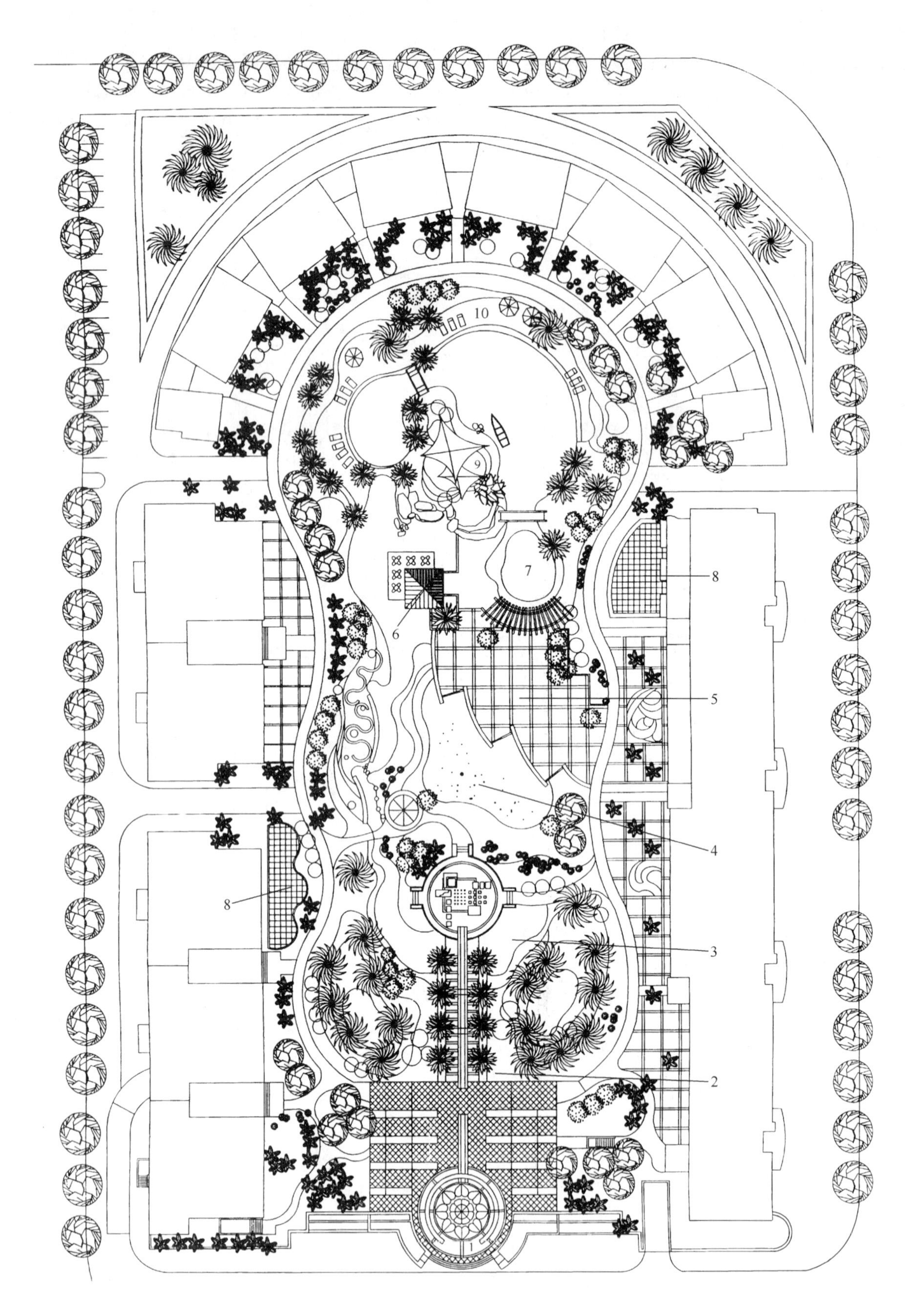

图 7-7　深圳某居住小区小游园(混合式)

1—小广场；2—水渠；3—雾喷泉；4—草坪；5—表演场；

6—草亭茶座；7—戏水池；8—游戏场；9—张拉篷；10—沙滩

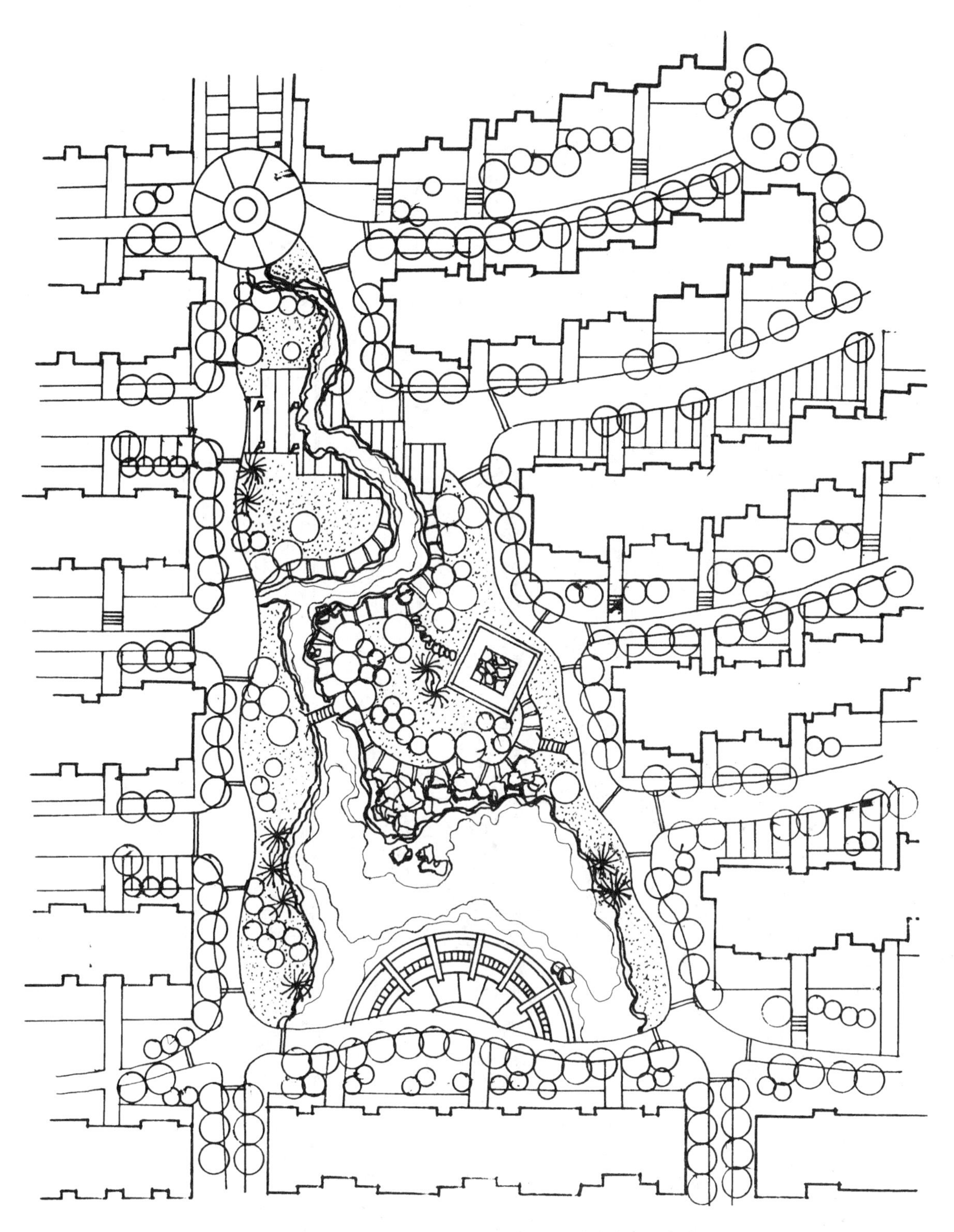

图 7-8　北京某居住组团公共绿地——自然式布局的水巷

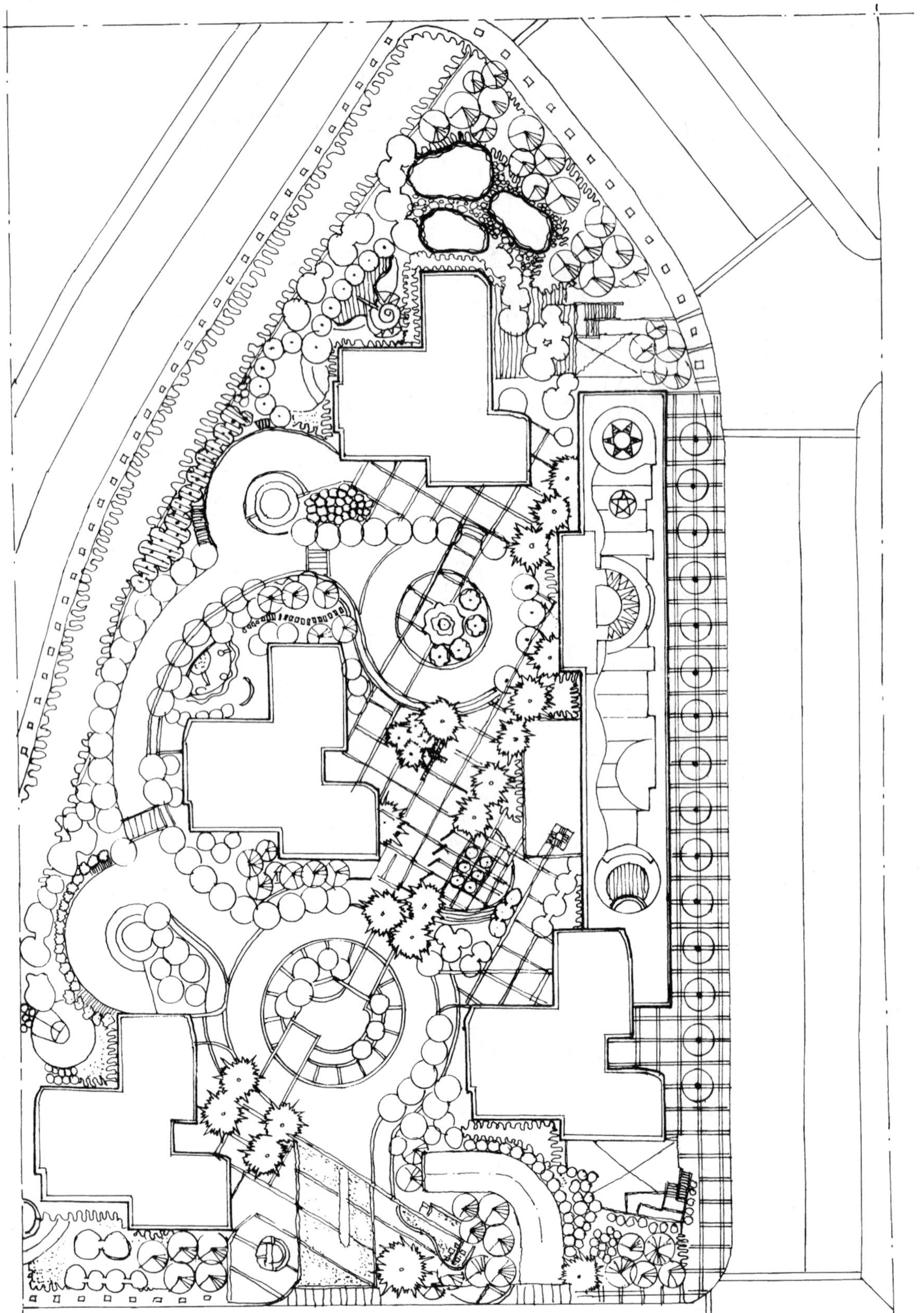

图 7-9　某台地散点式居住组团绿地(规则式布局)

四、其他小型公共绿地

其他公共绿地，如儿童游戏场、街头绿地、林荫绿带，组群间分隔绿地以及利用地形水面和边角余地等公共绿地。一般为开敞式，四邻空间环境较好，可设置儿童活动设施和满足基本功能要求。用地宽度不应小于 8m，面积不宜小于 0.04hm²。如图 7-10 湛江儿童公园，面积 1.25hm²，正门设于公园北面，分 6 个活动区，即①少年儿童活动区：设有滑梯、荡船、攀登架及电动游戏器具等。②幼儿活动区：设有沙坑、转马、一条龙、高低板及童车道等。③万水千山活动区：模仿红军长征游戏活动，包括独木桥、堡垒、越障、爬架、索桥、雪山及溜索等。④舞台区：设有露天舞台和大草坪。⑤小动物展区：设有禽舍、猴舍。⑥游憩区：沿公园主路布置，设有少年塑像、休息廊、喷水池及儿童之家等。园区布局和内容适应儿童兴趣，启迪智慧寓教于乐。其布局为混合式。

图 7-11 某儿童游戏场。以游戏器械为主，较适用于学龄前儿童。宜分散布置在区内开敞的小块绿地内，以方便使用。该园为自由式布局。

图 7-12 唐山新区 11 号小区童趣园。西与小区中心绿地相邻；南和托幼设施相临，可视为中心绿地的延伸，服务于整个小区，更方便于托儿所、幼儿园，附近住宅楼居民可在家里就能监护孩子在园内的活动。园内有多种游戏设施和场地，较适宜学龄前儿童。该园为规则式布局。

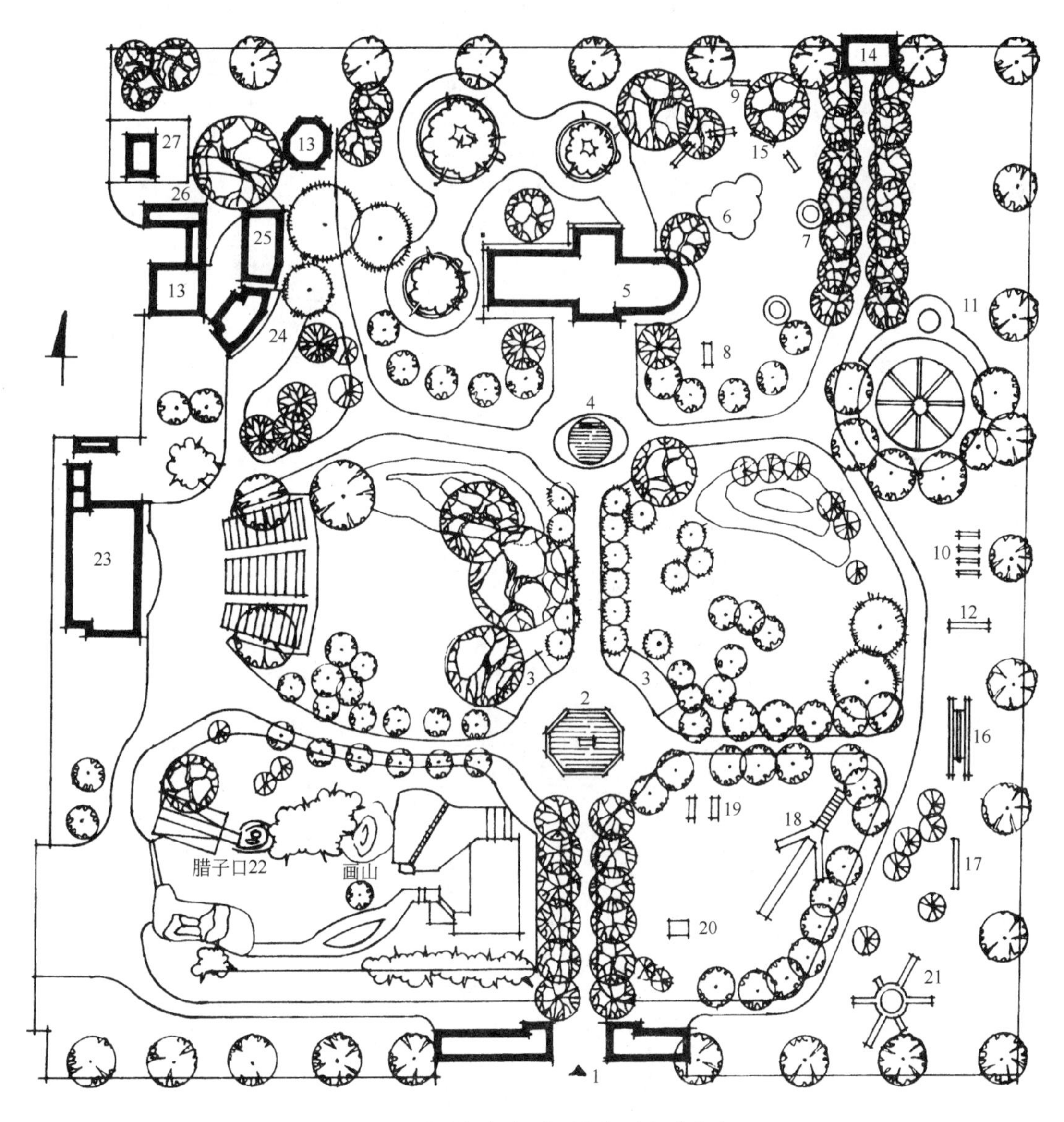

图 7-10　湛江儿童公园规划平面图(混合式)

1—入口；2—塑像；3—休息廊；4—喷水池；5—儿童之家；6—沙地；7—转马；8—浪船；9—摇椅；10—高低板；11—电动飞机；12—快艇；13—孔雀笼；14—次入口；15——条龙；16—浪桥；17—秋千；18—高台波浪滑梯；19—双把；20—长征道路；21—多向滑梯；22—长征道路；23—舞台；24—鸟笼；25—猴舍；26—厕所；27—小熊猫舍

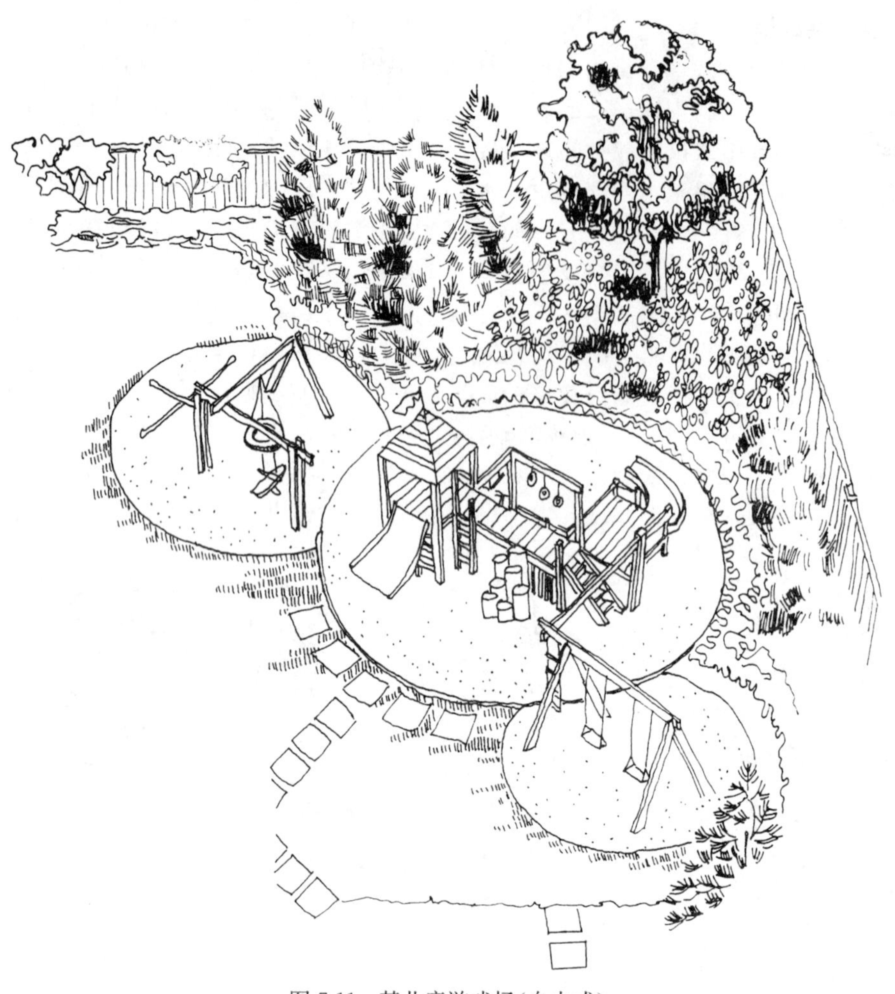

图 7-11　某儿童游戏场(自由式)

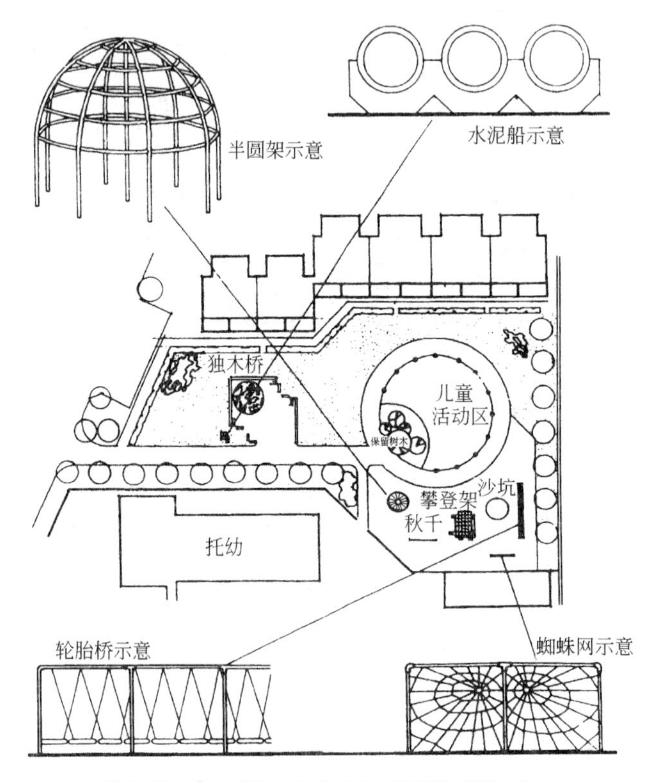

图 7-12　唐山新区 11 号小区童趣图(规则式)

带状公共绿地在居住区中常见于道路带状绿地、林荫步道等。图 7-13 某梯道绿化带，以梯道为中心铺设绿化带，并在梯道平台上点缀花饰作为各住宅院落的标志，犹如一条绿色花毯，打破了冗长的单调空间，缓解了登梯的疲顿，幽静的氛围还是茶余饭后散步的好去处。该绿化带为自然式布局，手法简约自然。

图 7-14 某沿街园林式绿化带。以造园手法，运用花坛、花池、花架、软硬质铺装等绿化小品，组织带状小游园，为居民和过往行人提供了一个闹中取静的休息、游赏的优美环境。此类园林式绿化带适于街区主要路段。该绿化带布局为规则式。

图 7-15 为立陶宛拉兹季纳依居住区的一个小区，以变化的小空间与绿化结合组成一林荫步道，空间变幻并有效地阻断了车辆的通行。自由式与规则式混合布局。

图 7-13　某梯道绿化带(自由式)

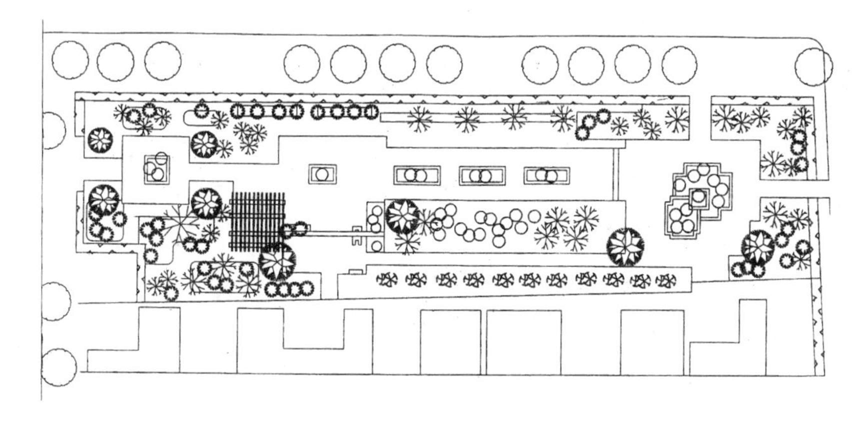

图 7-14　某沿街园林式绿化带(规则式)

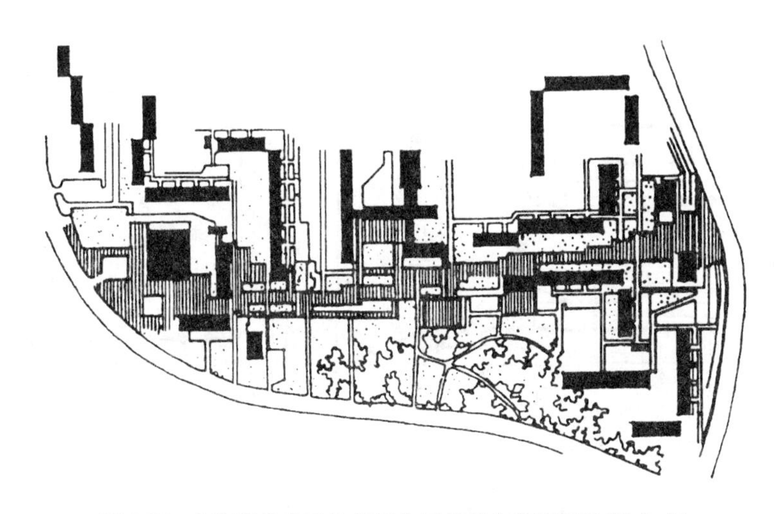

图 7-15　立陶宛拉兹季纳依居住区林荫步道平面图(混合式)

第三节　公共绿地指标及有关技术要求

居住区内公共绿地的总指标，应根据居住人口规模分别达到：组团不少于 0.5m²/人，小区（含组团）不少于 1m²/人，居住区（含小区与组团）不少于 1.5m²/人，并应根据居住区规划布局灵活使用。旧区改造可酌情降低其指标，但不得低于相应指标的 70%。

各级中心公共绿地的规模确定，主要考虑因素：一是人流容量，如居住区级中心绿地即居住区公园应考虑 3～5 万人，日常在公园出游的居民量为 15%。二是各级中心绿地合理安排场地和游憩空间的使用功能要求。如居住区中心绿地规模，要能满足具有明确功能划分和相应活动设施的公园所需的合理用地。根据我国一些城市的居住区规划实践，考虑以上两因素，居住区公园规划用地不小于 1hm²，即可建成具有较明确的功能划分和较完善的游憩设施，并能容纳相应规模的出游人数的基本要求。居住小区的小游园规划用地不小于 4000m²，即可满足有一定的功能划分和一定游憩活动设施，并容纳相应的出游人数的基本要求。居住组团绿地用地不小于 400m²，即可作简易设施的灵活布置。居住区其他公共绿地，参照以上要求，应同时满足宽度不小于 8m，面积不小于 400m² 的规模要求。

居住区各公共绿地的绿化面积（含水面）不宜小于 70%。即在有限的用地内争取最大的绿化面积，并使绿地内外通透融为一体。

布置在住宅间距内的组团及小块公共绿地的设置应满足“有不少于 1/3 的绿地面积在标准的建筑日照阴影线范围之外”的要求，以保证良好的日照环境，同时要便于设置儿童的游戏设施和适于成人游憩活动。其中院落式组团绿地的设置还应同时满足表7-1中的各项要求。其面积计算起止界限应符合图 7-16 要求。

树木与建筑、构筑物水平间距要求见表 7-2。

院落式组团绿地设置规定 *　　**表 7-1**

封闭型绿地		开敞型绿地	
南侧多层楼	南侧高层楼	南侧多层楼	南侧高层楼
$L \geqslant 1.5L_2$	$L \geqslant 1.5L_2$	$L \geqslant 1.5L_2$	$L \geqslant 1.5L_2$
$L \geqslant 30$m	$L \geqslant 50$m	$L \geqslant 30$m	$L \geqslant 50$m
$S_1 \geqslant 800$m²	$S_1 \geqslant 1800$m²	$S_1 \geqslant 500$m²	$S_1 \geqslant 1200$m²
$S_2 \geqslant 1000$m²	$S_2 \geqslant 2000$m²	$S_2 \geqslant 600$m²	$S_2 \geqslant 1400$m²

注：L——南北两楼正面间距（m）；

L_2——当地住宅的标准日照间距（m²）；

S_1——北侧为多层楼的组团绿地面积（m²）；

S_2——北侧为高层楼的组团绿地面积（m²）。

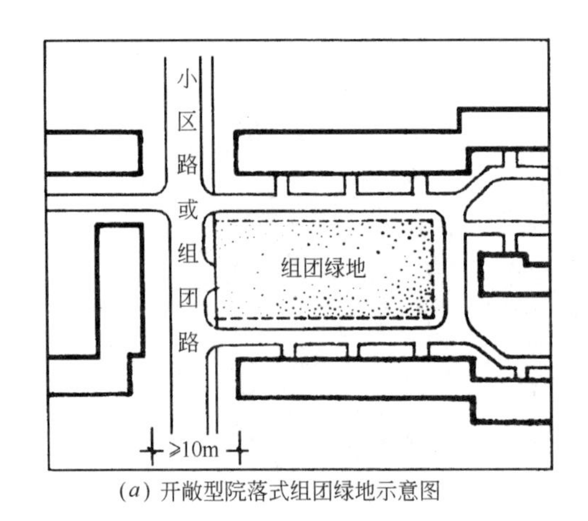

（*a*）开敞型院落式组团绿地示意图　　（*b*）院落式组团绿地面积计算示意图

图 7-16　院落式组团绿地界限规定

树木与建筑、构筑物水平间距参考表 **表 7-2**

名　　称	最小间距(m)	
	至乔木中心	至灌木中心
有窗建筑物外墙	3.0	1.5
无窗建筑物外墙	2.0	1.5
道路侧面外缘、挡土墙脚、陡坡	1.0	0.5
人行道	0.75	0.5
高 2m 以下的围墙	1.0	0.75
高 2m 以上的围墙	2.0	1.0
天桥、栈桥的柱及架线塔、电线杆中心	2.0	不限
冷却池外缘	40.0	不限
冷却塔	高 1.5 倍	不限
体育用场地	3.0	3.0
排水明沟边缘	1.0	0.5
邮筒、路牌、车站标志	1.2	1.2
警亭	3.0	2.0
测量水准点	2.0	1.0

第八章　综合技术经济指标

技术经济指标是从量的方面衡量和评价规划质量和综合效益的重要依据。居住区综合技术经济指标由两部分组成，即土地平衡及主要技术经济指标(表 8-1)。

综合技术经济指标系列一览表 *　　　　表 8-1

序　号	项　目	计量单位	数　值	所占比重%	人均面积 m^2/人
1	居住区规划总用地	hm^2	▲	—	—
2	1. 居住区用地(R)	hm^2	▲	100	▲
3	① 住宅用地(R01)	hm^2	▲	▲	▲
4	② 公建用地(R02)	hm^2	▲	▲	▲
5	③ 道路用地(R03)	hm^2	▲	▲	▲
6	④ 公共绿地(R04)	hm^2	▲	▲	▲
7	2. 其他用地	hm^2	▲	—	—
8	居住户(套)数	户(套)	▲	—	—
9	居住人数	人	▲	—	—
10	户均人口	人/户	▲	—	—
11	总建筑面积	万 m^2	▲	—	—
12	1. 居住区用地内建筑总面积	万 m^2	▲	100	▲
13	① 住宅建筑面积	万 m^2	▲	▲	▲
14	② 公建面积	万 m^2	▲	▲	▲
15	2. 其他建筑面积	万 m^2	△	—	—
16	住宅平均层数	层	▲	—	—
17	高层住宅比例	%	△	—	—
18	中高层住宅比例	%	△	—	—
19	人口毛密度	人/hm^2	▲	—	—
20	人口净密度	人/hm^2	△	—	—
21	住宅建筑套密度(毛)	套/hm^2	▲	—	—
22	住宅建筑套密度(净)	套/hm^2	▲	—	—
23	住宅建筑面积毛密度	万 m^2/hm^2	▲	—	—
24	住宅建筑面积净密度	万 m^2/hm^2	▲	—	—
25	居住区建筑面积毛密度(容积率)	万 m^2/hm^2	▲		
26	停车率	%	▲	—	—
27	停车位	辆	▲		
28	地面停车率	%	▲		
29	地面停车位	辆	▲		
30	住宅建筑净密度	%	▲	—	—
31	总建筑密度	%	▲	—	—
32	绿地率	%	▲	—	—
33	拆建比	—	△	—	—

注：▲必要指标；△选用指标。

第一节　主要指标与计算

一、规模指标

表 8-1 中 1～15 项用以表达居住区规模的指标，包括用地指标，人口指标以及相应的公共设施指标。

(一) 用地规模及用地平衡指标

表 8-1 中 1～7 项指居住区用地所包括的住宅用地、公建用地、道路用地和公共绿地，这四类用地之间存有一定的比例关系，表 2-3 是现行规范控制指标，主要反映土地使用的合理性与经济性。此外，在规划总用地内还包括一些与居住区没有直接配套关系的其他用地。

(二) 人口及配套设施规模指标

表 8-1 中 8～15 项　主要反映人口、住宅和配套公共服务设施之间的相互关系。

二、层数、密度指标

表 8-1 中 16～25 项　主要反映土地利用效率和技术经济效益。

(1) **住宅平均层数**　即住宅总建筑面积与住宅建筑基底总面积的比值。算式：

住宅平均层数

$$=\frac{\text{住宅总建筑面积}(\mathrm{m}^2)}{\text{住宅建筑基底总面积}(\mathrm{m}^2)}(\text{层})$$

(2) **高层住宅比例**(≥10 层)　即高层住宅总建筑面积与住宅总建筑面积的比率(%)。算式：

高层住宅比例

$$=\frac{\text{高层住宅总建筑面积}(\mathrm{m}^2)}{\text{住宅总建筑面积}(\mathrm{m}^2)}\times 100\%$$

(3) **中高层住宅比例**(7～9 层)　即中高层住宅总建筑面积与住宅总建筑面积的比率(%)。算式：

中高层住宅比例

$$=\frac{\text{中高层住宅总建筑面积}(\mathrm{m}^2)}{\text{住宅总建筑面积}(\mathrm{m}^2)}\times 100\%$$

(4) **人口毛(净)密度**　即每公顷居住区用地上(住宅用地上)容纳的规划人口数量。算式：

人口毛密度

$$=\frac{\text{规划总人口(人)}}{\text{居住区用地面积}(\mathrm{hm}^2)}(\text{人}/\mathrm{hm}^2)$$

人口净密度

$$=\frac{\text{规划总人口(人)}}{\text{住宅用地面积}(\mathrm{hm}^2)}(\text{人}/\mathrm{hm}^2)$$

(5) **住宅建筑套毛(净)密度**　即每公顷居住区用地上(住宅用地上)拥有的住宅建筑套数。算式：

住宅建筑套毛密度

$$=\frac{\text{住宅总套数(套)}}{\text{居住区用地面积}(\mathrm{hm}^2)}(\text{套}/\mathrm{hm}^2)$$

住宅建筑套净密度

$$=\frac{\text{住宅总套数(套)}}{\text{住宅用地面积}(\mathrm{hm}^2)}(\text{套}/\mathrm{hm}^2)$$

(6) **住宅建筑面积毛(净)密度**　即每公顷居住区用地上(住宅用地上)拥有的住宅建筑面积。算式：

住宅建筑面积毛密度

$$=\frac{\text{住宅总建筑面积(万 }\mathrm{m}^2)}{\text{居住区用地面积}(\mathrm{hm}^2)}(\text{万 }\mathrm{m}^2/\mathrm{hm}^2)$$

住宅建筑面积净密度

$$=\frac{\text{住宅总建筑面积(万 }\mathrm{m}^2)}{\text{住宅用地面积}(\mathrm{hm}^2)}(\text{万 }\mathrm{m}^2/\mathrm{hm}^2)$$

(7) **居住区建筑面积毛密度**(容积率)　即每公顷居住区用地上拥有的各类建筑的总建筑面积。算式：

居住区建筑面积毛密度

$$=\frac{\text{居住区总建筑面积(万 }\mathrm{m}^2)}{\text{居住区用地面积}(\mathrm{hm}^2)}(\text{万 }\mathrm{m}^2/\mathrm{hm}^2)$$

(另一表达式——**容积率**　即居住区总建筑面积(万 m²)和居住区用地面积(万 m²)的比值。)

三、环境质量指标

表 8-1 中 26～32 项　反映环境质量的优劣情况。

(1) **停车率**　即居住区内居民汽车的停车位数量与居住总户数的比率(%)。算式：

停车率

$$=\frac{\text{居民停车位数}}{\text{居住总户数}}\times 100\%$$

(2) **地面停车率**　即居住区内居民汽车的地面停车位数量与居住总户数的比率(%)。算式：

地面停车率

$$=\frac{\text{居民地面停车位数}}{\text{居住总户数}}\times 100\%$$

(3) **住宅建筑净密度**　即住宅建筑基底总面积与住宅用地面积比率(%)。算式：

住宅建筑净密度

$$=\frac{\text{住宅建筑基底总面积(万 }\mathrm{m}^2)}{\text{住宅用地面积}(\mathrm{hm}^2)}\times 100\%$$

(4) **总建筑密度**　即居住区用地内各类建筑的基底总面积与居住区用地的比率(%)。算式：

总建筑密度

$$=\frac{\text{总建筑基底总面积(万 }\mathrm{m}^2)}{\text{居住区用地面积(万 }\mathrm{m}^2)}\times 100\%$$

(5) **绿地率** 即居住区用地范围内各类绿地的总和占居住区用地的比率(%)。算式：

绿地率

$$=\frac{\text{绿地总面积(万 m}^2\text{)}}{\text{居住区用地面积(万 m}^2\text{)}}\times 100\%$$

(各类绿地包括公共绿地、宅旁绿地、公建专用绿地、道路红线内绿地；满足绿化覆土要求且方便居民出入的地下、半地下建筑屋顶绿地，但不包括其他屋顶、晒台的人工绿地)。

(注：表 8-1 中第 33 项 用于居住区开发的可行性研究和经济核算。从略)

四、计算口径

为了如实反映规划设计水平及其经济合理性，也为了核实、审批、比较的方便与公平、公正，仅对指标计算口径作出规定。

(一) 用地分界

规划用地的分界参照自然分界、人工分界和契约分界。

1. 自然分界

规划用地以相临的自然物质的边缘为分界。例如，相临的山体的山脚线、江河的水岸线等。

2. 人工分界

(1) **建筑物** 以相临建筑红线为分界，或以建筑间距中分线为分界。

(2) **构筑物** 以相临构筑物边缘为分界。例如，相临的围墙、挡土墙的墙脚线为界。

(3) **道路** 居住区规划用地周边内部和外部用地的分界有区别。①规划用地周边外相临道路以其道路中心线为分界。②规划用地周边以内范围的用地以道路红线为分界，没设人行便道的车行道则以车行道边缘为界，步行小路不计。

3. 契约分界

具有法律效应的其他协约性分界。

(二) 用地分级

居住区根据其规模大小可分为居住区、居住小区、居住组团三级，其用地归属有一定分级关系。

1. 居住区用地

规划区内，同级及其下属各级用地即为该规划区的"居住区用地"，是该区规划可操作用地。例如，某"居住区用地"含其下属"居住小区用地"和"居住组团用地"；以此类推，"居住小区用地"含其下属的"居住组团用地"，它们均为规划可操作用地。

2. 其他用地

规划区内，非同级的上属各级用地即为该规划区的"其他用地"，是该规划区不可规划操作用地(可视其为现状)。例如，某居住区周边相临的城市级道路中心线一侧的道路面积，即为该居住区的"其他用地"，虽地处该区，但不为其规划。

"其他用地"中还包括在规划区内的保留、预留用地以及不可建用地等。

3. 居住区规划总用地

指规划区周边分界线以内范围的总用地。也就是规划区内各级混合用地的总称，即：

居住区规划总用地＝居住区用地＋其他用地(hm^2)

(三) 用地分类

上述居住区用地由四类用地构成，即住宅用地、公建用地、道路用地和公共绿地四类。它们有专项用地和复合用地的不同计算。

1. 专项用地

指上述四类用地，功能单一，并有明确分界的专用地，它们都按周边分界以内实际总用地计算。

(1) **公建用地**(详见第五章)。例如，居住小区级配建的小学、托幼一般都设专用地，其校区和园区周边分界内的总用地均计入该小区的公建用地。

(2) **道路用地** ①按道路红线宽度计。②无人行便道的车行道按路缘线宽度计。③道路广场、停车场、回车场等面积均计入道路用地。④宅间步行小路不计(详见第六章、第四章)。

(3) **公共绿地** ①含各级居住区中心公共绿地。②含宽度≥8m、面积≥400m^2 的块状和带状绿地，如儿童游场、防护绿带等。③宅旁绿地、立体绿化等非公共绿地不计在内(详见第七章、第四章)。

(4) **住宅用地** 包括以住宅建筑为中心的住宅建筑基底占地、宅旁绿地与宅间步行小路。也可用算式表达为：住宅用地＝居住区规划总用地－公建用地－道路用地－公共绿地－其他用地(hm^2)(详见第四章)。

2. 复合用地

多功能综合楼的用地，为与其相应的多种类用地组成，即为复合用地。复合用地分类按综合楼不同功能所占建筑空间的比例来分摊用地。居住区常见的是公建居住综合楼，其用地即为公建用地和住宅用地的复合用地，可用下列方法分摊用地。

(1) 按建筑面积比分摊用地

按综合楼各功能部位所占建筑面积的比例关系分摊用地，并计入相应类别用地。此法较灵活，适用于各种建筑形式和使用情况，如设架空层、公共层、地下层、半地下层等综合楼。

(2) 按建筑层数比分摊用地

对建筑形式简单、且功能按层规整分配的情况较适合，如多层商住楼，计算较简便。

（3）其他附加用地

居住综合楼接地的公建裙房突出于上部住宅建筑或占有专用场院或后退红线的用地面积均应计入公建用地。

（注：住宅建筑和公共建筑面积的计算按相关建筑规范要求。从略）

第二节　住宅建筑净密度与住宅建筑面积净密度

根据两密度指标的含意，一为住宅覆盖率（住宅建筑净密度），一为住宅容积率（住宅建筑面积净密度），它们是反映居住区的环境质量和住宅建设量的不可缺少的重要指标，国家标准特别对它们作了控制性标准，有必要对它们作进一步的了解。

一、住宅建筑净密度

指住宅建筑基底总面积与住宅用地面积的比率（%）；也就是住宅覆盖率。在一定的住宅用地内，若住宅建筑净密度越高，表示住宅建筑基底占地面积越高，空地率则越低，宅旁绿地面积也相应降低，日照、通风等环境也受到影响，同时居住人口增加。所以，“住宅建筑净密度”是决定住区居住密度和居住环境质量的重要因素，必须合理确定。

决定住宅建筑净密度的主要因素是住宅建筑的层数和日照间距。当用地面积不变，住宅层数越高（日照间距越大）则住宅覆盖率越低，空地率越高；反之，住宅层数越低（日照间距越小），则住宅覆盖率越高，空地率越低。鉴于我国居住区规划建设中存在建筑密度日趋增高的倾向（几乎不存在建筑密度过低现象），为使居住区有合理的空间，确保居住生活环境质量，对不同地区、不同层数的住宅建筑净密度最大值作出了控制，见表 8-2。

住宅建筑净密度控制指标（%）*　　表 8-2

住宅层数	建筑气候区划		
	Ⅰ、Ⅱ、Ⅵ、Ⅶ	Ⅲ、Ⅴ	Ⅳ
低　层	35	40	43
多　层	28	30	32
中高层	25	28	30
高　层	20	20	22

注：混合层取两者的指标值作为控制指标的上、下限值。

例：某Ⅲ号建筑气候地区内，某居住小区用地为 10hm²，其住宅用地拟占 50%，拟建住宅层数为 6 层，试问允许建设的最大住宅总建筑面积是多少？

解：由式：

住宅建筑净密度

$$=\frac{住宅建筑基底总面积(万\ m^2)}{住宅用地面积(万\ m^2)}\times 100\%$$

则：住宅建筑基底总面积＝住宅建筑净密度×住宅用地面积

式中　住宅建筑净密度由表 8-2 得：30%（最大控制值）

住宅用地面积＝10(hm²)×50%＝5(hm²)

则：允许的最大住宅总建筑面积＝6（层）×住宅基底总面积＝6×5×30%＝9 万 m²

答：该小区允许建设的最大住宅总建筑面积为 9 万 m²。

讨论：若因某种原因增建一层住宅，其他要求不变，则便增加了 15,000m² 的住宅建筑面积。如按每平方米售价为 1000 元计，则可增加经济收益 15,000,000 元。结果是土地开发强度增加，收益提高，但生活居住环境质量下降，同时也影响其社会效益，反过来也将影响其销售率，这种短期行为在现实中不乏其例，应引以为戒。

增加住宅的层数而不增加住宅建筑净密度的做法，实际上是一种缩小日照间距的变通。关于日照间距，目前我国大多数城市现行的日照间距系数普遍小于标准值，更有缩减的趋势。因而除对住宅建筑净密度进行控制的同时，有必要对建筑面积加以控制。

二、住宅建筑面积净密度

是指每公顷住宅用地上拥有的住宅建筑面积（万 m²/hm²），住宅建筑面积净密度反映居住区的环境质量（住宅建筑量和居住人口量）的重要指标。在一定的住宅用地上，住宅建筑面积净密度越高，该居住区的环境容量相应也越高，反之，居住容量则越低。决定住宅建筑面积净密度的主要因素是住宅的层数、居住面积标准和日照间距。根据我国居住区规划建设中存在的问题和倾向，主要表现在为提高密度以最大可能地提高经济效益，而忽视居住环境质量。因此规范作出住宅建筑面积净密度最大值的控制指标（见表 8-3）。

住宅建筑面积净密度控制指标（万 m²/hm²）　　表 8-3

住宅层数	建筑气候区划		
	Ⅰ、Ⅱ、Ⅵ、Ⅶ	Ⅲ、Ⅴ	Ⅳ
低　层	1.10	1.20	1.30
多　层	1.70	1.80	1.90
中高层	2.00	2.20	2.40
高　层	3.50	3.50	3.50

注：① 混合层取两者的指标值作为控制指标的上、下限值；
② 本表不计入地下层面积。

由住宅建筑面积净密度的量化计算式：

住宅建筑面积净密度

$$=\frac{\text{住宅建筑总面积(万 m}^2\text{)}}{\text{住宅用地面积(hm}^2\text{)}}(\text{万 m}^2/\text{hm}^2)$$

讨论：某居住组团的住宅用地面积为 3hm²，为保证居住基本的环境质量，规定：规划住宅建筑层数为 6 层，住宅建筑面积净密度为 1.7，若将其提高 0.3，其他要求不变，则其住宅建筑总面积将由 51000m² 增至 60,000m²，其增多的 9000m² 正好增加一层住宅（还多 500m²）。即由 6 层增至 7 层，而日照间距不变，即空地率不变，结果是土地开发强度增加，经济收益提高，但居住生活环境质量下降。实践证明，住宅建筑面积净密度对土地的开发强度、环境质量及景观效果起着举足轻重的作用。"0.3"的数字看来是不可低估的，住宅建筑面积净密度有着较强的灵敏度和控制性，它应是倍受各方关注的指标，要严加控制。

三、住宅建筑净密度·住宅建筑面积净密度·住宅层数

上述两项密度指标在确定的地区和基地内，其决定因素都为住宅层数与日照间距，而日照间距由住宅高度（或层数）来确定，所以实际上最根本的决定因素是住宅的层数。至于住宅层数的确定，除在第四章"住宅选型"中阐述的内容外，通过密度的内在联系，可增强对住宅层数的认识。住宅建筑净密度、住宅建筑面积净密度和住宅层数是确定土地使用强度和居住区环境质量的重要指标，三者彼此间具有相互制约的关系，其量化关系即：

$$\text{由：层数}=\frac{\text{住宅建筑总面积}}{\text{住宅建筑基底总面积}}\times\frac{\text{住宅用地面积}}{\text{住宅用地面积}}$$

$$\text{则：层数}=\frac{\text{住宅建筑面积净密度}}{\text{住宅建筑净密度}}(\text{层})$$

讨论：

• 住宅层数与住宅建筑面积净密度成正比，与住宅建筑净密度成反比。例如，当住宅建筑面积和住宅用地面积不变，若增加住宅建筑层数则住宅建筑净密度随之下降，空地率随之增大。

• 在住宅建筑面积净密度和住宅建筑净密度的控制值指导下，便可知相应的住宅建筑的控制层数。例如，以Ⅳ地区为例，由表 8-2 和表 8-3 查得该地区高层住宅区的住宅建筑面积净密度和住宅建筑净密度的控制值分别为 3.5 和 22％，则相应的高层住宅区建筑控制层数为：

$$\text{层数(高层)}=\frac{3.5}{22\%}=16\text{ 层}$$

同理：该地区中、多、低层住宅区控制层数分别为 8、6、3 层。

对居住区规划设计来说，密度指标是重要的量化控制与评价标准。但仅有合理的密度指标并不等于规划设计方案就好，而一个好的规划设计必定有合理的密度指标。规划设计必须精心的全面体现定量和定形的综合功效。

第三节　综合效益与综合指标

综合效益是衡量居住区质量的主要标准。综合效益包含社会效益、经济效益和环境效益，三项效益的统一是居住区规划目标要求，在综合技术经济指标体系中要求指标间保持合理平衡。

一、综合效益表述

密度：包括建筑密度、建筑面积密度、套密度、人口密度等指标。

建筑量：包括住宅面积、公建面积等指标。

人口量：包括人口数、户（套）数等指标。

绿　化：包括公共绿地面积、绿地率等指标。

道　路：包括道路及广场、停车场、回车场等交通设施指标。

由表 8-4 的指标间相互关系看：①三项效益之间是相互联系、相互制约的；社会效益是经济效益和环境效益的综合体现；经济效益和环境效益中任一效益都会影响到社会效益。②建筑密度、环境容量和绿化空间是反映居住区环境质量的三个基本因素，也是规划设计需密切关注的重要问题。③提高居住区综合效益，从居住区规划设计来讲，基本环节在于经济合理，有效的使用土地和利用空间。

居住区综合效益指标分析　　表 8-4

综合效益	指　标	涵　义
社会效益	密度、建筑量、人口量、绿化、道路、综合造价	表述：安置居民数量、解决住房情况、提供文化和商业服务、交通服务及居住生活环境状况、居民经济承受能力
经济效益	密度、建筑量、人口量、拆建比、综合造价	表述：出房率、公建设施配套率、拆建房屋情况、进住户数、总造价
环境效益	密度、绿化、场地	表述：建筑和人口疏密程度、空地率、绿化面积、活动及休闲场地面积

二、实例分析

将我国部分小康型城市示范小区的综合技术经济指标摘录列表(表 8-5)，各小区规划图(实例1、实例 3、实例 5-20)未经核对，仅供分析参考。

指标定量分析是评价居住区质量的一个重要方面，还可从多方面进行分析评价，包括专家评估、实态调查、居民意见反馈、民众评议等。

综合技术经济指标实例分析比较 表 8-5

小区		柳州河东小区①			广州红岭花园小区②			莆田中特城小区③		
指标		hm^2	%	m^2/人	hm^2	%	m^2/人	hm^2	%	m^2/人
居住小区规划总用地		26.78	—	—	13.49	—	—	16.09	—	—
1. 居住小区用地		18.96	100	18.91	13.40	100	22.67	13.04	100	28.65
① 住宅用地		9.90	52.22	9.88	6.47	48.28	10.94	7.29	55.9	16.02
② 公建用地		3.61	19.04	3.60	0.94	7.02	1.58	2.36	18.1	5.19
③ 道路用地		4.17	21.99	4.16	4.21	31.42	7.14	1.19	9.1	2.65
④ 公共绿地		1.28	6.75	1.28	1.78	13.28	3.01	2.20	16.9	4.83
2. 其他用地		7.82	—	—	0.09	—	—	3.05	—	—
居住户(套)数	户(套)	2864			1581			1204		
居住人数	(人)	10024			5534			4551		
户均建筑面积	(m^2/户)	93.27			83.69			112.96		
居住小区内建筑总面积	(万 m^2)	31.23			15.33			15.60		
① 住宅建筑面积	(万 m^2)	26.74			13.23			13.60		
② 公建面积	(万 m^2)	4.49			2.10			2.00		
住宅平均层数	(层)	9.56			7.28			5.7		
高层住宅比例	(%)				29.80					
人口毛密度	(人/hm^2)	528.69			528			349		
人口净密度	(人/hm^2)	1012.53			966			624.28		
住宅建筑套密度(毛)	(套/hm^2)	151.10			117.99			92.33		
住宅套密度(净)	(套/hm^2)	289.29			224.36			165.16		
住宅建筑面积毛密度	(万 m^2/hm^2)	1.41			1.46			1.04		
住宅建筑面积净密度	(万 m^2/hm^2)	2.70			2.68			1.87		
居住小区建筑面积毛密度	(万 m^2/hm^2)	1.65			1.46			1.20		
(容积率)		1.65			1.46			1.20		
住宅建筑净密度	(%)	28.25			28.09			32.73		
总建筑密度	(%)	25.72						22.60		
绿地率	(%)	32.17			38.62			53.10		

注：①图见实例 3、②图见实例 1、③见图 5-20。

第九章　竖向规划设计

居住区规划在平面规划布局的基础上，还需要进一步作出第三度空间的规划设计，以充分利用和塑造地形，并与建筑物、构筑物、道路、场地等相互结合，达到功能合理、技术可行、造价经济和环境宜人的要求。

第一节　竖向设计内容与要求

具体内容包括设计地面形式、组织地面排水；确定道路、建筑、场地及其他设施的标高、位置以及土石方工程量计算等。

一、设计地面

根据功能使用要求、工程技术要求和空间环境组织要求，对基地自然地形加以利用、改造，即为设计地面。设计地面按其整平连接形式可分为三种：

（一）平坡式

将地面平整成一个或多个坡度和坡向的连续的整平面，其坡度和标高都较和缓，没有剧烈的变化（图 9-1*a*）。一般适用于自然地形较平坦的基地，其自然坡度一般小于 3%。对建筑密度较大、地下管线复杂的地段尤为实用。

（二）台阶式

标高差较大的地块相互连接形成台阶式整平面，相互交通以梯级和坡道联系(图 9-1*b*)。这种台阶式设计地面适用于自然地形坡度较大的基地，其自然地形坡度大于 3%。建筑密度较小，管网线路较简单的地段尤为适用。

（三）混合式

即平坡式和台阶式混合使用。如根据地形和使用要求，将基地划分为数个地块，每个地块用平坡式平整场地，而地块间连接成台阶。或重点在局部采用一种整平方式，其余用另一种方式等等。

考虑设计地面形式的主要因素在于：基地自然地形坡度、建筑物的使用要求及建筑间的关系、基地面积大小及土石方工程量的大小。此外还需考虑地质条件（如土质类型等）、施工方法、工程投资等，通过综合技术经济比较合理确定。

二、设计标高

合理确定建筑物、构筑物、道路、场地的标高及位置是设计标高的主要内容。

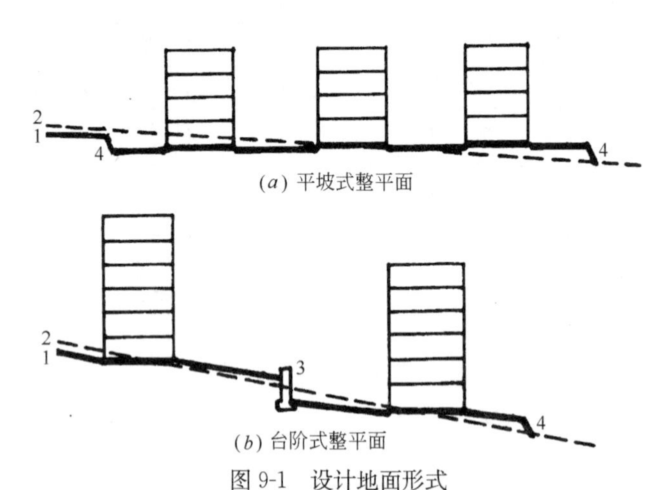

图 9-1　设计地面形式

1—设计地面；2—自然地面；3—挡土墙；4—护坡

（一）考虑主要因素与要求

（1）防洪、排水　设计标高要使雨水顺利排除，基地不被水淹，建筑不被水倒灌，山地需注意防洪排洪问题，近水域的基地设计标高应高出设计洪水位 0.5m 以上。

（2）地下水位、地质条件　避免在地下水位很高的地段挖方，地下水位低的地段，因下部土层比上部土层的地耐力大，可考虑挖方，挖方后可获较高地耐力，并可减少基础埋设深度和基础断面尺寸。

（3）道路交通　考虑基地内外道路的衔接，并使区内道路系统平顺、便捷、完善；道路和建筑、构筑物及各场地间的关系良好。

（4）节约土石方量　设计标高在一般情况下应尽量接近自然地形标高，避免大填大挖，尽量就地平衡土石方。

（5）建筑空间景观　设计标高要考虑建筑空间轮廓线及空间的连续与变化，使景观反映自然、丰富生动、具有特色。

（6）利于施工　设计标高要符合施工技术要求，采用大型机械平整场地，则地形设计不宜起伏多变；土石方应就地平衡，一般情况土方宜多挖少填，石方宜少挖；垃圾淤泥要挖除；挖土地段宜作建筑基地，填方地段宜作绿地、场地、道路等承载量小的设施。

（二）设计标高的确定

1. 建筑标高

要求避免室外雨水流入建筑物内，并引导室外雨水顺利排除；有良好的空间关系并保证有顺捷的交通。

（1）室内地平　建筑室内地平标高要考虑建筑物至道路的地面排水坡度最好在1%～3%之间，一般允许在0.5%～6%的范围内变动，这个坡度同时满足车行技术要求。

1）当建筑有进车道时：室内地平标高应尽可能接近室外整平地面标高。根据排水和行车要求，室内外高差一般为0.15m。

2）当建筑无进车道时：主要考虑人行要求，室内高差的幅度可稍增大，一般要求室内地平高于室外整平地面标高0.45～0.60m，允许在0.3～0.9m的范围内变动。

（2）地形起伏变化较大的地段　建筑标高在综合考虑使用、排水、交通等要求的同时，要充分利用地形减少土石方工程量，并要组织建筑空间，体现自然和地方特色。如将建筑置于不同标高的台地上或将建筑竖向作错迭处理，分层筑台等，并要注意整体性，避免杂乱无序，如图9-2、图9-3。

2. 道路标高

要满足道路技术要求、排水要求以及管网敷设要求。在一般情况下，雨水由各处整平地面排至道路，然后沿着路缘石排水槽排入雨水口。所以，道路不允许有平坡部分，保证最小纵坡≥0.2%，道路中心标高一般应比建筑的室内地坪低0.25～0.30m以上。

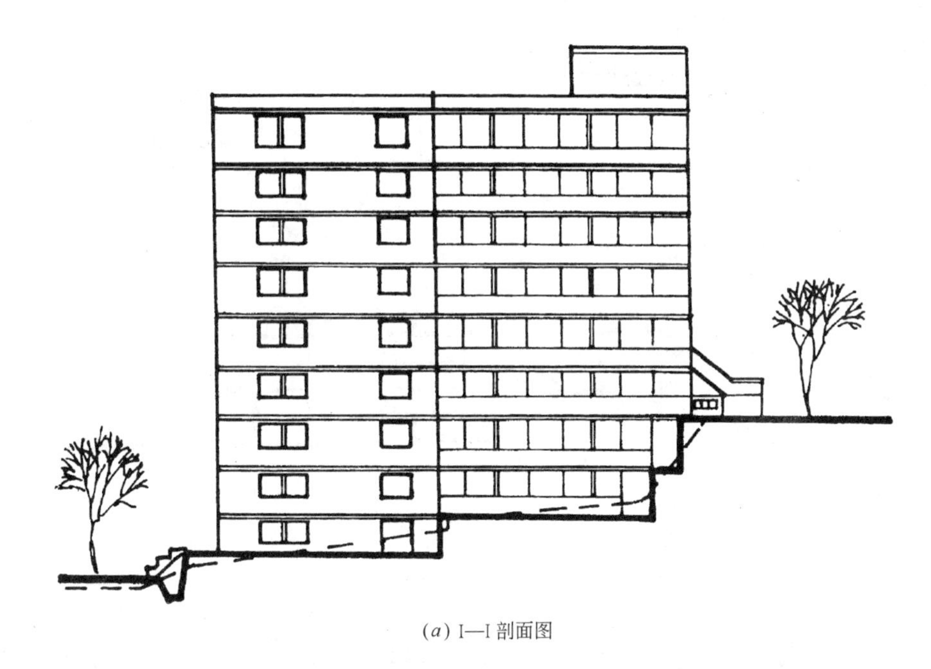

(*a*) I—I 剖面图

利用地形错层跌落，分层筑台进出

(*b*) 竖向设计平面图

图9-2　利用地形错层跌落、分层筑台

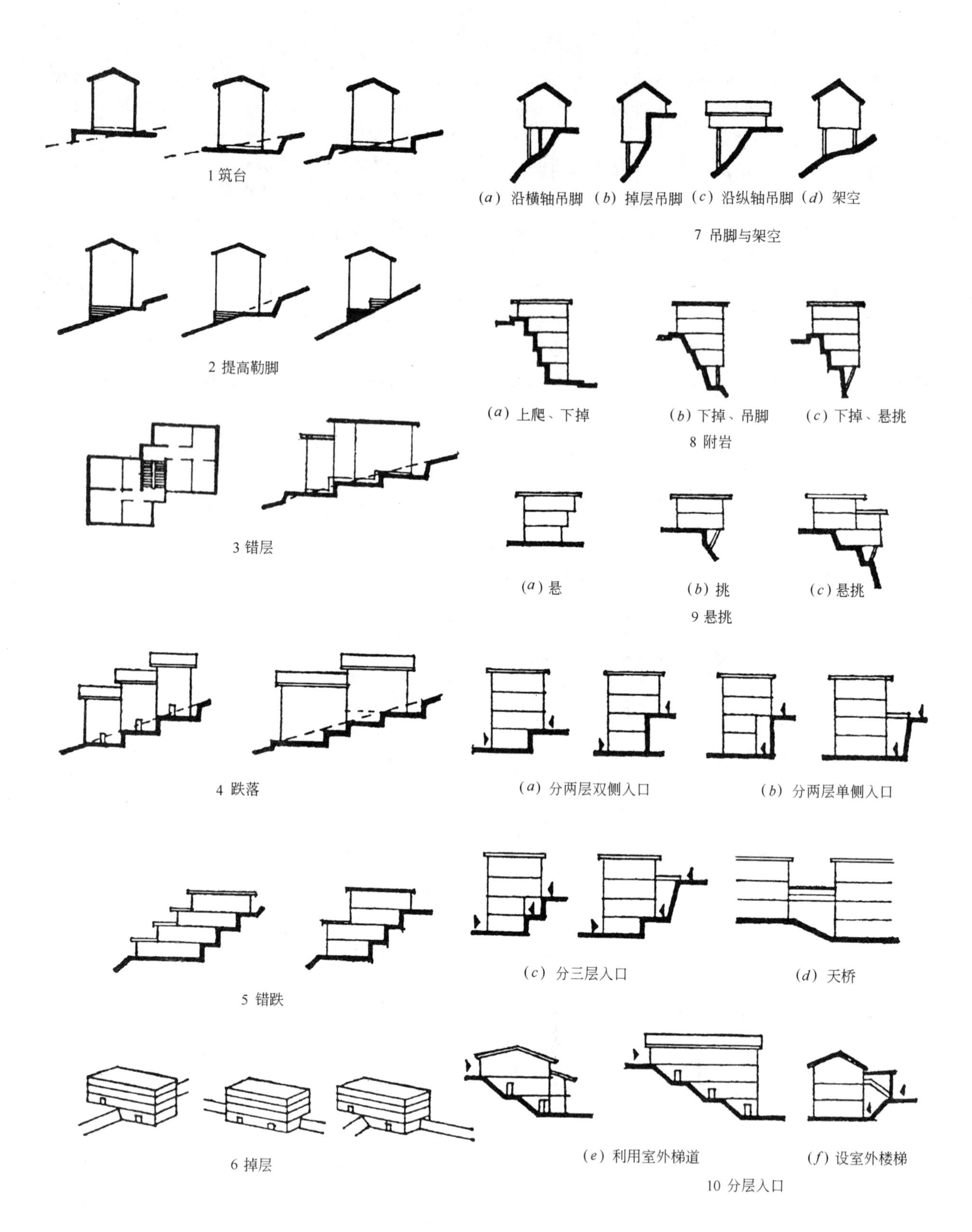

图 9-3 坡地住宅建筑竖向设计处理手法示意

1—筑台——对天然地表开挖和填筑，形成平整台地；2—提高勒脚——将房屋四周勒脚高度调整到同一高度；3—错层——房屋内同一楼层作成不同标高，以适应倾斜的地面；4—跌落——房屋以开间或单元为单位，与邻旁开间或单元标高不同；5—错跌——房屋顺坡势逐层或隔层沿水平方向错移和跌落；6—掉层——房屋基底随地形筑成阶状，其阶差等于房屋的层高；7—吊脚与架空——房屋的一部或全部被支承在柱上，使其凌空；8—附岩——房屋贴附在岩壁修建，常与吊脚、悬挑等方法配合使用；9—悬挑——利用挑楼、挑台、挑楼梯等来争取建筑空间的方法；10—分层入口——利用地形高差按层分设入口，可使多层房屋出入方便

(1) 机动车道　纵坡一般≤6%，困难时可达8%，多雪严寒地区最大纵坡≤5%，山区局部路段可达12%。但纵坡超过4%时都必须限制其坡长：

当纵坡 I：　5%～6%时，最大坡长 L≤600m

6%～7%时，最大坡长 L≤400m

7%～8%时，最大坡长 L≤200m

(2) 非机动车道　纵坡一般≤2%，困难时可达3%，但其坡长限制在50m以内，多雪严寒地区最大纵坡应≤2%，坡长≤100m。

(3) 人行道　纵坡以≤5%为宜，>8%时宜采用梯级和坡道。多雪严寒地区最大纵坡≤4%。

(4) 交叉口纵坡≤2%，并保证主要交通平顺。

(5) 桥梁引坡≤4%。

(6) 广场、停车场坡度0.3%～0.5%为宜。

3. 室外场地

力求各种场地设计标高适合雨水、污水的排水组织和使用要求，避免出现凹地。

(1) 儿童游戏场坡度　0.3%～2.5%。

(2) 运动场坡度　0.2%～0.5%。

(3) 杂用场地坡度　0.3%～2%。

(4) 绿地坡度　0.5%～1.0%。

(5) 湿陷性黄土地面坡度　0.5%～7%。

(6) 室外地坪　坡度不得小于0.3%，并不得坡向建筑散水。

三、场地排水

在设计标高中考虑了不同场地的坡度要求，为场地排水组织提供了条件。根据场地地形特点和设计标高，划分排水区域，并进行场地的排水组织。排水方式一般分为两种：

(一) 暗管排水

用于地势较平坦的地段，道路低于建筑物标高并利用雨水口排水。雨水口每个可担负0.25～0.5hm² 汇水面积，多雨地区采用低限，少雨地区采用高限。

雨水口间距和道路纵坡有关，如多雨地区：

道路纵坡 I(%)	雨水口间距(m)
<1	30
1～3	40
3～4	40～50
4～6	50～60
6～7	60～70
>7	80

(二) 明沟排水

用于地形较复杂的地段，如建筑物标高变化较大、道路标高高于建筑物标高的地段、埋设地下管道困难的岩石地基地段、山坡冲刷泥土易堵塞管道的地段等。明沟纵坡一般为0.3%～0.5%。明沟断面宽400～600(mm)，高500～1000(mm)。明沟边距离建筑物基础不应小于3m，距围墙不小于1.5m，距道路边护脚不小于0.5m。

四、道路、建筑定位

为准确地按规划方案进行建设，并便于分期发展，必须准确标明规划道路、建筑物、构筑物的位置，作为建设的控制依据。

(一) 道路定位

竖向设计应首先确定主要道路的位置才能准确地进行建、构筑物和其他设施的定位。道路以其中心线上的控制点进行定位，包括道路交叉点、转折点和变坡点。这些控制点的坐标及其定位关系，通常以国家大地坐标系、测量坐标系或施工坐标网以及周围城市道路中心线控制点为依据。道路控制点定位的常用参数表述为：x、y 坐标；设计标高 H、自然标高 h；道路纵坡度 I、坡长 L、坡向→；路缘石半径、平曲线半经 R 等，如图9-4*a*、*b*。

(二) 建筑定位

常用的建筑定位方法有相对距离法(即支距法)和坐标法，还可以将这两种方法结合起来同时使用。

1. 相对距离法

参照已有固定建筑物或构筑物、道路中心线或路缘石线、场地边界或围墙等，以纵、横向的相对距离标注新建的建筑物位置。这种方法较适用于地形平整的场地。新建筑物平面形式较简单，并与道路及建筑等参照物基本平行或垂直的情况。相对距离法定位能较直观地表达建筑物之间的相对位置关系，但设计精度比坐标法定位低(图9-4*a*)。

2. 坐标法

坐标法确定建筑物的位置应采用道路定位同一个坐标系统。通常应标注三个建筑外墙角点的坐标(三点标注)。当建筑物平面形式和位置关系较简单，并与坐标系统大体平行或垂直时，可通过建筑物对角线顶点的坐标确定其位置(两点标注)。当建筑物平面形式较复杂时，宜标注四点以上的外墙角点坐标(多点标注)，还可加注外墙边线与坐标轴平行线的夹角。坐标法定位其图面清晰、准确、精度较高，借助于电脑快捷方便，易于修改，因而运用较广泛，适于各种场地条件(图9-4*b*)。

五、挡土设施

设计地面在处理不同标高之间的衔接时，需要作挡土设施，一般采用护坡和挡土墙，需要布置通路时，则设梯级和坡道联系。

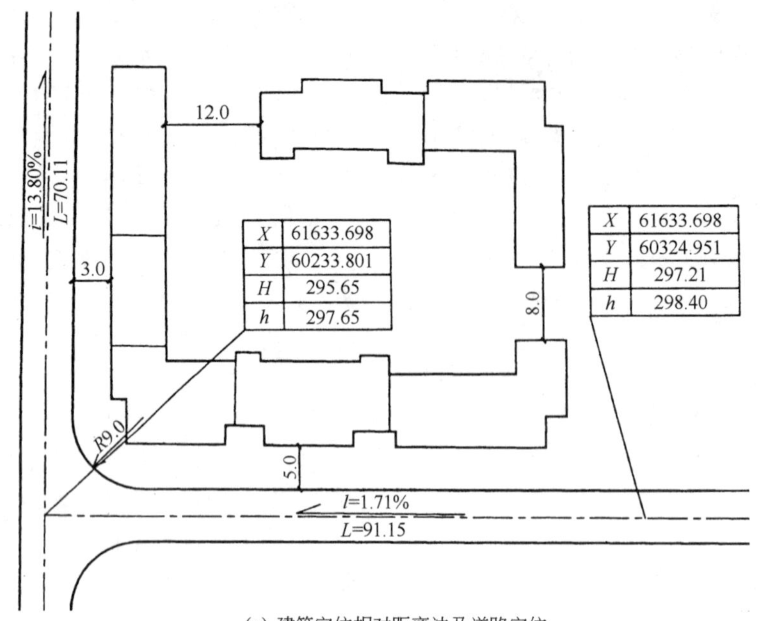

(*a*) 建筑定位相对距离法及道路定位

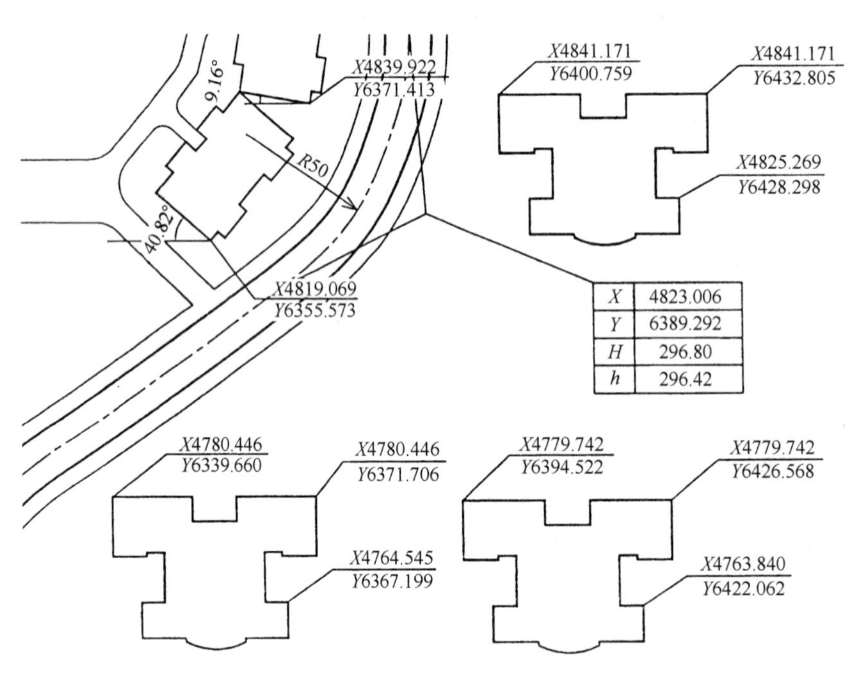

(*b*) 建筑定位坐标法及道路平曲线

图 9-4　道路、建筑定位示意图

（一）护坡

护坡是用于挡土的一种斜坡面，其坡度根据使用要求、用地条件和土质状况而定，一般土坡不大于 1∶1。护坡面应尽量利用绿化美化。护坡坡顶边缘与建筑之间距离应≥2.5m 以保证排水和安全。

（二）挡土墙

一般有三种墙体形式，即垂直式、仰斜式和俯斜式。仰斜式倾角一般不小于 1∶0.25 时受力较好。挡土墙由于倾斜小或作成垂直式则比护坡节省用地，但过高的挡土墙处理不当易带来压抑和闭塞感，将挡土墙分层形成台阶式花坛或和护坡结合进行绿化不失为一种处理手法，挡土墙的土层排水一般于挡土墙身设置泄水孔，可利用其设计成水幕墙而构成一景。

室外竖向挡土设施不仅是工程构筑物，也是很好的建筑小品和环境小品，在于有心和精心设计（图 9-6）。

第二节　竖向设计方法

竖向设计有多种方法，居住区常用的有设计标高法和设计等高线法。

一、设计标高法

设计标高法(又称高程箭头法)，其特点是规划设计工作量较小，且便于变动、修改，为居住区竖向设计常用的方法。缺点是比较粗略，有些部位标高不明确，为弥补不足，常在局部加设剖面。设计的运作是根据规划总平面图、地形图、周界条件以及竖向规划设计要求，来确定区内各项用地控制点标高和建筑构筑物标高，并以箭头表示区内各项用地的排水方向，故又名为高程箭头法。其方法步骤如图 9-5、图 9-6 示例。

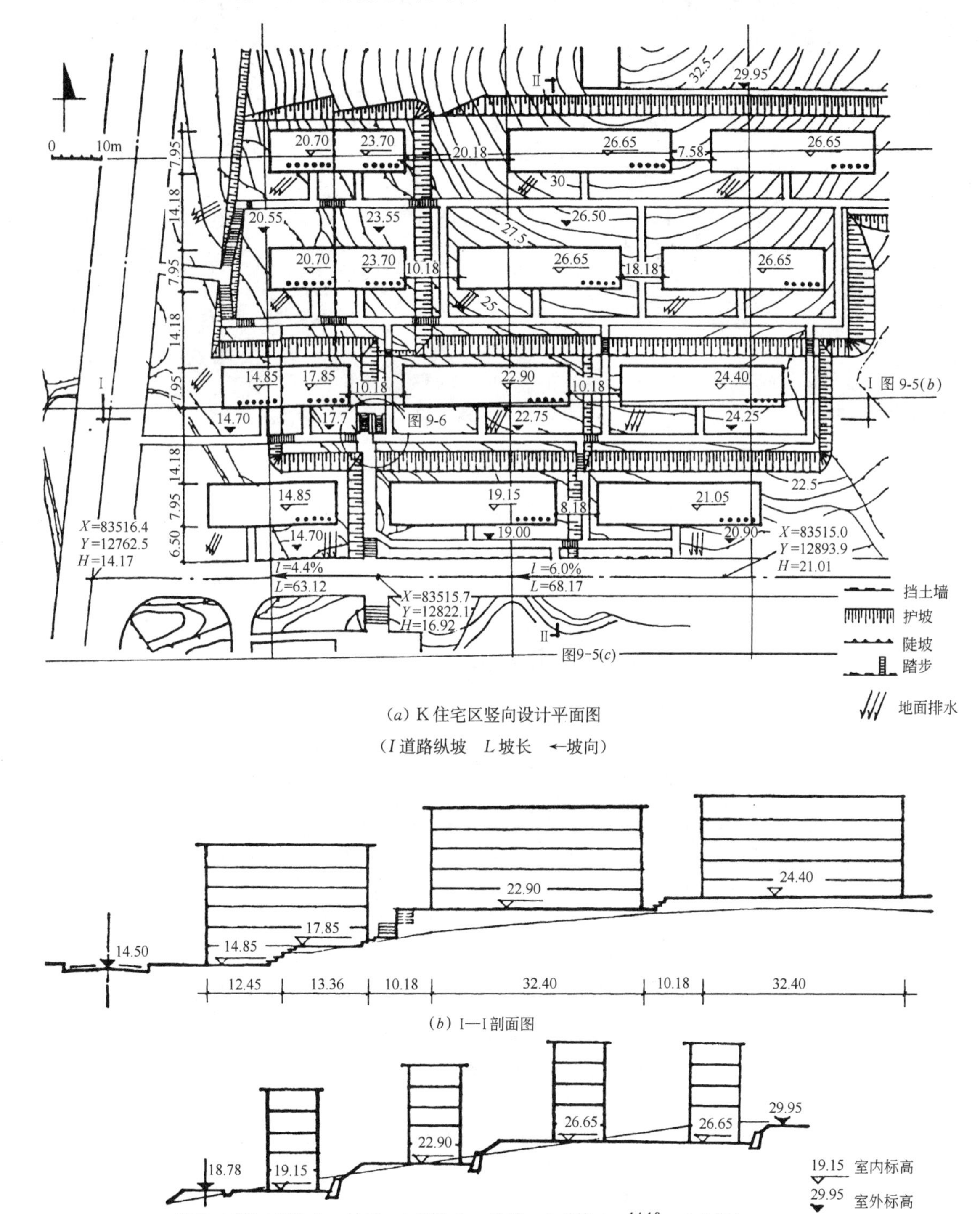

(*a*) K住宅区竖向设计平面图

(*I* 道路纵坡　*L* 坡长　←坡向)

(*b*) I—I 剖面图

(*c*) II—II 剖面图

图 9-5　K 住宅区竖向设计("设计标高法")

(*a*) 错层建筑与挡土设施透视图

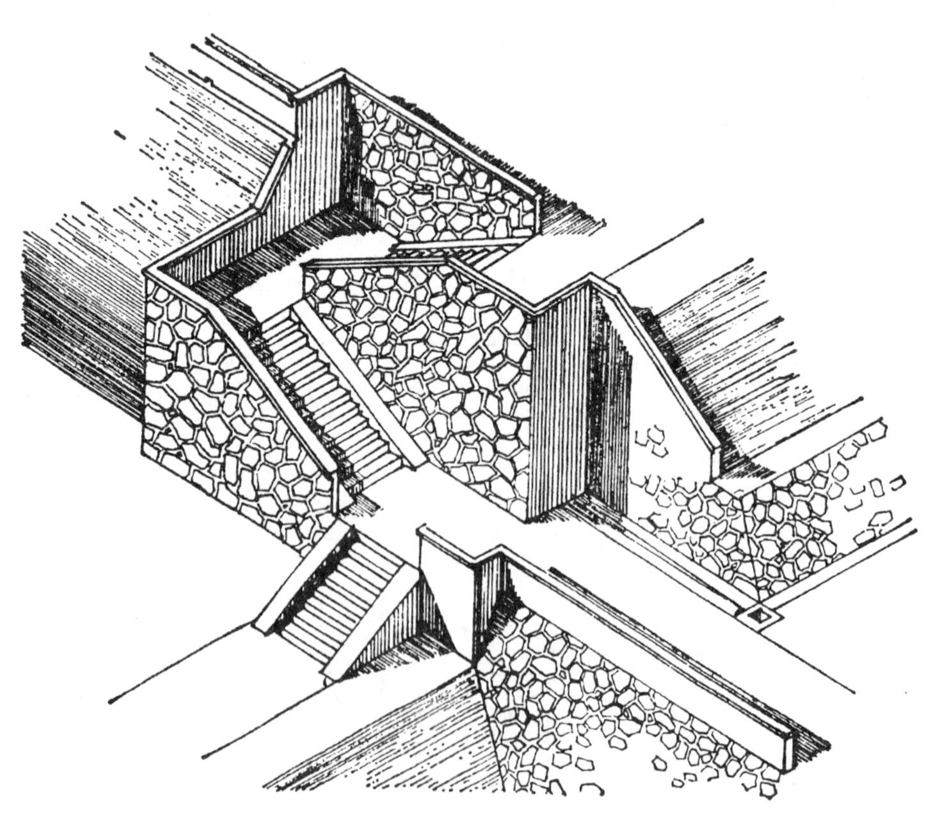

(*b*) 台阶与挡土墙透视图

图 9-6　K 住宅区竖向细部设计透视图

（1）确定设计地面形式　根据地形和规划要求，确定设计地面适宜的平整形式，如平坡式、台阶式或混合式等。

（2）道路竖向设计　要求标明道路中轴线控制点（交叉点、变坡点、转折点）的坐标及标高，并标明各控制点间的道路纵坡与坡长。一般先由居住区边界已确定的道路标高引入区内，并逐级向整个道路系统推进，最后形成标高闭合的道路系统。

（3）室外地平标高设计　保证室外地面适宜的坡度，标明其控制点整平标高。

（4）建筑标高与建筑定位　根据要求标明建筑室内地平标高，并标明建筑坐标或建筑物与其周围固定物的距离尺寸，以对建筑物定位。

（5）地面排水　用箭头法表示设计地面的排水方向，若有明沟，则标明沟底面的控制点标高、坡度及明沟的高宽尺寸。

（6）挡土墙、护坡　设计地平的台阶连接处标注挡土墙或护坡的设置。

（7）剖面图和透视图　在具有特征或竖向较复杂的部位，作出剖面图以反映标高设计，必要时作出透视图以表达设计意图（如图 9-5、图 9-6）。

二、设计等高线法

设计等高线法操作步骤与设计标高法基本一致，只是在表达形式上有所差异，设计标高法用标高和箭头表达竖向设计，设计等高线法则用设计标高和设计等高线表达竖向设计，如图 9-7 所示。设计等高线，是将相同设计标高点连接而成，并使其尽量接近原自然等高线，以节约土石方量。设计等高线法的特点是便于土石方量的计算、容易表达设计地形和原地形的关系、便于检查设计标高的正误，适用于地形较复杂的地段或山坡地。但工作量较大且图纸因等高线密布读图不便，实际操作可适当简略，如室外地平标高可用标高控制点来表示。

竖向设计图的内容及表现可以因地形复杂程度及设计要求有所不同，如坐标，若规划总平面图上已标明，则可省略。竖向设计图也可结合在规划总平面图中表达，若地形复杂，在总平面图上不能清楚表达时，可单独绘制竖向设计图。

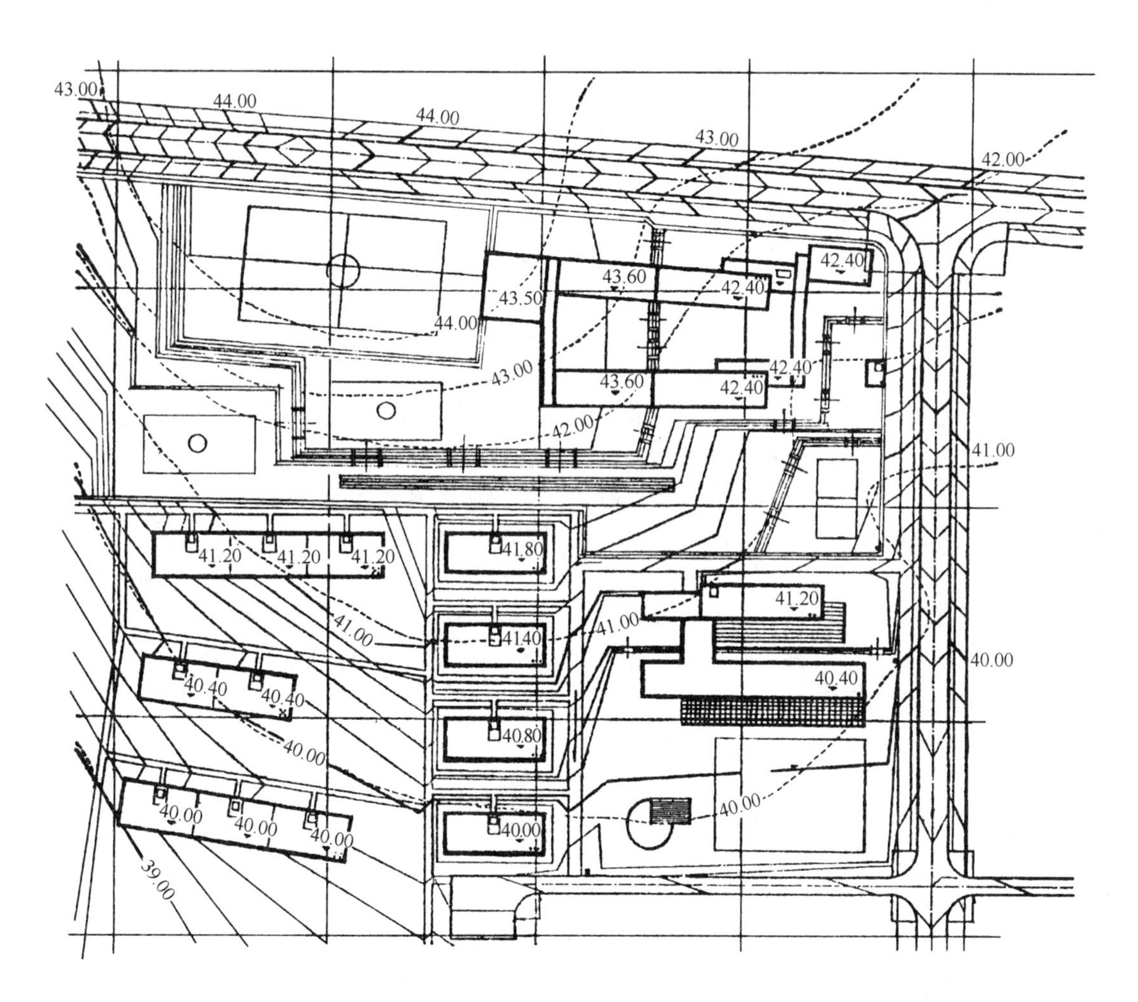

图 9-7　某居住小区竖向设计平面图（“设计等高线法”）

第三节　土石方工程量计算

计算土石方工程量的方法有多种，将常用的方格网法和横断面计算法介绍如下。

一、方格网计算法

该法应用较广泛，其方法步骤如下(图 9-8)：

(1) 划分方格　方格边长取决于地形复杂情况和计算精度要求。地形平坦地段用 20～40m；地形起伏变化较大的地段方格边长多采用 20m；作土方工程量初步估算时，方格网则可大到 50～100m；在地形变化较大时或者有特殊要求时，可局部加密。

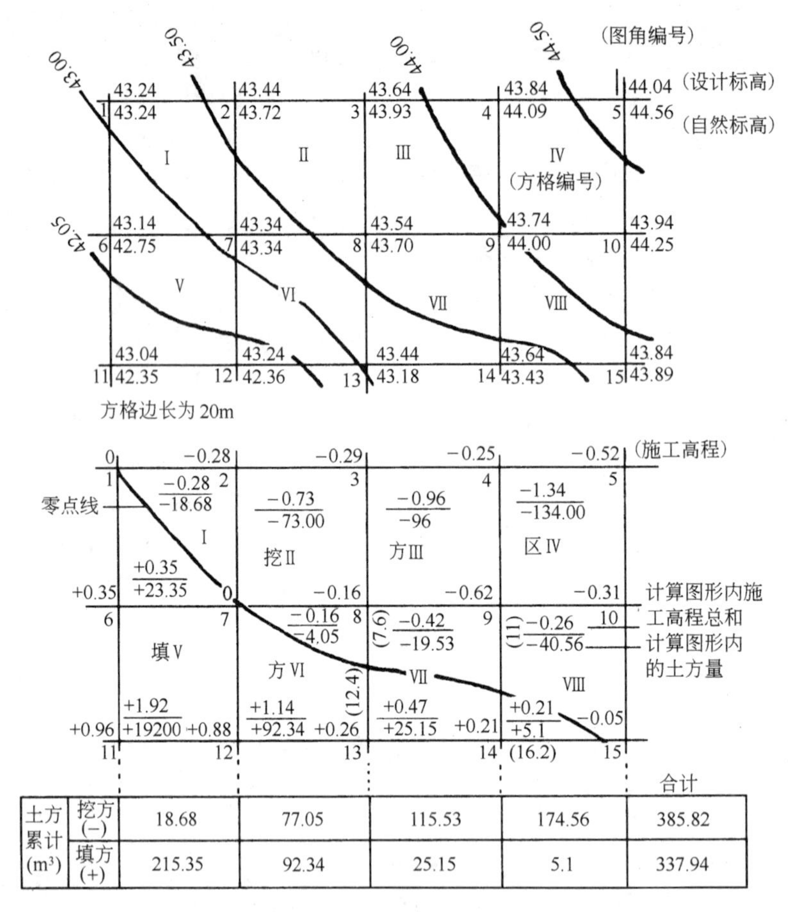

土方累计(m^3)						
挖方(−)	18.68	77.05	115.53	174.56	385.82	
填方(+)	215.35	92.34	25.15	5.1	337.94	

图 9-8　方格网法计算土石方量示例

上两方格网，在实际工作中是一张图，为了易说明问题，分别绘制

(2) 标明设计标高和自然标高　在方格网各角点标明相应的设计标高和自然标高，前者标于方格角点的右上角，后者标于右下角。

(3) 计算施工高程　施工高程等于设计标高减自然标高。"＋"、"－"值分别表示填方和挖方，并将其数值分别标在相应方格角点左上角。

(4) 作出零线　将零点连成零线即为挖填分界线，零线表示不挖也不填。

(5) 计算土石方量　根据每一方格挖、填情况，按相应图式分别代入相应公式(图 9-9)，计算出的挖、填方量分别标入相应的方格内。

(6) 汇总工程量　将每个方格的土石方量，分别按挖、填方量相加后算出挖、填方工程总量，然后乘以松散系数，才得到实际的挖、填方工程量。松散系数即经挖掘后孔隙增大了的土体积与原土体积之比值(表 9-1)。由图 9-8 示例，挖方总量为 $385.82m^3$；填方总量为 $337.94m^3$，挖填方接近平衡。挖、填方量的计算还可用查表法，最好运用电子计算机。

几种土壤的松散系数　　表 9-1

系数名称	土　壤　种　类	系数(%)
松散系数	非粘性土壤(砂、卵石)	1.5～2.5
	粘性土壤(粘土、亚粘土、亚砂土)	3.0～5.0
	岩石类填土	10.0～15.0
压实系数	大孔性土壤(机械夯实)	10.0～20.0

填挖情况	图式	计算公式	附注
零点线计算	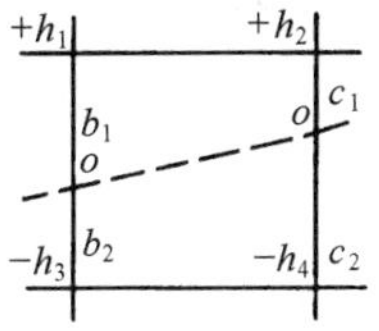	$b_1=a\cdot\dfrac{h_1}{h_1+h_3}$ $b_2=a\cdot\dfrac{h_3}{h_3+h_1}$ $c_1=a\cdot\dfrac{h_2}{h_2+h_4}$ $c_2=a\cdot\dfrac{h_4}{h_4+h_2}$	a——一个方格边长(m)； b、c——零点到一角的边长(m)； V——挖方或填方的体积(m^3)； h_1、h_2、h_3、h_4——各角点的施工高程(m)用绝对值代入； Σh——填方或挖方施工高程总和(m)用绝对值代入 本表公式系按各计算图形底面积乘平均施工高程而得出的
正方形四点填方或挖方	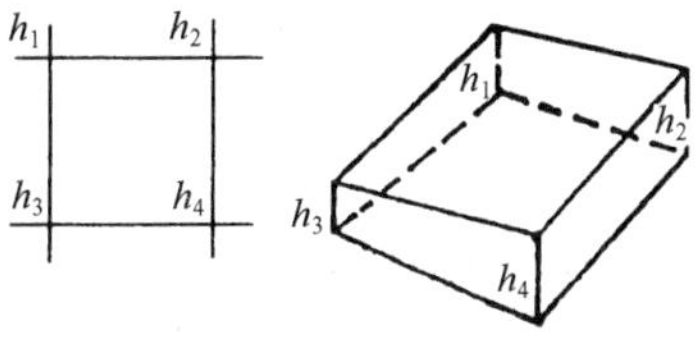	$V=\dfrac{a^2}{4}(h_1+h_2+h_3+h_4)$	
梯形二点填方或挖方	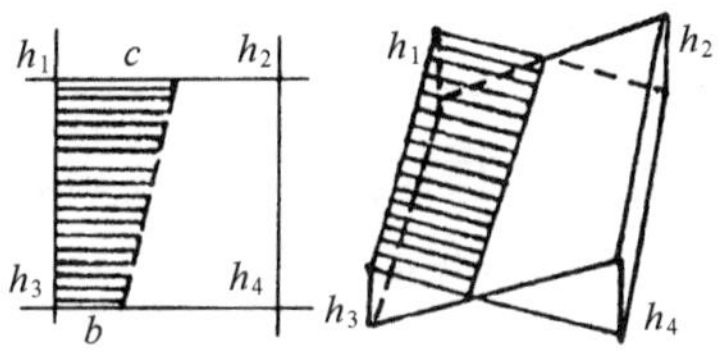	$V=\dfrac{b+c}{2}\cdot a\cdot\dfrac{\Sigma h}{4}=\dfrac{(b+c)\cdot a\cdot\Sigma h}{8}$	
五角形三点填方或挖方	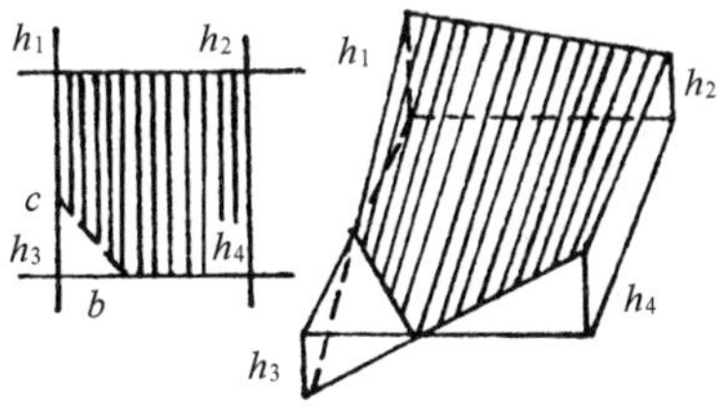	$V=\left(a^2-\dfrac{b\cdot c}{2}\right)\cdot\dfrac{\Sigma h}{5}$	
三角形一点填方或挖方	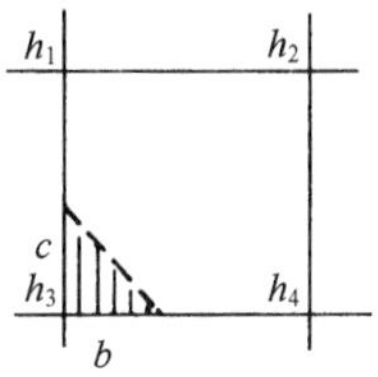	$V=\dfrac{1}{2}\cdot b\cdot c\cdot\dfrac{\Sigma h}{3}=\dfrac{b\cdot c\cdot\Sigma h}{6}$	

图 9-9　方格网法计算土石方量图式与算式

二、横断面计算法

此法较简捷，但精度不及方格网计算法，适用于纵横坡度较规律的地段，其计算步骤为(图 9-10)：

(1) 定出横断面线　横断面线走向，一般垂直于地形等高线或垂直于建筑物的长轴。横断面线间距视地形和规划情况而定，地形平坦地区可采用的间距为40～100m，地形复杂地区可采用 10～30m，其间距可均等，也可在必要的地段增减。

(2) 作横断面图　根据设计标高和自然标高，按一定比例尺作出横断面图，作图选用比例尺，视计算精度要求而定，水平方向可采用 1：500～1：200；垂直方向可采用 1：200～1：100。常采用水平 1：500，垂直 1：200。

(3) 计算每一横断面的挖、填方面积　一般由横断面图用几何法直接求得挖、填方面积，也可用

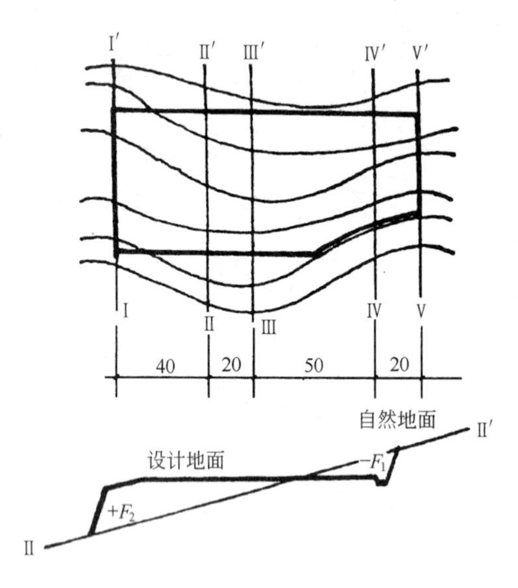

图 9-10　土石方工程量横断面计算法

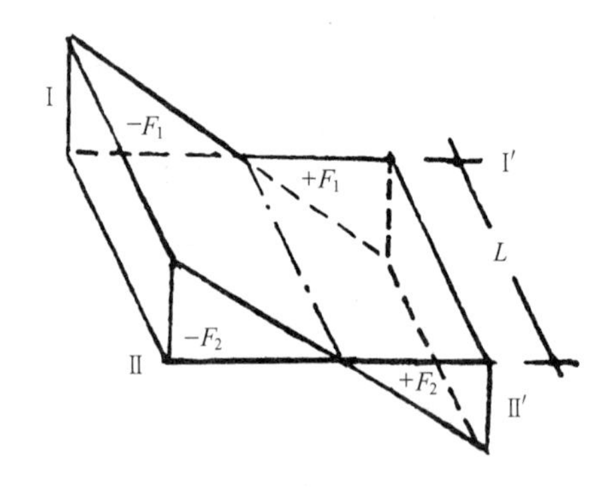

图 9-11　相邻两横断面挖填方量计算

L——相邻两横断面的间距(m)

求积仪求得。

(4) 计算相邻两横断面间的挖、填方体积，由图 9-11 可得计算式：

$$V=\frac{F_1+F_2}{2}L$$

式中　V——相邻两横断面间的挖方或填方体积(m^3)；

F_1、F_2——相邻两横断面的挖(填)方面积(m^2)；

L——相邻两横断面间的距离(m)。

(5) 挖、填土方量汇总　将上述计算结果按横断面编号分别列入汇总表并计算出挖、填方总工程量。

三、余方工程量估算

土石方工程量平衡除考虑上述场地平整的土石方量外，还要考虑地下室、建筑和构筑物基础、道路以及管线等工程的土石方量，这部分的土石方可采用估算法取得：

(1) 各多层建筑无地下室者，基础余方可按每平方米建筑基底面积的 0.1～0.3m^3 估算；有地下室者，地下室的余方可按地下室体积的 1.5～2.5 倍估算。

(2) 道路路槽余方按道路面积乘以路面结构层厚度估算。路面结构层厚度以 20～50cm 计算。

(3) 管线工程的余方可按路槽余方量的 0.1～0.2 倍估算。有地沟时，则按路槽余方量的 0.2～0.4 倍估算。

第十章　居住区规划实践成果展析

居住区规划设计是一门工程技术和人文科学的综合实用性学科，也是一项较大的系统工程。掌握好本门学科，必须使理论紧密联系实践，这也是居住区规划设计理论和实践得到不断发展和提升的有效途径。

• 居住区规划实践成果 1——重庆市汽车工业园配套居住区规划（南山湖居住区），该居住区占地约 101.68hm²，为一大型生活服务社区。

大型社区具有诸多规模效应的优势，成为城市建设中的一种新模式，有利于城市化发展。该方案体现了大型社区的综合性特点及其自然生态环境的地域特色。

• 居住区规划实践成果 2——遵义市世纪花城居住小区规划，该小区占地 14hm²，是一中小型山水园林式居住小区，住区的园林化是城市园林化的基础，该小区规划以其多彩的自然资源，精炼地表达了规划方案的亮点。

大型社区、园林化社区，均为国内房地产业开发的热门话题，受到广泛地关注，其前景看好。

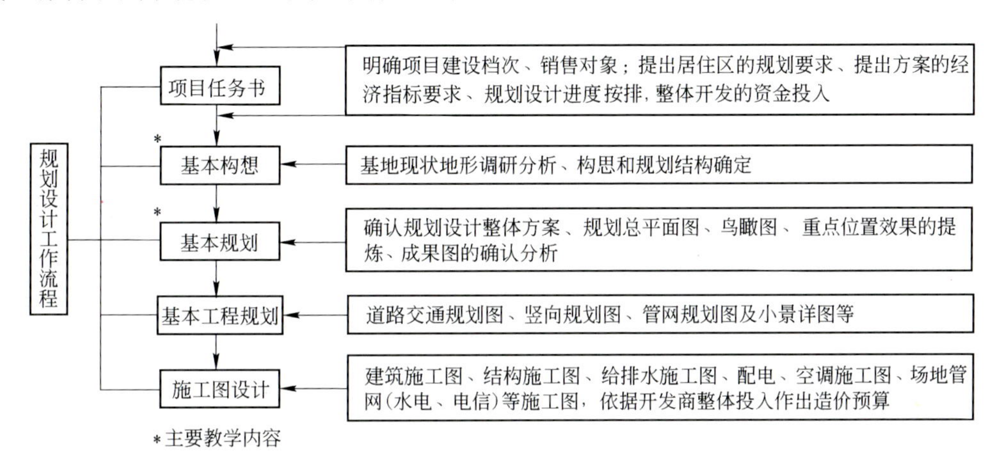

*主要教学内容

一、重庆市汽车工业园配套居住区规划设计——南山湖居住区

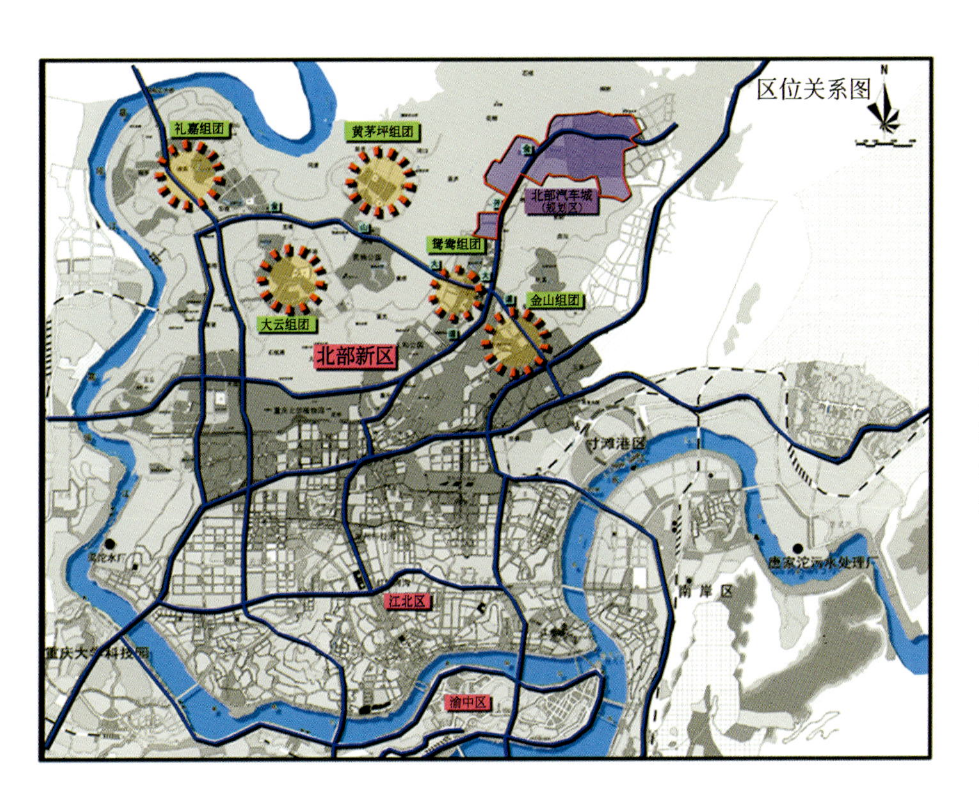

重庆汽车工业园（福特汽车工业园）配套居住区（南山湖居住区）位于重庆市北部新区鸳鸯组团，北临经开大道，原 210 国道贯穿整个片区，通往重庆汽车工业园。规划的轻轨 3 号线从本规划区西侧通过，并预留轻轨站场。片区南北皆邻近城市公园绿化区域，地理位置优越，交通便利，自然环境景观优美。

南山湖居住区规划总用地面积约 101.86 公顷。

重庆汽车工业园和科教产业园区是重庆经济技术开发区北部园区的重要组成部分，本规划区地处两区之间，拟建设为以居住、商贸、办公为主体的，为重庆汽车工业园配套的生活服务型大型社区。

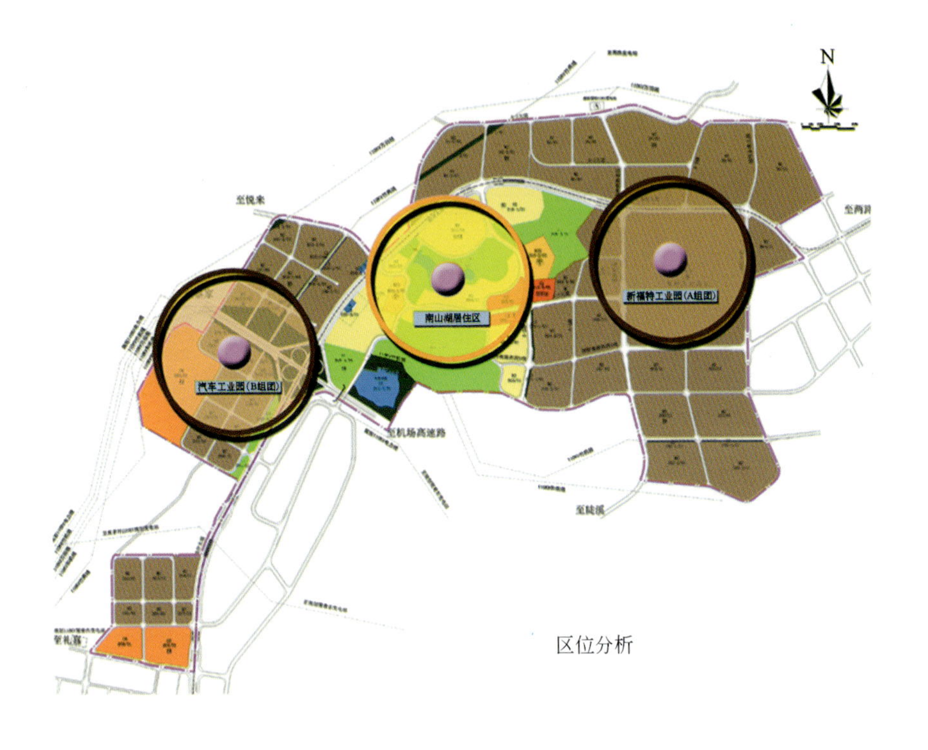

区位分析

高程分析图

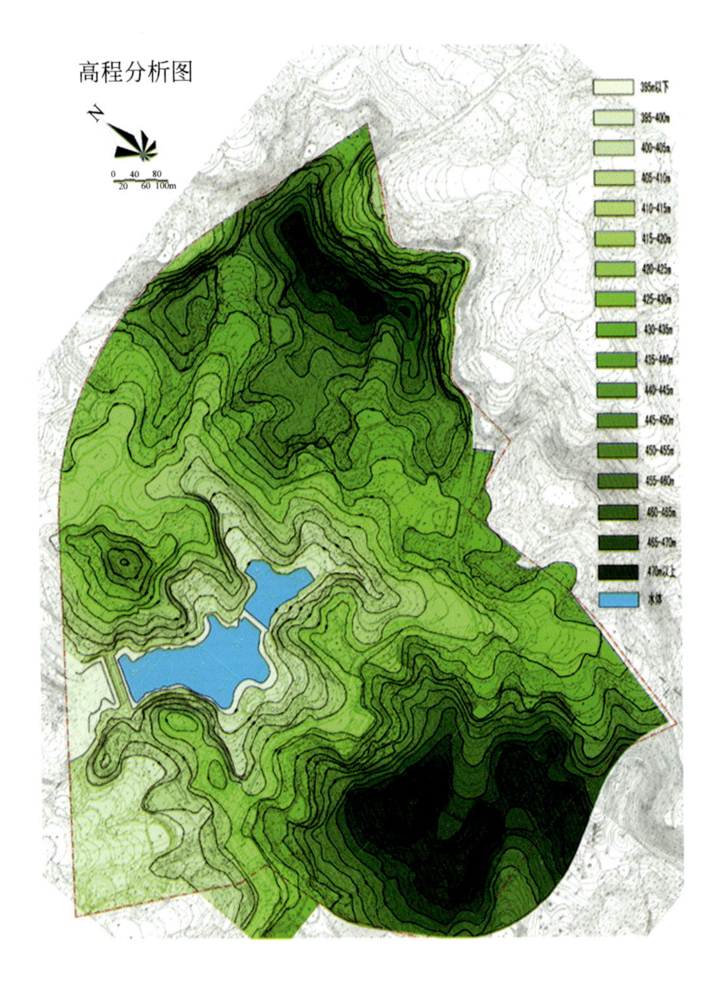

用地南、北及东部为丘陵，西部为山沟和南山湖(水库)。最高(485.38m)，最低(380.95m)，高差约为 104m，适建用地高程在395～420m之间，总体属剥蚀浅丘地貌。南山湖常年蓄水，水深 4～7m；水体面积在 3 公顷左右。

综合技术经济指标

项目		单位	数量	比例(%)
居住区规划总用地		hm^2	101.86	—
1. 居住区用地		hm^2	65.17	100
其中	① 住宅用地	hm^2	36.49	56
	② 公建用地	hm^2	9.12	14
	③ 道路用地	hm^2	7.82	12
	④ 公共绿地	hm^2	11.73	18
2. 其他用地		hm^2	24.96	—
总建筑面积		万 m^2	6.44	100
其中	住宅建筑面积	万 m^2	5.19	80.6
	公共建筑面积	万 m^2	1.25	19.4
容积率		万 m^2/hm^2	1.0	—
住宅建筑面积净密度		万 m^2/hm^2	1.5	—
建筑密度		%	35	—
绿地率		%	45	—
停车位		辆	2428	—
总户数(套)		户(套)	2810	—
居住人数		人	8992	—
备注	其他用地：包括山体绿化、城市道路和社会停车场等。			

规划总平面图1:1500
N
0 40 80
20 60 100m
福特工业园区
福特工业园区
福特工业园区
工业用地
车行主入口
会所
中心绿地
社区服务
人行主入口
南山湖
停车场
公园入口
公交停车站场

总体鸟瞰图

面向园区各阶层人员，创造环境优越、设施完备、服务一流的园林化社区，树立重庆汽车工业园区乃至重庆经济技术开发区北部园区的新形象。

一层平面图

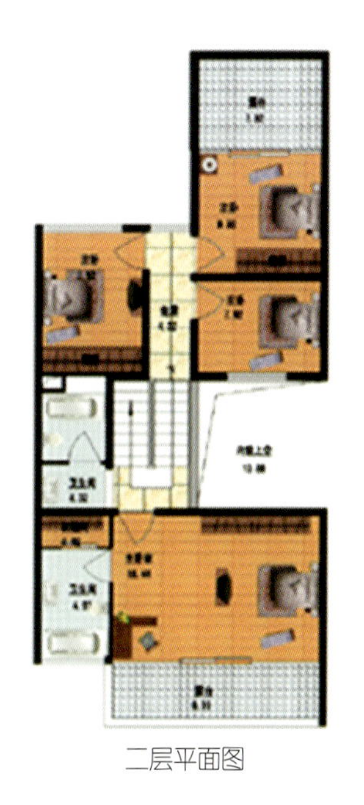

二层平面图

标准层平面图一

标准层平面二

住宅选型力求创造具有归属感和识别性的建筑景观，综合运用住宅建筑语汇，利用部分底层架空、阳台、景观窗、花池、屋面天台花园、遮阳架等形成一个高低错落、现代、丰富、高雅的建筑形象，并与绿化环境交织在一起。

住宅套型体现人性化设计，细节上做到“内”与“外”，“洁”与“污”、“主”与“客”、“动”与“静”的严格分离，互不干扰。起居室大面积落地窗，引入绿色美景。

住宅建筑选用淡雅而偏冷色为基调，局部以鲜艳的色彩画龙点睛。少量公建按其功能确定基调，加以少量的暖色，作一定程度的色彩对比，活跃气氛，幽静轻快；文教建筑则以较强的色彩为基色，再配以浅色的线条作衬托，使人感到朝气蓬勃。

通过规划布局、场地环境和建筑单体三者完善结合，力创安全、卫生、方便、舒适、优美的城市生态花园式居住区。

根据基地的特点和周边状况，住区采用“小区—组团”的规划组织结构，共分为 8 个组团：7 个居住组团和 1 个公建组团。

规划组织结构分析图

图 例

居 住
商业金融
酒店办公
中学小学
车辆停放
公园绿地
商住综合

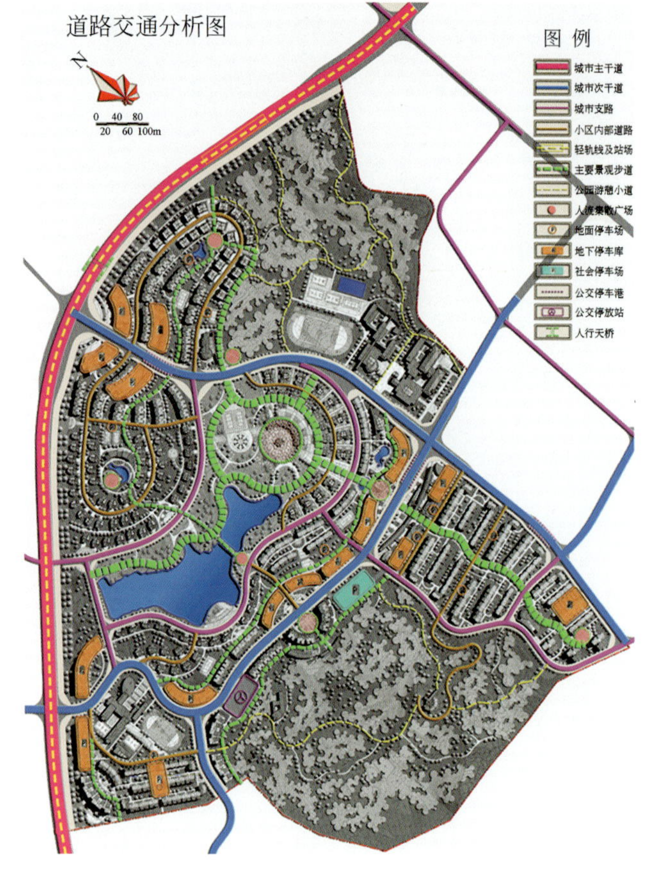

道路系统结合区内“两山夹一湖”的特点，组织成一个“土”字形的主干网系统。

次干道红线宽度为 16m，支路红线宽度为 5～8m，人车混行。

居住配套公建根据其服务半径和服务对象相应布置，全区性的会所及活动场地结合南山湖中心绿地布置。

公建组团主要安排商务设施为工业区配建服务设施，处于规划用地南侧，紧邻工业厂区，方便使用。

基于地形和环境的分析，实现自然山水与人文景观的结合，提供优美的绿化空间和高品位的生活环境，规划通过数条绿化轴线，将两处山丘森林公园、南山湖和各组团内部的公共绿地联系起来，并结合宅旁绿地、附属绿地、道路绿地等，共同构成完整的绿化系统。

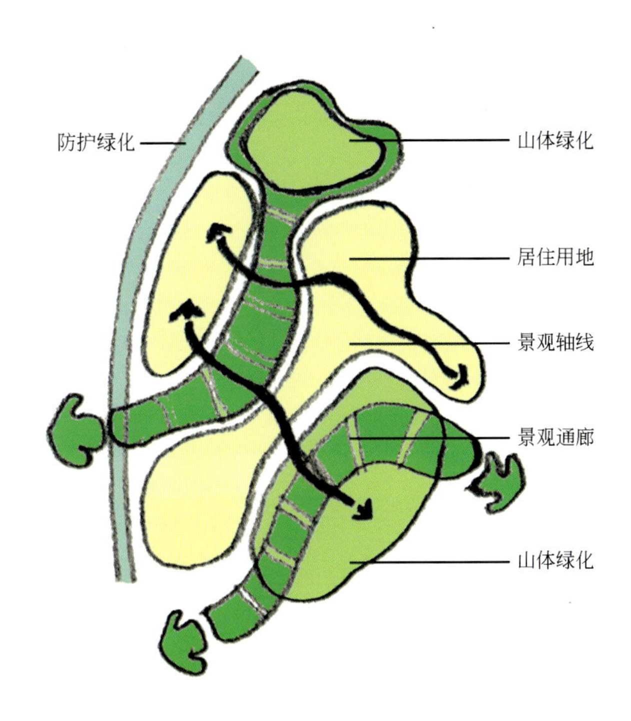

住宅根据用地和环境景观条件，分别布置别墅、低层联排住宅、花园洋房、单身公寓和部分中高层住宅。布局主要采用以南山湖为核心的“环状”向心模式。

湖区周围景观视线较好，适宜布置别墅和低层联排住宅；规划区东南和西南外围，布置以单身公寓为主的普通住宅；两者之间布置花园洋房等中档住宅；道路节点和重要景观控制点处布置少量中高层住宅。

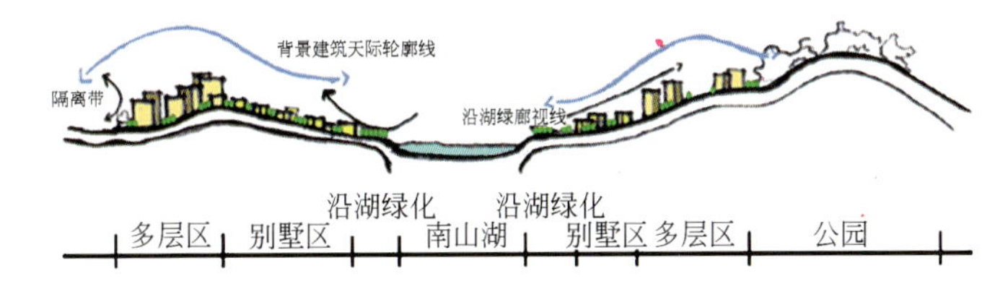

加强景观建筑与重点建筑群的规划设计，以塑造良好的城区建筑形体环境，美化城市形象。主要出入口两侧，规划有几组重点建筑群，每组建筑群中又有标志性景观建筑统领，形成不同的三维景观层次，进而创造出步移景异的四维景观序列。住区内部景观建筑物呈离散型点状分布，形成多个“兴奋点”，与山丘森林公园相呼应，共同组成全区环境景观系统。

道路竖向设计图(局部)

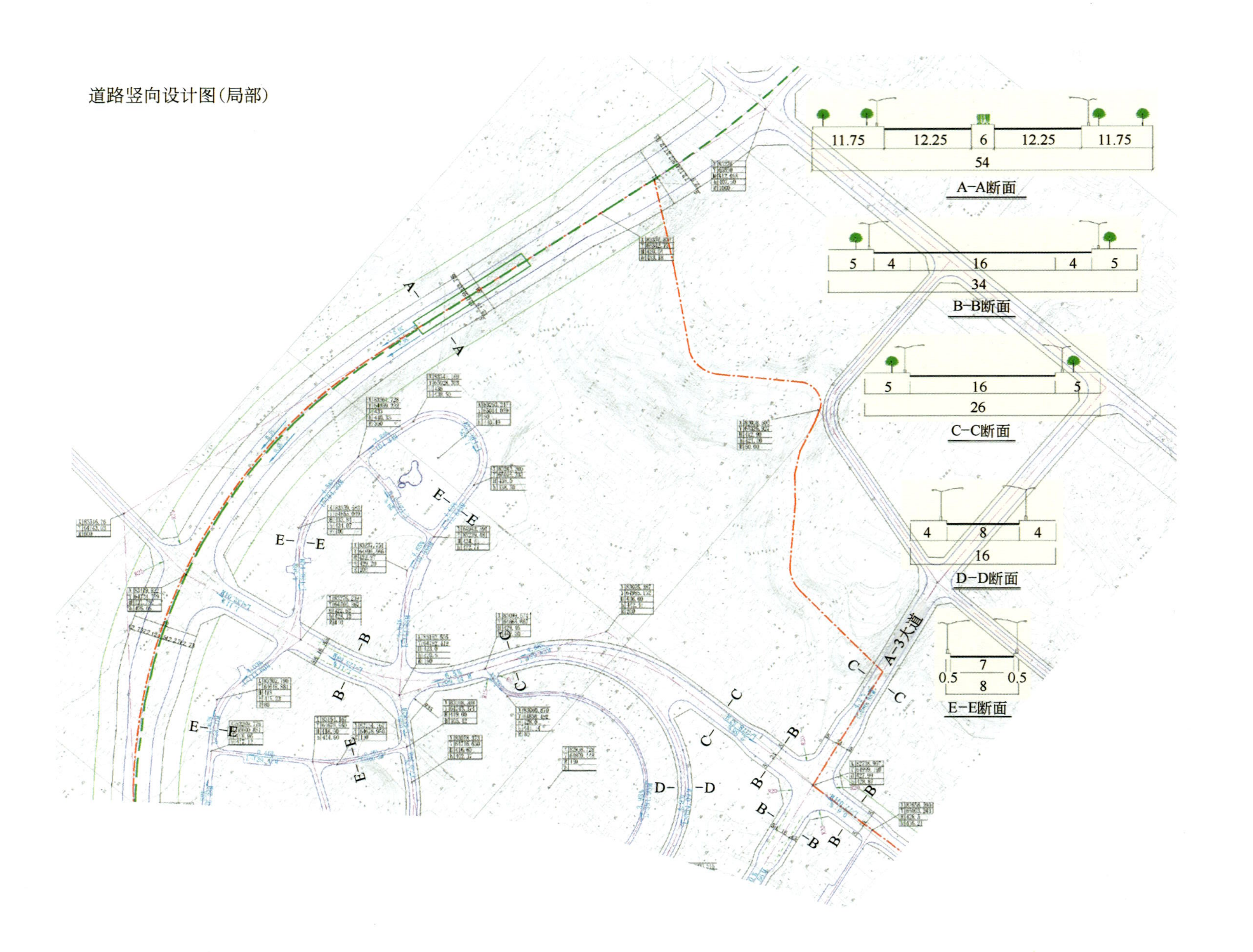
11.75
12.25
6
12.25
11.75
54
A-A断面
5
4
16
4
5
34
B-B断面
5
16
5
26
C-C断面
4
8
4
16
D-D断面
0.5
7
0.5
8
E-E断面
A-3大道
A— —A
B— —B
C— —C
D— —D
E— —E

二、遵义市世纪花城居住小区规划设计

现状、地形分析

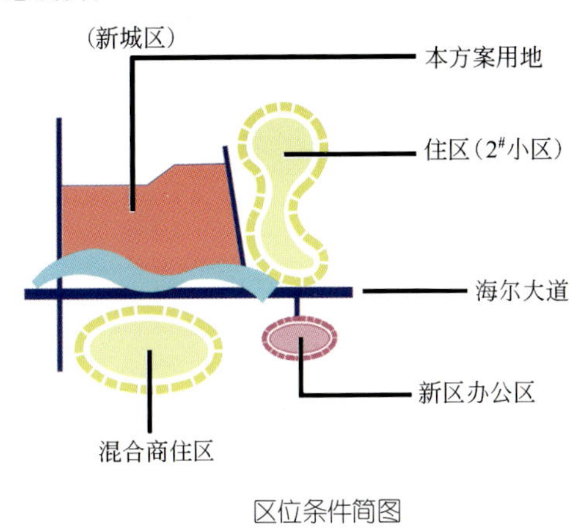

区位条件简图

该项目的建设在于创造环境优越、设施先进、服务一流的园林式社区。

本方案用地位于遵义市红花岗区，海尔大道以北紧邻二号小区。在红花岗区目前重点开发的南部新城行政区，地理位置优越，交通便利，自然环境景观优美。

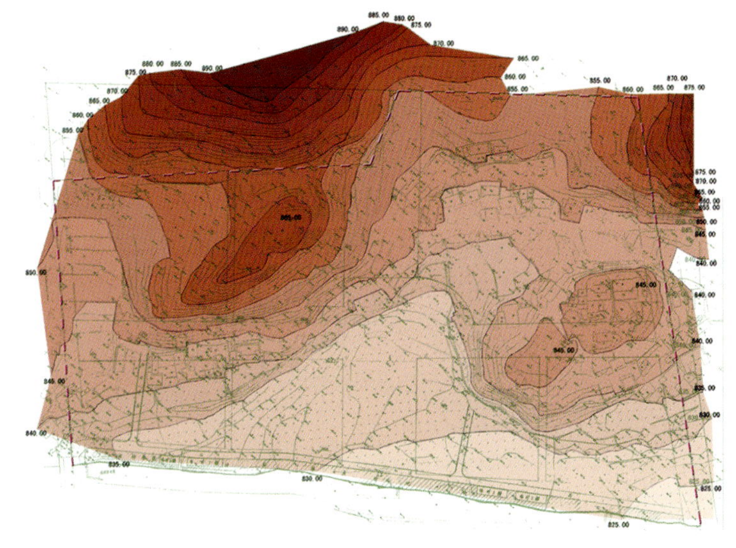

高程分析

用地现状为北高南低的山坡地，东西为丘陵高地，中部为山沟低地，最高与最低处竖向高差为40m。基地南面沿河长约510m，西边长约300m，东边长约340m，北边长约540m，为一梯形用地。东、西两侧有跨河桥及规划道路与周边交通性干道相联系。

规划组织结构

规划构思

结合场地中一山一水的地形特征，运用中国古典阴阳互相交融又各自独立的思想为基本出发点。围绕各自不同的自然要素形成两个环状片区并形成不同的山水要素环境。

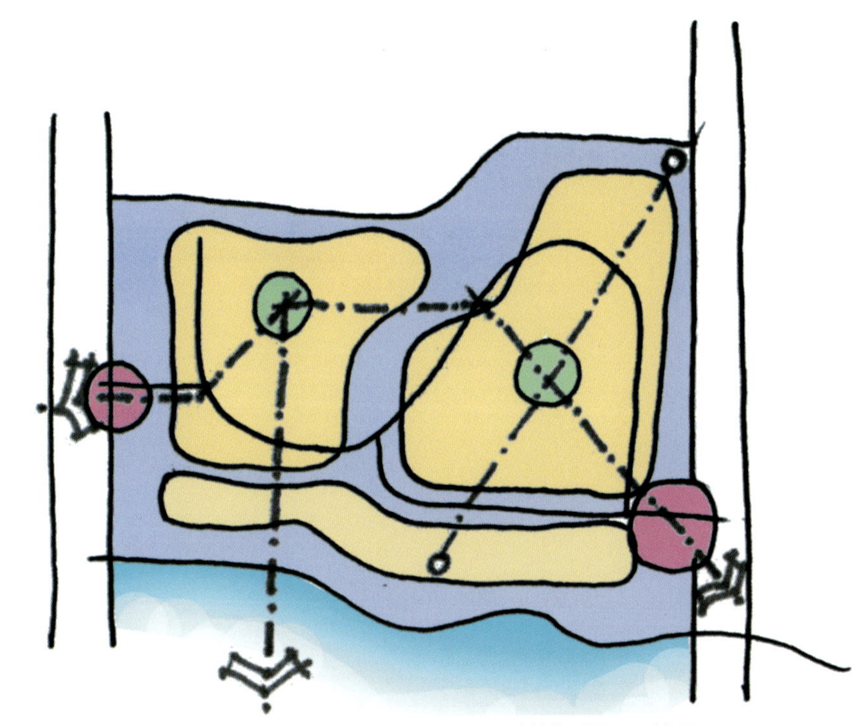

根据小区用地的特点和基础的地质状况，小区整体结构采用“一线两环”的布局来完成。一线主要指滨河沿线，以小住宅来完成；两环主要指沿东、西两个山头来进行多、高层住宅建筑布局。

技术经济指标

小区用地：14hm²

住宅用地：7.72hm²

总建筑面积：19.06万m²

其中：住宅建筑总面积17.98万m²　共1071户(套)

含：低层住宅面积0.61万m²　35户(套)

多层住宅面积3.82万m²　196户(套)

中高层住宅面积13.55万m²　840户(套)

公建总建筑面积1.08万m²

容积率：1.36

住宅建筑面积净密度：2.32万m²/hm²

绿地率：47%

停车位：402辆

停车率：37.54%

遵义市世纪花城居住小区
规划总平面图

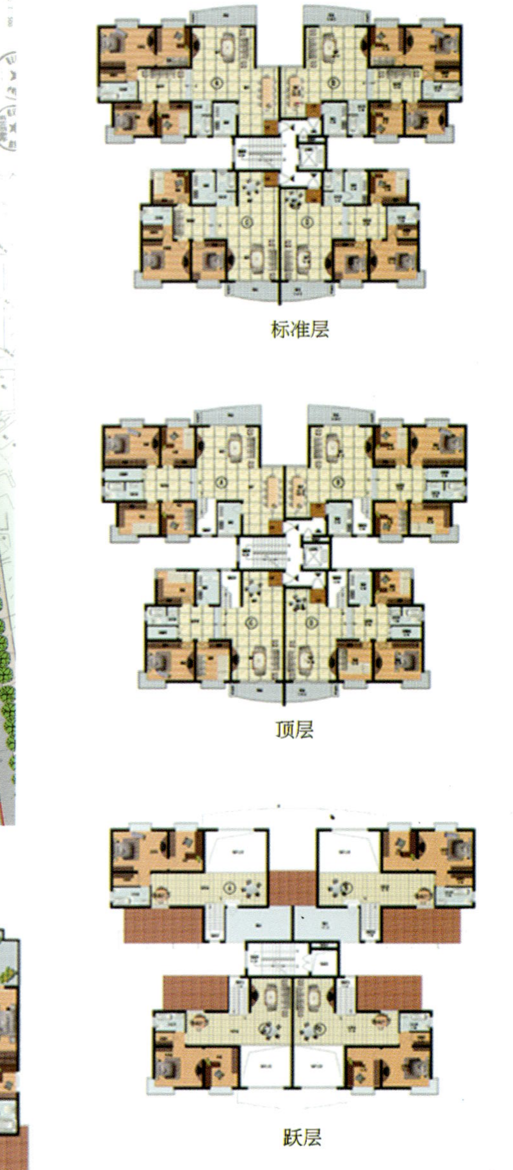

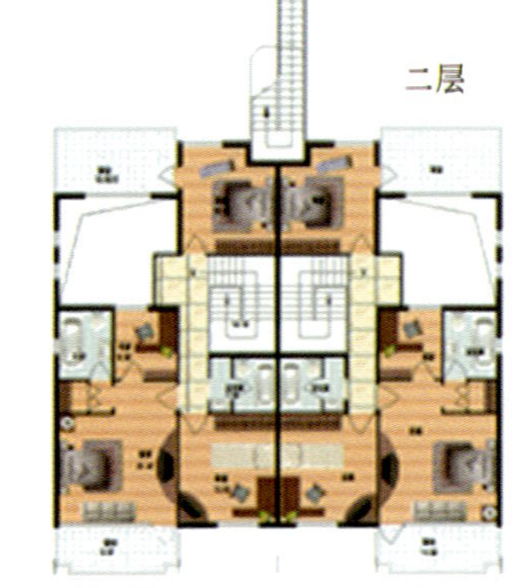

效果图

全区鸟瞰图

小区入口透视

绿化景观分析

基于对现有地形和环境的分析，实现自然山水与人文景观的结合，通过三条景观轴线、两个山头绿茵公园和一条滨河绿化带来完成小区的整体绿化系统。

道路交通分析

小区道路系统结合区内两个山头的特点，组织成两个半环式的主干网系统，次要道路则结合住宅入户和场地标高进行分层设置，步行系统则结合小区主要景观轴线来进行布置。静态交通系统则主要结合地形，采用人、车分层进入的方式解决，停车库为半地下式。

附录一 城市居住区规划设计任务书

（课程设计）

一、教学目的与要求

（一）教学目的

通过本课程设计，使学生了解我国的居住区发展历史、住房制度、居住现状和居住标准，掌握居住区修建性详细规划设计的基本内容和方法，巩固和加深对现代居住区规划理论的理解，以及对城市居住区规划设计、住宅建筑设计等规范的了解，培养学生调查分析与综合思考的能力。

（二）阶段教学目标

(1) 使学生完成从单体建筑功能、平面、空间、环境组合到群体建筑功能、平面、空间环境组合能力的提升，建立局部利益服从整体利益的正确观念。

(2) 培养学生处理建筑与建筑、建筑与道路、建筑与场地、建筑与周围环境之间协调性的能力。

(3) 掌握城市规划基本技术设计的手段和方法。

(4) 了解相关规范在城市规划设计中的作用与要求。

(5) 合理运用图、文方式综合表达设计思想。

（三）设计内容和要求

(1) 认真收集现状基础资料和相关背景，分析城市上一层次规划对基地提出的规划要求，以及基地现状与周围环境的关系，并提出相应的规划说明、规划指标和设计图纸。用地规模宜取 $10hm^2$ 左右。

(2) 提出居住区规划组织结构分析，包括用地功能结构、道路系统、绿地系统、主要公建布局和空间结构等。

(3) 分析并提出居住区内部居民的交通出行方式，布置道路交通系统；确定道路线型、平面曲线半径；并综合考虑道路景观的效果，设计出相应的道路断面图；确定停车场的类型、规模和布局等。

(4) 选择或设计适宜的住房类型，设计适宜的住宅组群。住宅应功能合理，有良好的自然采光和通风条件。住宅组群应布局合理，并富有特色。

(5) 分析并确定居住区公共建筑的内容、规模和布置方式。表达其平面组合体形和室外空间场地的设计构思。公共建筑的配置应符合国家相关规范标准，并结合当地居民生活水平和文化生活特征，利用原有公建设施一并考虑。

(6) 绿化系统规划应层次分明，概念明确，与居住区功能和户外活动场地统筹考虑，必要时应提交相应的环境设计图。绿化种植设计应与当地的土壤和气候特征相适应。

(7) 完成居住小区道路及场地(局部)竖向设计。

(8) 提出环卫设施(如垃圾收集站点、公共厕所等)；并且应整体考虑变电室和配电室等居住区内市政公用设施的位置。

(9) 鼓励同学在对基地现状全面分析的基础上，结合本地区的自然条件、生活习惯、历史文脉、技术条件、城市景观等方面进行规划构思；提出体现现代住区新理念和新技术手段的、优美舒适的、有创造性的设计方案。

二、教学主要环节和方法

本课程以课堂教学和专项调研的方式相结合，在教学过程中，以个别指导和理论性授课的方式相结合；学生在完成教学课程的过程中，以图纸设计和模型(体量分析模型)制作的方式相结合。

（一）调研及分析

1. 主要教学内容

(1) 区位关系； (2) 基地条件分析；

(3) 规划背景资料调研； (4) 相关技术规范调研；

(5) 优秀作品收集。

2. 教学要求

要求每位学生充分认识基地现状，明确上层次规划对该地块的具体要求，特别是公用设施的配套要求。了解城市居住区规划所涉及到的相关技术规范。

3. 阶段成果要求

(1) 用地条件分析图；

(2) 区位关系图；

(3) 周边环境条件分析图；

(4) 居住区相关经济指标测算。

（二）方案设计

该部分为整个教学过程中最重要的环节，学生在教师指导下完成从整体规划组织结构、规划布局、住宅选型、方案细化、技术设计，到各项经济技术指标确定的全过程，整个教学过程分为三个阶段进行：

1. 一草阶段

(1) 现状分析图； (2) 方案构思；

(3) 住宅选型；　　(4) 指标测算。

2. 二草阶段

(1) 深化构思；　　(2) 体量模型分析；

(3) 完成总平面图；　　(4) 规划构思分析图；

(5) 规划组织结构图；　　(6) 第一次评图。

3. 正图阶段

(1) 内容见成果要求；　　(2) 第二次评图。

三、教学进度

1. 居住区规划课程设计进度(课内：8 学时/周)

周　次	设计进度	课外要求
1	布置题目，集中讲课，集体调研，收集资料(草图阶段)	查阅参考资料，题目分析与研究
2	草图阶段	资料整理，分析研究
3	草图阶段，草图完成，交一草	方案设计
4	方案深入	方案修改
5	方案深入，方案设计定稿，二草评图	方案修改
6	正草图设计，集中讲课	方案设计
7	正草图完成，评正草图	方案完善
8	正图上板	成果制作
9	正图上板，交成果图，评图	成果制作

2. 评分

阶　　段	占总成绩百分比(%)
第一次草图	10
第二次草图	10
第三次草图(正草图)	10
正　式　图	70

四、正式规划设计成果

(一) 图纸内容

1. 基地现状图(比例不限)

2. 规划分析图及必要的说明分析图(比例不限)

(1) 规划组织结构分析图：应全面明确地表达规划的基本构思、用地功能关系和社区构成，以及规划基地与周边的功能关系、交通关系和空间关系等。

(2) 道路交通分析图：应明确表现出各道路的等级，车行和步行活动的主要线路，以及各类停车场地的规模、形式和位置。

(3) 绿化系统分析图：应明确表现出各类绿地的范围、绿地的功能结构和空间形态等。

(4) 公共配套设施分析图：主要公建项目名称、规模、服务流线及服务半经等。

(5) 空间形态分析图：应明确表现规划的空间系统、建筑高度分区、景观结构，以及与周边城市空间的关系等。

以上图面表现形式不限，若不能完整表达规划意图时，可在图中附加文字说明。

3. 1∶1000 住区规划总平面图

图纸应标明用地方位和图纸比例，所有建筑和构筑物的屋顶平面图，建筑层数，建筑使用的性质，主要道路的中心线，停车位(地下车库及建筑底层架空部分应用虚线标出其范围并图示地下车库出入口)，室外广场、铺地的基本形式等。绿化部分应区别乔木、灌木、草地和花卉等。

4. 1∶500 居住区(小区)中心公建组群、局部环境或住宅群体组合的平面规划设计图(任选其一)

5. 道路及场地竖向设计(局部)

图纸应标明道路中轴线控制点坐标、标高、道路纵坡、坡长、缘石半径、平曲线半径、道路断面；建筑定位、建筑室内标高、室外标高、场地排水方向、室外挡土墙、护坡、踏步等。

6. 住宅单体选型图

主要类型住宅平面图，并注明房间功能、轴线尺寸和面积标准。

7. 整体鸟瞰图或整体透视图(彩色效果图)

8. 图纸要求

所有图纸均为标准 A1 尺寸(594mm×841mm)，图纸数量应不超过 3 张(应首先保证教学要求的基本内容，附加图可从第 4 张开始计)，全部图纸应以手绘为主。

(二) 主要经济技术指标

1. 基本指标

总用地面积(hm^2)、居住总人口(人)、总户数(套)、人口密度(人/hm^2)、停车位(辆、停车率)、住宅平均层数(层)、住宅建筑总面积(m^2)、公共建筑总面积(m^2)、容积率、总建筑密度(%)、住宅建筑面积净密度(万 m^2/hm^2)、住宅建筑净密度(%)和绿地率(%)。

2. 居住区规划用地平衡表

项　　目	面积(hm^2)	人均(m^2/人)	占地比例(%)
住宅用地			
公建用地			
道路用地			
公共绿地			
居住区用地			100

注：此表不包含“其他用地”。

(以上系根据重庆大学建筑城规学院课程教学设计任务书编制)

附录二　管线工程综合概述

管线综合是居住区规划设计中的工程技术规划组成部分。管线综合的目的就是在符合各管线技术规范前题下，统筹安排各管线的合理空间，解决各管线之间和管线与建筑物、道路以及绿化等之间的矛盾，并为各管线的规划设计、施工及管理提供良好条件。

一、管线布置

管线的敷设方式可有地下、地上和架空三种形式。居住区宜采用地下敷设的方式。地下管线的走向宜沿道路或与主体建筑平行布置，并力求线型顺直、短捷和适当集中，尽可能减少转弯、减少线路交叉，减少管线与交通线路交叉；还应考虑与建筑、构筑物、绿化以及与城市管线的衔接等周边关系。

（一）管线埋设顺序

管线埋设的排序和合理间距是根据管线性质、施工、检修、防压、避免相互干扰及管道表井等因素而决定。

1. 水平排序

各类地下管线离建筑物的水平排序，由近及远宜为：电力管线或电信管线、煤气管、热力管、给水管、雨水管、污水管。各管线之间最小水平净距见表 10-1，其净距均指管外壁的净距。电力电缆与电信管、缆宜远离，为的是减小电力尤其是高中压电力对电信的干扰，一般将电力电缆布置在道路东侧或南侧，电信管、缆在道路的西侧或北侧，这样可简化管线综合方案，又能减少管线交叉，尽可能将性质类似、埋设深度接近的管线排列在一起，可采用最小水平净距。

各种地下管线之间最小水平净距＊(m)　　　　**表 10-1**

管线名称		给水管	排水管	燃气管③			热力管	电力电缆	电信电缆	电信管道
				低　压	中　压	高　压				
排　水　管		1.5	1.5	—	—	—	—	—	—	—
燃气管③	低　压	0.5	1.0	—	—	—	—	—	—	—
	中　压	1.0	1.5	—	—	—	—	—	—	—
	高　压	1.5	2.0	—	—	—	—	—	—	—
热 力 管		1.5	1.5	1.0	1.5	2.0	—	—	—	—
电力电缆		0.5	0.5	0.5	1.0	1.5	2.0	—	—	—
电信电缆		1.0	1.0	0.5	1.0	1.5	1.0	0.5	—	—
电信管道		1.0	1.0	1.0	1.0	2.0	1.0	1.2	0.2	—

注：① 表中给水管与排水管之间的净距适用于管径小于或等于 200mm，当管径大于 200mm 时应大于或等于 3.0m；

② 大于或等于 10kV 的电力电缆与其他任何电力电缆之间应大于或等于 0.25m，如加套管，净距可减至 0.1m；小于 10kV 电力电缆之间应大于或等于 0.1m；

③ 低压燃气管的压力为小于或等于 0.005MPa，中压为 0.005～0.3MPa，高压为 0.3～0.8MPa。

2. 垂直排序

各类地下管线由地面向下由浅入深排列顺序宜为：电信管线、热力管线、小于 10kV 电力电缆、大于 10kV 电力电缆、煤气管、给水管、雨水管、污水管。各管线埋深和交叉时的相互垂直净距（指下面管线的外顶与上面管线的基础底或外壁之间的净距）见表 10-2。管线相互间留有垂直净距主要是考虑：①保证管线受到荷载而不致受损伤；②保证管体不冻坏或管内液体不冻凝；③便于与城市干线连接；④符合有关的技术规范的坡度要求；⑤符合竖向规划要求；⑥有利避让需保留的地下管线及人防通道；⑦符合管线交叉时垂直净距的技术要求。

（二）避让原则

管线间敷设产生矛盾时，应按下列原则避让处理：

（1）压力管线让重力自流管线；

（2）小管径线让大管径线；

（3）易弯曲管线让不易弯曲管线；

（4）临时管线让永久管线；

（5）新建管线让已建的永久管线；

（6）技术要求低的管线让技术要求高的管线。

（三）周边关系

管线与周边建筑物、构筑物、绿化以及与城市干线网的关系也是管线布置的重要内容。

1. 管线与城市干线网

各种地下管线之间最小垂直净距 *（m） **表 10-2**

管线名称	给水管	排水管	燃气管	热力管	电力电缆	电信电缆	电信管道
给水管	0.15	—	—	—	—	—	—
排水管	0.40	0.15	—	—	—	—	—
燃气管	0.15	0.15	0.15	—	—	—	—
热力管	0.15	0.15	0.15	0.15	—	—	—
电力电缆	0.15	0.50	0.50	0.50	0.50	—	—
电信电缆	0.20	0.50	0.50	0.15	0.50	0.25	0.25
电信管道	0.10	0.15	0.15	0.15	0.50	0.25	0.25
明沟沟底	0.50	0.50	0.50	0.50	0.50	0.50	0.50
涵洞基底	0.15	0.15	0.15	0.15	0.50	0.20	0.25
铁路轨底	1.00	1.20	1.00	1.20	1.00	1.00	1.00

凡压力管线均与城市干线网有密切关系，如城市给水管线、电力管线、煤气管线、暖气管线等要与城市干管相衔接；凡重力自流管线与地区排水方向及城市雨水、污水管相关。居住区的管线综合应与周围的城市市政设施及本区的竖向规划设计互相配合，多加校验，才能使管线综合方案具有可行性。

2. 管线与绿地

地下管线一般应避免横贯或斜穿公共绿地，以免影响绿化效果和损坏管线，如暖气管会烤死树木，而树根生长又往往会使管线破损。如必须穿越时，要尽量从绿地边缘通过，以保证绿地完整，同时要与绿化树种间保持必要的水平距离(表 10-3)。

3. 管线与建、构筑物

考虑建、构筑物的安全和防止管线受腐蚀、沉陷、振动及重压，各类管线应与建、构筑物之间保持必要的水平距离(表 10-4)。

管线、其他设施与绿化树种间的最小水平净距 *（m） **表 10-3**

管线名称	最小水平净距	
	至乔木中心	至灌木中心
给水管、闸井	1.5	1.5
污水管、雨水管、探井	1.5	1.5
燃气管、探井	1.2	1.2
电力电缆、电信电缆	1.0	1.0
电信管道	1.5	1.0
热力管	1.5	1.5
地上杆柱(中心)	2.0	2.0
消防龙头	1.5	1.2
道路侧石边缘	0.5	0.5

各种管线与建、构筑物之间的最小水平距离 *（m） **表 10-4**

		建筑物基础	地上杆柱(中心)			铁路(中心)	城市道路侧石边缘	公路边缘
			通信、照明及<10kV	≤35kV	>35kV			
给水管		3.0	0.5	3.0	3.0	5.0	1.5	1.0
排水管		2.5	0.5	1.5	1.5	5.0	1.5	1.0
燃气管	低压	1.5	1.0	1.0	5.0	3.75	1.5	1.0
	中压	2.0	1.0	1.0	5.0	3.75	1.5	1.0
	高压	4.0	1.0	1.0	5.0	5.00	2.5	1.0

续表

	建筑物基础	地上杆柱(中心)			铁路(中心)	城市道路侧石边缘	公路边缘
		通信、照明及<10kV	≤35kV	>35kV			
热力管	直埋 2.5 地沟 0.5	1.0	2.0	3.0	3.75	1.5	1.0
电力电缆	0.6	0.6	0.6	0.6	3.75	1.5	1.0
电信电缆	0.6	0.5	0.6	0.6	3.75	1.5	1.0
电信管道	1.5	1.0	1.0	1.0	3.75	1.5	1.0

注：① 表中给水管与城市道路侧石边缘的水平间距 1.0m 适用于管径小于或等于 200mm，当管径大于 200mm 时应大于或等于 1.5m；

② 表中给水管与围墙或篱笆的水平间距 1.5m 是适用于管径小于或等于 200mm，当管径大于 200mm 时应大于或等于 2.5m；

③ 排水管与建筑物基础的水平间距，当埋深浅于建筑物基础时应大于或等于 2.5m；

④ 表中热力管与建筑物基础的最小水平间距对于管沟敷设的热力管道为 0.5m，对于直埋闭式热力管道管径小于或等于 250mm 时为 2.5m，管径大于或等于 300mm 时为 3.0m，对于直埋开式热力管道为 5.0m。

（四）管线布置近、远期结合

工程管线的布置和埋设都有各自的技术要求，随着城市基础设施的不断完善和生活水平的逐步提高，不同地区根据具体情况会不断增设新管线。规划阶段应考虑近远期结合，居住区各级道路和建筑控制线之间的宽度确定，要考虑基本管线的完善和新增管线的敷设预留位置，以免今后增设管线影响整个管线系统的合理布置，带来不必要的困难，如某些地区由于当前经济条件及外部市政配套条件等因素制约，近期建设中可暂考虑雨、污合流排放、分散供热或电力管线架空等，但在管线综合中仍要分别将相应管线及设施一并考虑在内，并预留其埋设位置，为远期发展创造有利条件。

二、工程地质特殊地区要求

管线敷设应尽可能地避开不良地质和填土较深的地段。难以避免的特殊地区要有特殊的技术处理。

（一）地震烈度七级以上地区

管线不宜敷设在地形较陡的坡段，也不宜设竖管，以免震裂；尽可能使给、排水管不经过松散土壤、回填土、沿河段和山坡下布置；当管线必须穿过断层地段时，宜垂直于断层布置；给水管布置应考虑在不同方位和多水位，如采用复线、环路，并避免使各水源处输水干管并列敷设在同一通道内，而应分离布置。

（二）冻土及严寒地区

给水管宜敷设在冰冻线以下 0.3～0.5m，并避免管线过长，尽可能与给水干管连成环状管网；给水主要干管宜靠近用户多的地段；浅埋的保温管，其埋深应高出地下水位 0.2m，否则需采取防水措施；寒冷地区的管线平面布置应充分结合地形、地质，使地表水尽快排除。

（三）胀缩土地区

管线布置应避免深埋，在山区应依山就势，不宜大挖大填土石方；采用管沟敷设应避开暗流地带；建筑物四周不宜采用明沟排水。

（四）湿陷性黄土地区

应注意湿陷性黄土遇水会发生沉陷的性质，需在给、排水管端接头处采取防渗漏措施，避免因渗漏影响建筑物基础下的土壤下沉，导致建筑物的沉陷破坏。

实　例

这里精选了20世纪80年代以来我国各地居住区的规划设计优秀实例，包括国家康居示范小区、全国小康示范小区、全国建设试点小区以及各地竞赛获奖方案等，还选辑了国外一些不同时期具有特点的居住区规划设计，共100余例(其中彩色部分附有光盘)，其规划设计思想、方法、形式多样，绘图表现技巧各异，丰富多彩，有着很好的借鉴和参考意义。

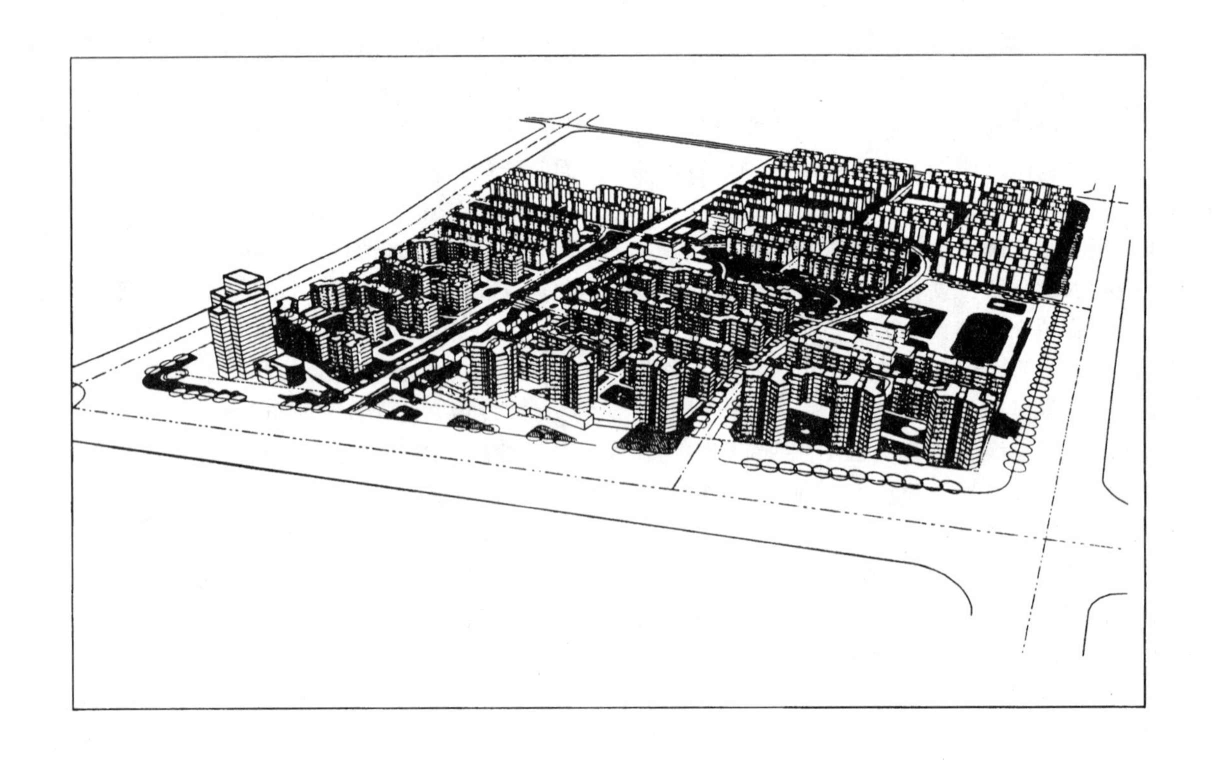

1. 广州红岭花园小区

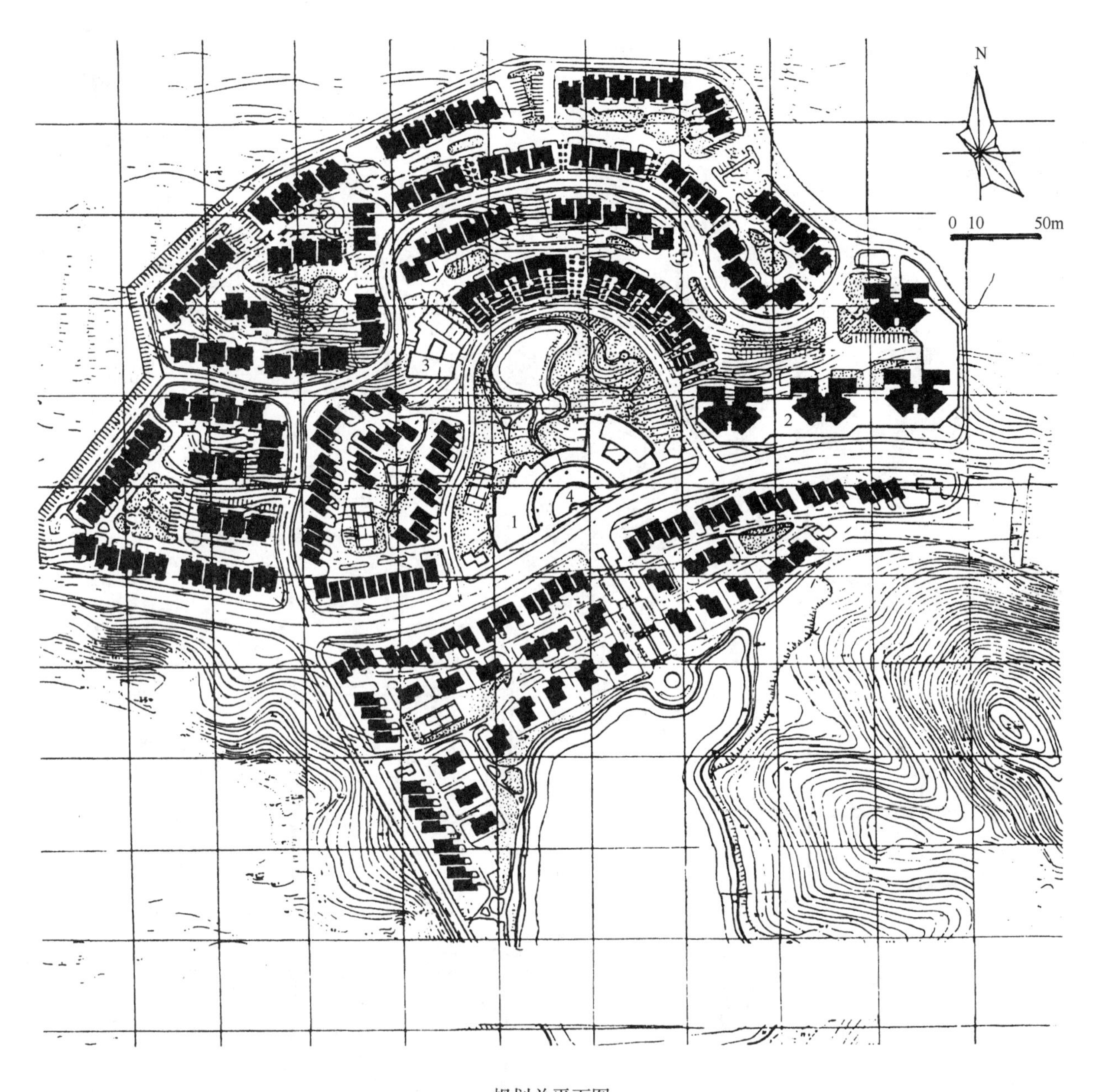

规划总平面图

1—购物、文化娱乐中心；2—商业服务；3—幼儿园；4—市民广场

红岭花园小区位于广州市番禺区南沙开发区，属丘陵地带，北高南低，背靠青山，面向水塘，远眺珠江入口，生态环境良好。

规划本着“依山就势、随高就低”的思想，结合地形、地貌设计了多种坡地住宅类型，塑造了多种形态的组团空间。

小区以水塘为中心，与购物中心和文化娱乐中心相结合开辟了“居民广场”、“起居室”，成为连接小区空间、城市空间以及南部水库的纽带。

在保留原有荔枝园的基础上增辟各类绿地造就优美环境。小区道路顺山势曲折环行，便捷可达，出行方便；停车场结合道路或于沿路建筑底层布置，减少噪声干扰，方便居民使用，停车位达650个。

小区总用地13.49hm^2，总人口5534人，总建筑面积15.33万m^2，住宅建筑面积净密度2.68万m^2/hm^2，住宅建筑净密度28.09%，绿地率38.62%。

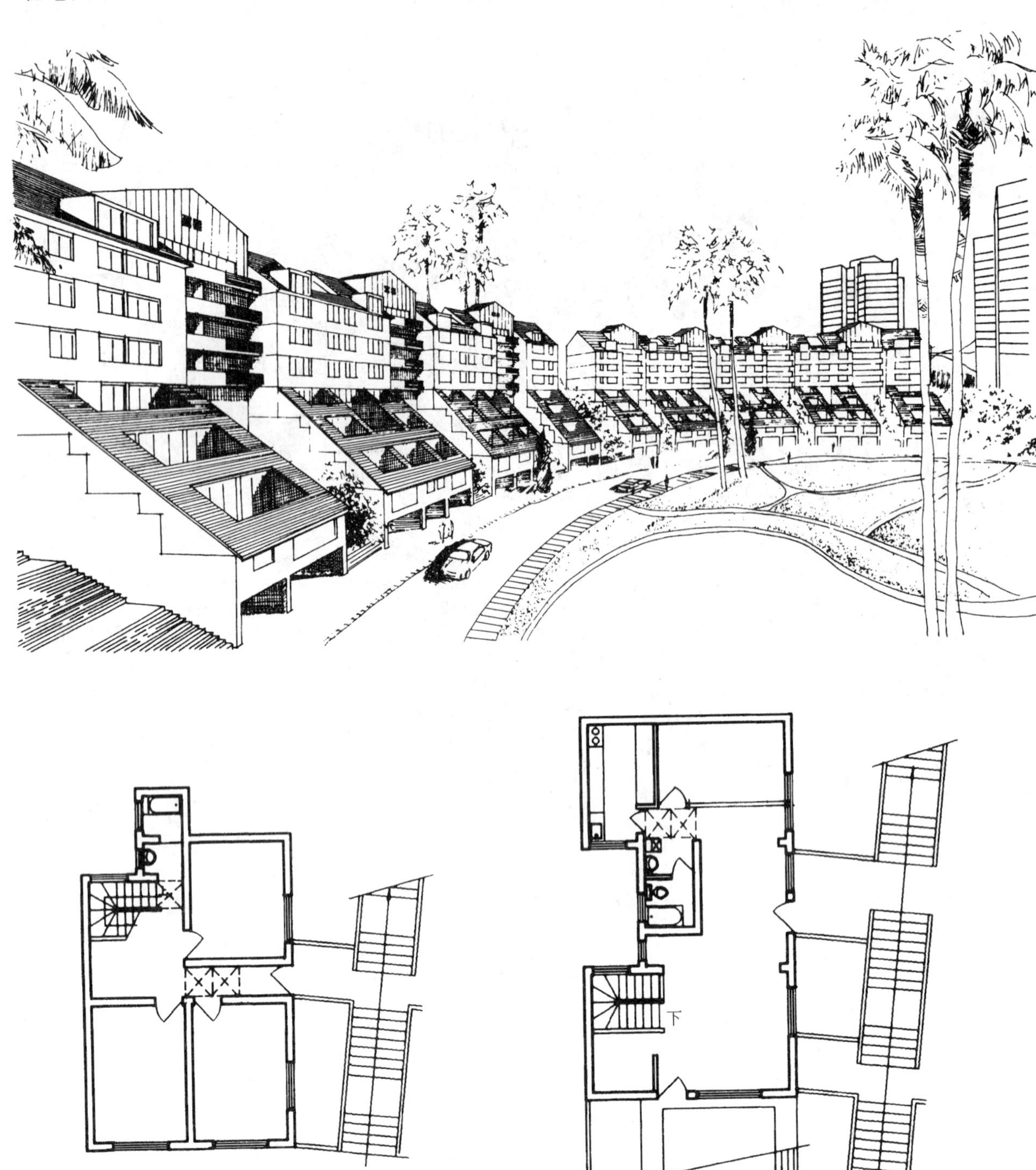

一层平面

二层平面

坡地台阶式住宅平面图(一)

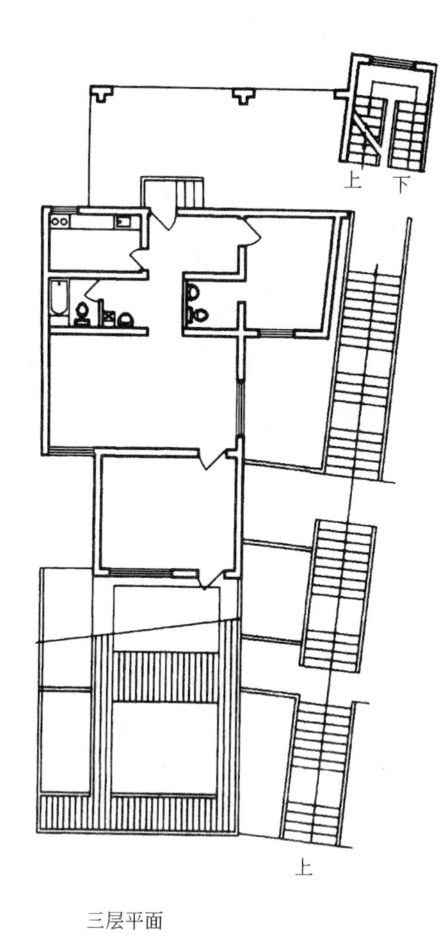

三层平面

套　型	建筑面积 (m²)	使用面积 (m²)
2LDK	72.74	61.46
3LDK	88.90	70.30
4LDK	113.15	86.26
2LDK 3LDK	81.91	60.78

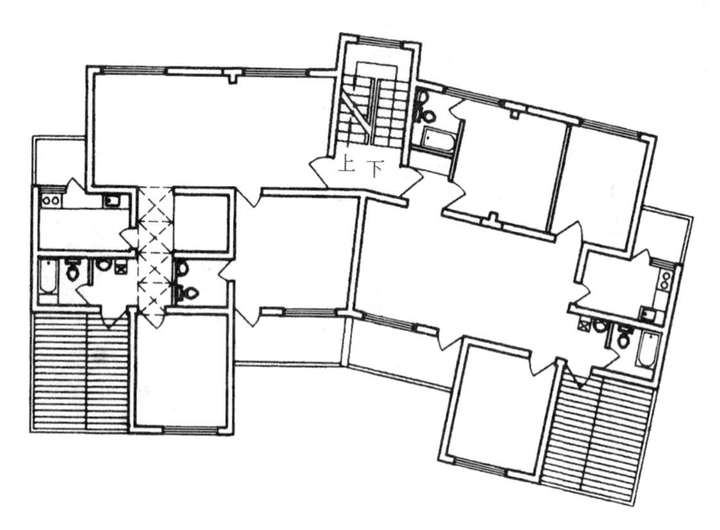

八层平面

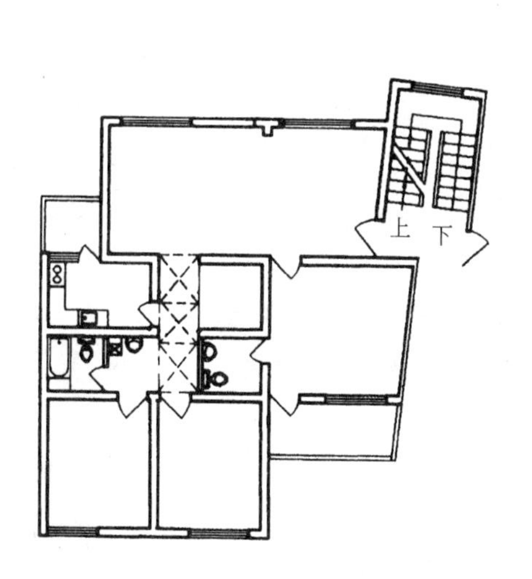

四～七层平面

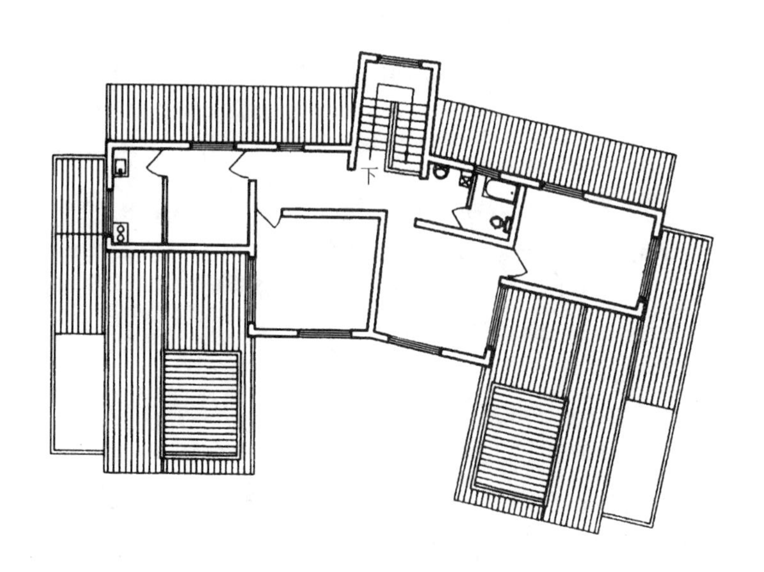

九层平面

坡地台阶式住宅平面图(二)

2. 嘉兴穆湖居住小区

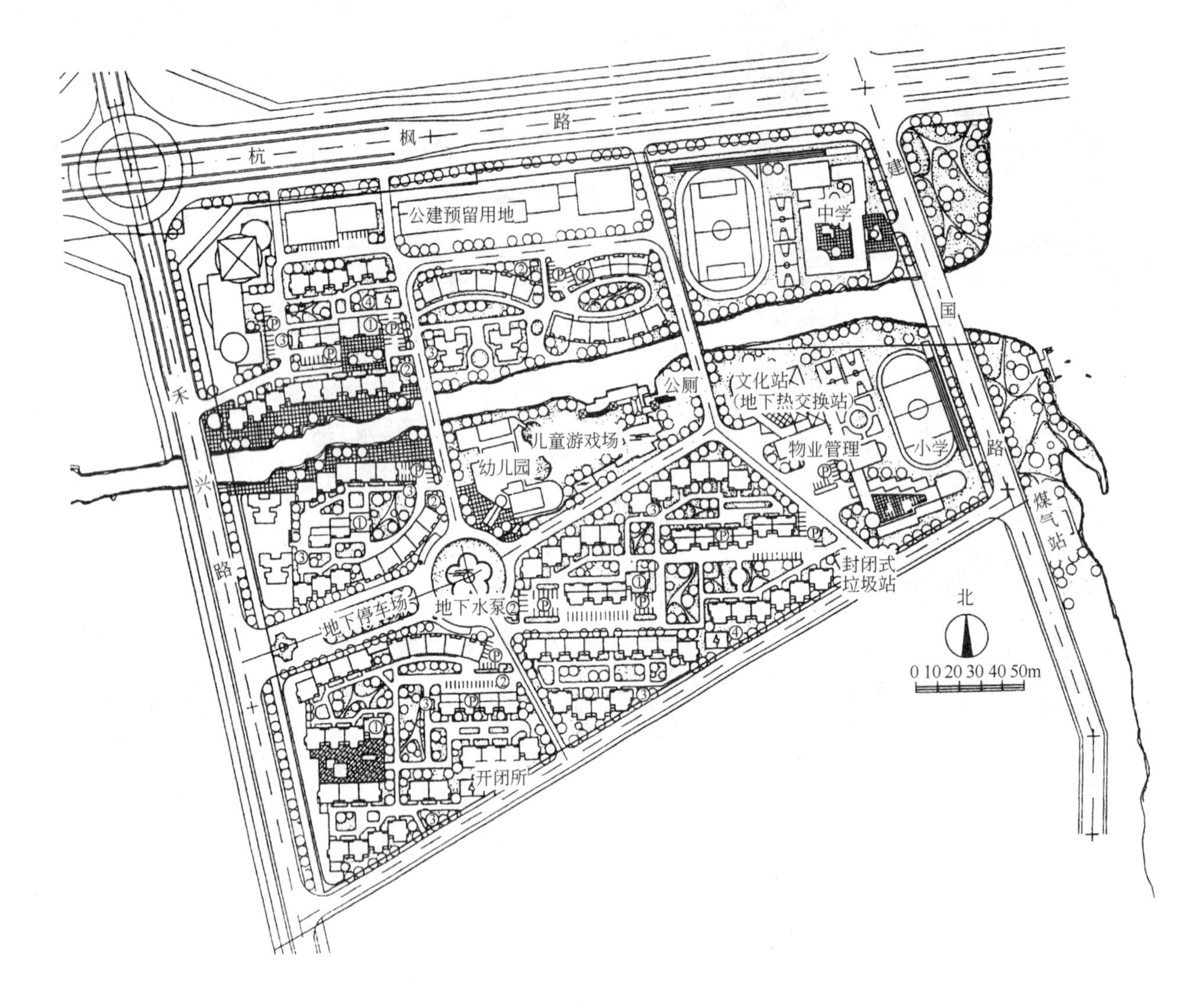

规划总平面图

1—居委会；2—保卫及信报箱；3—垃圾点；4—配电站；5—停电站

穆湖居住小区位于嘉兴市北环路南侧，东临穆湖，基地内有小河穿越，风景优美，地势平坦。

结合自然环境和区位交通，布置内环式和放射式相结合的道路骨架，出行方便，规划结构明确。

沿小区主干道布置入口广场，设置绿化景点，并利用河湖水面、堤岸，构筑文化街、休憩绿地，体现水乡特色；东部独立地段布置中、小学，减少干扰，环境优越，幼儿园位置适中，使用方便；北面利用商业用房作隔离屏障，有利于创造安静的居住环境。

各组团由二、三个院落构成，住宅底层架空作开敞处理，将宅旁活动场地联系在一起，形成空间流动的丰富场景；架空层除解决存车问题外，还为老人、儿童开辟了活动场地，并创造了邻里交往的氛围。

小区用地 14.85hm²，总人口 5292 人，总建筑面积 13.64 万 m²，住宅建筑面积净密度 2.02 万 m²/hm²，住宅建筑净密度 20.21%，绿地率 36%。

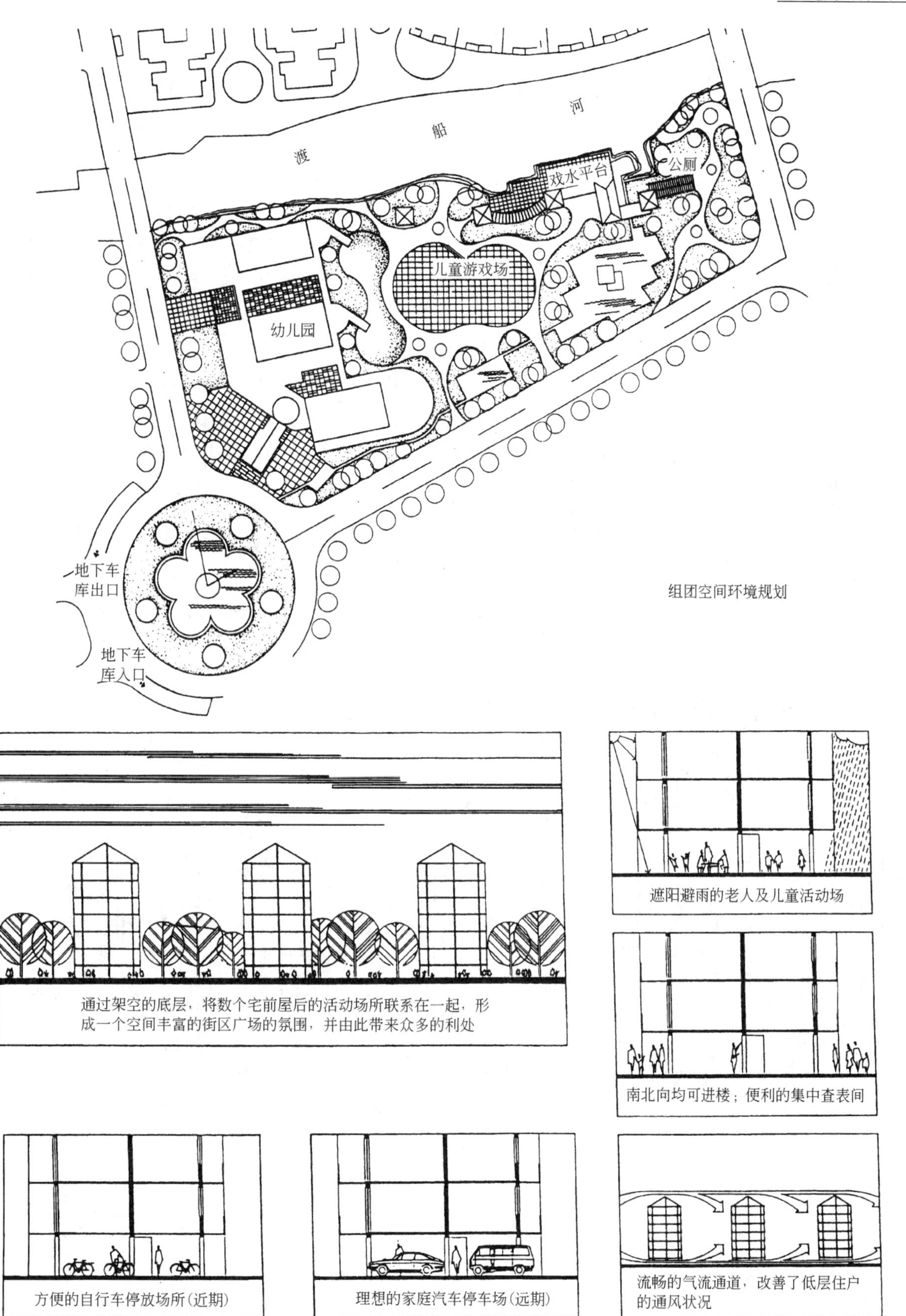

组团空间环境规划

架空层示意图

住宅设计

嘉兴穆湖居住小区住宅结构采用了大开间砌块体系，为建筑设计取得灵活的手段。设计方案对端单元作老少户套型特殊处理。

B型住宅

面积 类型	建筑面积(m^2)	使用面积(m^2)
B-1型	70.48	52.68
B-2型	84.35	65.59
	70.48	52.68
B-3型	103.9	81.29
	70.48	52.68

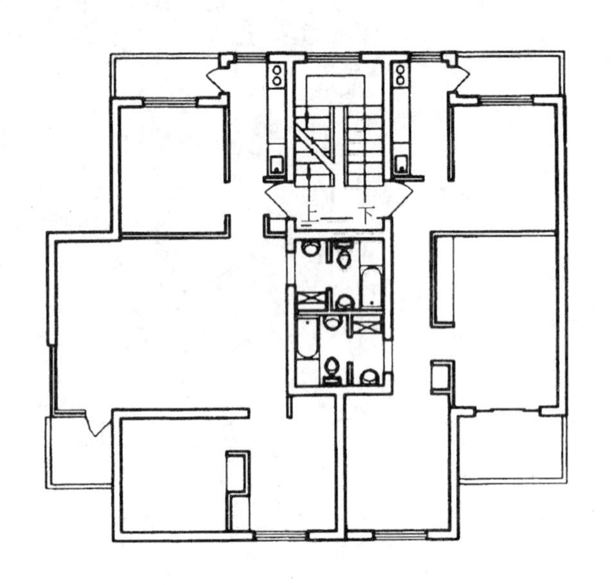

B2型标准层平面

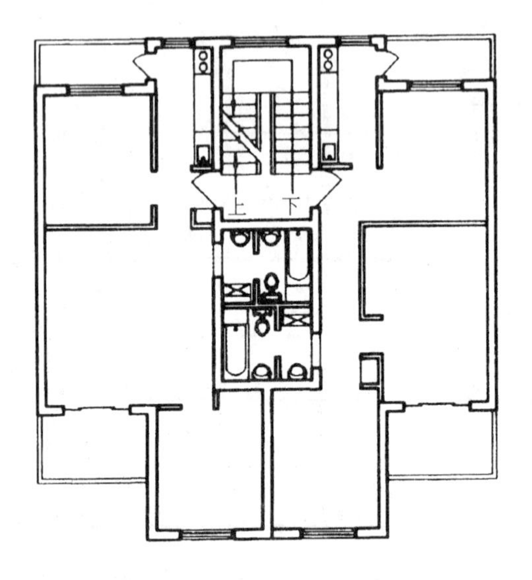

B1型标准层平面

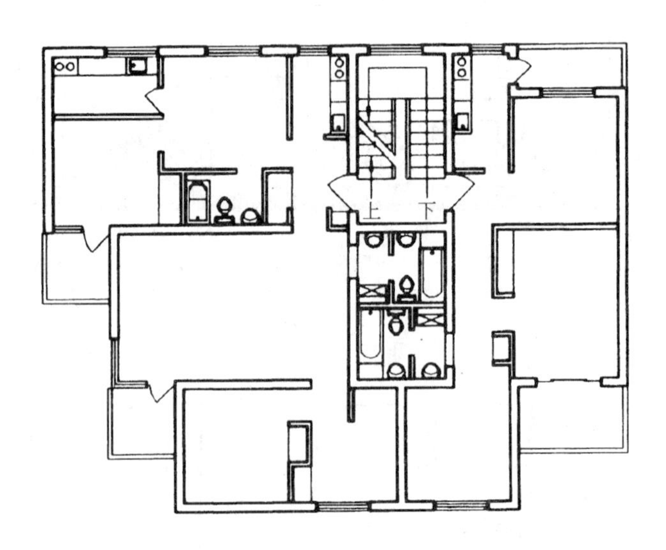

B3型标准层平面(老少户)

3. 柳州河东居住小区

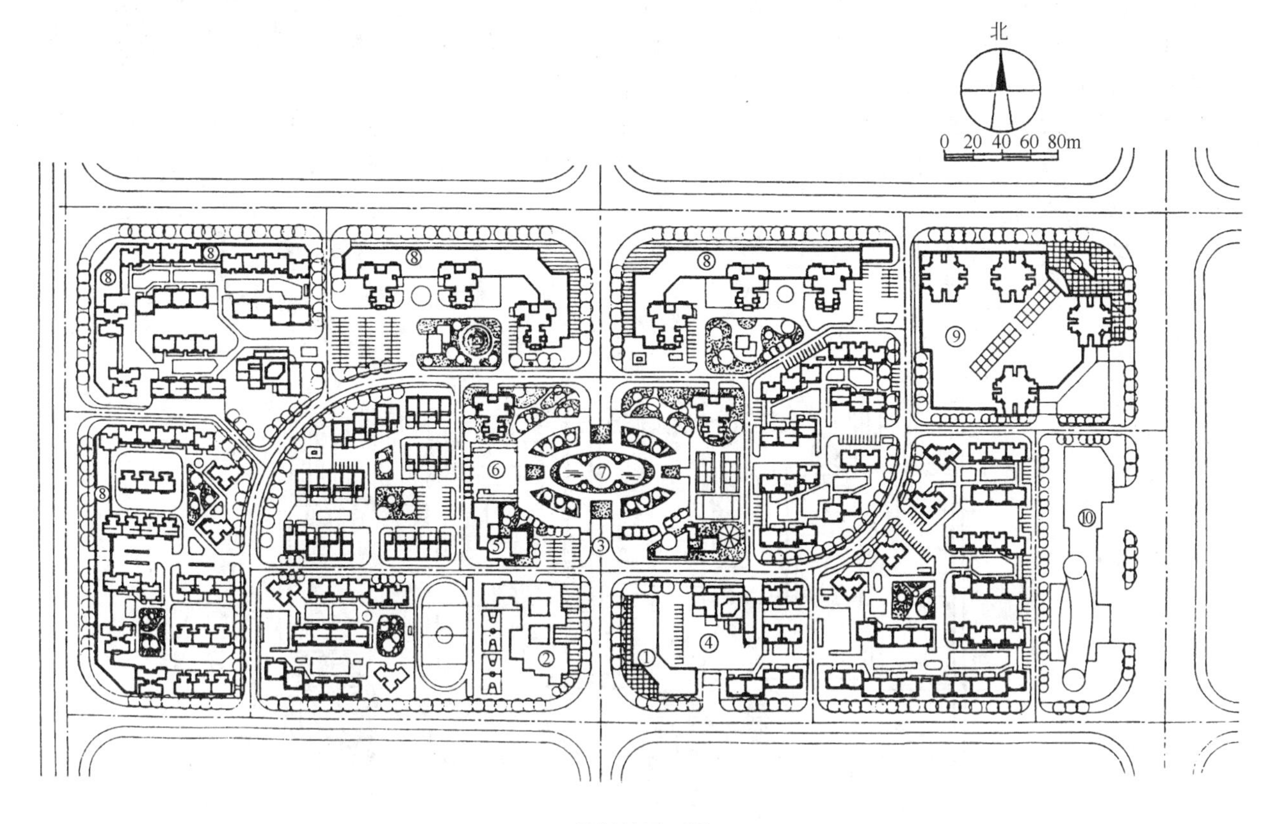

规划总平面图

1—副食集市；2—小学；3—地下过道；4—托幼；5—物业管理；
6—游泳池；7—音乐喷泉；8—商店；9—商住城预留地；10—公建预留地

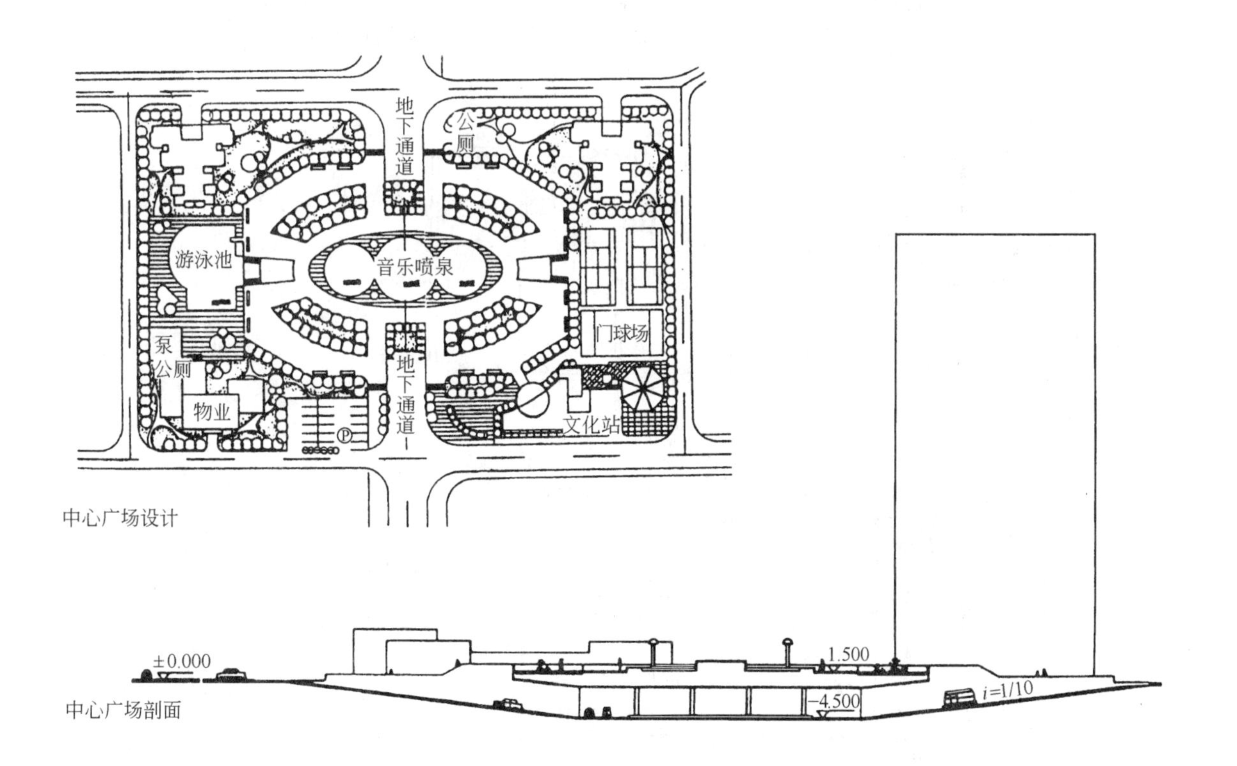

中心广场设计

中心广场剖面

柳州河东居住小区

河东居住小区位于柳州柳江河东开发区内，地势平坦，区内有南北走向的城市道路穿过，将小区分成东西两部分。

规划采用空间立交手法以平台将东西两部分联系起来，平台布置壮族风格亭廊、音乐喷泉、花坛绿化，形成中心广场；公共设施集中在广场周围地段，形成小区中心。

住宅建筑采用多、低、高层相结合的手法分区布置，高低错落有致，空间丰富具有识别性。主要道路骨架由两条弧形干道相向布置，可便捷地到达各组团，沿干道布置带状绿化将组团联接成整体。机动车一般不进入组团，组团停车设在入口处和住宅架空底层，汽车停车位达 30%。

小区用地 26.78hm²，总人口 10024 人，总建筑面积 31.23 万 m²，住宅建筑面积净密度 2.70 万 m²/hm²，住宅建筑净密度 28.25%. 绿地率 32.17%。

住宅设计

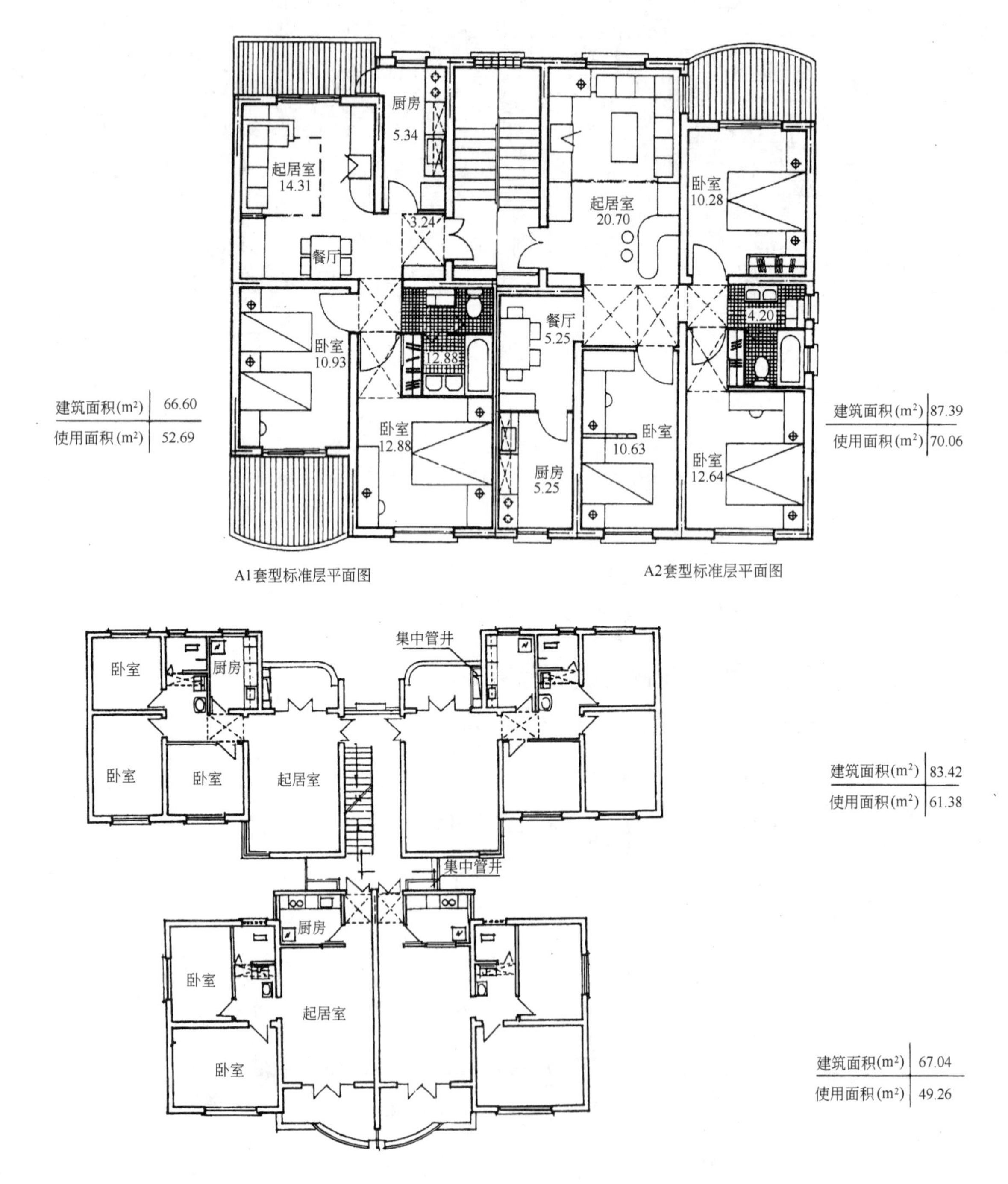

A1套型标准层平面图

A2套型标准层平面图

4. 南京南苑二村

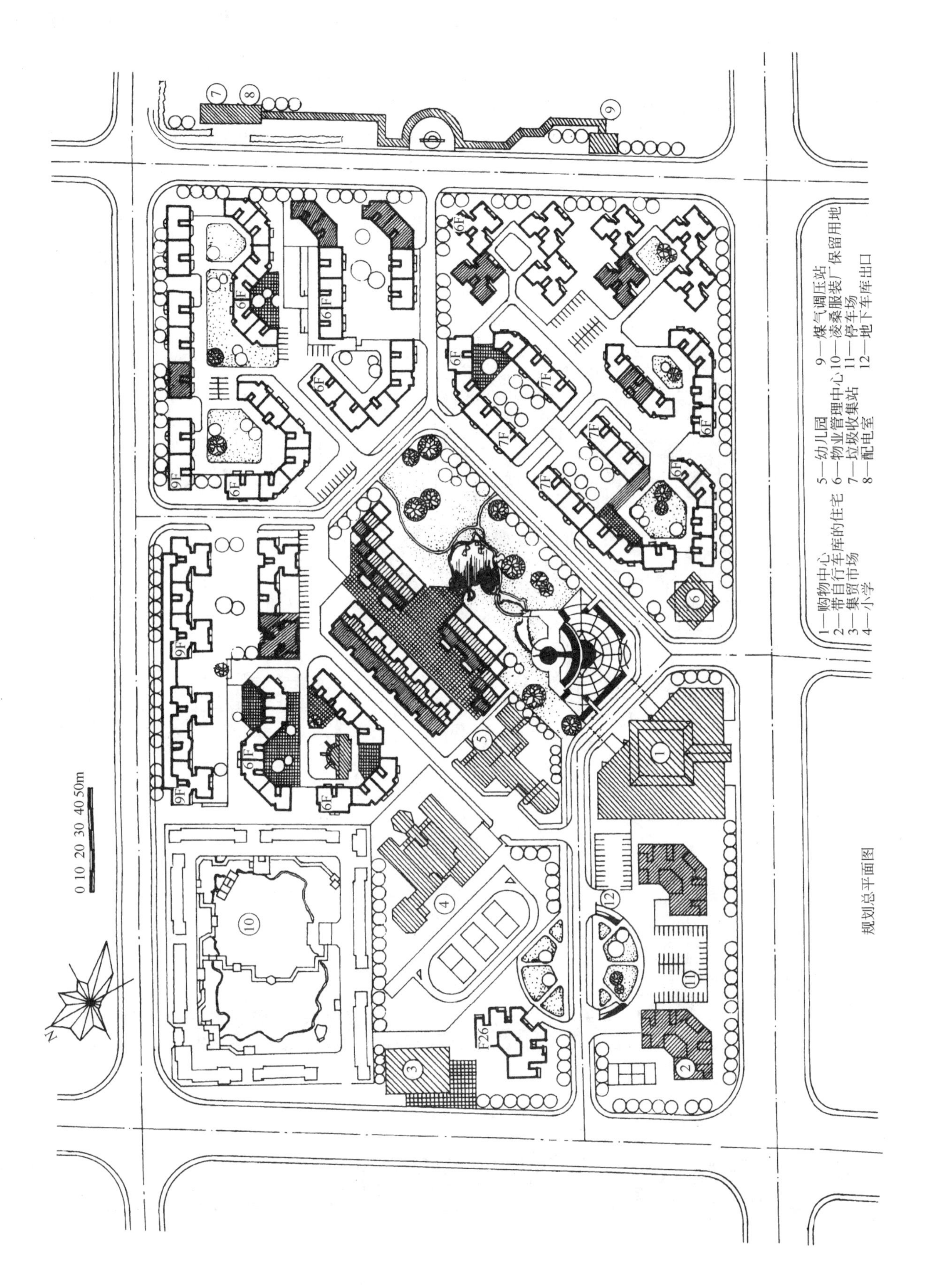

规划总平面图

南京南苑二村

小区位于南湖居住区南端，南临城市干道纬七路，西临南湖二号路，与南湖居住区中心相连，场地平整，西北部拟建一服装厂。

规划结构为小区一邻里群落，淡化组团层次，以求强化邻里空间的个性和居住归属感。以高、多、低层住宅群组合空间，以大片绿地为中心，由低而高向四周扩展，形成四周高，中间低的围合空间，视野舒展。

小区道路为三级结构，采用环状与树枝状尽端式相结合的形式，减少穿行干扰。公共服务设施分布于小区主要出入口，兼顾内外服务，使用方便。小区绿化以中心绿地为主体，辅以道路带状绿地与邻里庭院绿地连接，形成点、线、面结合的绿化系统。

小区用地 12.16hm²，总人口 6080 人，总建筑面积 22.11 万 m²，住宅建筑面积净密度 2.74 万 m²/hm²，住宅建筑净密度 31.9%，绿地率 42.50%。

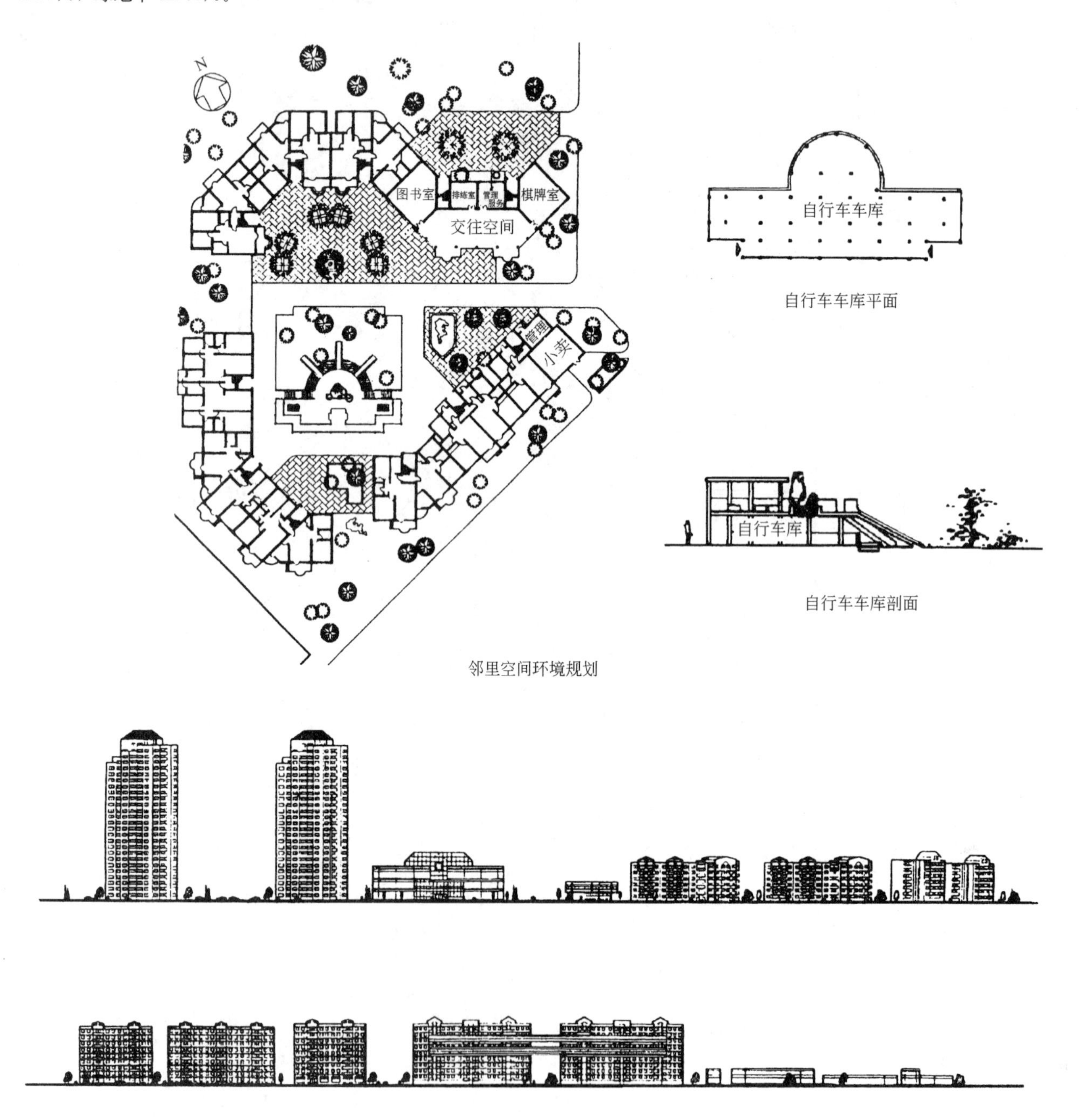

邻里空间环境规划

自行车车库平面

自行车车库剖面

沿街立面图

住宅设计

套　型	建筑面积 (m^2)	使用面积 (m^2)
二室二厅	74.25	60.79
三室二厅A	91.49	73.82
三室二厅B	88.28	72.27

F型标准层平面图

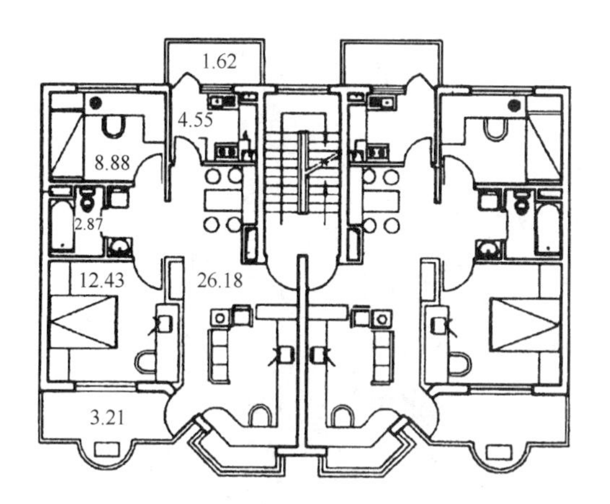

E型标准层平面图

套　型	建筑面积 (m^2)	使用面积 (m^2)
三室二厅	140.37	89.63
二室二厅A	120.05	91.29
二室二厅B	114.76	81.30

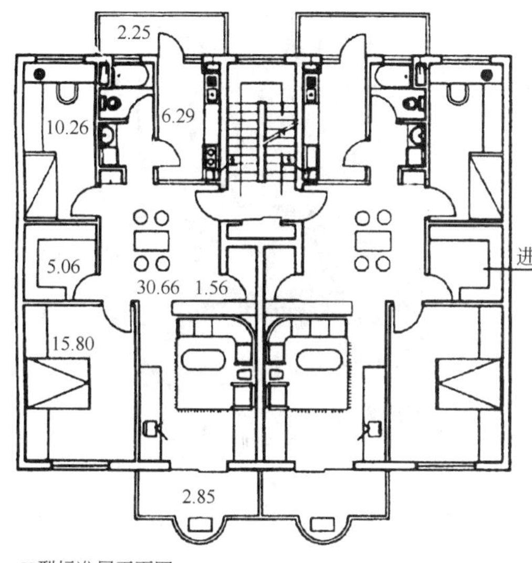

H型标准层平面图

套　型	建筑面积 (m^2)	使用面积 (m^2)
E型二室二厅	76.13	59.74
H型二室二厅	98.37	84.85

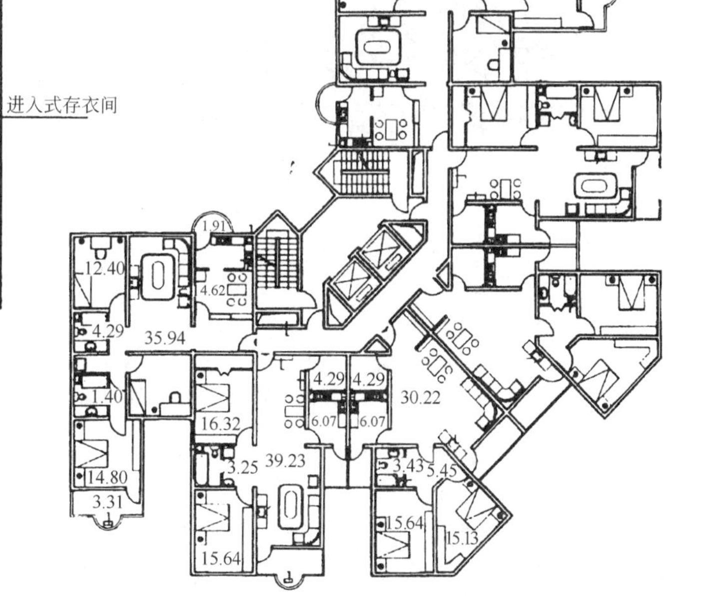

J型标准层平面图

5. 梧州绿园居住小区

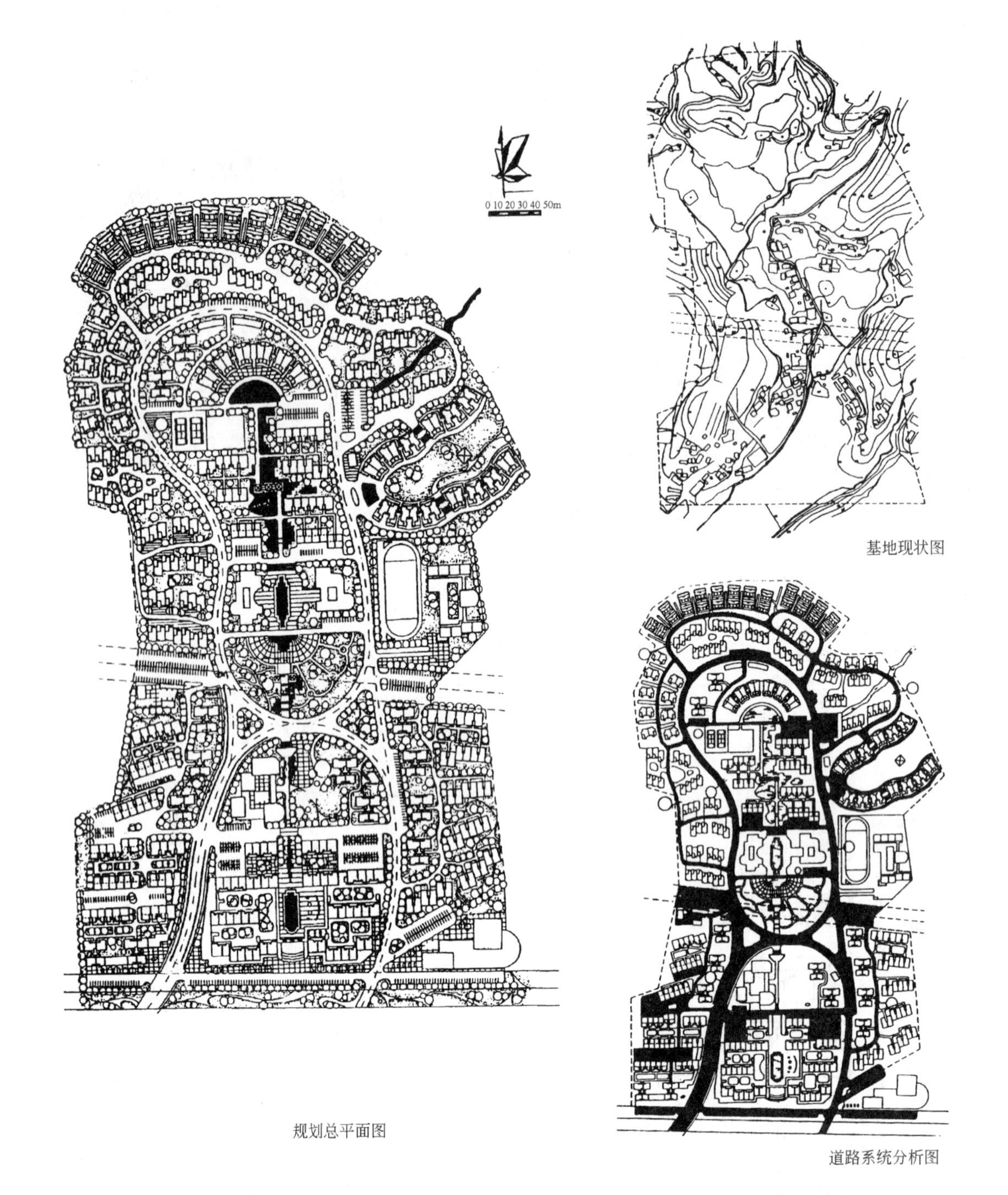

基地现状图

规划总平面图

道路系统分析图

绿园小区位于广西梧州市河西大塘行政中心，小区三面环山，基地为一北高南低的丘陵地，高差15～30m。

小区路网规划顺应地形并按人行轨迹布局，干道呈“8”字形，南向设两个主要出入口直通市区，形成一个人行、自行车、小汽车的合理流向，机动车一般不进入组团，但小区纵深较大，仍有一定汽车交通干扰。组团划分结合地形，构成形式多样。

小区绿化以生态绿化和行为绿化相结合，充分利用基地的地形，原有树木、水系，组织了中央步行景观主轴，自南向北拾步而上，设有形式各异的广场，蜿蜒曲折的山洪水系配以亭廊，果木葱茏，具有浓郁的南方山水风味，构成小区的景观特征，成为居民的生活活动中心。

小区用地22.1hm²，总人口6100人，总建筑面积25.55万m²，住宅建筑面积净密度2万m²/hm²，住宅建筑密度35.69%，平均层数5.18层，绿地率38.10%。

住宅设计——大开间菜单式住宅

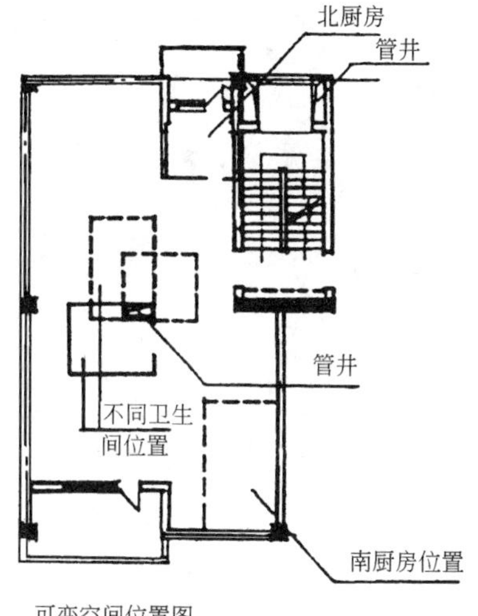

可变空间位置图

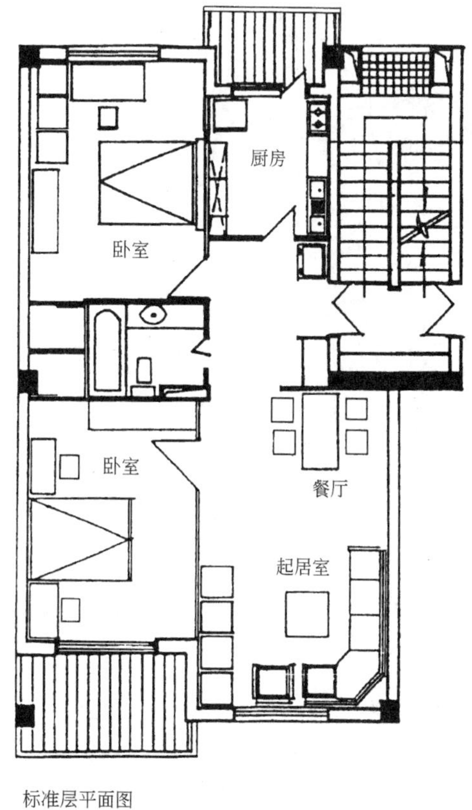

标准层平面图

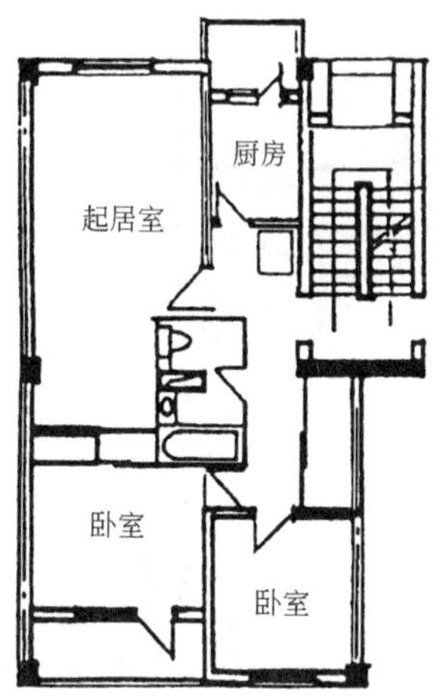

菜单之一

菜单之二

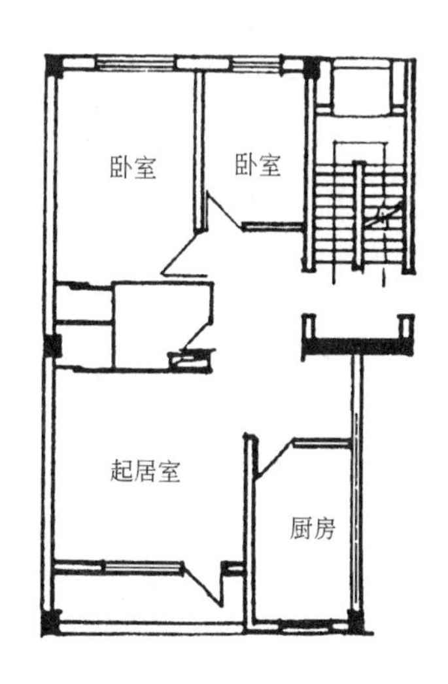

菜单之三

住宅设计——坡地分层住宅

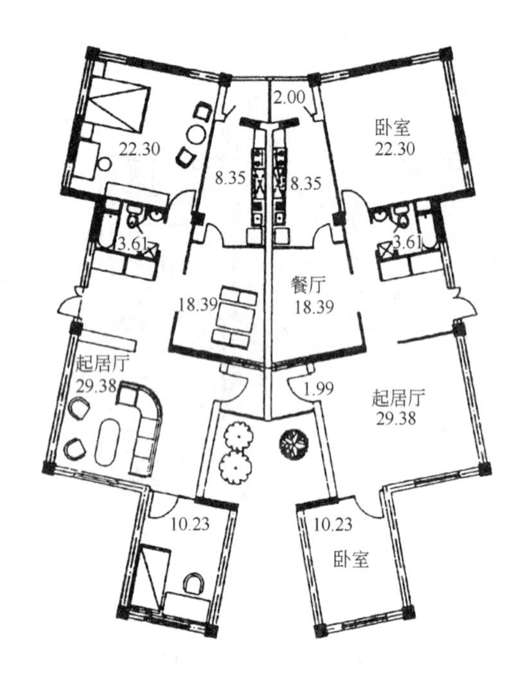

一层平面图

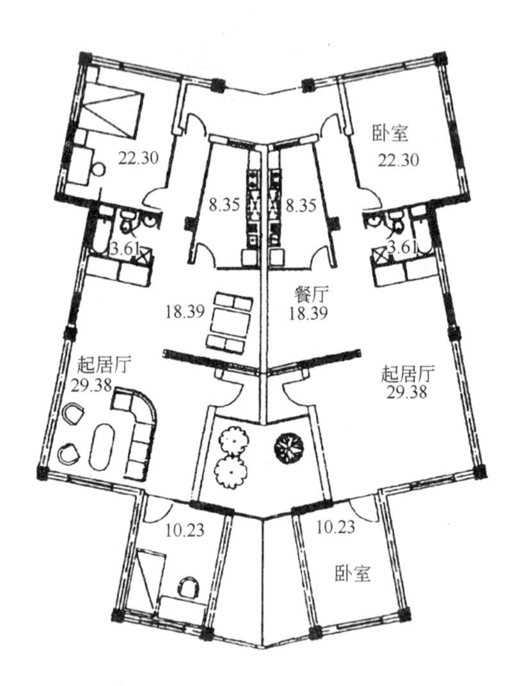

二层平面图

建筑面积(m^2)	97.2
使用面积(m^2)	81.3

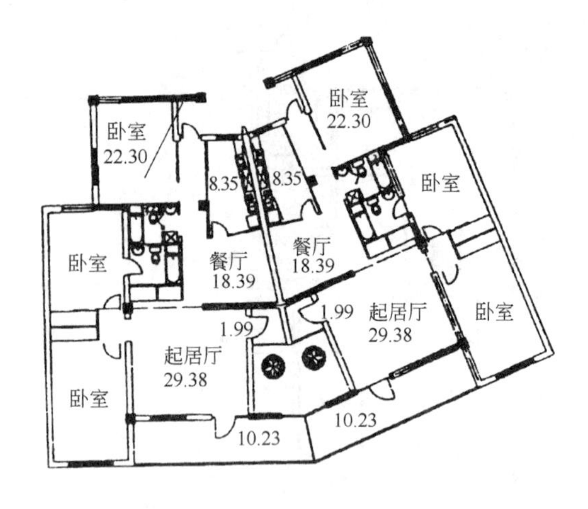

三层平面图

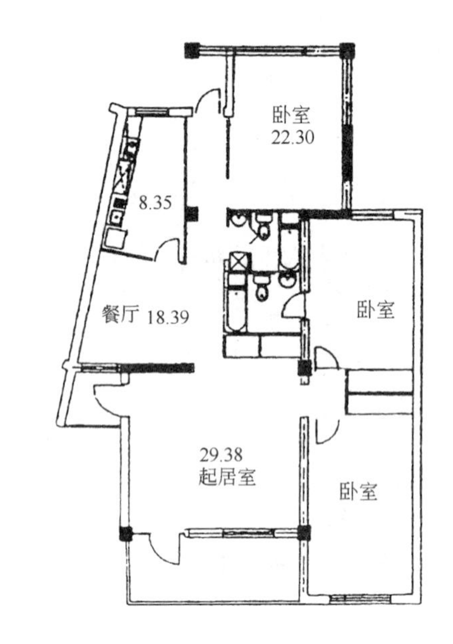

四、五层平面图

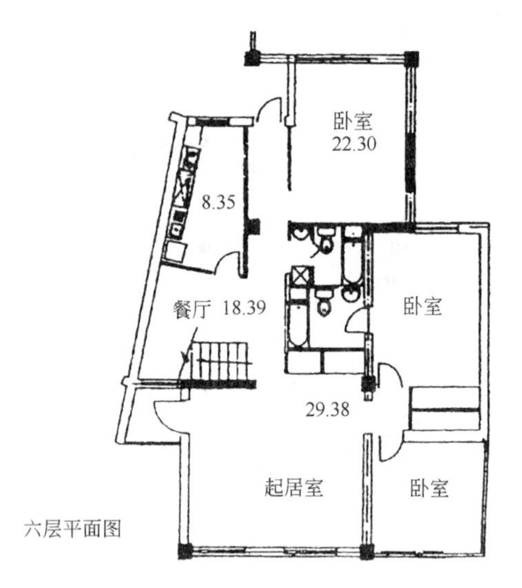

六层平面图

6. 西安大明宫花园小区

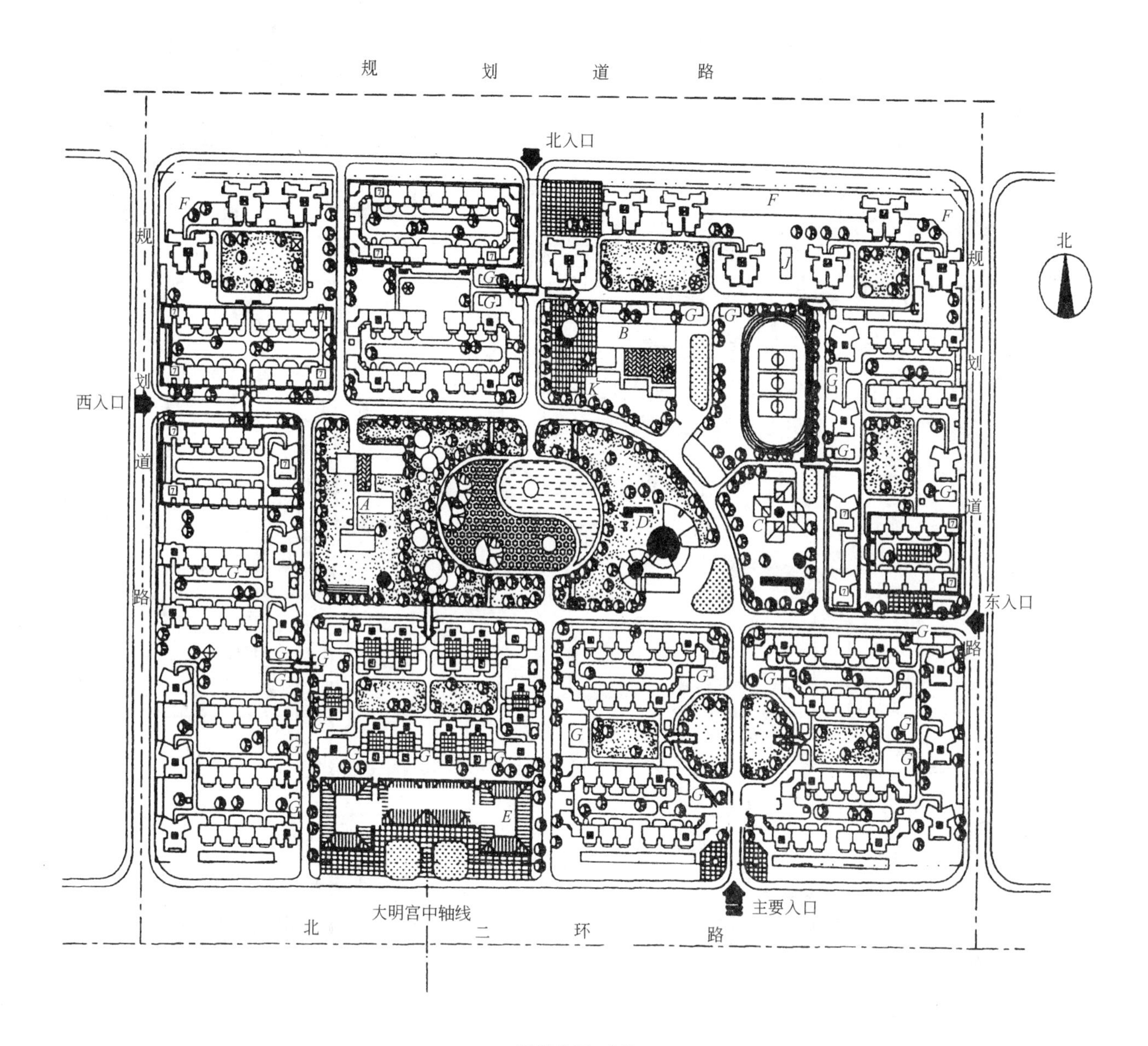

规划总平面图

A—幼儿园；B—小学校；C—幼儿园；D—社区中心；E—购物中心；F—沿街商店；G—自行车棚；
H—农贸市场；I—锅炉房；J—配电房；K—垃圾处理站；L—标志性小品

大明宫花园小区位于陕西西安市旧城北部龙首源头，与唐代大明宫遗址相邻，地形平坦，地块方整。

小区规划着意处理与大明宫遗址的关联，将购物中心轴线与大明宫遗址中轴线重合，并将该购物中心向北退后红线28m，形成“U”形开放空间，建筑采用传统形式，使其与唐大明宫建筑群相协调，成为大明宫轴线的延伸和结尾，使城市中两组性质不同的空间既联系、又区分，同时保证小区居住环境的安静，轴线后面又以低层住宅作过渡，保证了空间的完整性。

小区道路骨架清晰，采用仿长安里坊式格局划分组团，既保证组团用地的完整性，又与地域文脉相承接，全区划分的八个组团，其中A区为高层区，E区为低层区，其余为多层区，每个组团入口处设置组团管理用房和贴近居民生活需要的便民设施。自行车和小汽车停车，采用露天、地下、半地下、架空底层等多种停车设施。

小区用地 $22hm^2$，总人口 14833 人，总建筑面积 39 万 m^2，住宅建筑面积净密度 2.90 万 m^2/hm^2，绿地率 39.4%。

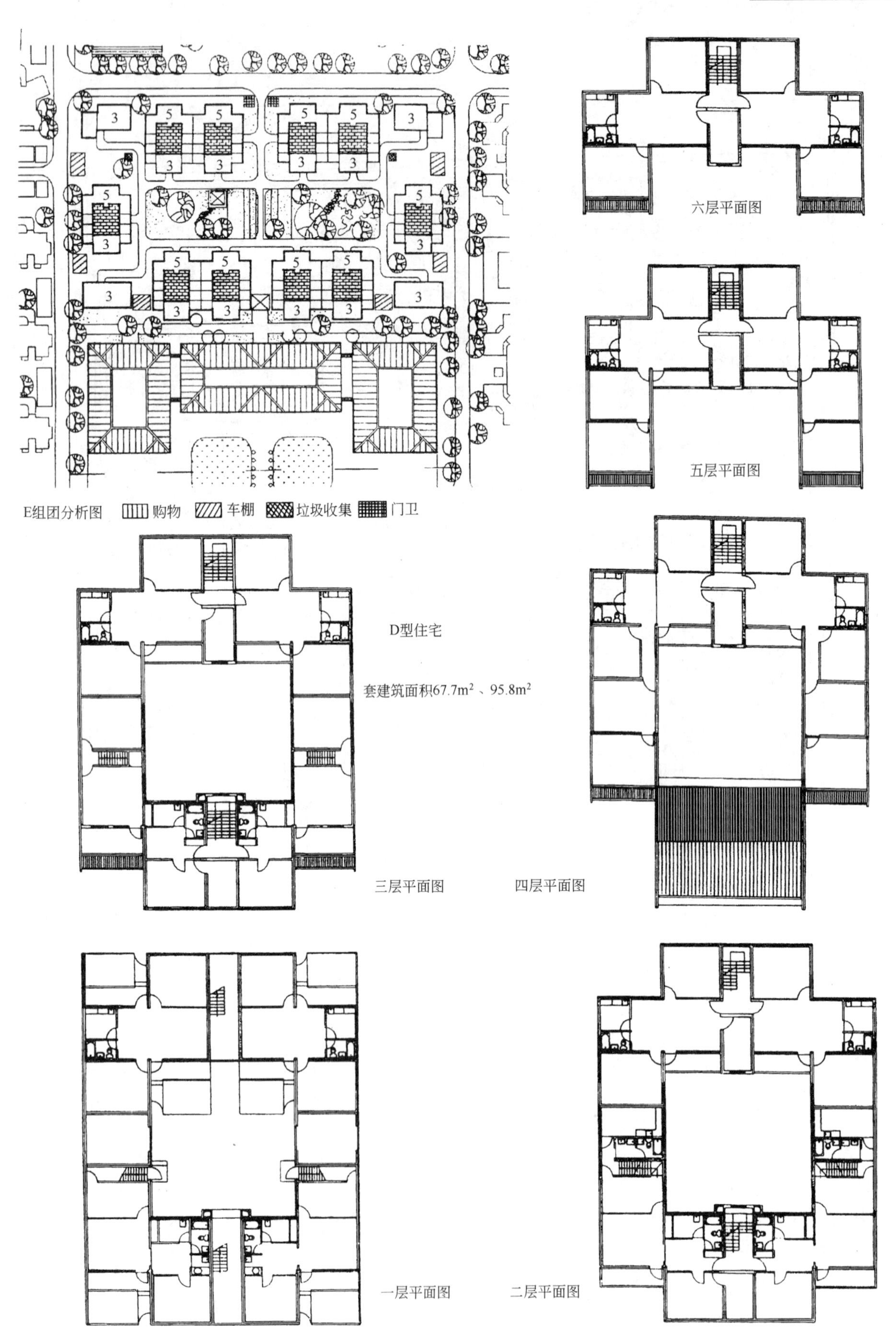

E组团分析图

六层平面图

五层平面图

四层平面图

三层平面图

二层平面图

一层平面图

西安大明宫花园小区

住宅设计

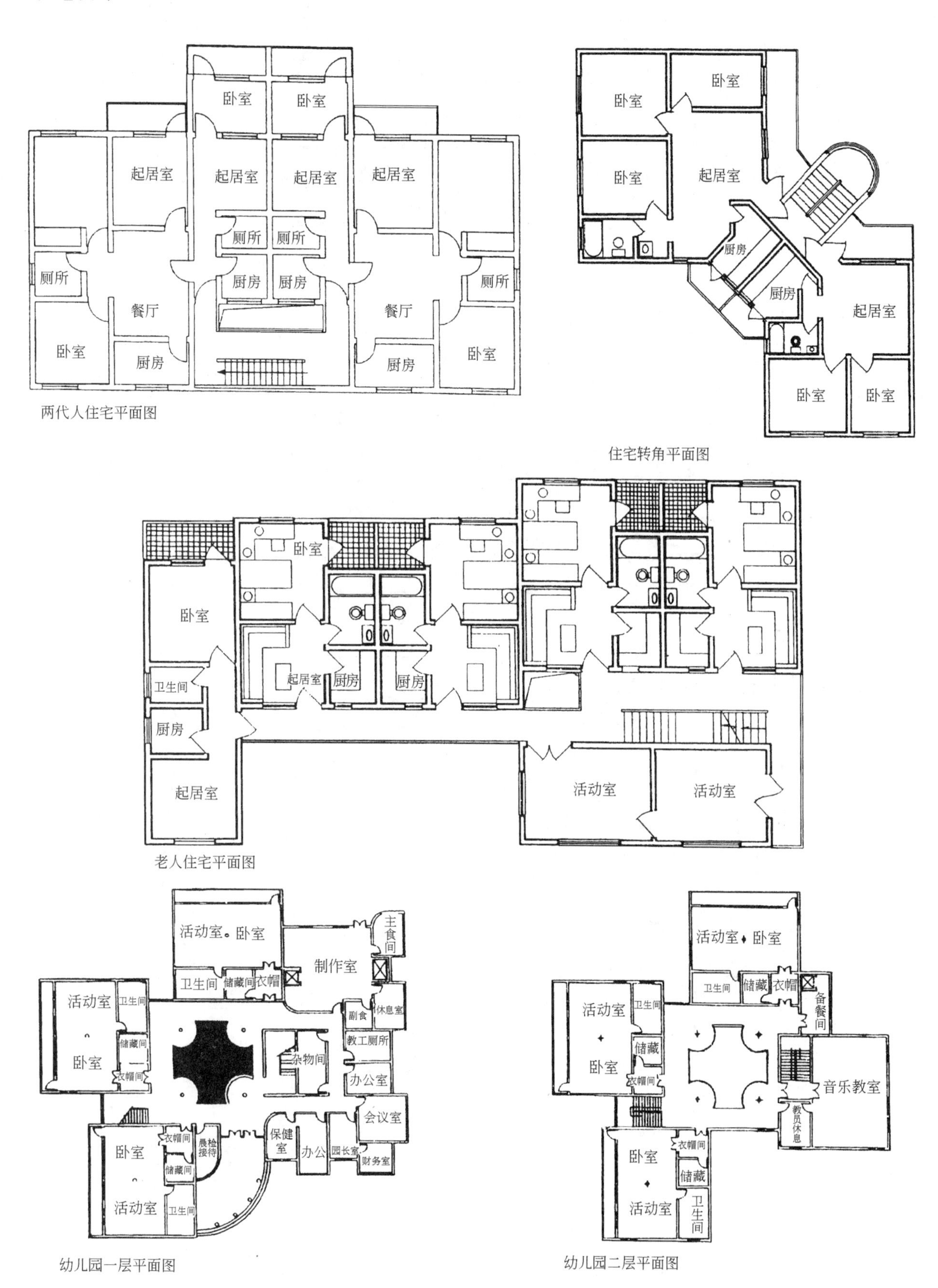

两代人住宅平面图

住宅转角平面图

老人住宅平面图

幼儿园一层平面图

幼儿园二层平面图

7. 北京恩济里小区

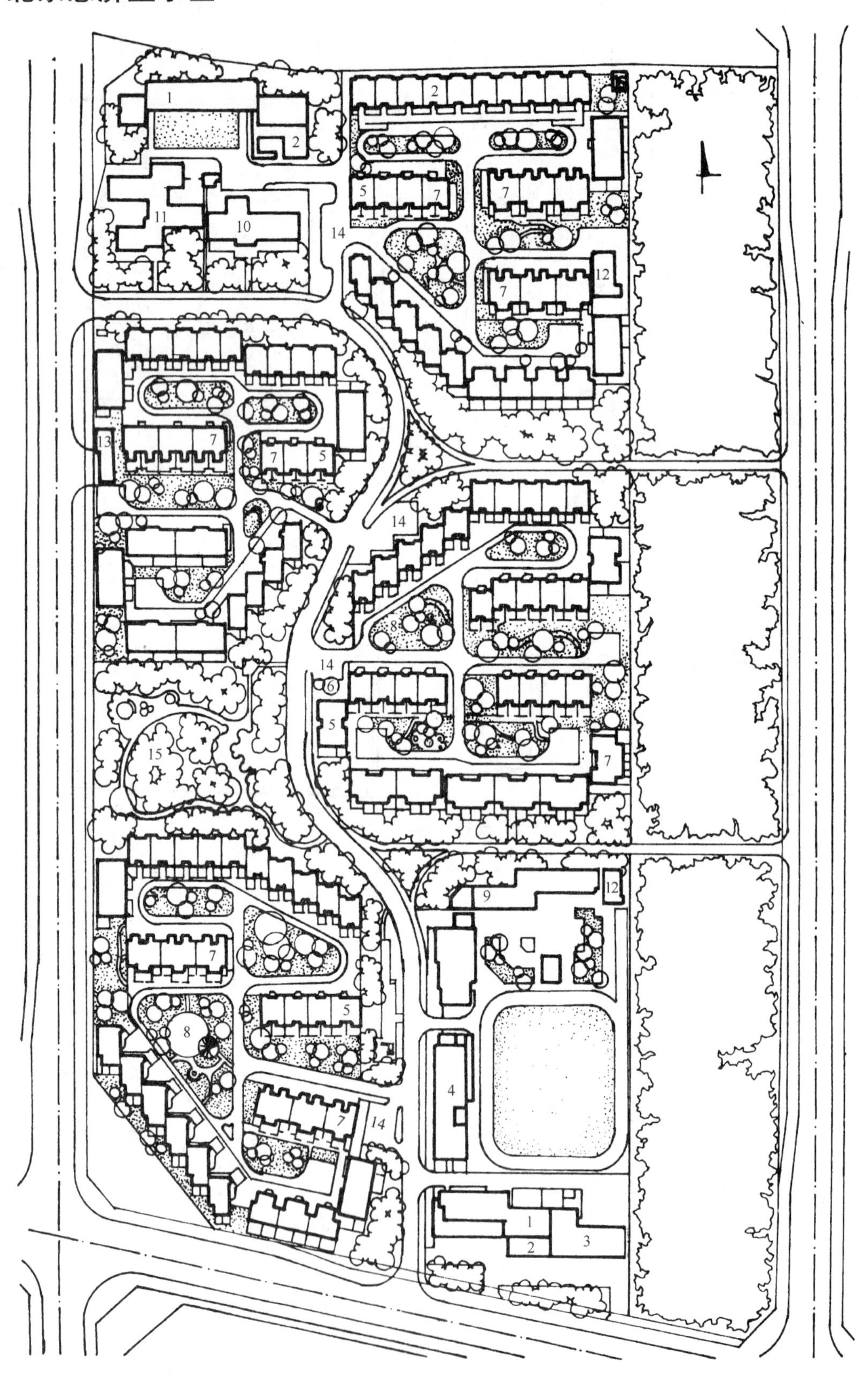

规划总平面图

1—高层公寓；2—底层商业；3—底层农贸市场；4—小区管理；5—底层居委会；6—信报箱；7—附建式地下车库；8—单建式地下车库；9—小学；10—托儿所；11—幼儿园；12—变电站；13—垃圾站；14—小汽车停放；15—中心花园；16—公厕

北京恩济里小区

北京恩济里小区位于北京市西郊，距阜成门约 6km，小区西临 21 世纪学校，东边临近八里庄古塔、玲珑公园和京密运河，风景秀丽，环境优美。

规划布局吸取了北京胡同和上海里弄的特点；顺应窄长地块以南北走向的蛇形干道将小区划分为四个半公共组团空间，树枝状、尽端式组团道路可达每个单元入口，既杜绝外部车辆穿行，又防止闯入无关闲人。

公共设施布置遵循居民行为轨迹，商店、农贸市场等置于南北两出入口处，车库分别置于各组团出入口，存取方便，小区管理处、活动站靠近南入口，便于使用，托幼处于背静位置，小学设于东侧，兼顾东边小区学生上学，主要路旁适中位置布置中心绿地和林荫带，对景位置有休息亭、石雕等小品，环境宜人。

住宅组团吸收北京传统四合院形态，“内向、封闭、房子包围院子”，设一个出入口，居委会设近旁住宅楼底层，院墙附设信报箱，管理和服务均很方便，具有较强的安全防卫和归属感。住宅采用大进深、北退台，节约用地，并有良好朝向，南向住户达 95.9%。

小区用地 9.98hm^2，总人口 6352 人，总建筑面积 12.9 万 m^2，住宅建筑面积净密度 1.65 万 m^2/hm^2，平均层数 5.3 层。

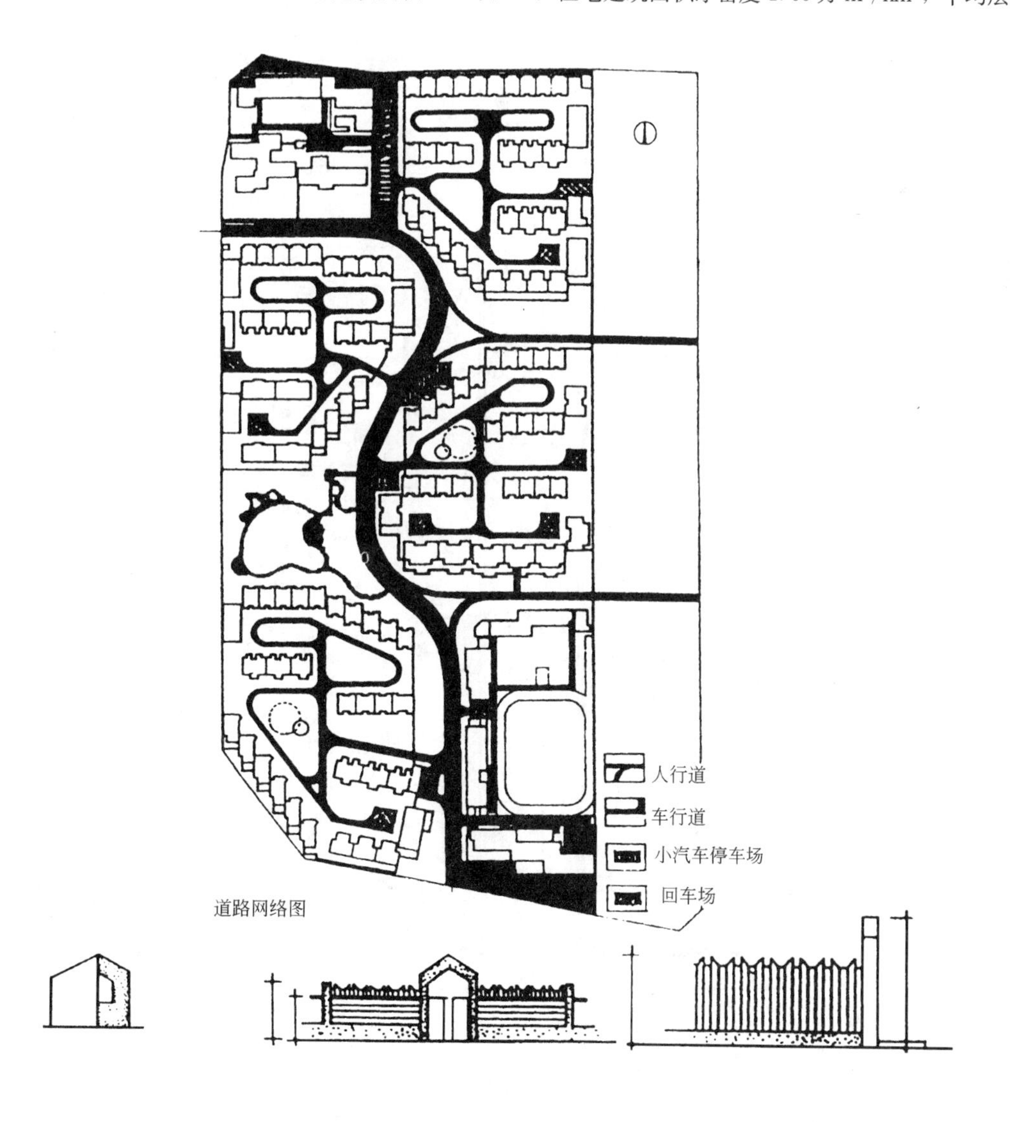

道路网络图

住宅设计

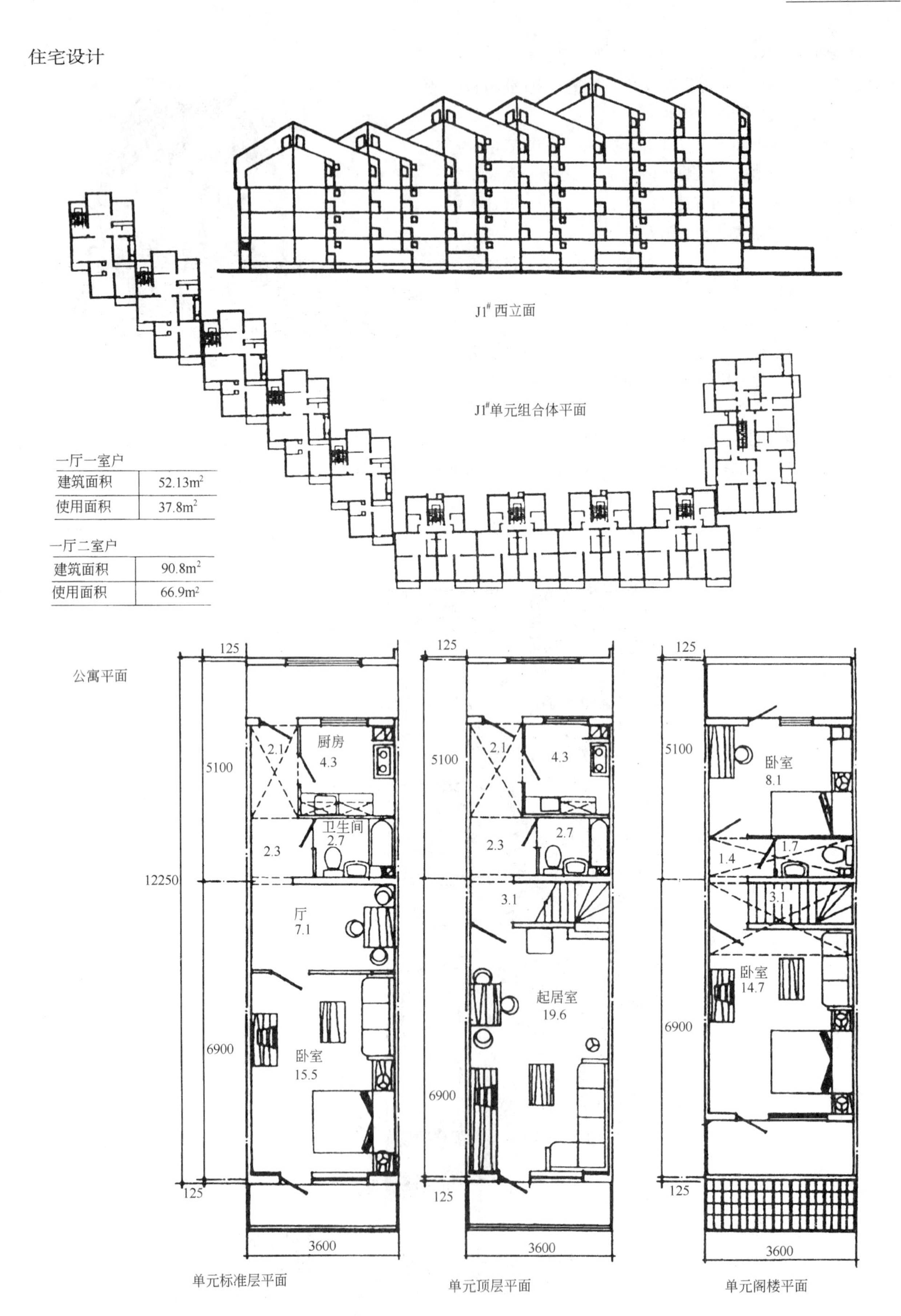

一厅一室户

建筑面积	52.13m²
使用面积	37.8m²

一厅二室户

建筑面积	90.8m²
使用面积	66.9m²

8. 上海康乐小区

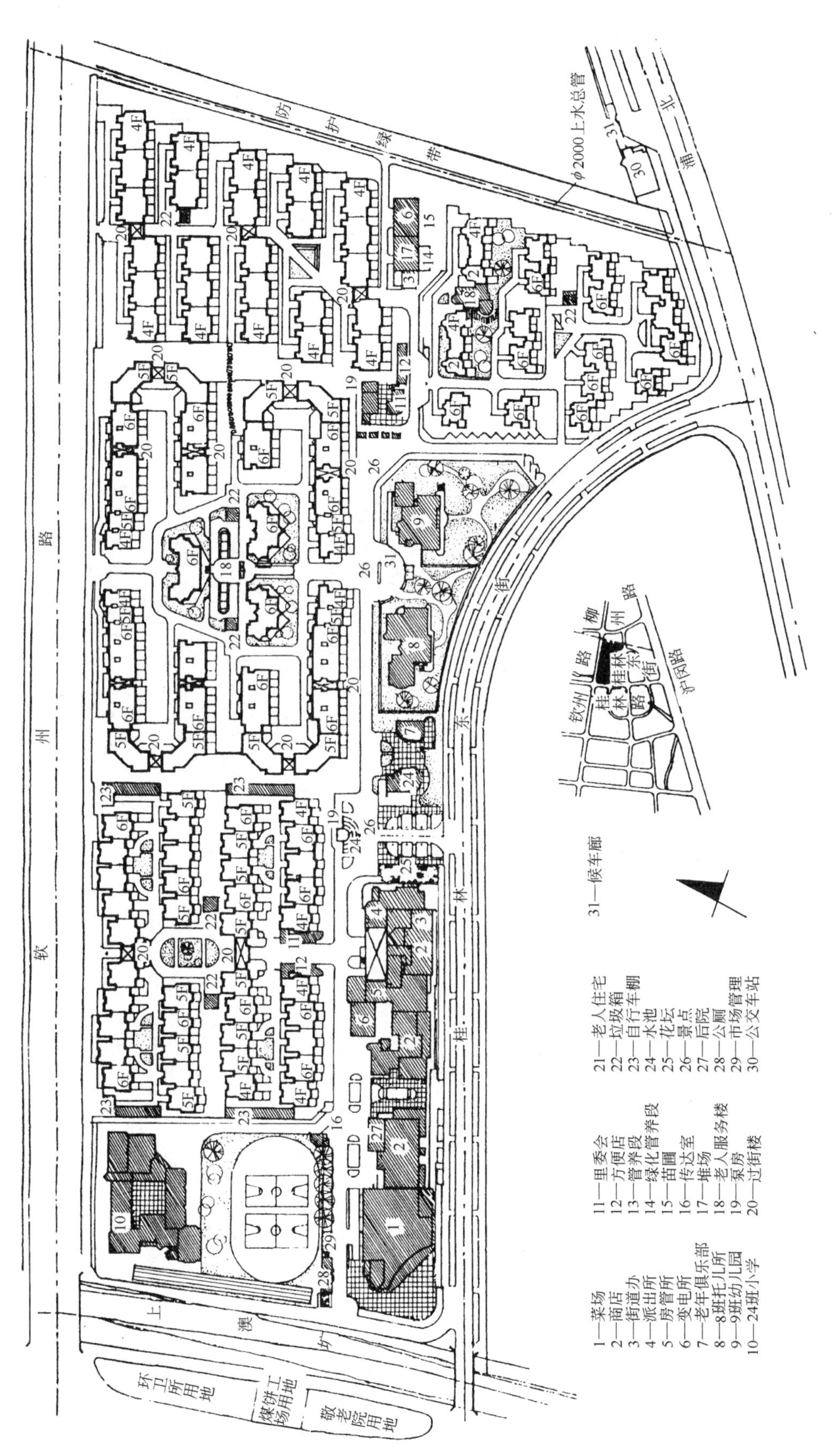

规划总平面图

上海康乐小区位于上海市郊西南部的漕河泾地区。针对上海人多地紧、房挤、资金少的实际情况，吸取里弄式建筑密度高、生活方便、闹中取静、归属感强、邻里关系密切，具有安全感和亲切感等优点，小区采用三级结构，强化院落设施。

小区绿化系统采用庭院绿化、宅旁绿地、集中绿地三种形式，通过绿化统一小区大环境，运用植物配置，从形态、色彩、季相的变化，来区分以春、夏、秋、冬为特征的四个组团的景观，同时在串连四个组团的总弄两侧布置题名为“市井春色”、“清风乐音”、“稚气童心”、“怡园馨意”和“绿染阳关”的景点，统称“五联串珠”成为小区的一大特色。

小区级公建分别沿南侧和西侧道路布置，托幼居中，小学偏于西北角，整个小区配套公建设施采取大集中、小分散、沿街、近出入口的布置方式，为居民提供了方便的服务，并丰富了街景，减少了外界干扰。

小区用地 8.72hm²，总建筑面积 11.87 万 m²，总人口 7539 人，住宅建筑面积净密度 1.96 万 m²/hm²，绿地率 31.5%，平均每套建筑面积 48.08m²，平均层数 5.20 层。

住宅设计——住宅方案之一

南立面

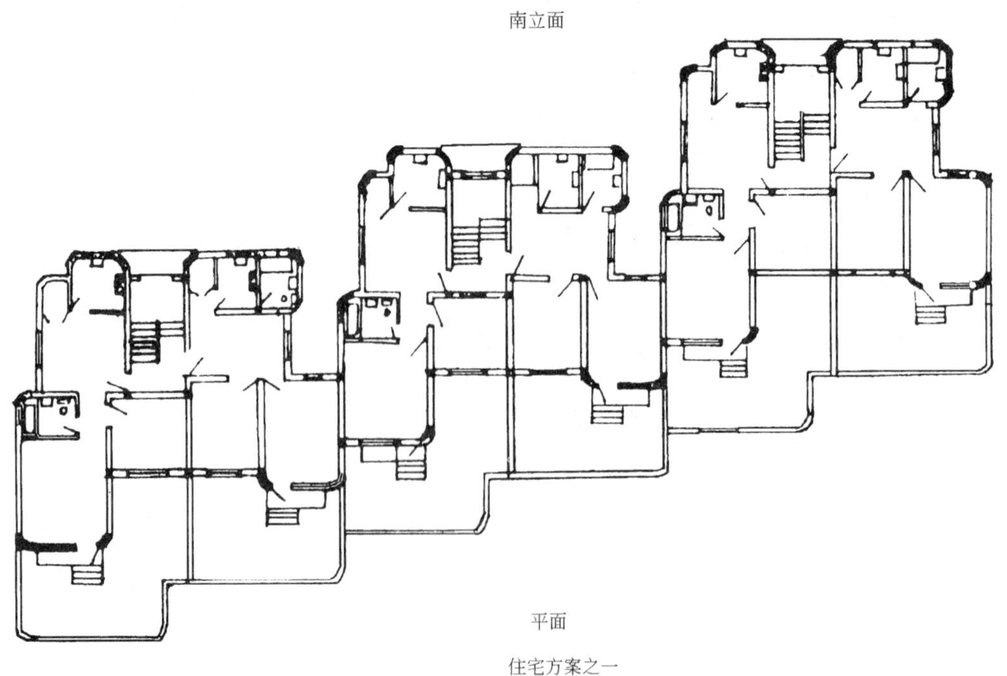

平面

住宅方案之一

住宅设计——住宅方案之二

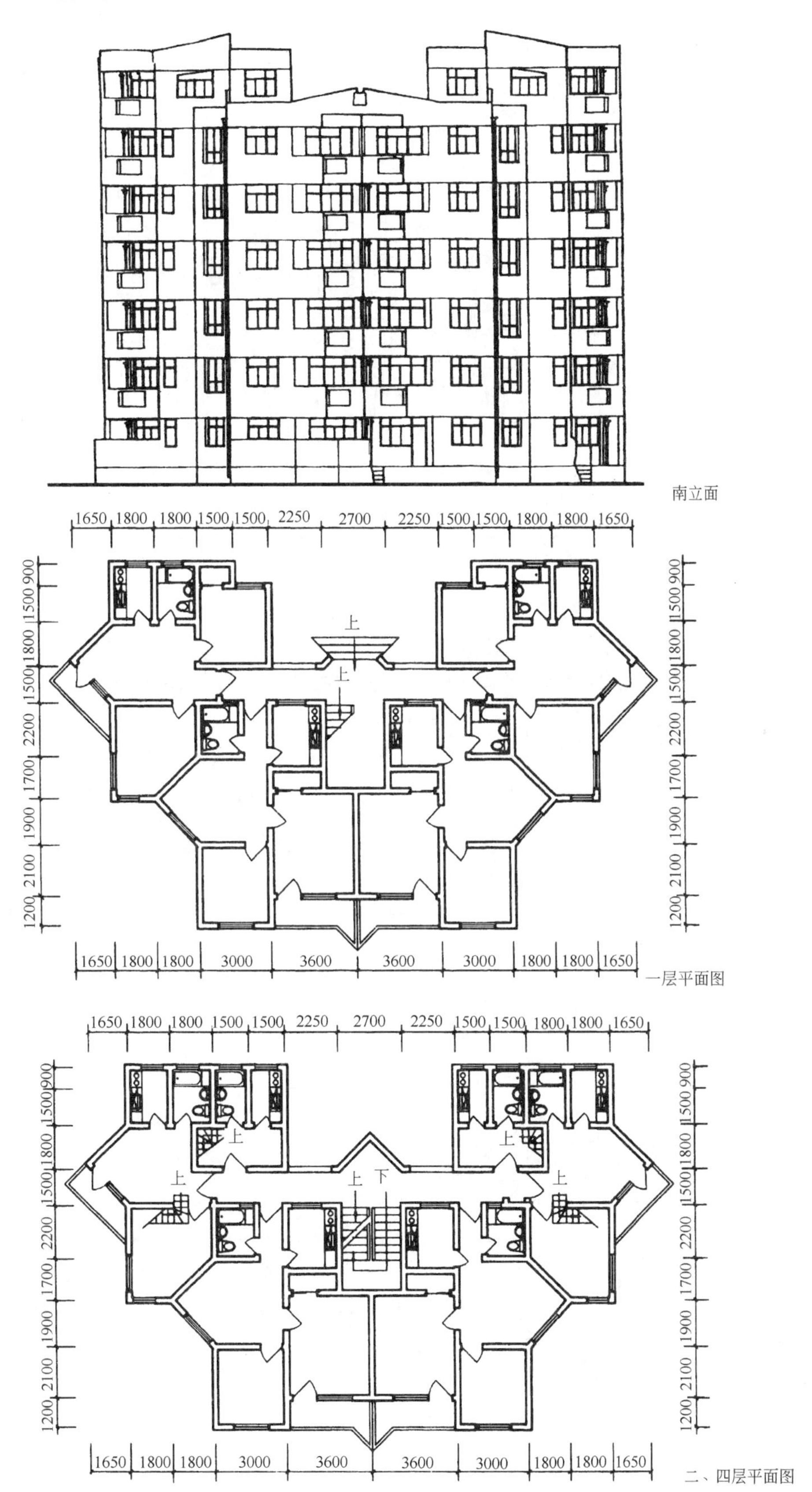

南立面

一层平面图

二、四层平面图

住宅设计——老年公寓

这是一种专为老年人设计的住宅，主要对象是没有小辈照顾的老年人，每户老人有一间居室和一间卫生间，每二户老人合用一个厨房和一个起居室，以满足老年人相互照顾和人际交往的生活要求。

康乐小区共设有二幢老年公寓，共可安置 64 户孤老安居。

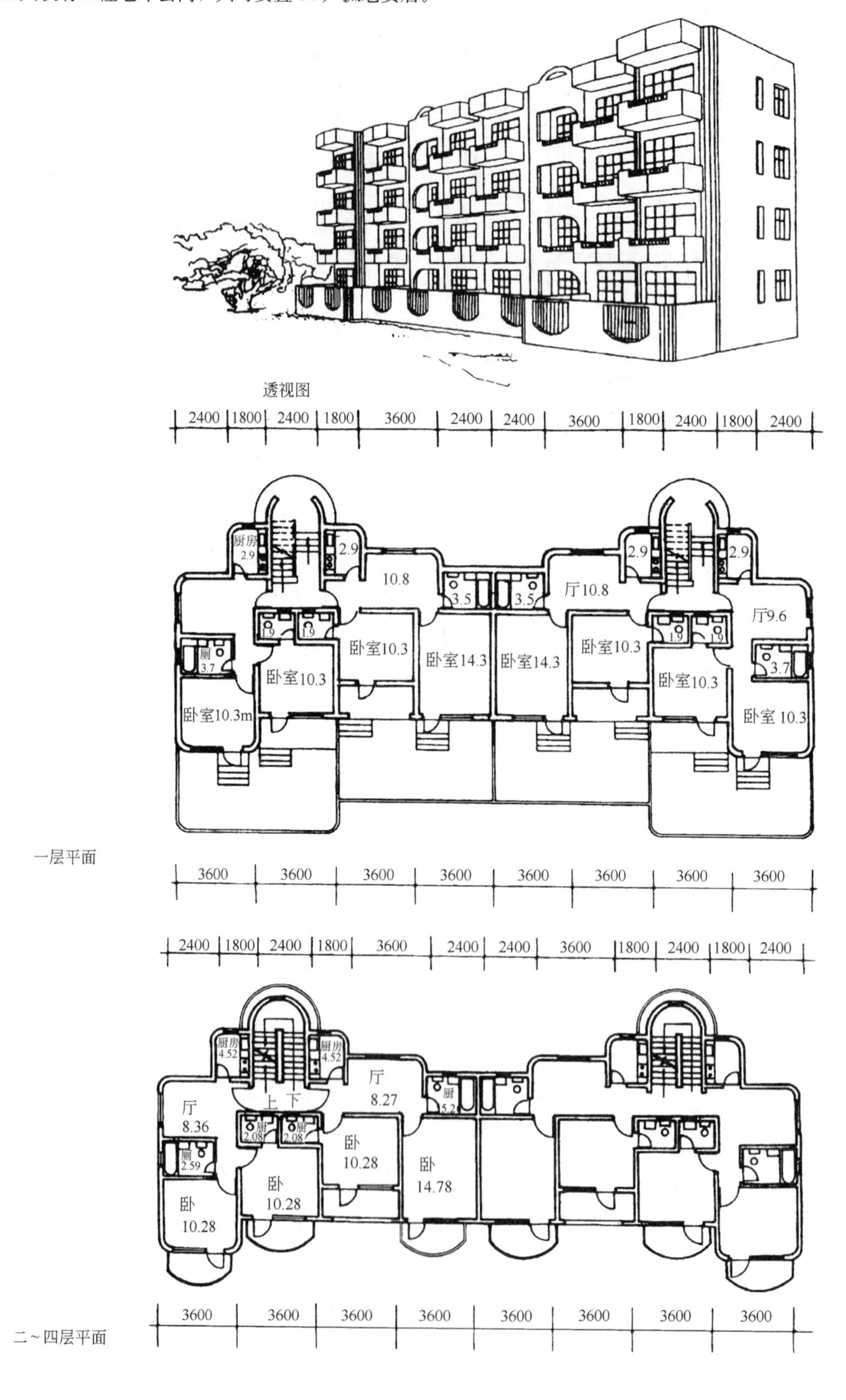

透视图

一层平面

二～四层平面

9. 成都棕北小区

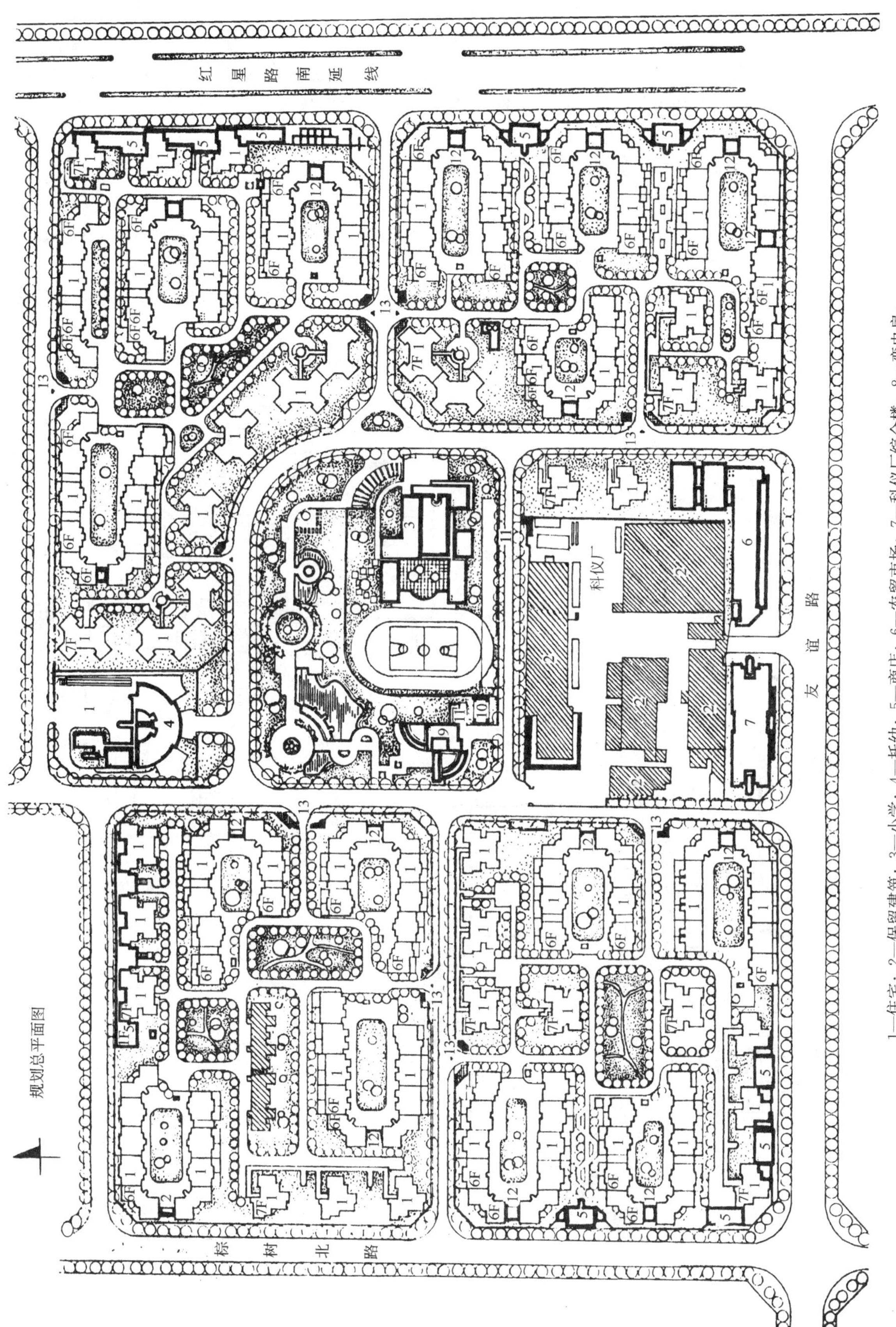

规划总平面图

1—住宅；2—保留建筑；3—小学；4—托幼；5—商店；6—农贸市场；7—科仪厂综合楼；8—变电房；
9—管委会；10—配气站；11—公共厕所；12—自行车棚；13—传达室

成都棕北小区是成都棕树居住区的9个小区之一，北邻科技大学，东、南和西面均临城市干道，基地南部保留科学仪器厂用地1.12hm²。

小区有4处对外车行道出入口，路网将用地分为5部分，中间为小区中心绿地和公建用地，周围分布4个居住组团，南侧保留用地以小区道路隔离。组团内以院落为主，适当穿插点式住宅，丰富空间布局，每个组团设有两个出入口，并在入口处设置管理用房，以增强领域感和安全感。

小区中心绿地是小区空间序列的高潮，也是小区的视觉中心，随着四周道路延伸，将绿地伸向每个组团，形成点、线、面结合的完整的绿化系统。

公建设施的布置，将小学、幼儿园、小区文化中心等设施置于中心绿地周围，使之成为大片绿地与住宅楼的过渡空间，同时也因其丰富的建筑体形和色彩起到画龙点睛的作用；而更小型的公用设施如设备站、公厕等也经精心修饰，隐于绿荫丛中；经营性商业服务设施则沿四周道路布置，为本小区居民服务的同时扩大经济效益，也起到限定小区空间，阻隔外围对小区干扰的作用。

小区用地12.25hm²，总人口8932人，总建筑面积15.59万m²，住宅建筑面积净密度1.93万m²/hm²。

住宅设计——转角单元
尽端单元

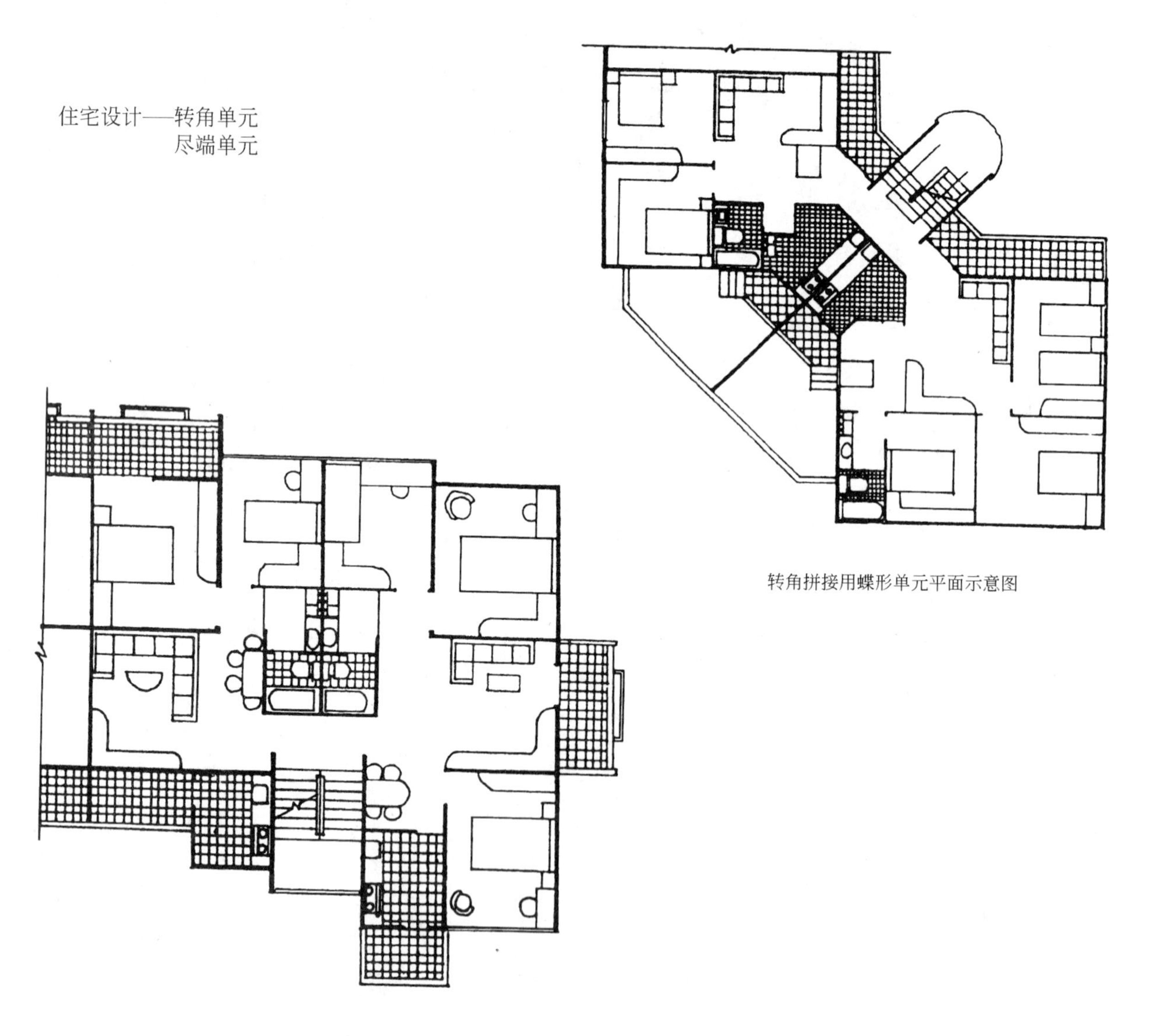

转角拼接用蝶形单元平面示意图

条形住宅尽端单元平面示意图

住宅设计——蛙型住宅

一梯四房、平面紧凑，使用面积系数较一般住宅高约5%。每户面宽水平方向为5.8m，45°方向为5.5m；用地节约，能组合成多种型体，有利于组团规划的灵活多变。

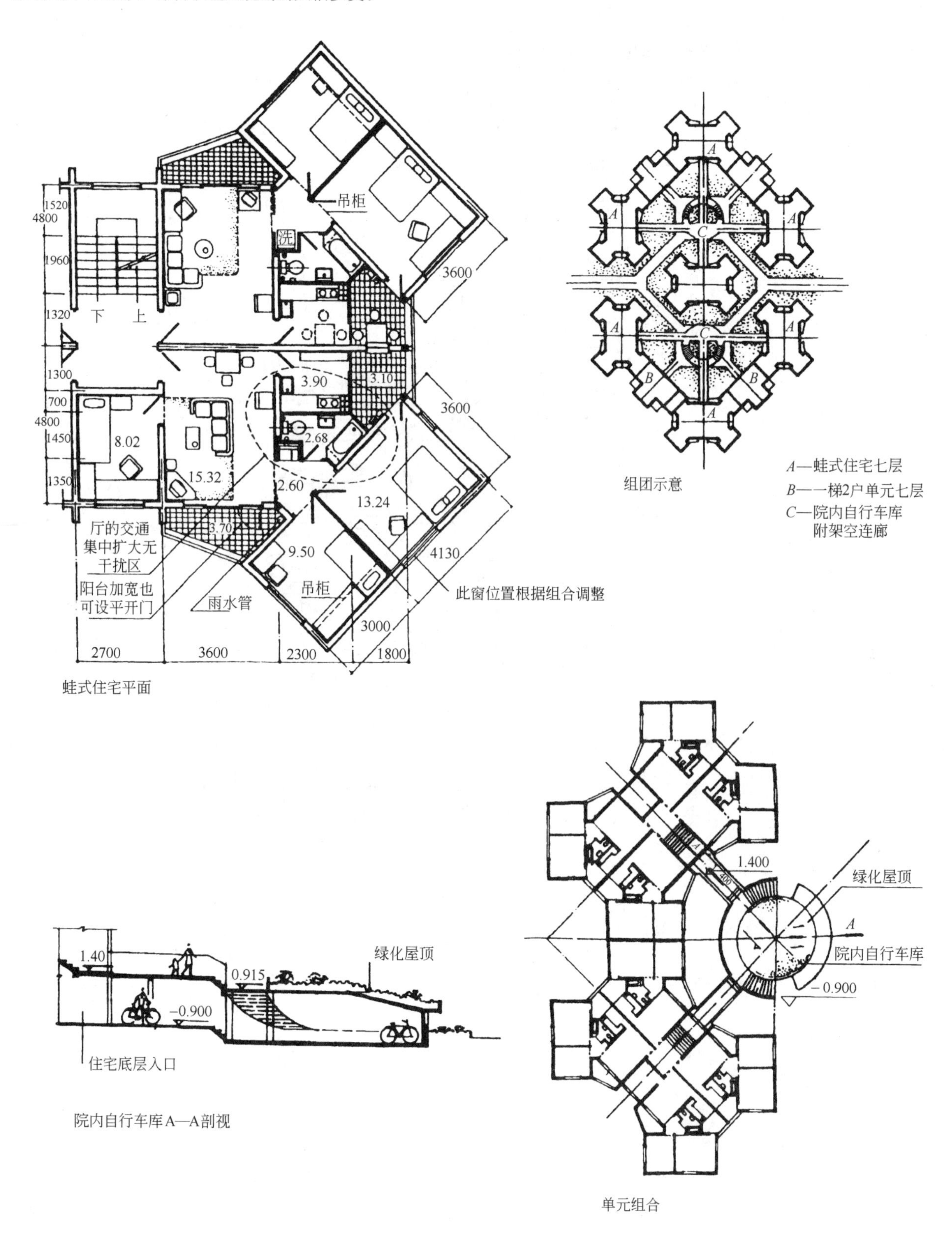

蛙式住宅平面

组团示意

院内自行车库A—A剖视

单元组合

10. 合肥琥珀山庄小区

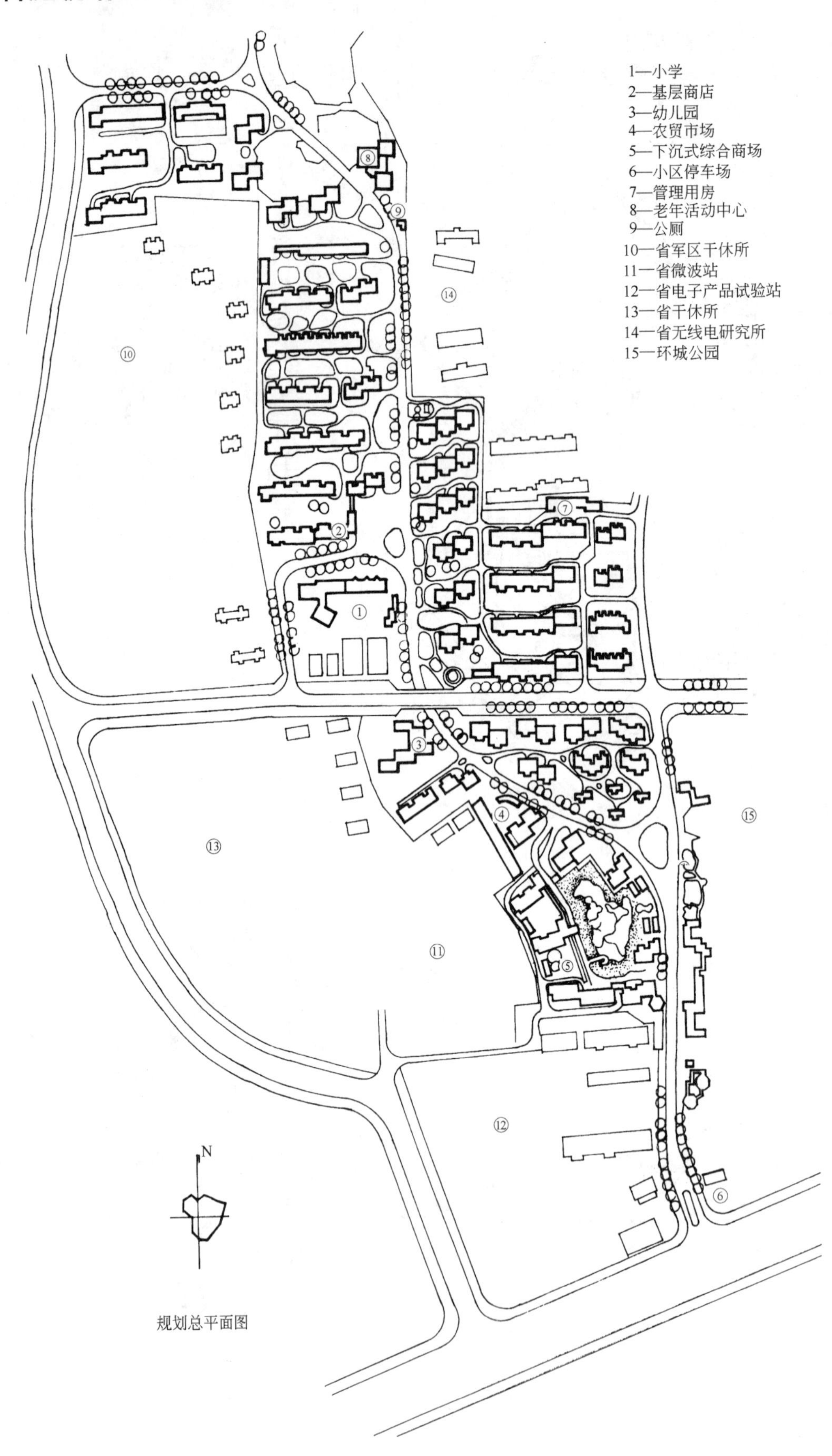

规划总平面图

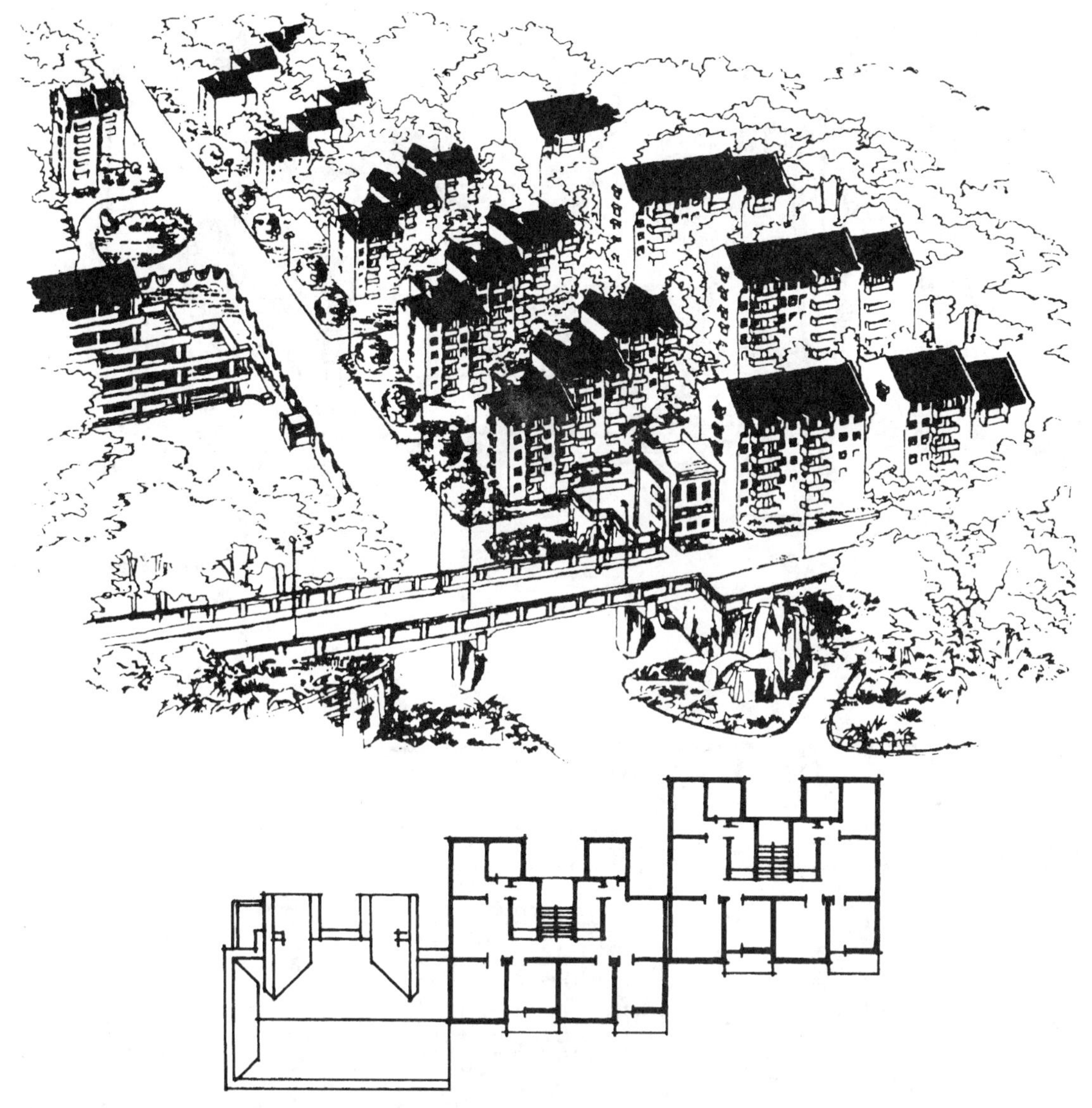

合肥琥珀山庄位于合肥市城西，紧靠旧城，毗邻环城公园，景色宜人，交通方便，琥珀山庄小区位于山庄南部，东邻环城公园，北为山庄西村，周围其他地段为单位用地；规划用地面积狭长且不规则，南北约750m，东西120～280m不等，地形起伏，南高北低、东高西低，最大高差约10m，中部有一条城市道路横向穿越。

小区规划以一条南北走向主干道将各组团串连成整体，主干道与城市道路交叉处采取立交，并利用其高差作停车场及人防工程。

小区中心布置在南入口处，利用地形作下沉式商业广场，上下贯以回廊，并用大踏步台阶与环城公园连接，成为小区重点景观，也为环城公园锦上添花；小学和幼儿园分设立交路堤两侧，临路堤设操场，使桥头有开阔视野；保留小区北端水塘作为小游园，结合水面布置老年活动中心、青少年活动中心，四幢点式住宅底层架空，拓展了绿地空间，并围合成一个大花园；利用环城公园接壤，布置华侨公寓和独院式住宅；利用坡地布置叠落式住宅，小区充分利用地形自然条件，丰富了室外环境，形成山庄风貌。

小区用地14.40hm^2，总人口4998人，总建筑面积11.76万m^2，住宅建筑面积净密度1.7万m^2/hm^2，平均住宅层数5.01层，绿地率31.7%。

幼儿园入口透视

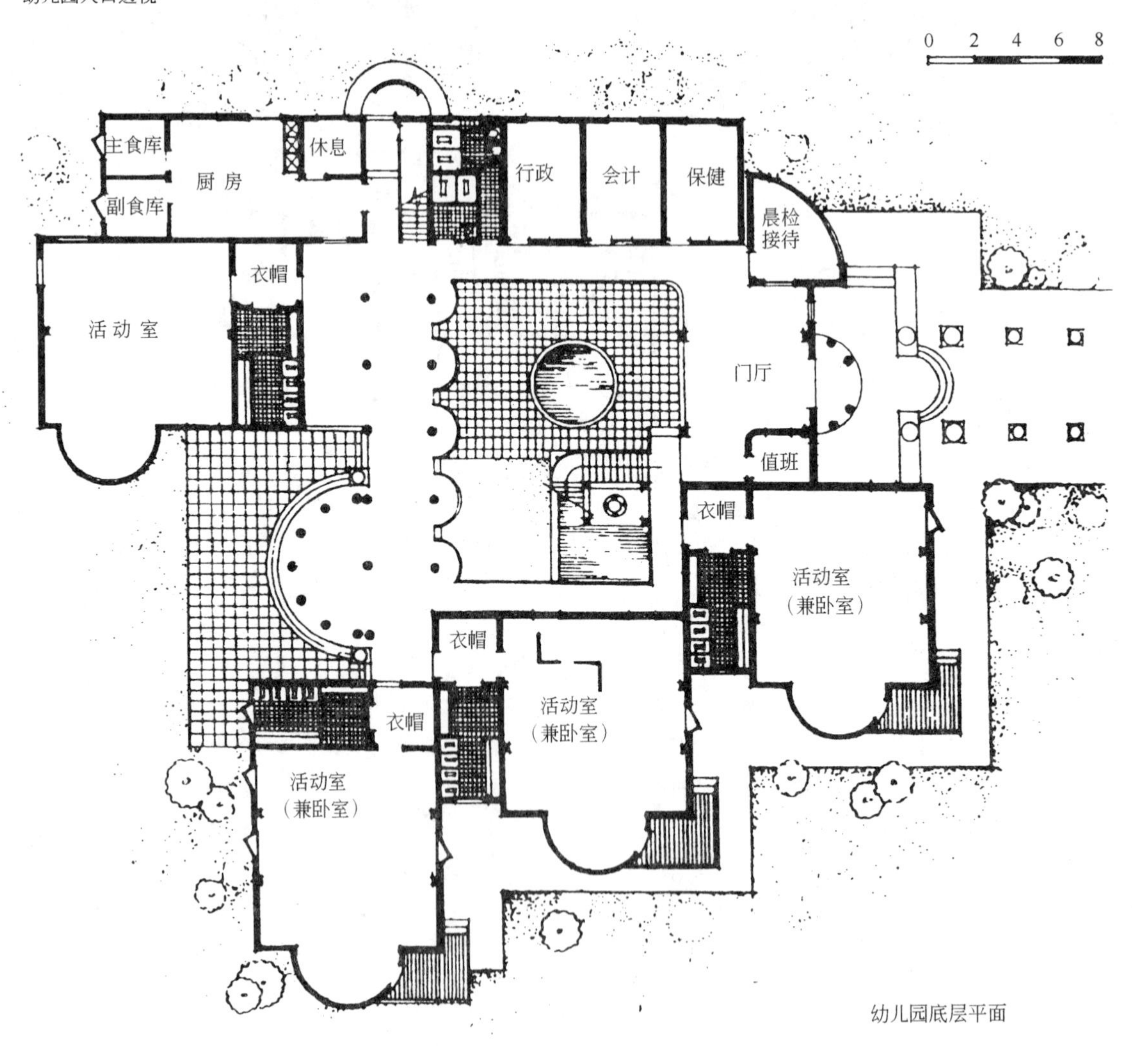

幼儿园底层平面

11. 青岛四方小区

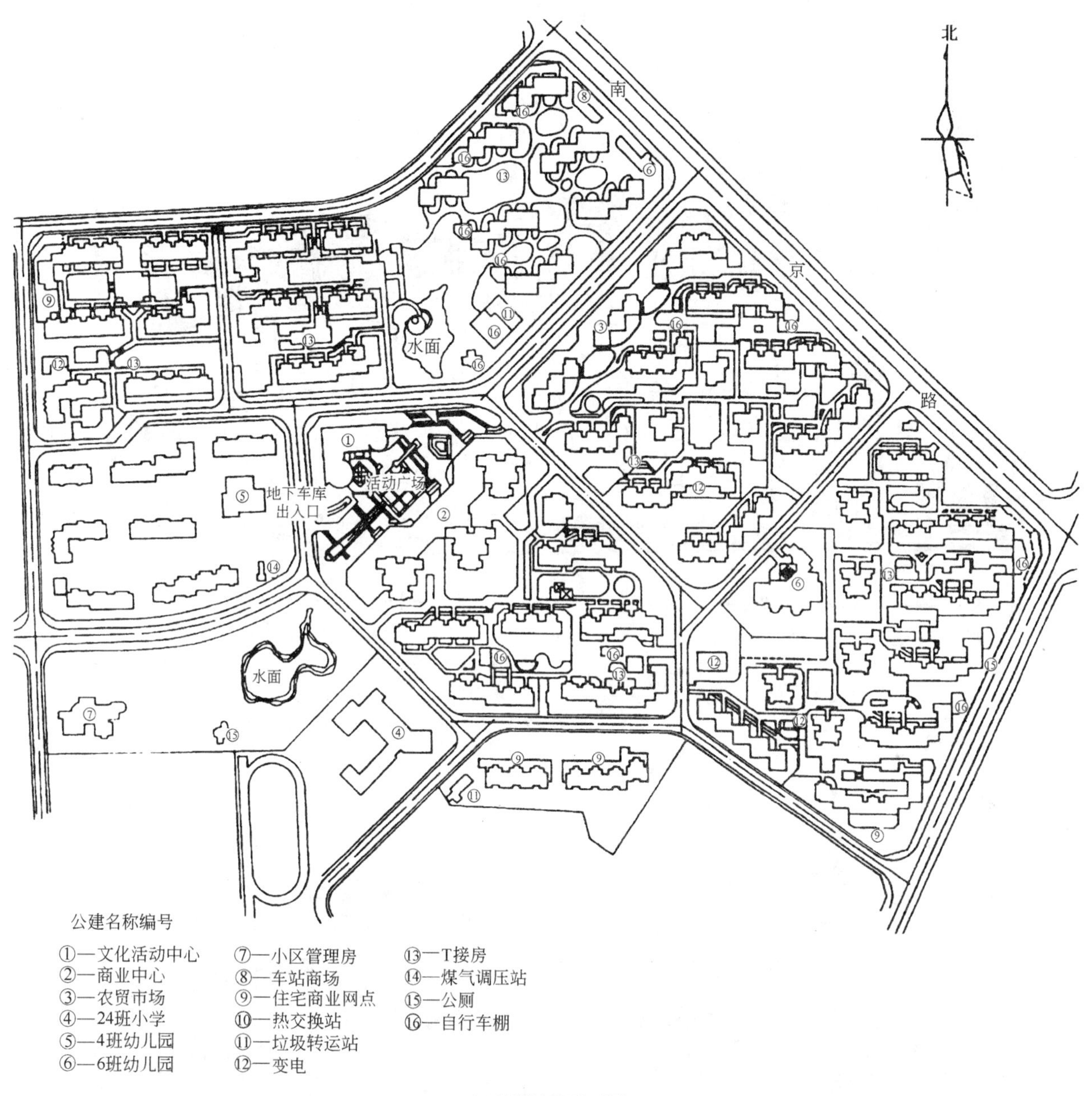

小区规划总平面图

青岛四方小区位于青岛市四方区东部，小区北靠山头绿地，南邻部队用地，东隔市级干道，为市公建及居住区用地，西侧为已建住宅，基地的地势东北高，西南低，为丘陵坡地，中部自北向南有一冲沟，地段内最大高差 25m。

规划主入口设于小区中部主干道，直通东西城市道路，人流、货流疏散均衡便利，形成与城区的有机联系；吸取青岛街道注意对景的特色，主干道中段辟为步行广场，两侧布置商业和文化中心、农贸市场、小学、中心绿地等公共设施，形成小区社会生活的主轴线，相邻组团则由步行道相互沟通。

利用冲沟和低洼地进行绿化，开辟两处中心绿地，其间以步行广场连接；在视线上引进城市绿地，北部山头绿地成为小区借景和建筑物的色彩背景；邻近城市干道的建筑后退，以留有较宽绿地带，并布设小型公建，藉以隔声防尘，美化街景，同时作好庭院绿化，在小区整体上形成点、线、面结合的绿化体系。

小区用地 17.30hm^2，总人口 12082 人，总建筑面积 17.67 万 m^2，住宅建筑面积净密度 1.81 万 m^2/hm^2，平均层数 6.2 层，套均建筑面积 55m^2。

住宅设计

透视图

	丙套型	壬套型	
建筑面积	67.41m²	平均每套	58.02m²
使用面积	49.21m²	平均每套	39.12m²

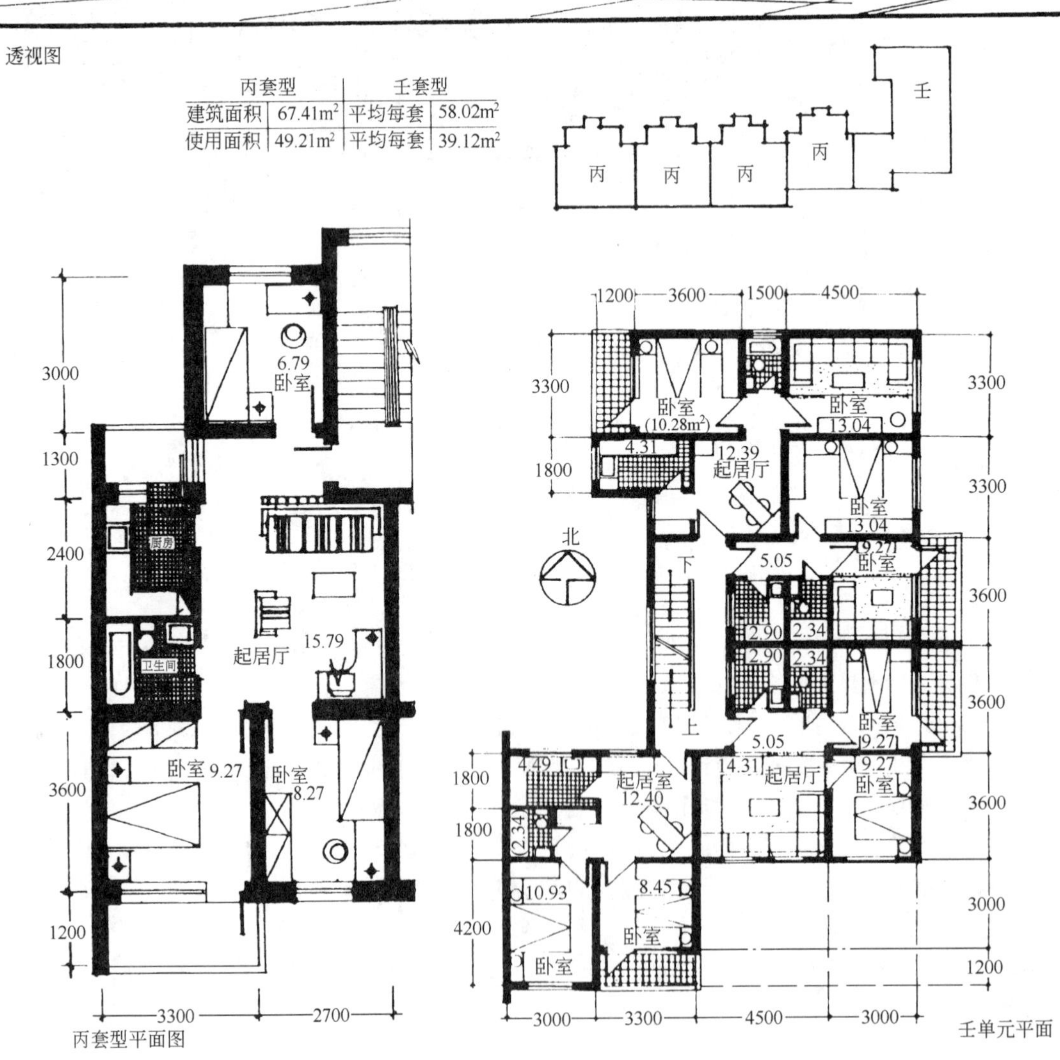

丙套型平面图

壬单元平面

住宅设计

透视图

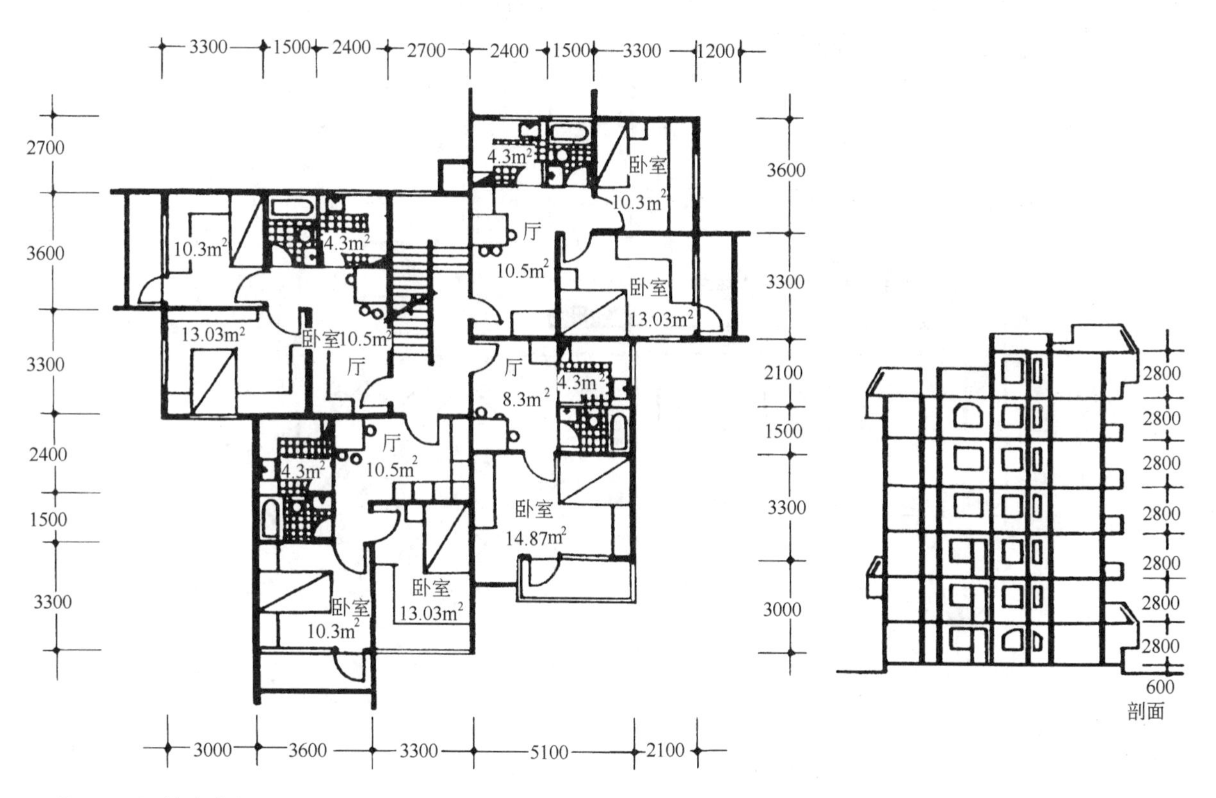

E_8、E_9、E_{10}栋平面图

小学校东立面图

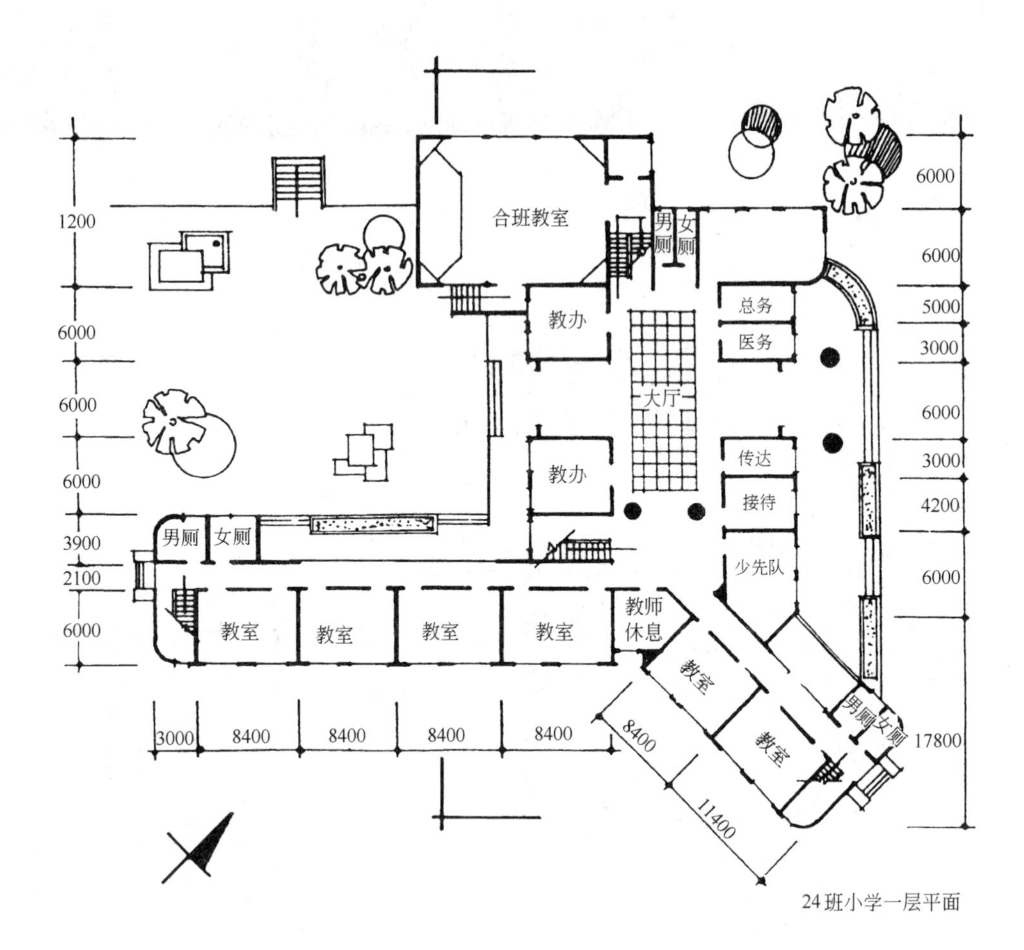

24班小学一层平面

12. 郑州绿云小区

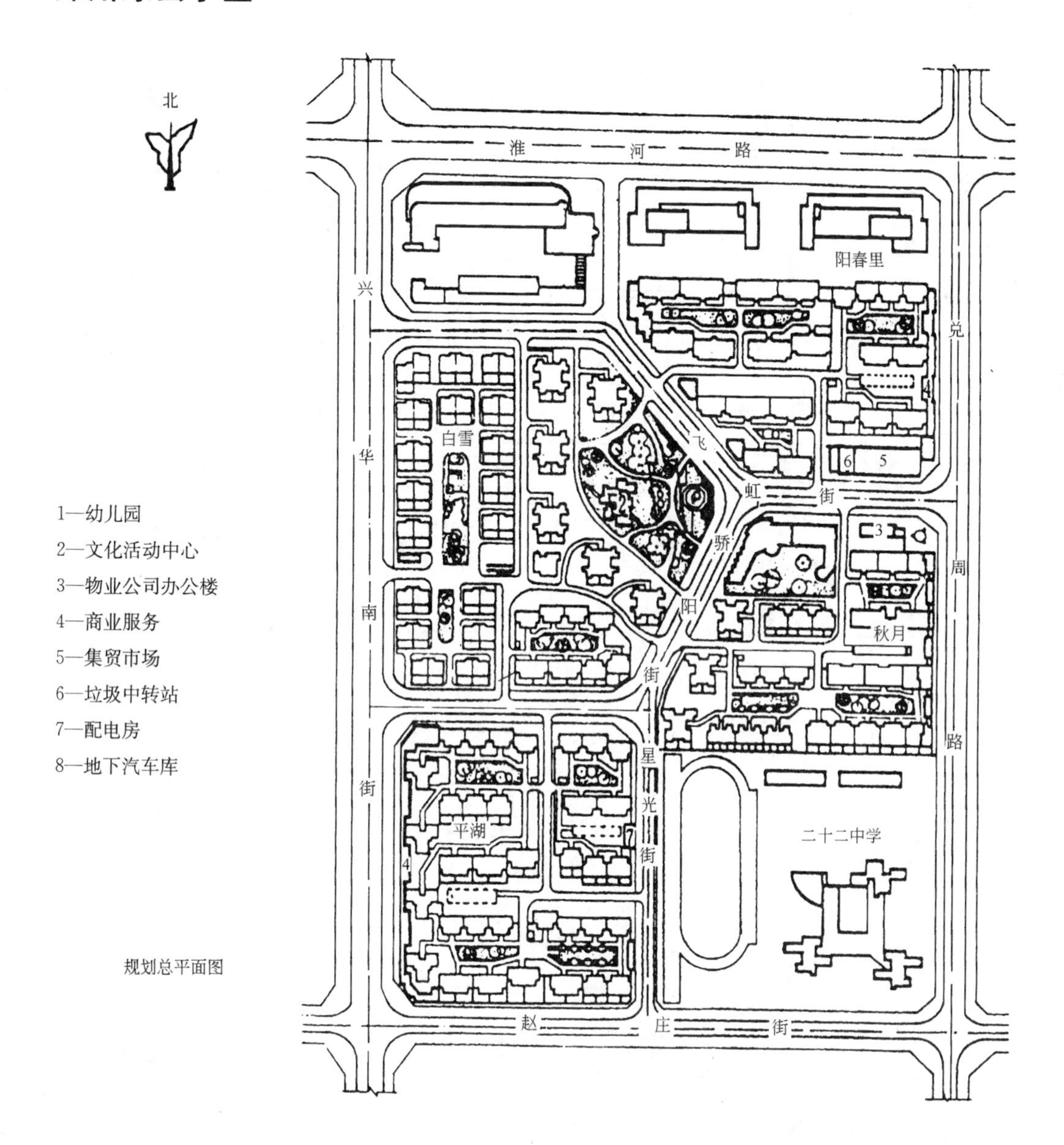

规划总平面图

郑州绿云小区位于郑州市区西南部，距市中心约4km，小区北临城市主干道，交通方便，环境优美。

规划以“Y”型主干道将小区划分为“阳春里”、“白雪里”、“平湖里”、“秋月里”四个组团，每组团有两个主入口，设有不同小品标志，分别寓意春、夏、秋、冬，组团绿化配置相应的植物季相景观，使整个小区四季绿意不断，三季花卉争妍。

住宅类型有点式、条式，大开间灵活隔断式，老少居式、阁楼式、别墅式等15种之多，套型也有多种类型，可满足多层次需要。住宅形式大部分为坡屋顶，具有丰富立面效果，同时利用房顶空间增加使用面积，改善顶层住户居住条件。

小区公建分营业性和非营业性两类，前者在小区入口处和沿小区外围城市道路布置，后者则结合中心绿地布置；结合人防工程，在中心绿地下设置地下汽车库。

郑州地处黄河下游沙土区，风沙较大，小区四周设置防风林带，北边布置3栋12层以上的高层建筑，所有建筑采用密封门窗，小区铺地除硬质地面外，满铺草皮植被，庭院大力发展屋顶、阳台、墙面等垂直绿化，使整个小区为绿色覆盖，体现了整体绿化美化效果，防风防沙也初见成效。

小区用地10.38hm^2，总人口4736人，总建筑面积15.68万m^2，住宅建筑面积净密度2.09万m^2/hm^2，套均建筑面积64.52m^2，绿地率36.5%。

13. 深圳滨河小区

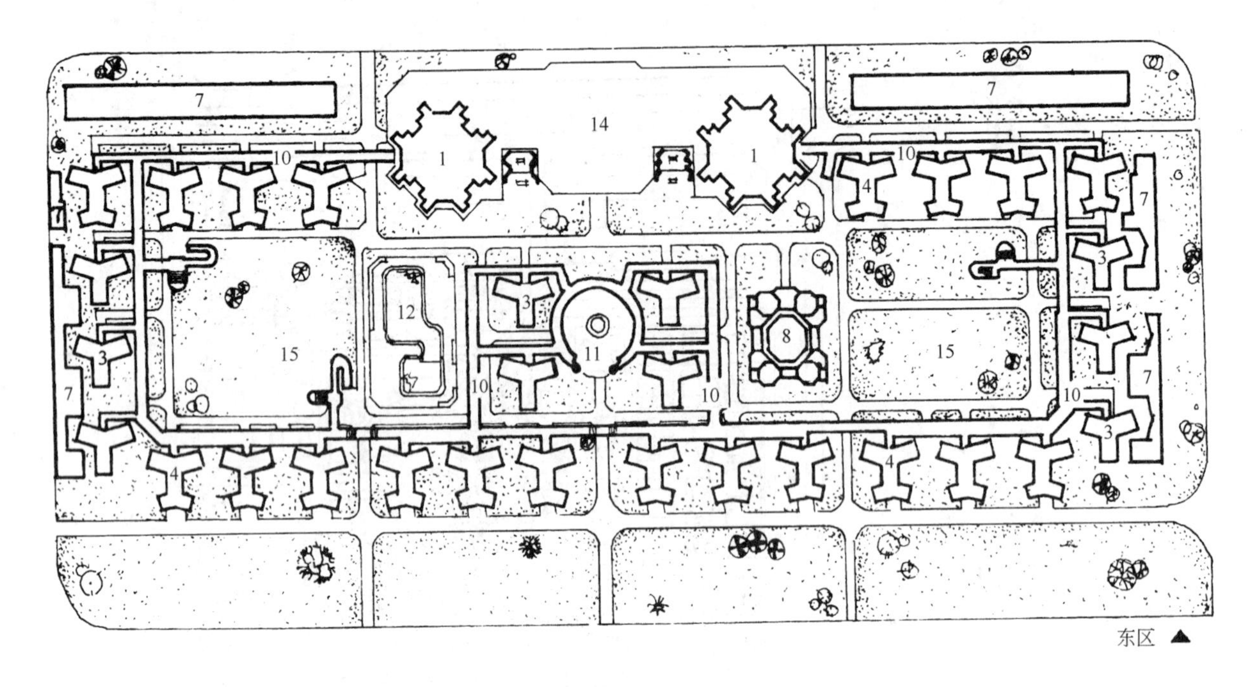

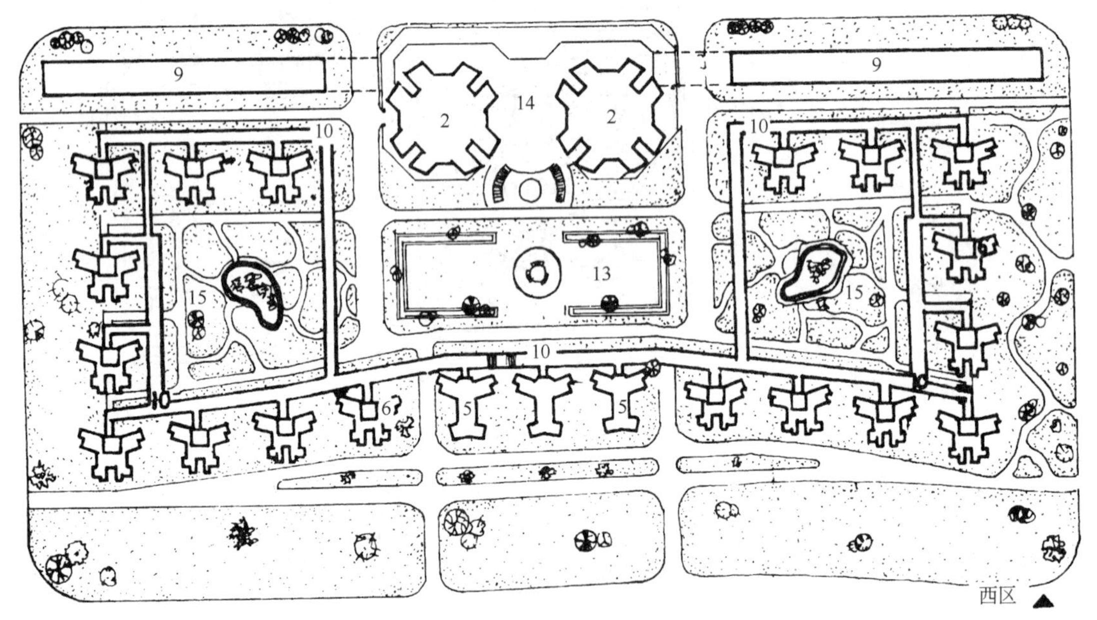

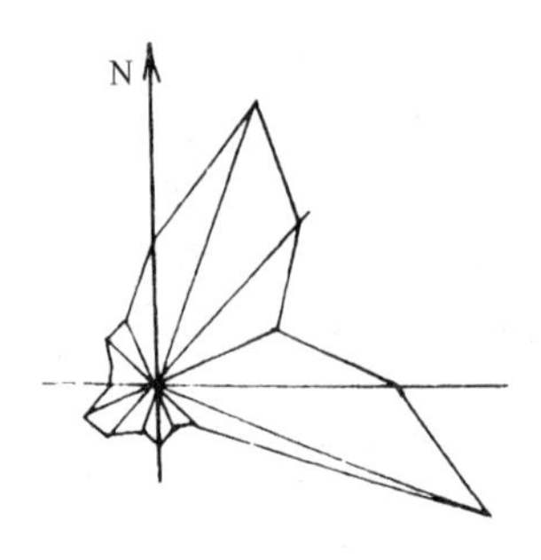

1—东区高层塔楼
2—西区高层塔楼
3—Ⅲ型住宅
4—Ⅳ型住宅
5—Ⅴ型住宅
6—Ⅰ型住宅
7—商场
8—幼儿园
9—写字楼
10—连廊
11—溜冰场
12—游泳场
13—运动场
14—屋顶花园
15—中心绿地

西区　东区

规划总平面图

庭院·泳池

深圳滨河小区靠近深圳市中心，与香港新界隔河相望，基地以南有 30m 宽的防护林带，基地东西长 880m，南北宽约 140m，地势平坦，环境优美。

规划以 51 幢多层点式住宅和 4 幢高层住宅沿基地周边布置，划分为东、西两区，分别以连廊横向联系，围合成大空间，形成大片绿地，视野开阔，同时改善了日照通风、人车分流、邻里交往等诸多功能。

“连廊”是小区的一大特点，它犹如“彩带”，将各点式住宅连接成整体，增强了空间限定，提高了空间领域、空间层次和空间使用效率。连廊二层廊面为步行专线，将二层以上各住宅入口连接起来，解决了人车混杂的矛盾，使居民生活更有安全感。廊面围栏设通长花池，并设有路灯、坐凳，可供散步、游戏和休憩，增进了住户之间的交往与联系。连廊底层设公共设施，同时解决了自行车、小汽车的就近停放问题，且分布均匀，方便住户使用。连廊既划分了空间，又具有通透感，是室外庭院的补充和室内空间的延伸，连廊绿化将地面绿化和建筑阳台、窗台、屋顶绿化沟通，形成立体绿化系统，使内外、上下空间达到相互渗透与相得益彰的效果，连廊的梯阶、坡道作小品化精心处理，与绿地结合使小区更具魅力。

小区用地 12.3hm^2，总人口 11034 人，总建筑面积 12.94 万 m^2，住宅建筑面积净密度，东区 2.17 万 m^2/hm^2，西区 2.03 万 m^2/hm^2。

溜冰场

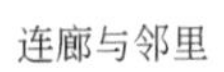

连廊与邻里

连廊一偶

住宅设计

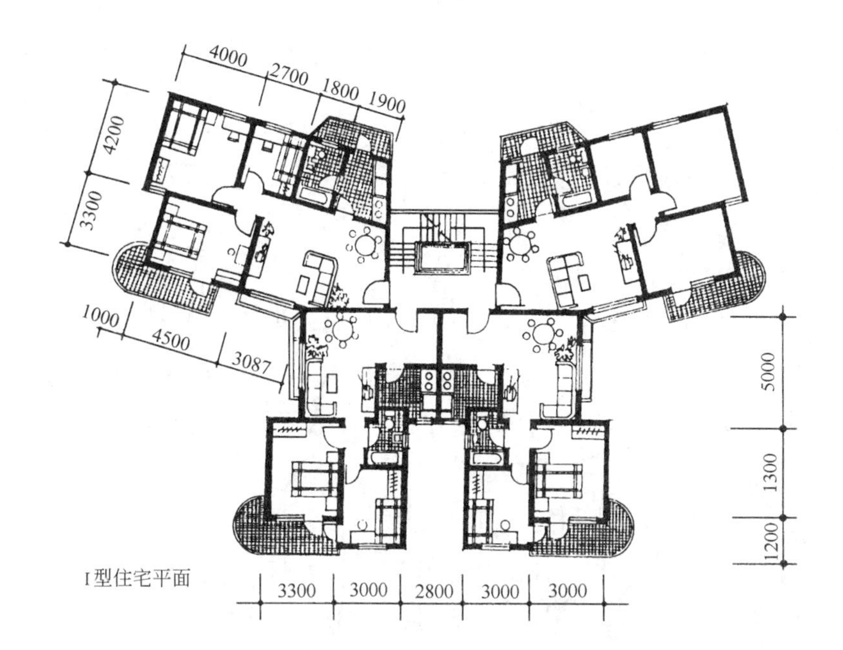

Ⅰ型住宅平面

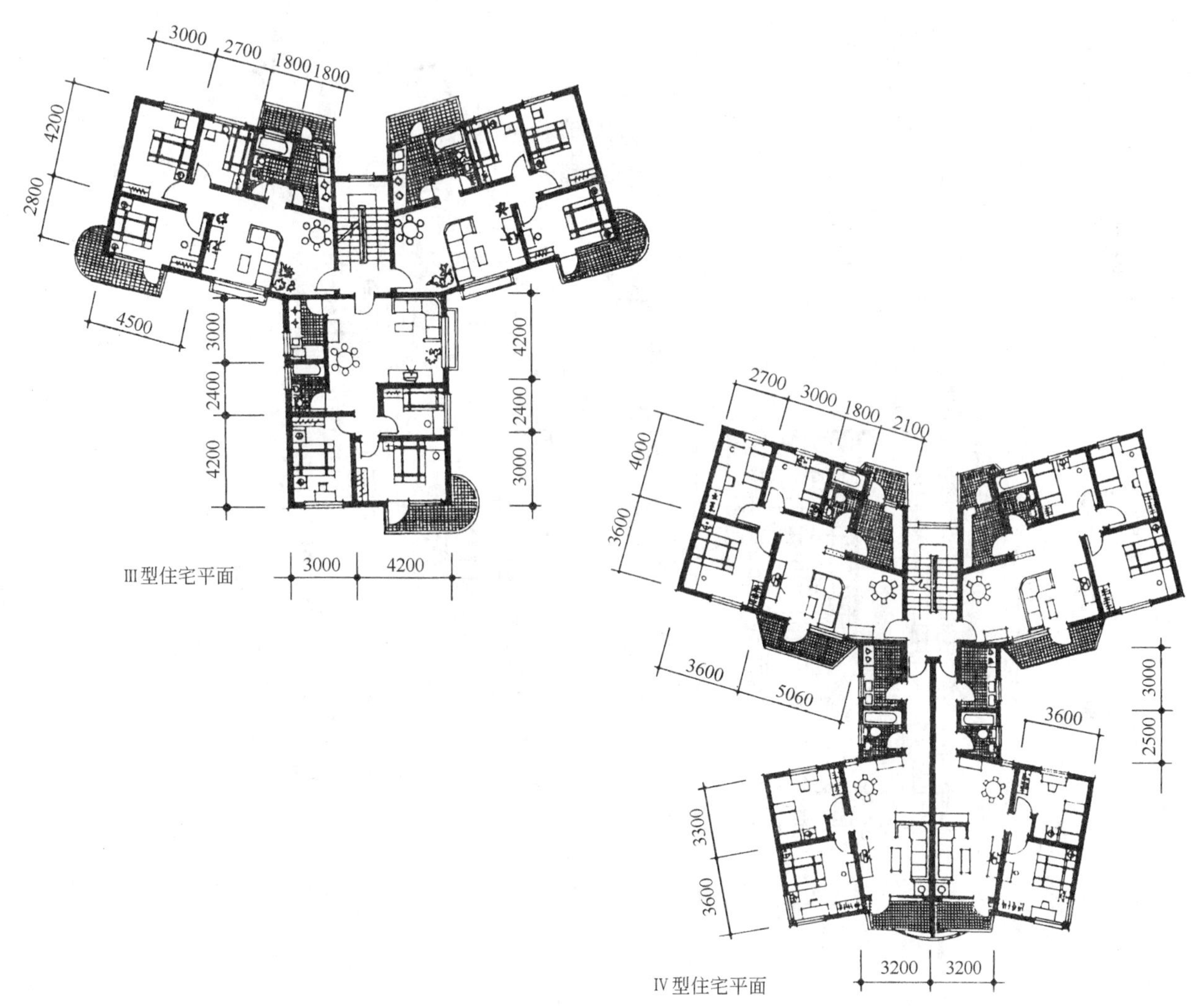

Ⅲ型住宅平面

Ⅳ型住宅平面

14. 天津西湖村三小区

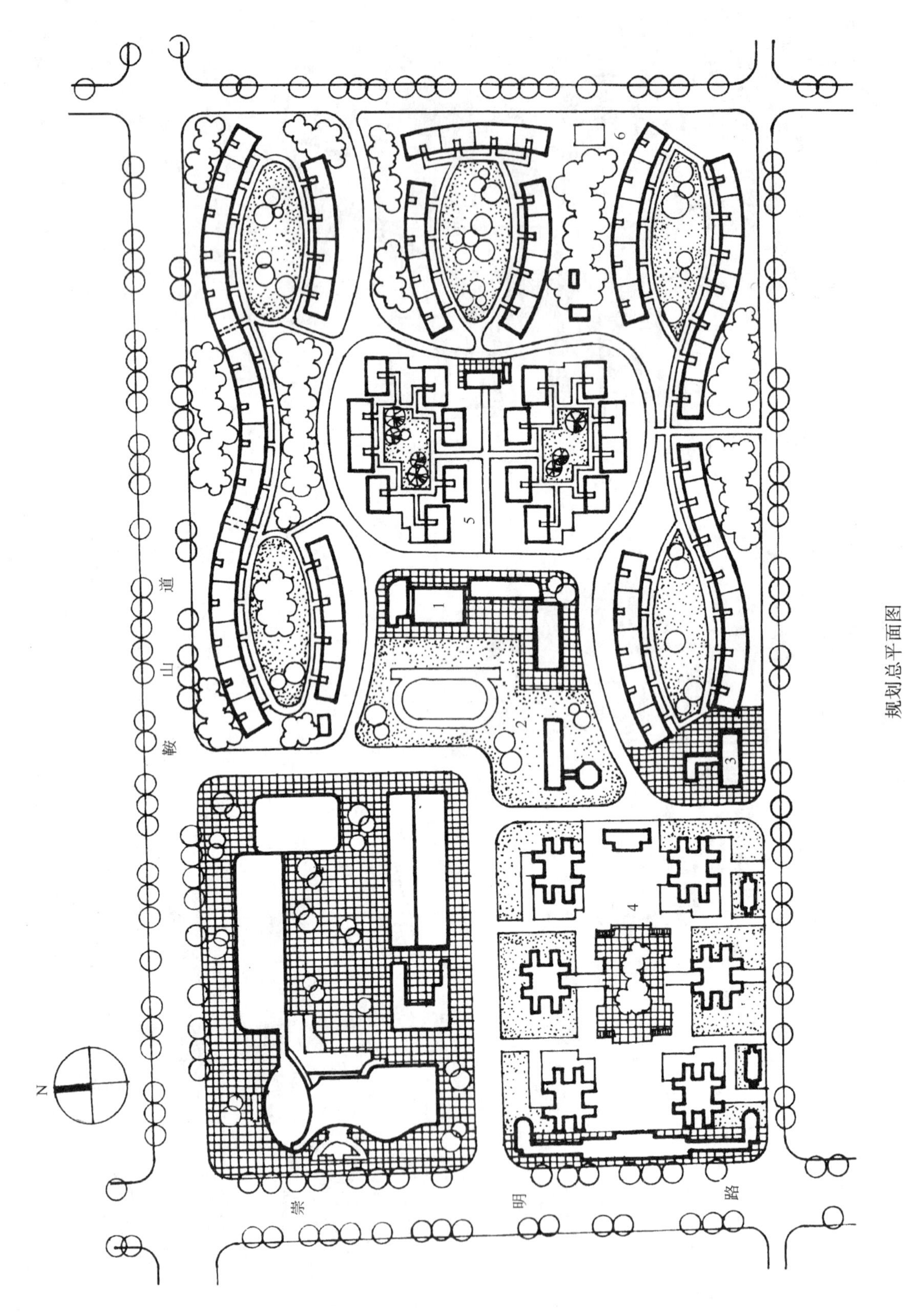

规划总平面图

1—商业服务；2—小学；3—托幼；4—高层住宅；5—4层住宅；6—自行车棚

天津西湖村三小区

西湖村三小区是天津西湖村居住区的一部分，位于天津市中心区西。为创造富于变化的居住空间，规划以曲折的道路骨架，将小区划分为四个部分，西部为高层塔式住宅区，东部外围沿街为长条弧形住宅区，中部为条形住宅和公共配套设施，整个空间四周高中间平缓，并体现了建筑形体及空间的虚实、高低、长短、曲直、点条对比，空间景观层次丰富，形式多样，弧形住宅布局更显得新颖别致。

小区用地 10.12hm^2，总人口 8272 人，总建筑面积 14 万 m^2，住宅建筑面积净密度 1.73 万 m^2/hm^2，套均建筑面积 55m^2/套。

住宅设计

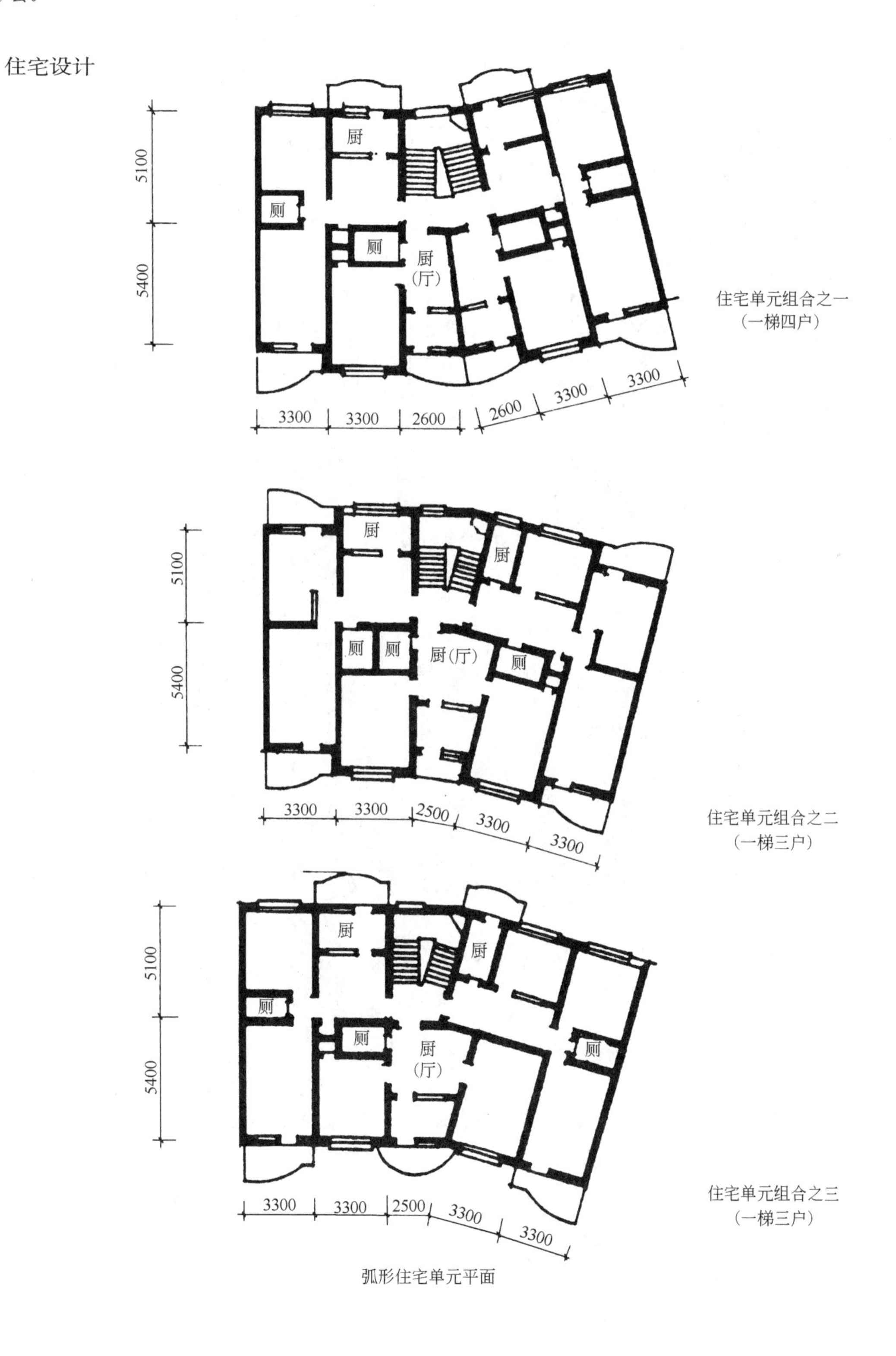

住宅单元组合之一
(一梯四户)

住宅单元组合之二
(一梯三户)

住宅单元组合之三
(一梯三户)

弧形住宅单元平面

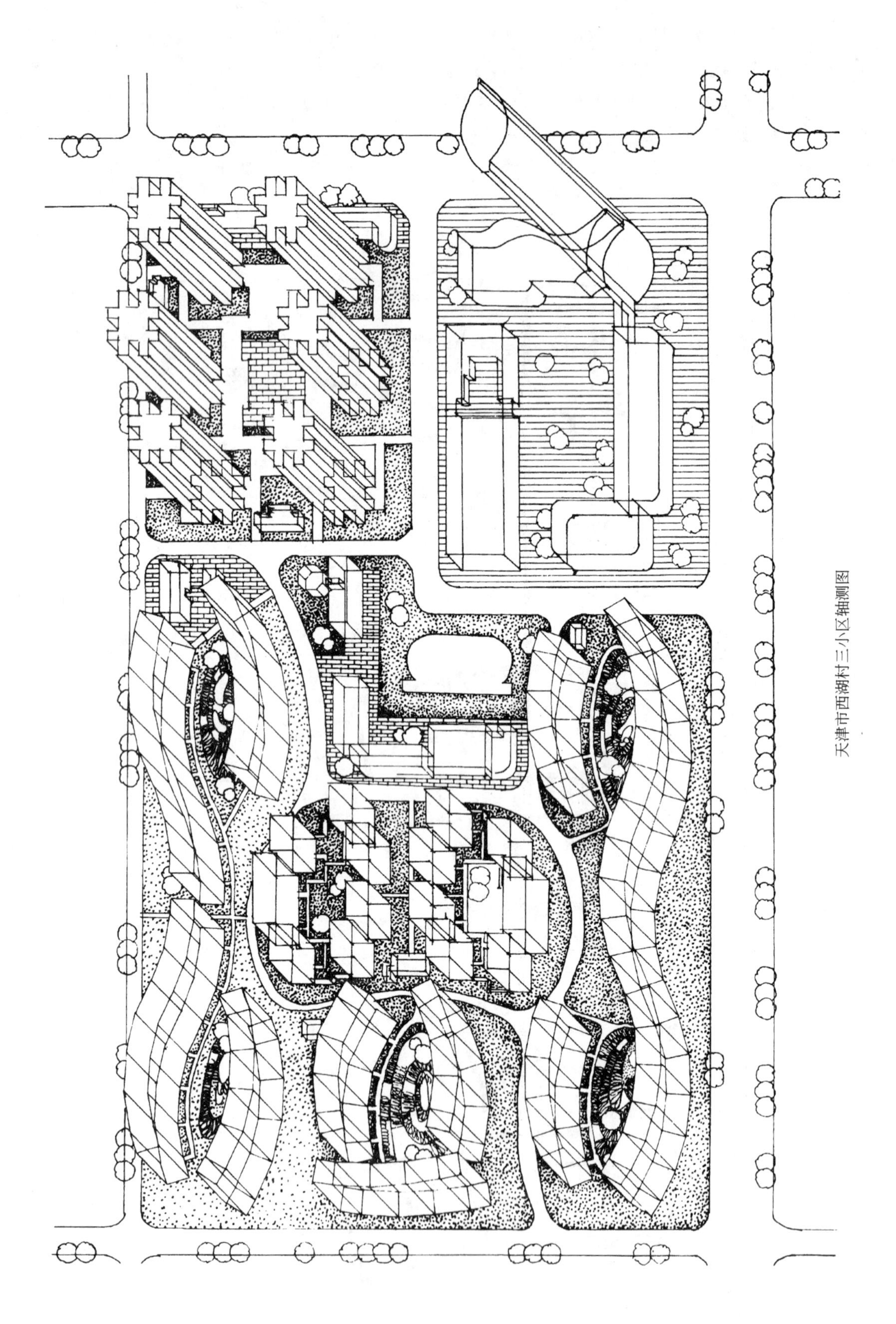

天津市西湖村三小区轴测图

15. 北京兴涛居住小区

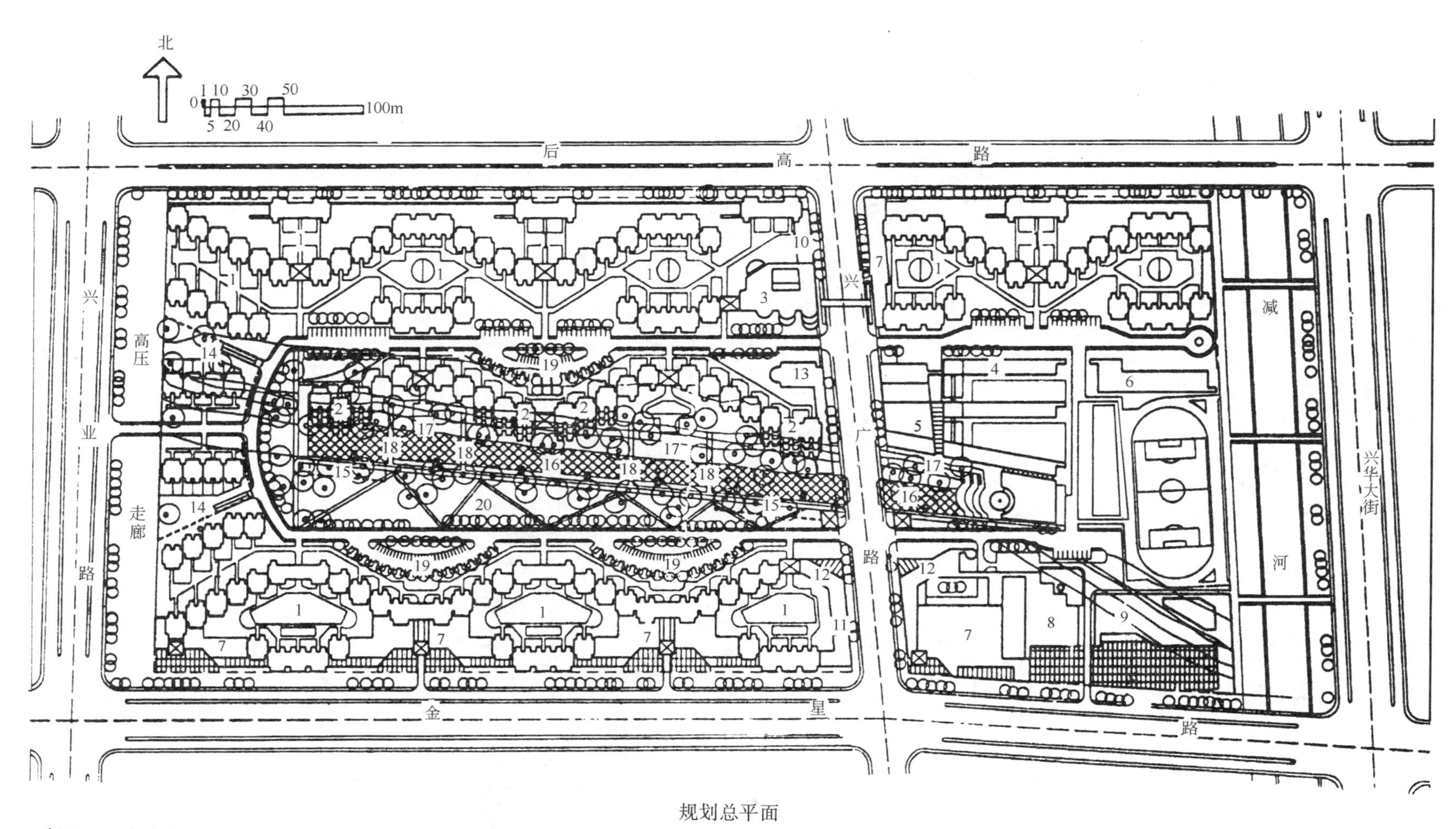

规划总平面

1—邻里；2—台阶式住宅；3—托幼；4—小学；5—中学；6—学生宿舍；7—商业；8—锅炉房；9—消防站；10—医疗；11—邮电银行；12—门卫；13—居委会；14—地下车库出入口；15—窑洞式内部配套公建——行政、物业管理、卫生所、小卖部、棋牌室等；16—下沉式带状中心广场；17—"绿坡"；18—悬桥；19—停车；20—带状中心绿地

兴涛居住小区位于北京市南部边缘开发区内，四周环绕城市道路，北侧为规划的体育中心和公园；南侧为其他居住小区；东为干道兴华大街，将设来往市区的公共车站，为人流主要来向，并与用地之间相隔规划 58m 宽河道；西为 30m 宽高压走廊绿化带，次干道兴广路南北向穿过用地，把小区自然分为东西两区，小区中部有东西走向宽 50m、深 5m 旧河道(规划要求不作河流保留)，两岸并有高大乔木，具保留价值。用地内除旧河床外，地势较为平坦。

规划顺应旧河道，采用东西走向的道路骨架，将基地规整地划分为三个纵向带形地块，布置了三条纵向波浪式住宅链，具有较强的韵律感，每个住宅院落布置各异，形成宏观统一规整，微观变化多样的特点。小区利用旧河道作下沉式广场，形成带状绿化中心区；利用河床向阳缓坡布置台阶式住宅；利用河床背阴面作成陡坎及图案式植草斜坡；小区配套公建设于中心绿地地下，门窗设于斜坡上，以室外楼梯作竖向交通，下沉广场南北两岸以悬桥连接，立体步行系统完善，形成了新颖独特的小区景观。大型规整的骨架结构、集约的配套公建、整体流动开敞个体独立围合的庭院布局，是利用基地个性创造特色小区的成功之举，也是适应发展的物业管理模式的有益尝试。

小区用地 21.09hm^2，总人口 8349 人，总建筑面积 28 万 m^2。

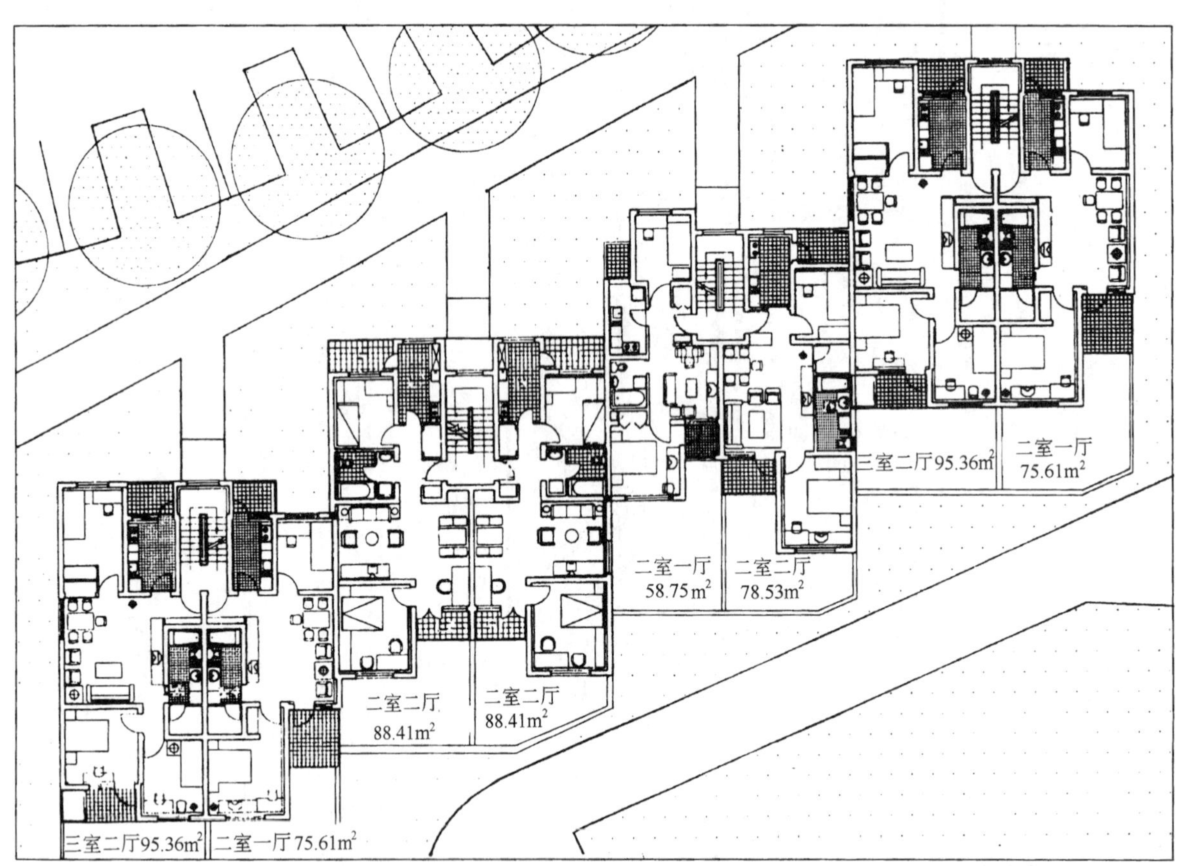

住宅组合平面

16. 香港威富花园

威富花园位于香港岛西南岸的薄扶林风景区，倚山面海，环境优美。

规划注意利用地形，沿山势由南而北成曲尺形布置了 20 幢 26 层的塔式住宅，相向围合了 3 个庭院和广场，最南端 7 栋 5 层住宅楼围合成半圆形庭院；面海干道一侧区中心地段设置了配套公建，主要商业服务中心为 5 层楼，呈阶梯状，屋顶平台上设花园、儿童游戏场和运动场等，有步行天桥自中心直通住宅楼，此外，在住宅楼底层还分散设置了商店。中小学等文教设施置于住区西侧。

全区住宅用地仅占总用地 16%，文化娱乐场地则占总用地 43%，精心栽植了草皮、花卉和周围山林景色交相映辉，环境优越。

住区总用地 11.6hm^2，总人口 2 万人。

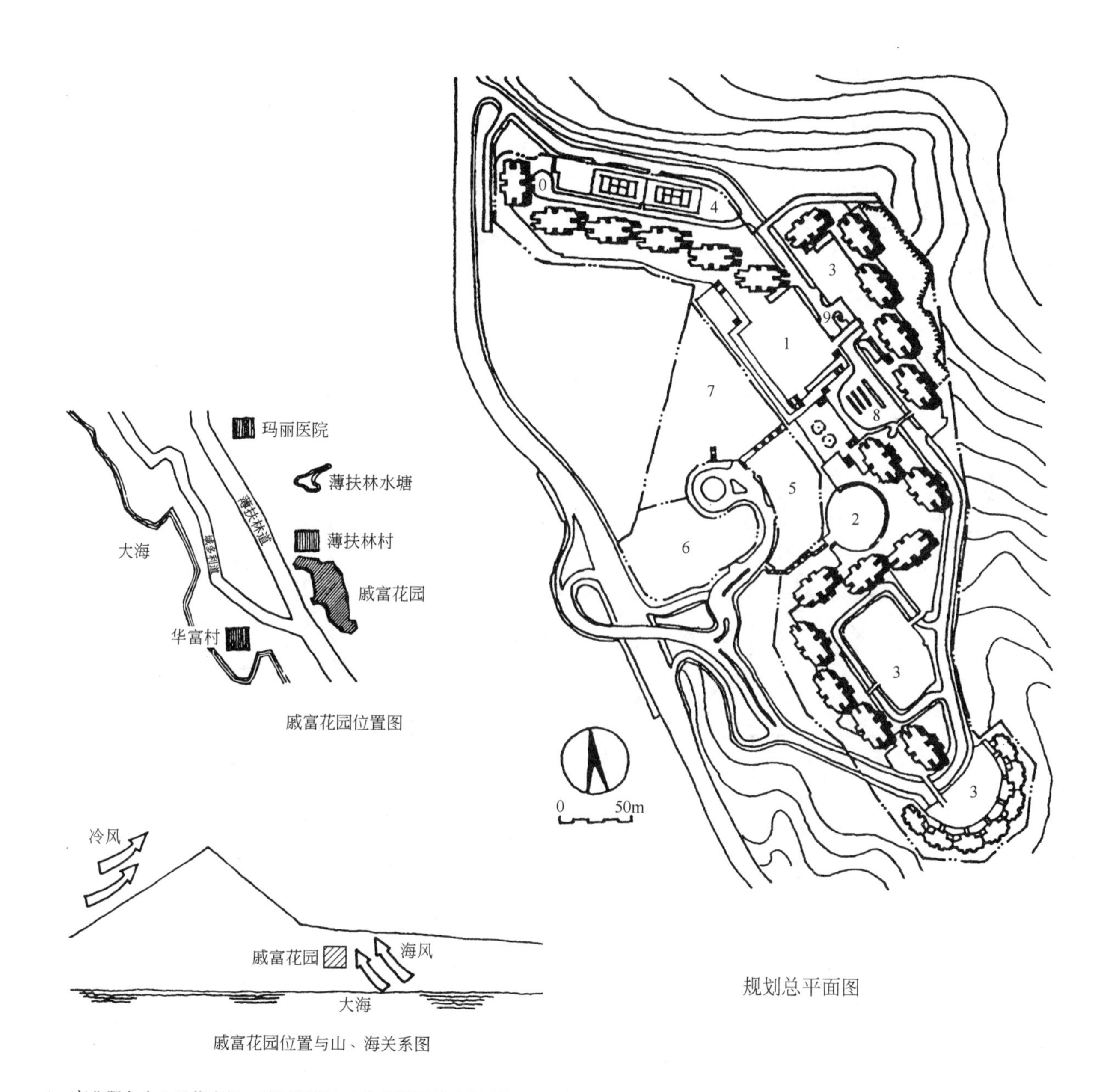

威富花园位置图

威富花园位置与山、海关系图

规划总平面图

1—商业服务中心及停车场，其屋顶平台上为花园及儿童游戏场；2—康乐广场，室内游泳池；3—停车场，其屋顶上为花园及儿童游戏场；4—网球场；5—小学用地；6—中学用地；7—书院用地；8—公共汽车站；9—加油站

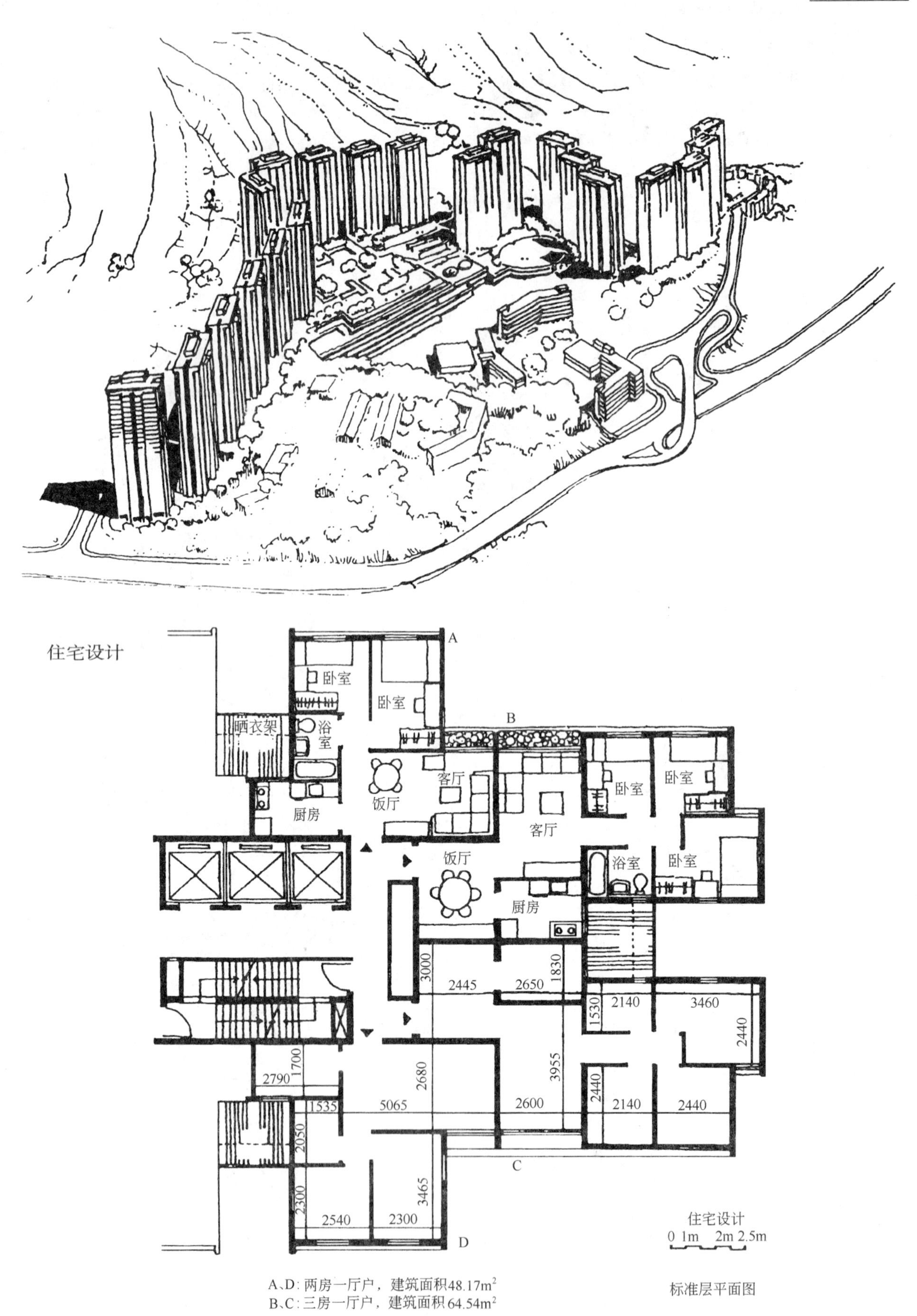

A、D：两房一厅户，建筑面积48.17m²
B、C：三房一厅户，建筑面积64.54m²

标准层平面图

17. 台北兴安住宅区

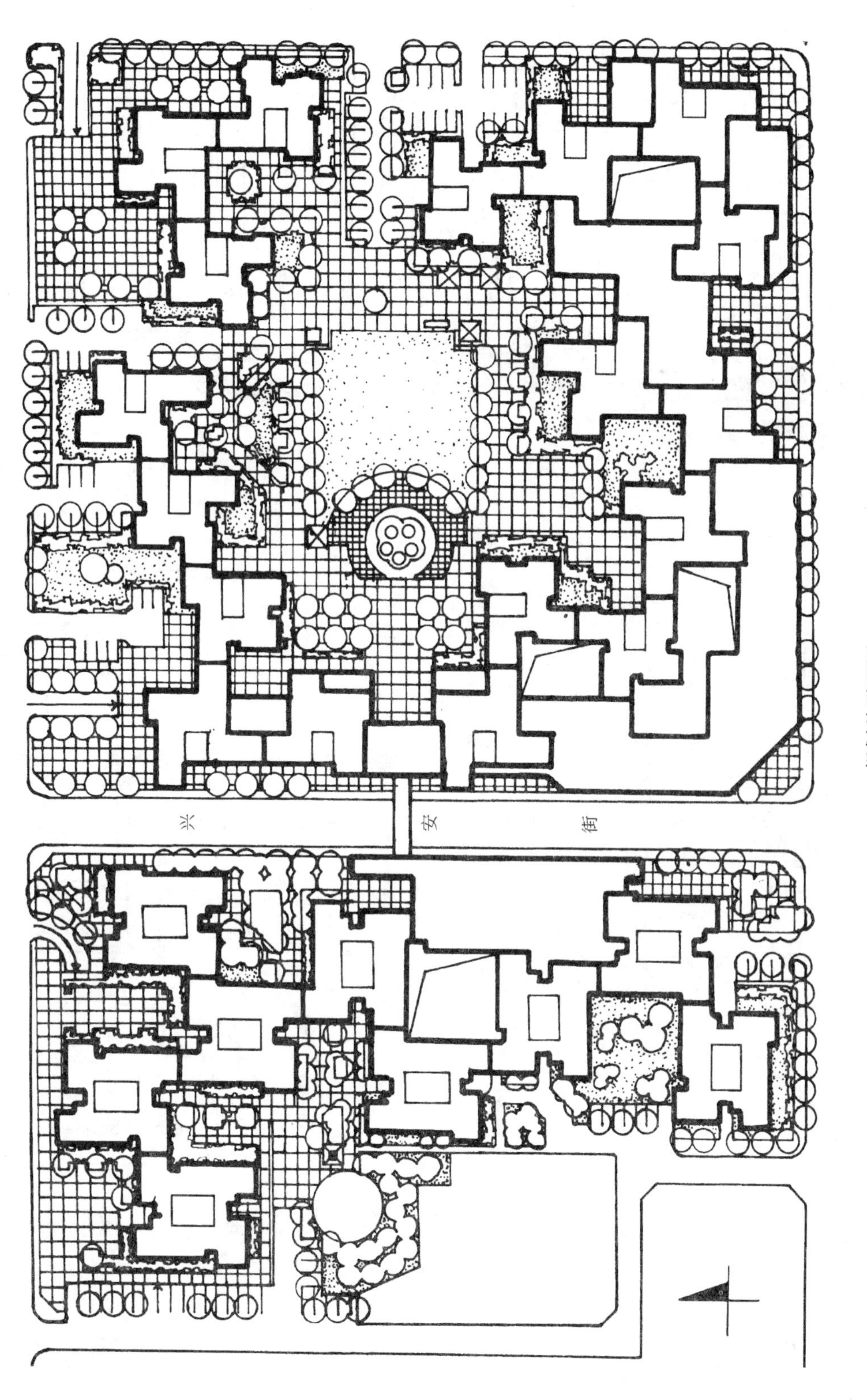

规划总平面图

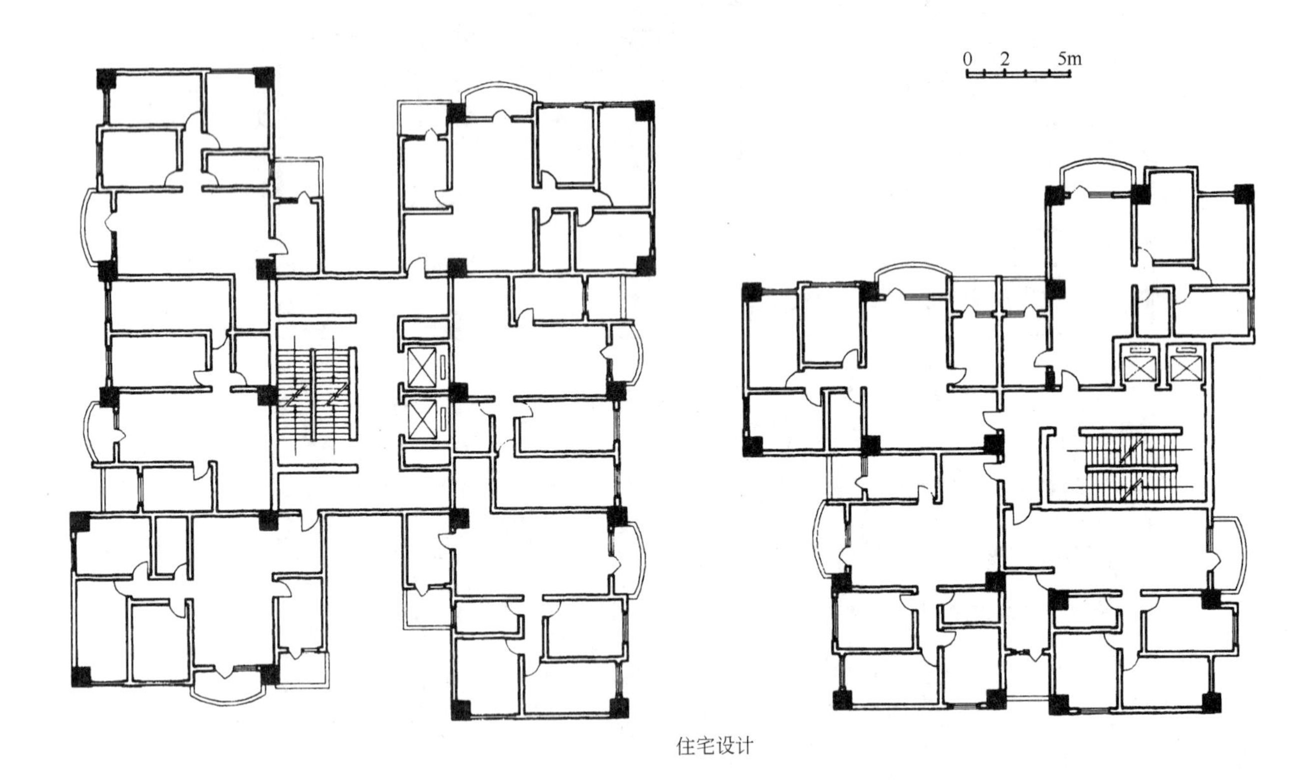

住宅设计

兴安住宅区是由原低层高密度的军眷区改建而成，整个住区由兴安街划分成东西两部分，用天桥和地道加以联系，形成有机整体。东地块住宅沿街区外围成周边布置，组成较大的院落空间；东西两地块住宅均以 15、16、17 层的点式住宅为基本单位，灵活地相互串联，形成丰富的空间层次和景观。为改变高密度商住混合的状况，规划将住宅和商业设施适当分离，沿商业活跃的街道配置两层楼的商店强化了基地附近的商业网络，极大地方便了居民生活，商业街的屋顶辟为儿童游戏场、花园，使商店及住宅间适当地隔离。住区采用人车分流系统，停车场配置在住区外围地下室，使住区内不受交通干扰。

住宅区总用地 4.43hm^2，住宅 1900 套，建筑面积 20.7 万 m^2。

18. 湖南常德紫菱花园小区

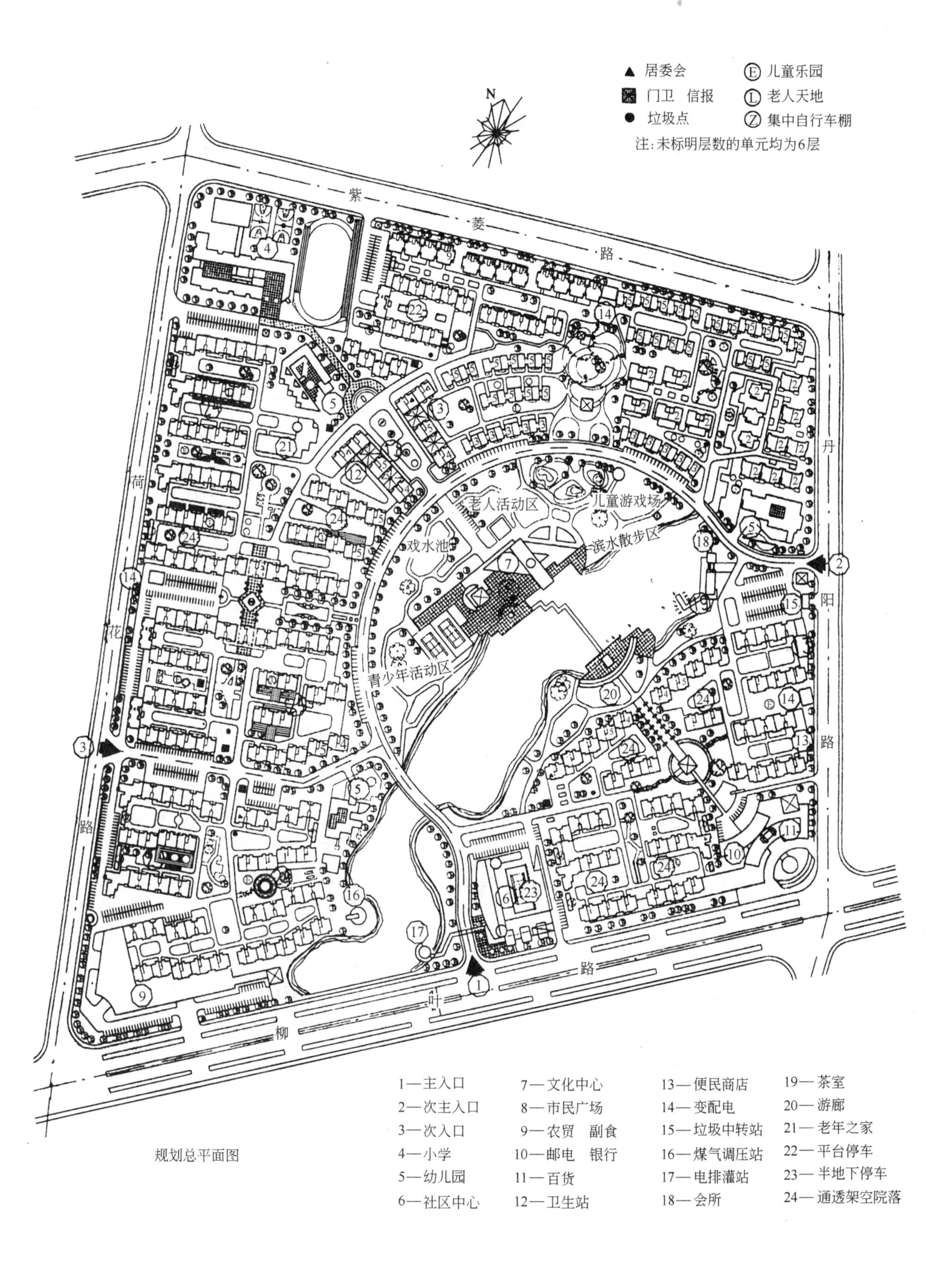

规划总平面图

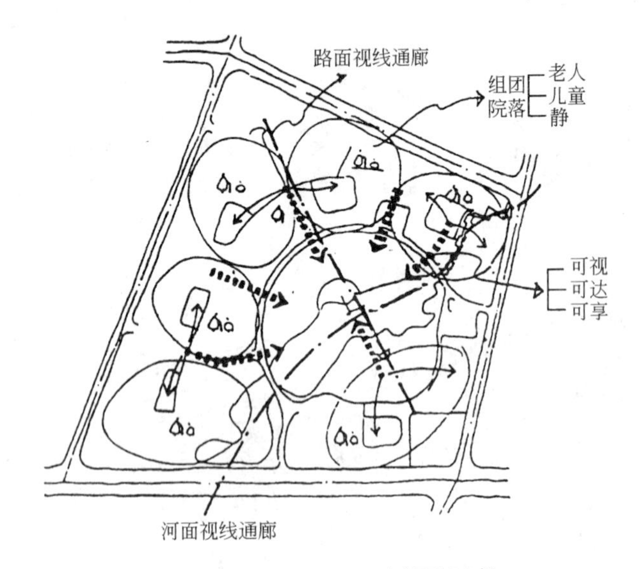

空间环境分析

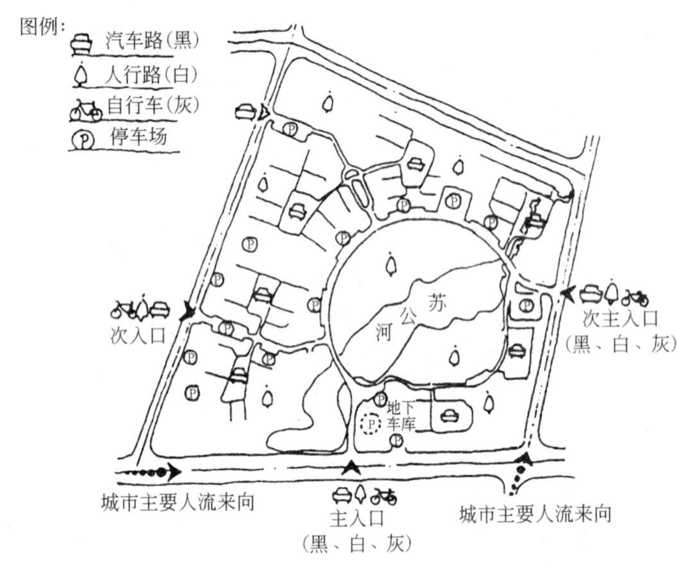

"黑、白、灰"交通分析

紫菱花园小区地处脍炙人口的"桃花源"故事的策源地常德市，距市中心1300m，规划用地37.81hm²，基地周界均为城市道路，北去岳阳，东去柳叶湖风景区。基地内有苏公河横越，水面约有5hm²，北部有一受保护的古汉墓，小区地势平坦，环境优越，是一得天独厚的居住用地。

规划遵循以人为本，因地制宜，保护生态环境的原则，把空间与环境的营造放在首位。苏公河作为重心，应用水面、缓坡、堤岸、古墓、高地等自然地貌素材，构成居民共享的社区中心公园，又在中心公园以五条放射状绿化通廊与各组团紧密联系。形式各异的组团绿地及尺度宜人的院落空间成为绿化通廊的节点，一条横贯小区的半圆形干道联系着六个组团，并跨越苏公河联接两岸交通，将原本东西分置的两块用地有机地结合起来，使整个小区融为一片湖光十色，"芳草鲜美、绿荫缤纷"，步移景易的现代"桃花源"。

以人为本的设计思想体现在对不同层次、不同年龄居民的心理与生理需求的考虑，老年之家为老年人提供康乐、保健、护理等服务；中心公园的茶室、棋牌室是老年人交往、休闲的场所；儿童游戏场是孩子们的乐园；游船、码头、河岸是年轻人喜爱的地方；专为小区居民开放的文化中心、体育设施、医疗保健、商业服务一应俱全；无障碍设施散布于小区各处的便民商业网点，既方便居民日常生活，又可为老年人和残疾人提供就业的便利，生活在这里的人们都可享受到小区主人的待遇，亲切感、归属感油然而生。

利用当地气候组织自然通风。苏公河大片水面与河岸、绿地植被形成夏季通风走廊，小气候宜人。房屋的层数从主干道向北逐渐升高，以利阻隔冬季北风入侵。组团院落围合，房屋朝向选择也利于冬季北风的阻断和夏季东南风的引入。院落中间住栋底层作3m高架空，视线通透、通风良好，并可成为雨季和夏季户外活动的补充。小区的林荫步道，也都是活色生风之径。

小区动、静态交通环境有序，三级划分的道路网络安排"黑、白、灰色"交通，使区内每一设施、每一绿地都能贴近居民生活，还特别为步行系统作了细致安排，小区内除无障碍交通设施外，还为晨练跑步、儿童上学、放学等高峰时间考虑了安全保障的线路和设施。主要的步行道路采用3m宽，紧急情况下特种车辆可到达小区任何部位。由于基地地下水位较浅，不宜采用地下停车位方式，则考虑主要在组团外围设置集中停车场，辅以路边停车、组团周边底层架空停车、平台停车和社区中心半地下停车。停车位近期为住户的37.2%，远期达60%。

住宅大量采用模数空心砖砌体结构体系，与实心砖砌体相比，可达到节能50%的目标，并可节地50%。小区智能网络可实施水、电、气三表远程计量，智能化安全防范监控及救援，并可实施信息联网。

19. 台北市基隆河住宅区——台北市住宅整治规划设计竞赛获奖方案(1994年)

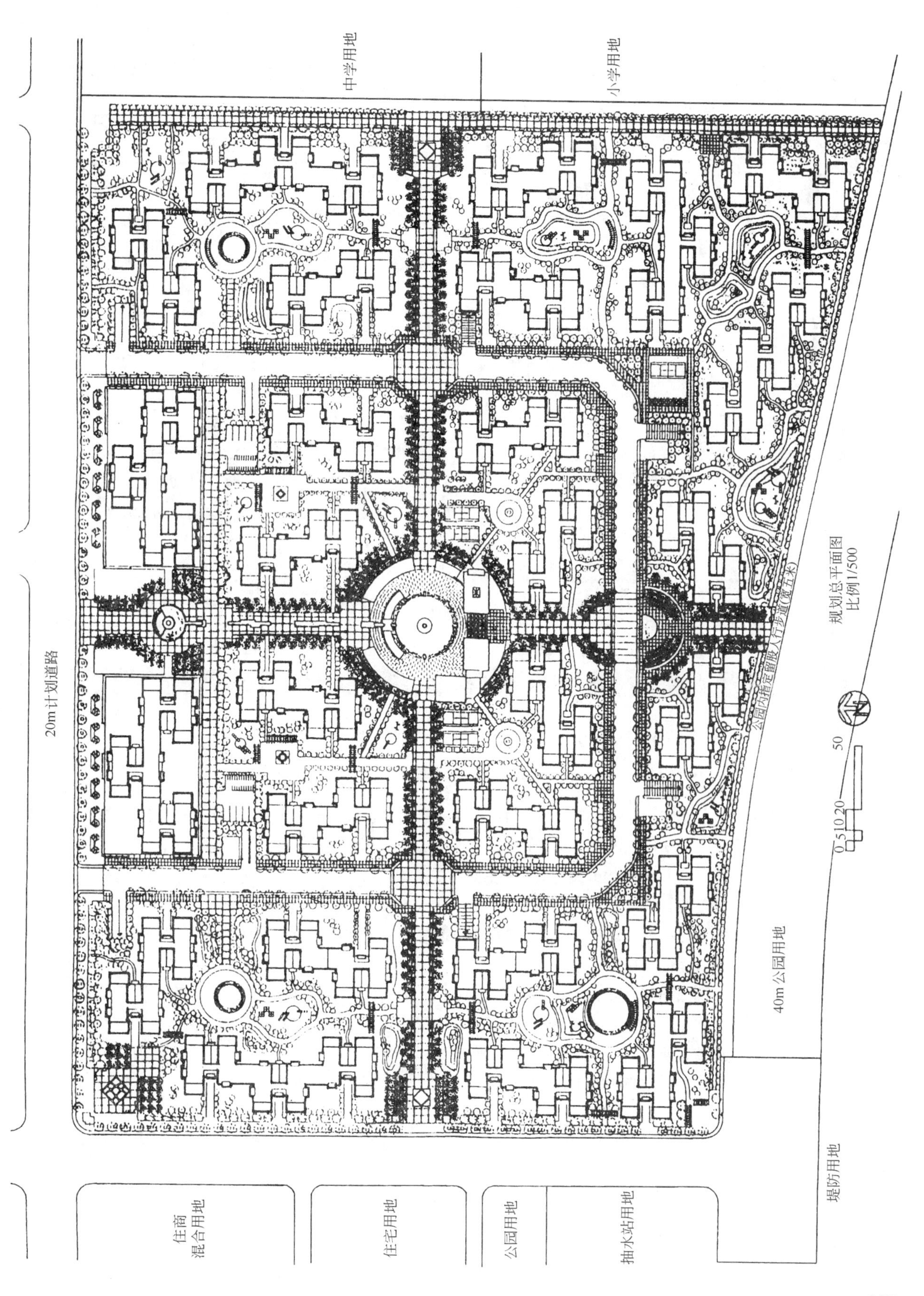

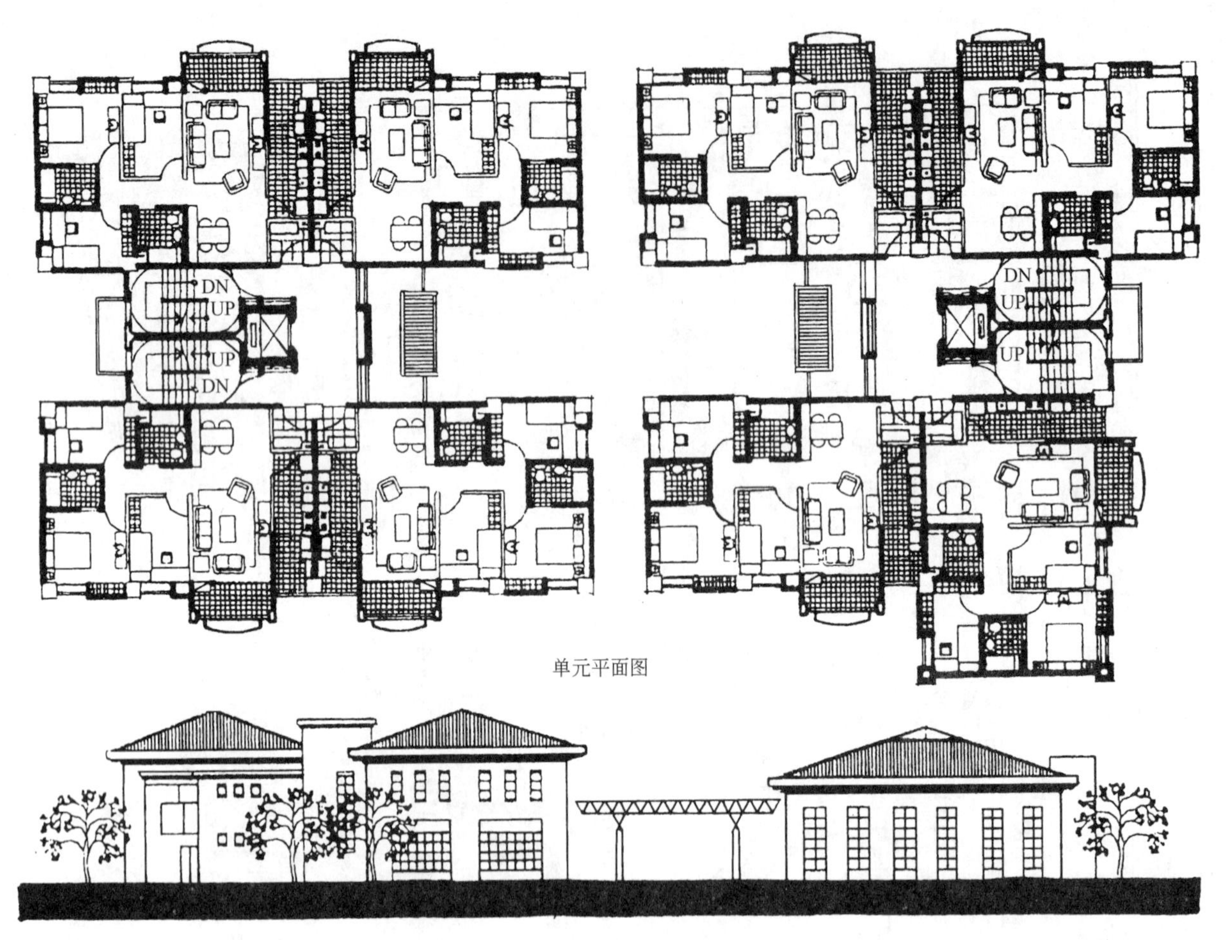

单元平面图

社区公建立面之一

基隆河住宅区规划基地坐落在台北市松山区滨江街，基地南侧隔 40m 公园绿带与基隆河遥遥相对，基地北侧有地区性购物中心、广场、转运站以及松山飞机场，区位条件优越。

规划于基地北侧设主入口，并建有 10m 宽步行公共空间作为主轴，同时辅以相垂直的东西向步行轴线，纵横统贯全局。两轴上设置 9 个主要广场与各邻里活动节点串连，形成通透连续的户外空间和绿化系统。主入口广场的设计赋予社区入口的城市意象，两轴交汇处的中央核心广场与周边绿地、游憩、服务设施结合，形成社区中心。除十字形轴线步行通道外，还设一“U”型 10m 宽的车行道，与基地北侧城市道路相接。居民小汽车可直达各邻里地下车库，形成完整的人车分流的交通系统，其简约而便捷的流线较少干扰，为安全、宁静、卫生的居住环境创造了条件。

住宅采用“H”型四户单元，通风良好，动线合理，公共空间简洁。为符合飞机场飞行安全标准，住栋采用 9～10 层。簇群布置采用开敞式院落，使各户同时拥有前后两个小院及邻里共享的开放式庭院绿地，各簇群均以步道与中央核心广场联结，形成社区整体。基地南侧住宅面向基隆河布置，可欣赏河面景色，且增添住宅亲水性的城市景观。规划体现了高情感的社区意识。

住宅区规划总用地 10.69hm^2，总建筑面积 201518m^2，容积率 1.89，建筑密度 20.63%，停车位汽车为 1379 辆，摩托车为 2016 辆。

20. 香港穗禾苑

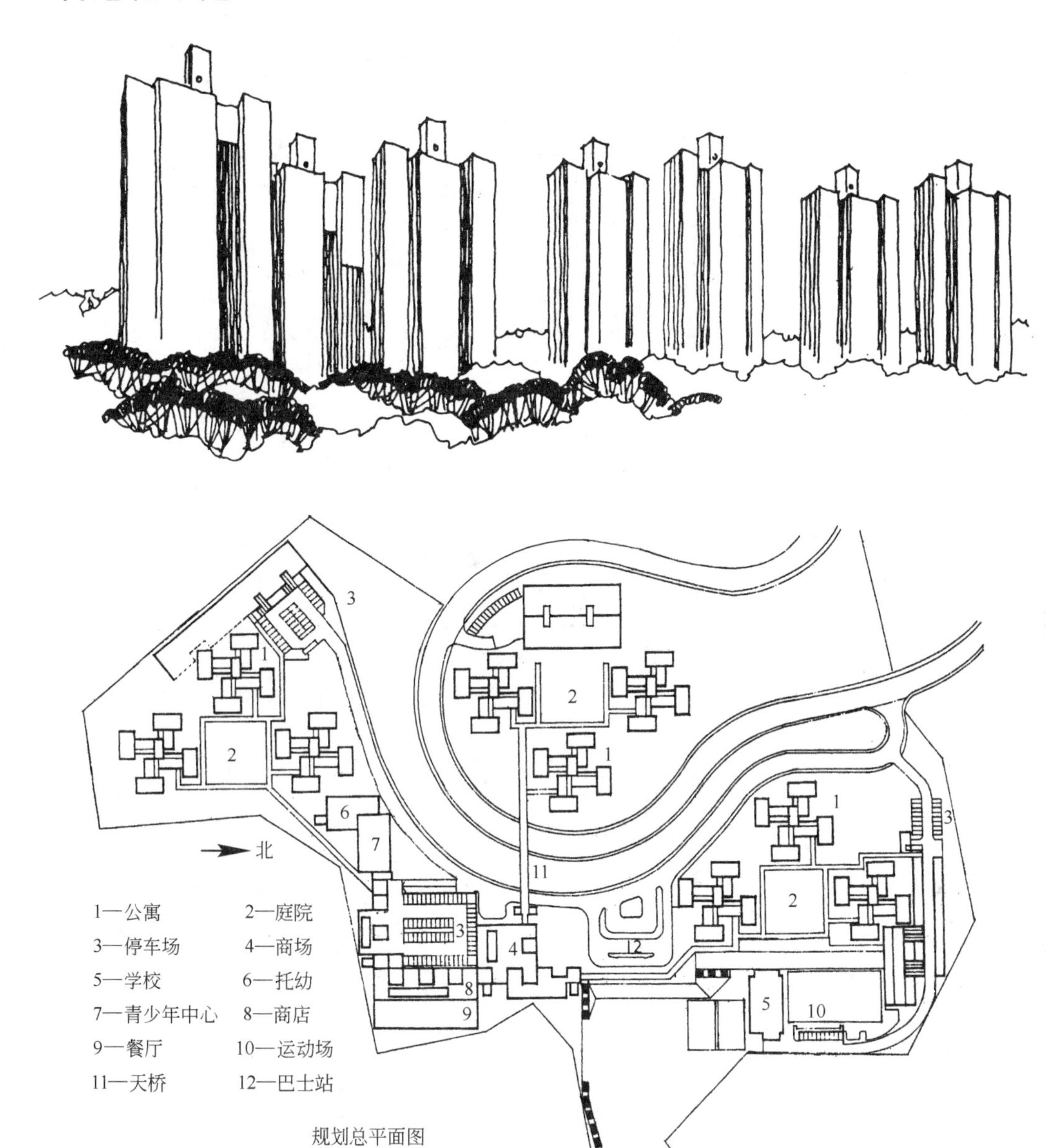

规划总平面图

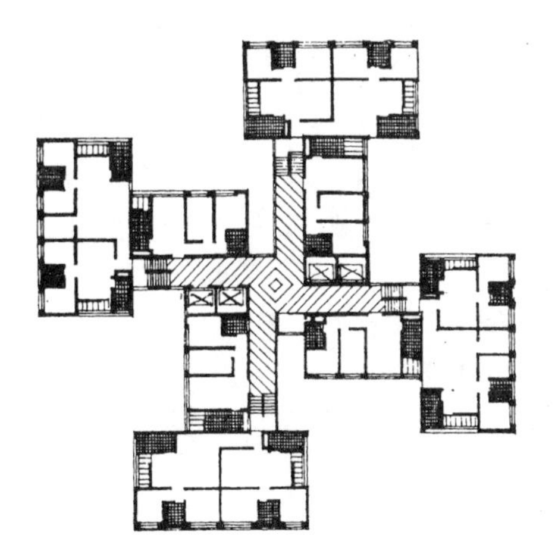

穗禾苑位于香港沙田与赛马场毗邻的山丘上，9幢高层住宅分成三个组团，建筑布局相同，但庭院的形式与内容各异。区中心设有6800m²的购物中心、商场和公共汽车站。每个组团的庭院均以有顶的步行道与中心相连。

住宅标准层每层8户，走廊的户门和楼梯平台的户门标高相错半层，减少干扰，私密性较好，屋顶设有儿童游戏场，方便顶部住户。

穗禾苑占地面积6.1hm²，住宅建筑总面积18.33万m²，总户数3501户（套）。曾获香港建筑师学会银奖。

21. 集住体——2000年中国小康住宅设计国际竞赛获奖方案

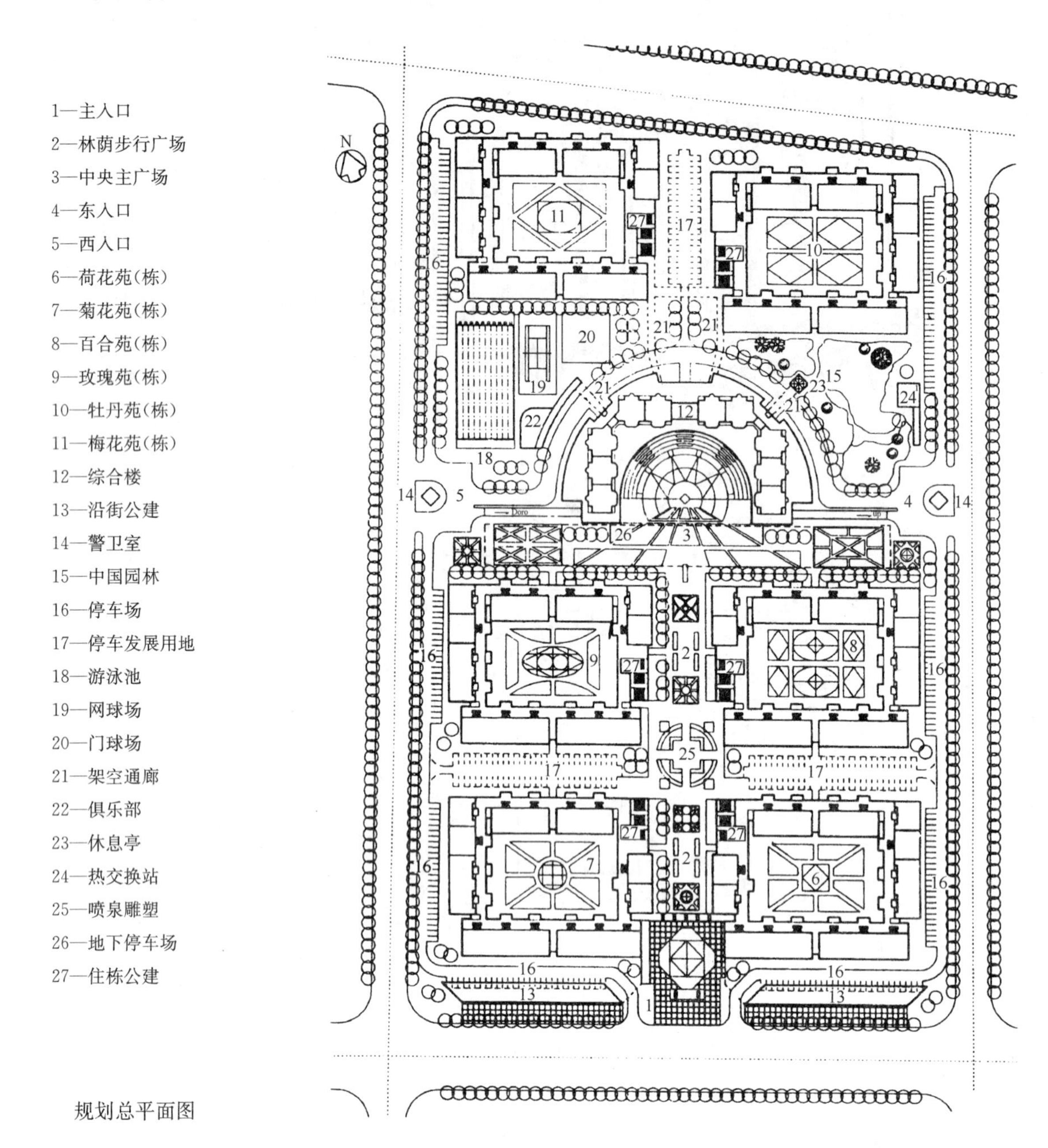

规划总平面图

所谓“集住体”是以人为核心，在集合住宅的基础上更强调适住性，为居民提供一个室内、室外空间都更具家庭感、家园感的环境。加强邻里交往，提高社区服务，将与人的居住行为密切相关的因素统筹安排，最大限度地方便和关心居民。

借鉴中国传统建筑布局，具有结构严整、轴线明确、对称均衡的特点。在南北主轴线和东西辅轴线依次布置小区的主要步行出入口和车行出入口。南北轴线上规划了通往中央广场的林荫步行大道，作为对景的综合公寓楼两侧布置了中国式园林和综合运动场地，形成了小区的公共开放空间。与轴线两侧的六个形式统一而又富于变化的住栋院落群形成强烈对比，体现了开放与闭合、私密与公共的空间氛围界定。

小区内采用人、车分流的道路系统，行人与车辆各行其道。以小区周边的环境和大面积的停车场，保证车辆不穿越小区，而又接近住户。由于合院式住栋提高了容积率，且公共设施集中于公寓底层，为室外绿化和室外活动提供了充足的空间。中央广场、步行大道、园林草坪、运动场地点、线、面有序成章，与六个住栋院落相得益彰，给人以鲜明的视觉效果。

六个以152户构成的围合式住栋，汲取传统院落空间的处理手法，营造一种人们熟悉的家园气氛；这种充满生机的“集住体”以其底层庭院和三层绿化平台构成一个立体的活动空间，增加了邻里交往机会；室外设置了大型楼梯，同时设置了电梯，预留了自动扶梯，形成各异的通路、后退的四层住宅，也向人们多视角展示立体化空间效果。

公共设施采用集中与分散相结合的方式，在节约用地和提高效益的原则下，利用公寓楼的底层集中设置幼儿园、超市、老年之家、物业管理、健身娱乐、文化活动以及医疗、银行、邮电等公共设施。在“集住体”住栋入口的大型楼梯下安排了使用最频繁的设施，一层为管理室、自行车库、综合修理、垃圾间、零售商店等；二层设公共洗衣房；三层设活动室、健身房等，设施配置齐全，使用方便。

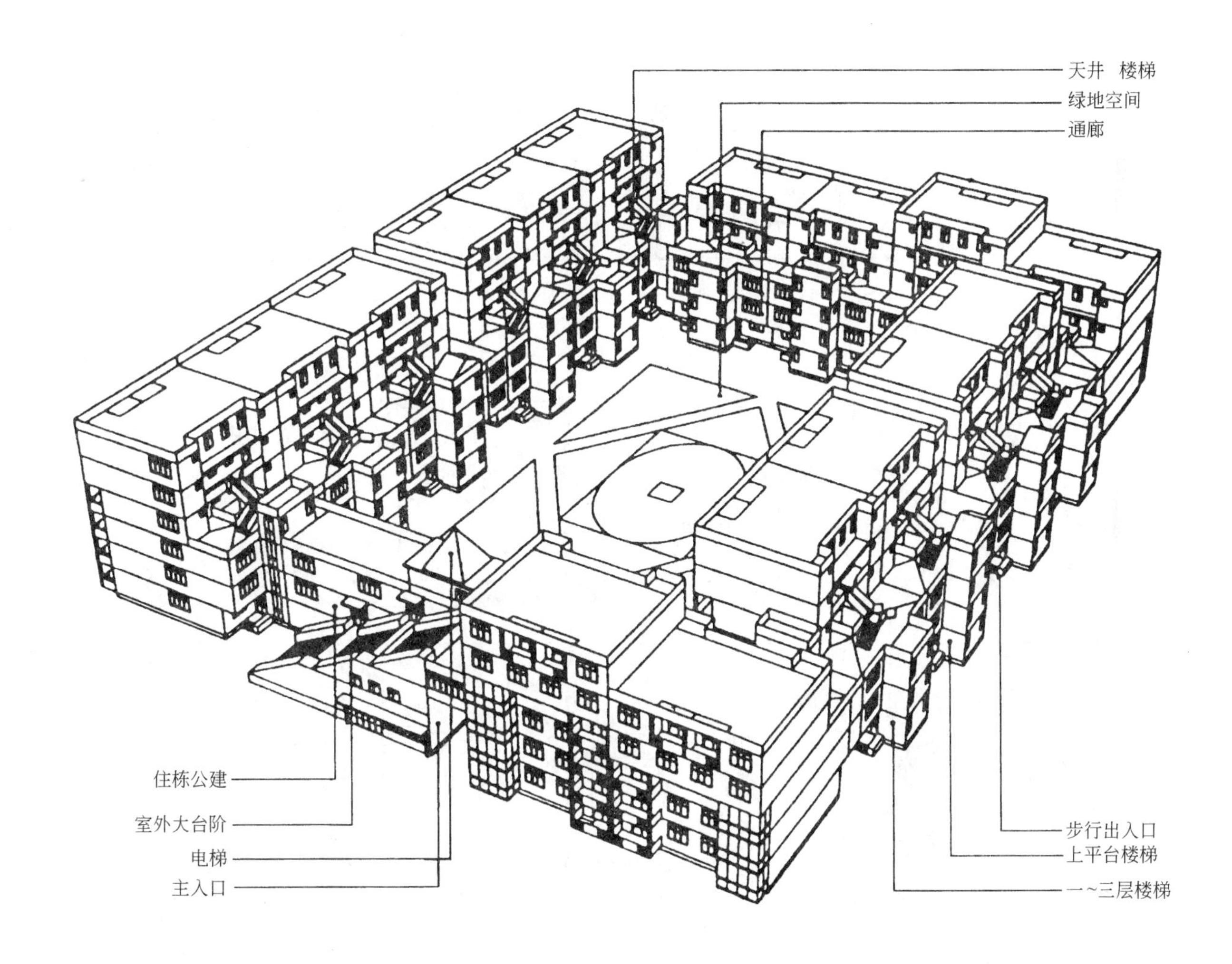

住栋鸟瞰图

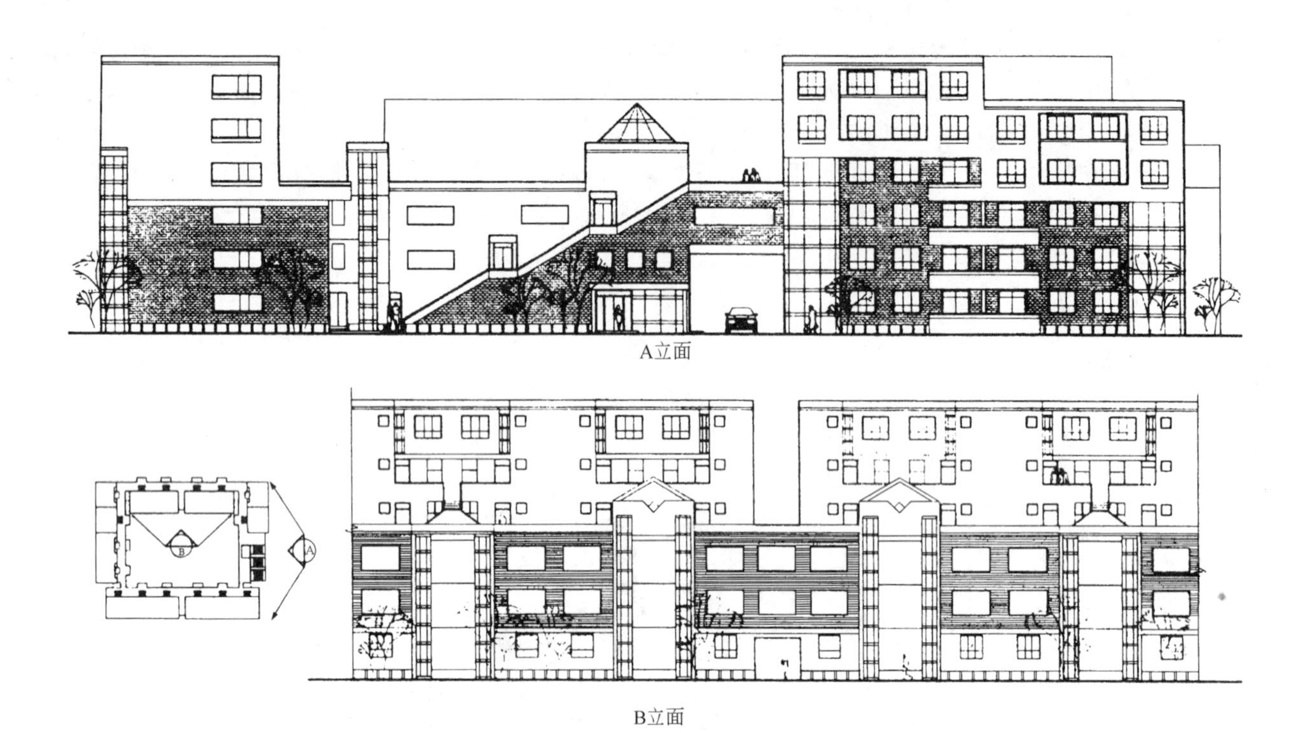

A立面

B立面

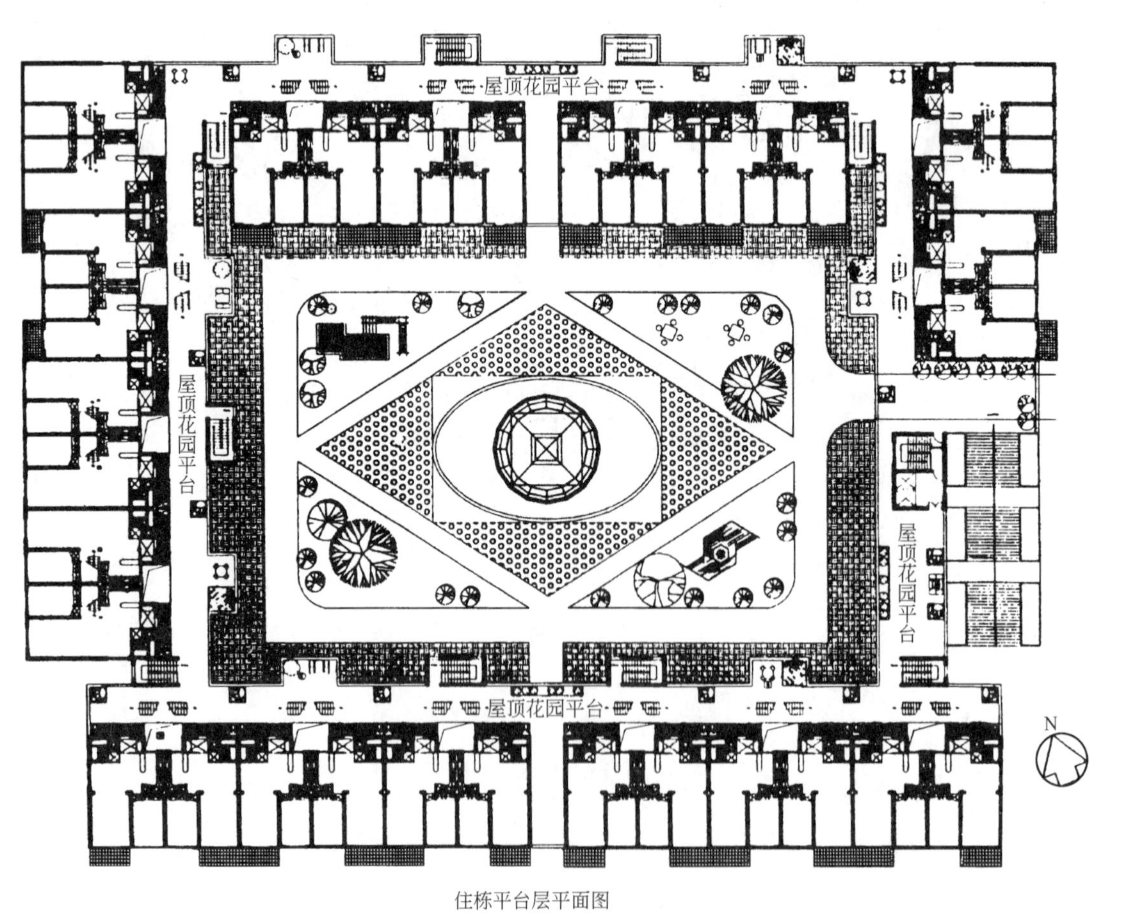

住栋平台层平面图

22. 绿野·里弄构想——1996年上海住宅设计国际竞赛获奖方案

规划方案坐落于一块约 $21hm^2$ 的虚拟三角形地块上。地块处于上海城乡交接带，周围均为居住区。地块西邻铁路、地铁(车站)以及城市快速干道，东南为一条12m宽的景观河。根据题目要求，这一地块将安置10000居民，建设约 $280000m^2$ 的住宅，其中高层住宅(高于8层)面积不超过30%。

· 方案拓展了"以人为本"的概念，强调"人与自然的和谐为本"。这一理念突破了现有的居住小区以小块分散绿地为主的模式，以现有的指标体系最大限度地创造出人与自然沟通的绿空间——绿野。

· 方案打破了现有的"小区—组团"设计模式，从城市角度考虑住宅小区，通过对"点"、"线"、"面"这三种基本几何形进行巧妙的艺术处理，创造出全新的住宅小区整体形象。

· 方案进一步发展了上海典型的居住文化的载体——"里弄"的长处，同时避免了"里弄"远离大自然的缺憾。里弄与"绿野"水乳交融，恰如17世纪中国造园家计成在描绘他心中的理想住所时所言："堂虚绿野尤开，花隐重门约掩"(计成《园冶》)。

方案中尽可能多地设置可供交往的平台，并且结合"绿野"及无障碍设计形成了一张立体交往网络。在新里弄的住宅组团中，通过适当布置舒适的"空中凉台廊"增加了弄堂之间的联系，使得具有浓郁生活氛围的邻里交往成为可能。

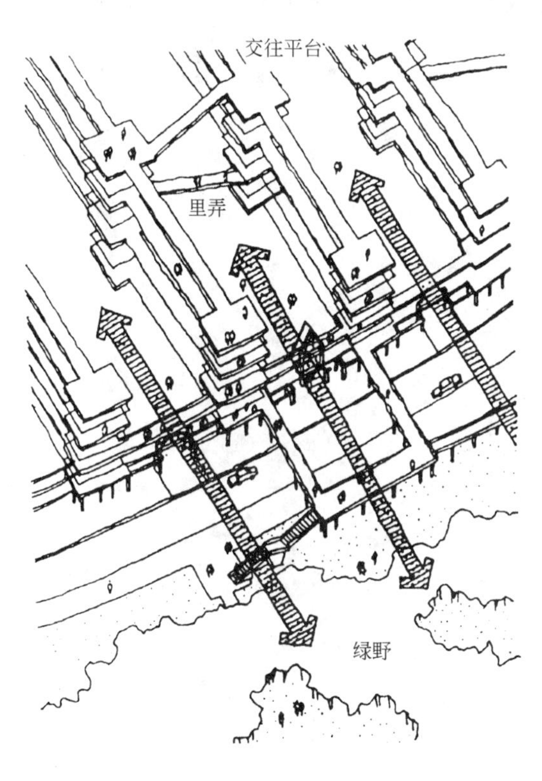

人—里弄—绿野

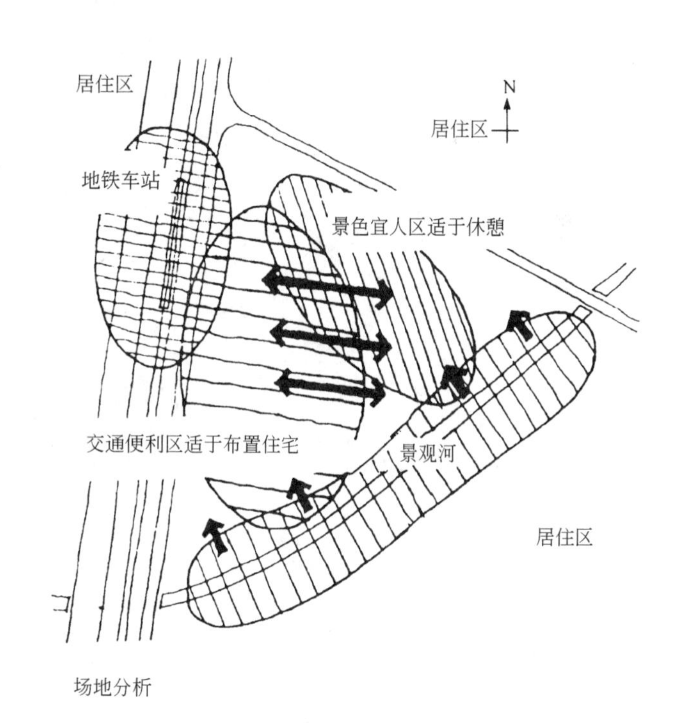

场地分析

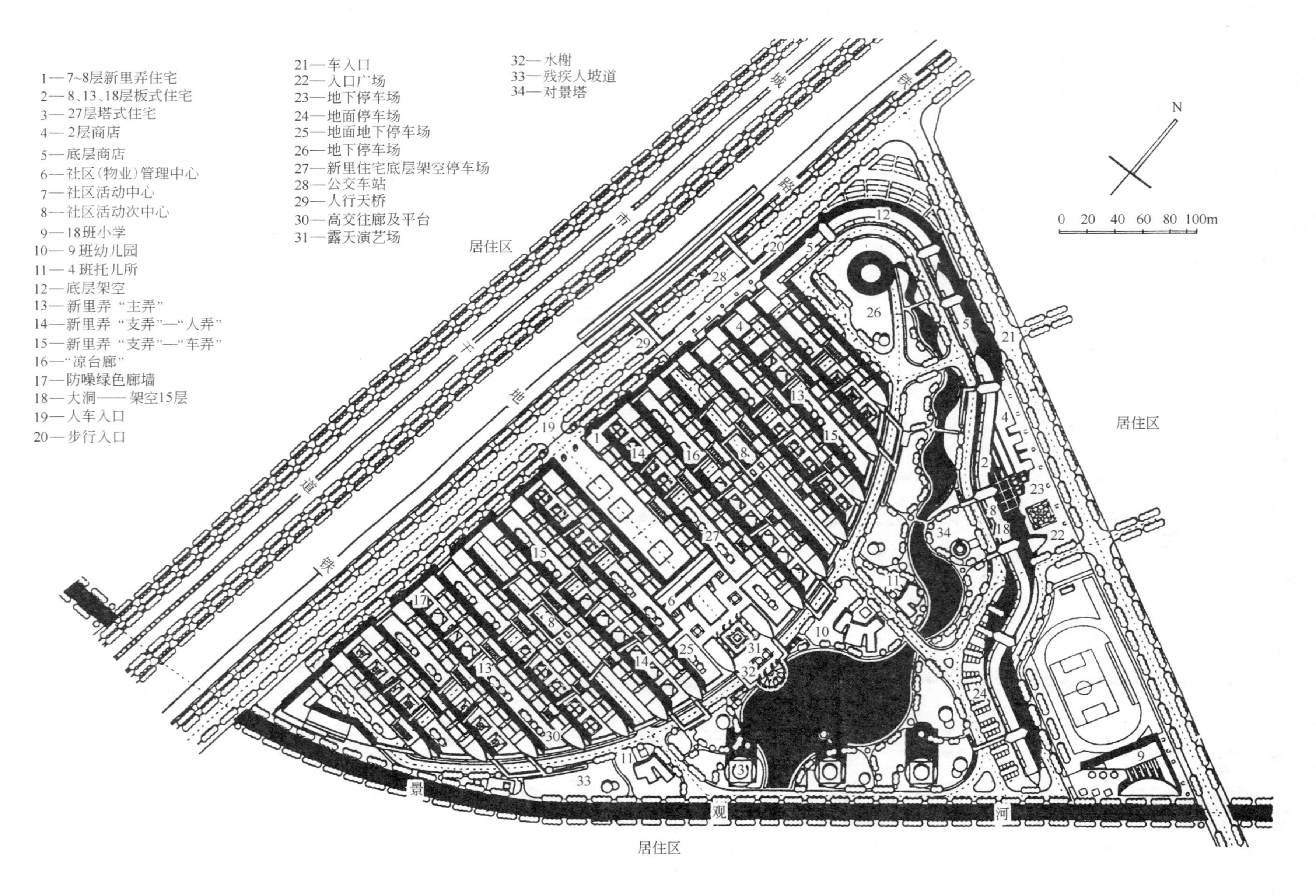
1—7~8层新里弄住宅
2—8、13、18层板式住宅
3—27层塔式住宅
4—2层商店
5—底层商店
6—社区(物业)管理中心
7—社区活动中心
8—社区活动次中心
9—18班小学
10—9班幼儿园
11—4班托儿所
12—底层架空
13—新里弄"主弄"
14—新里弄"支弄"—"人弄"
15—新里弄"支弄"—"车弄"
16—"凉台廊"
17—防噪绿色廊墙
18—大洞——架空15层
19—人车入口
20—步行入口
21—车入口
22—入口广场
23—地下停车场
24—地面停车场
25—地面地下停车场
26—地下停车场
27—新里住宅底层架空停车场
28—公交车站
29—人行天桥
30—高交往廊及平台
31—露天演艺场
32—水榭
33—残疾人坡道
34—对景塔
N
0 20 40 60 80 100m
城市干道
铁路
地铁
居住区
居住区
居住区
景观河

方案中的住宅布局以三种模式为蓝本:“面”——条条弄堂通“绿野”的“弦形”新里弄住居团(近70%的住宅面积);“线”——蜿蜒曲折、行云流水般的、环抱“绿野”的绿色高层板楼(18层、13层和8层);“点”——纤细修长的、置于“绿野”中的绿色高层塔楼(27层)。体现上海地方性的里弄住宅风格、现代建筑风格以及绿色生态建筑形式这三者之间的巧妙组合,形成了全新的住宅建筑形象。住宅户型设计吸取了传统里弄住宅内部空间丰富多变的特点,采用跃层式(半错层)的方式,既形成了穿堂风,又将活动层空间(起居、餐厅、厨房)与休息层空间(卧室、卫生间)分离开来。同时,设计中充分考虑了部分上海市民居住选择的习惯,设计了一室一厅(建筑面积约60m²)和二室一厅(建筑面积约85m²)相邻,且根据需要可分可合的两代居“二加一”住宅形式。结合内廊或外廊式布局,为老人和残疾人提供了方便。

住宅设计——新里弄住宅

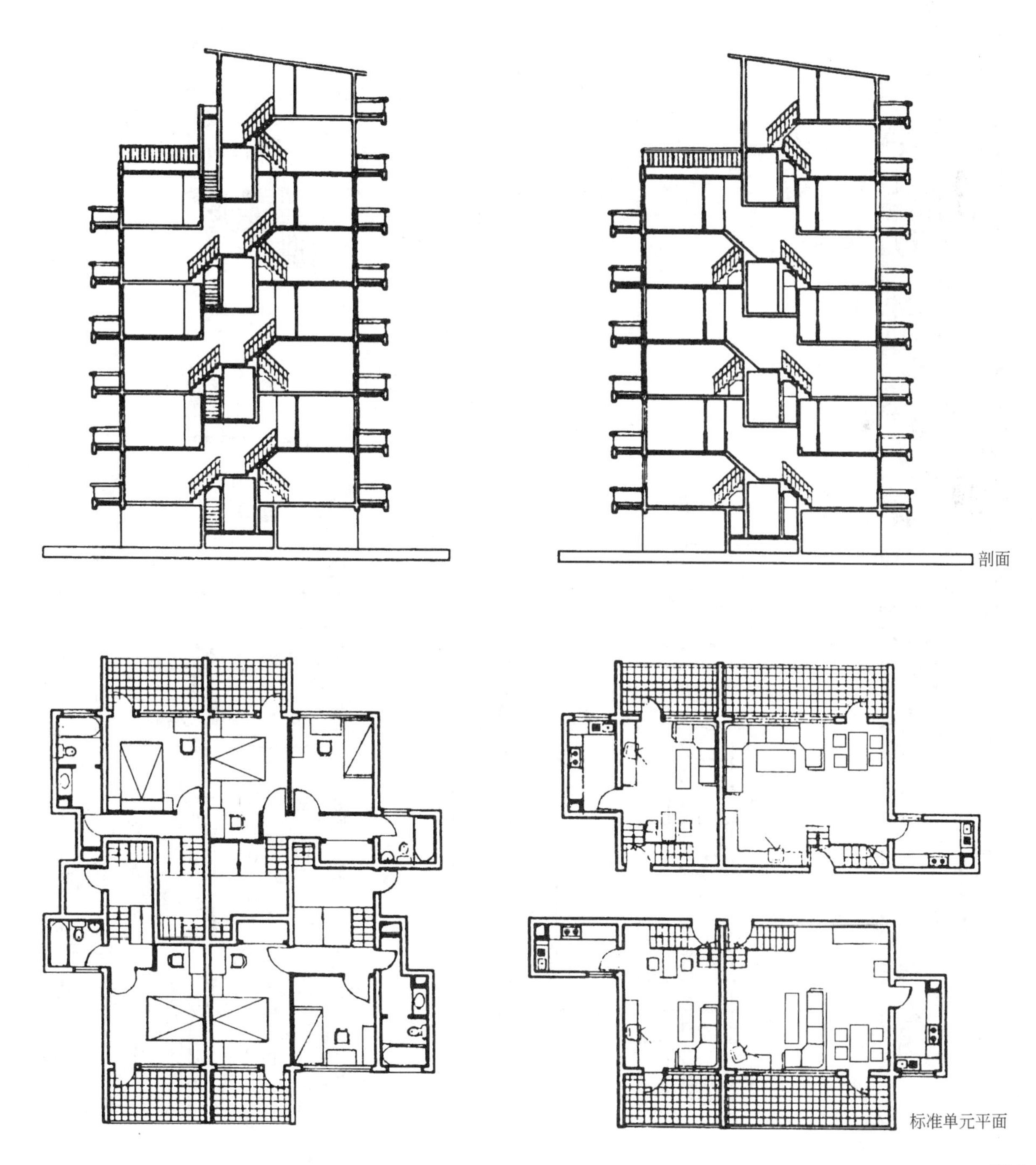

剖面

标准单元平面

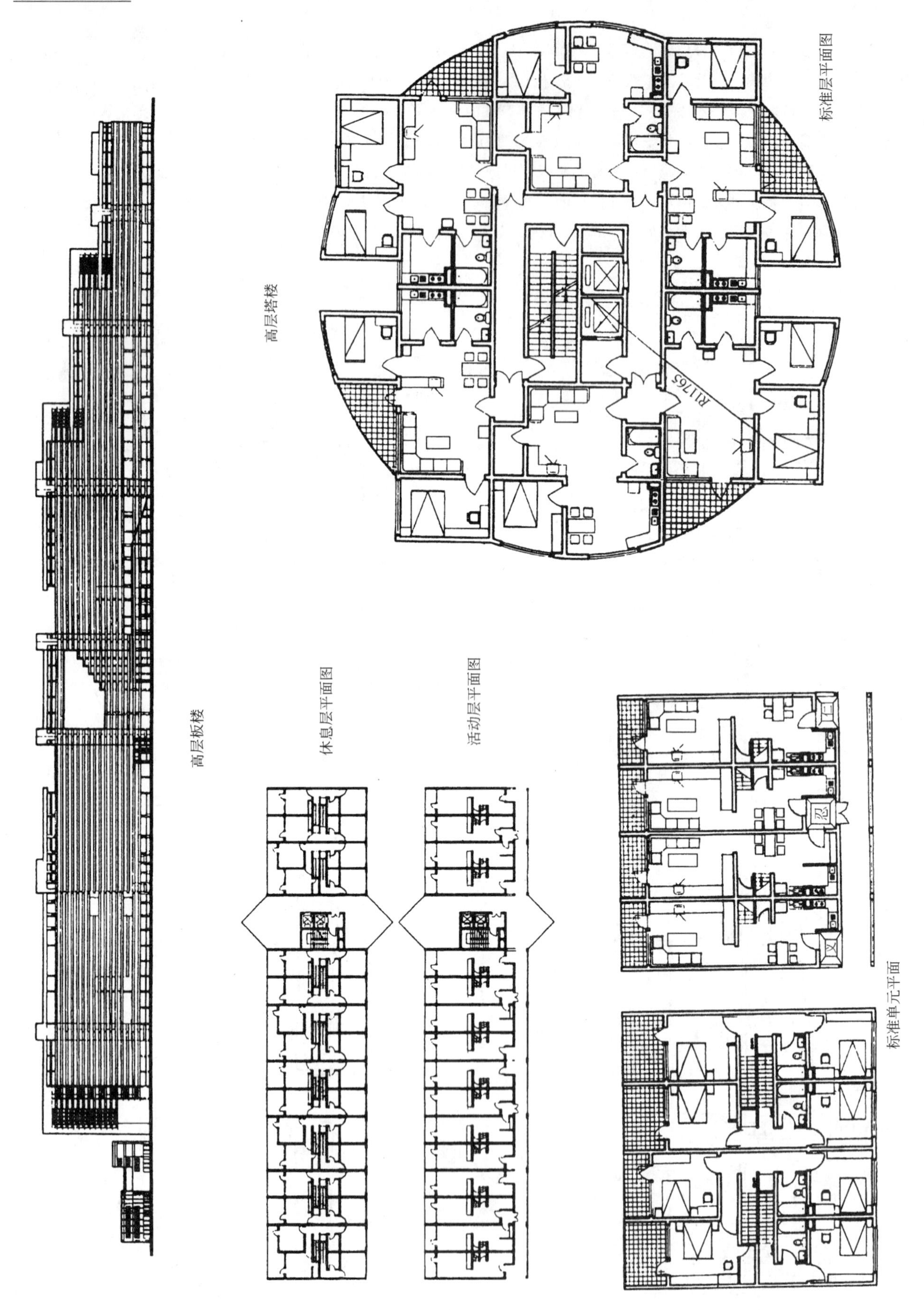
标准层平面图
高层塔楼
R1765
高层板楼
休息层平面图
活动层平面图
标准单元平面

方案充分考虑了上海地区的气候特点，形成了促进地表空气流动的弄堂风和穿堂风。

方案展示出合理的交通组织，同时充分考虑私人汽车的发展，安排了可供 1200 辆车停放的地面和地下停车场(按每 3 户 1 辆车计)。方案还结合交通组织设置了充足的消防通道，使灾难的发生降到了最低点。

方案考虑了社区管理问题。社区管理中心布置在小区中央，结合社区活动中心以及 9 班幼儿园、两个 4 班托儿所，形成了全封闭的物业管理系统。商业设施和 18 班小学(6 班可对外)在布局中考虑了对外服务。小区的精神文明建设及安全防卫问题得到了解决。

方案具有可操作性，它考虑了上海人口密集、用地紧张的特点，以上海现有的居住指标及住宅发展现状为前提，创造出跨世纪的居住环境。

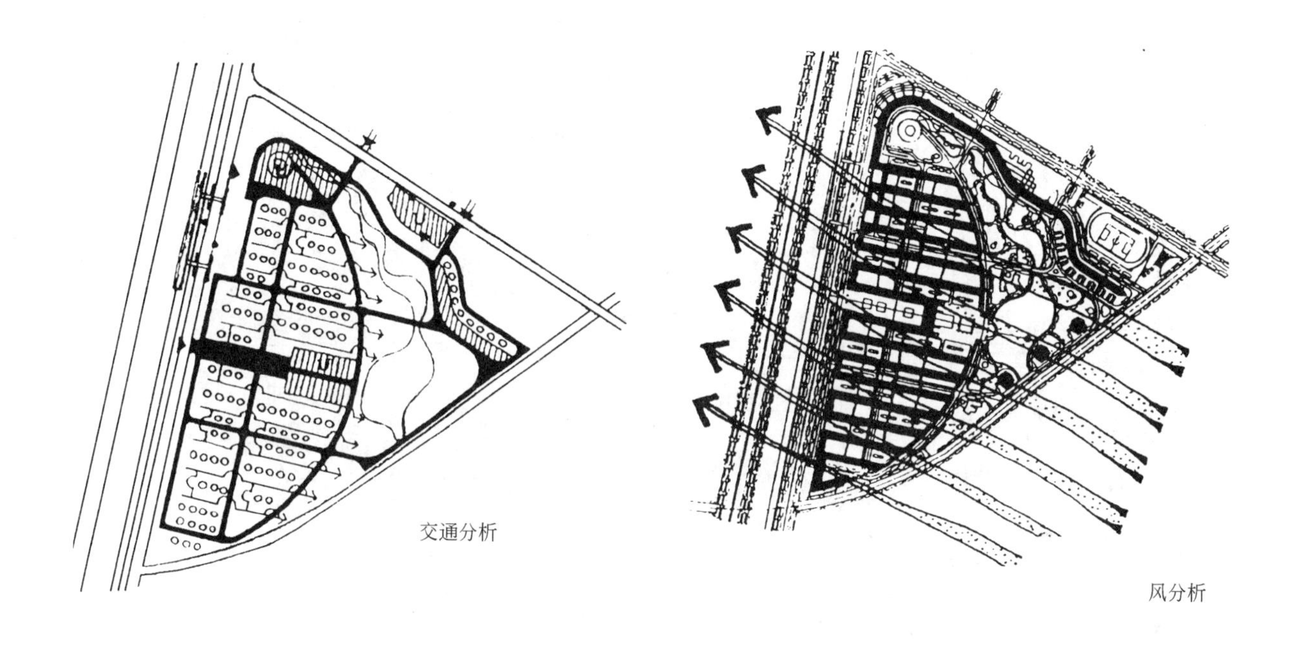

交通分析

风分析

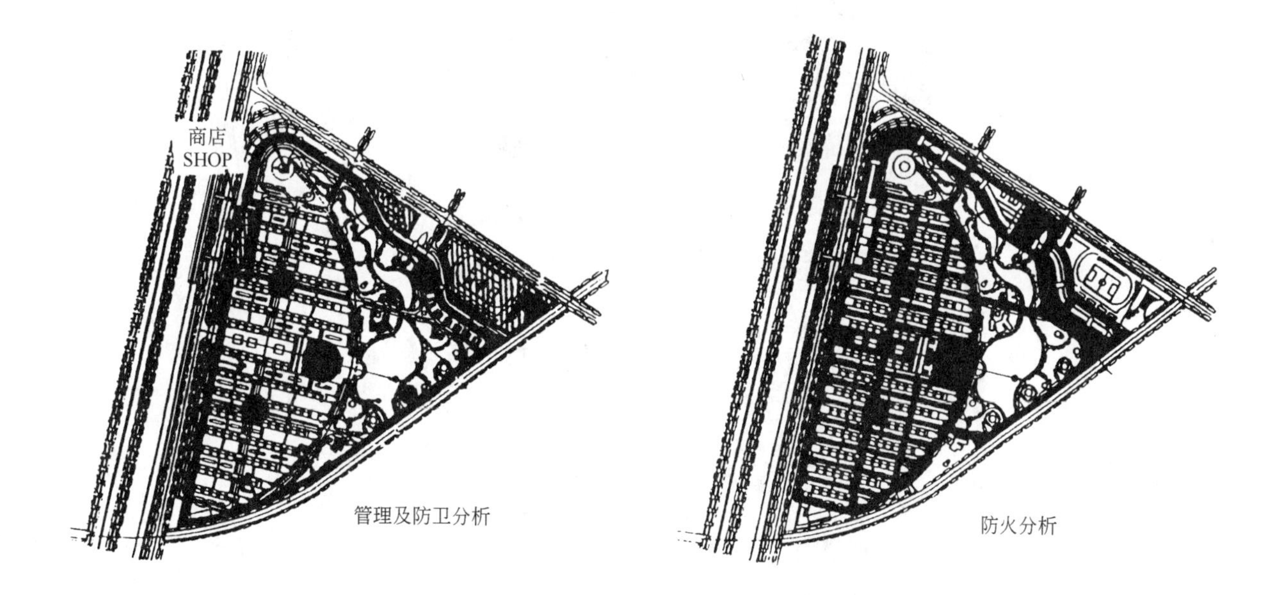

管理及防卫分析

防火分析

23. 上海万里示范居住区——“97”国际邀标中标方案(法)

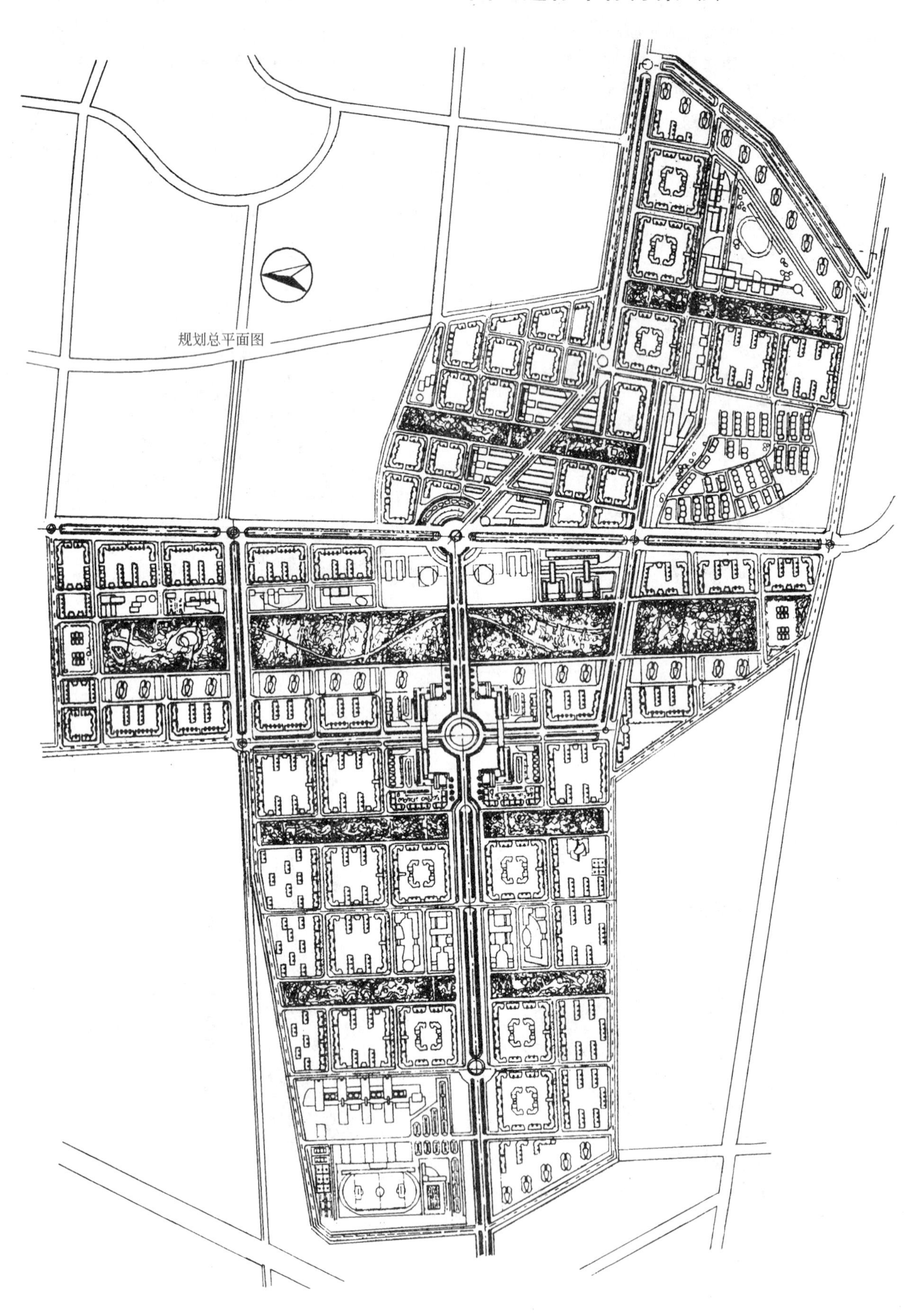

欧陆式街区立面

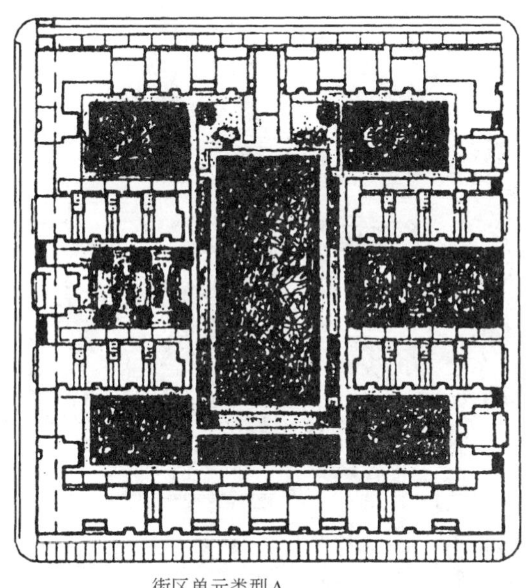

街区单元类型A

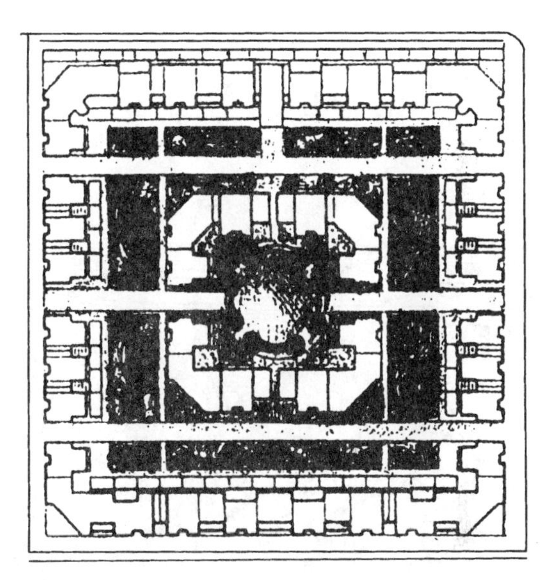

街区单元类型B

万里示范居住区基地位于上海市普陀区的西北部，距人民广场6.9km、距铁路西客站约0.8km。基地东部与普陀区的甘泉新村相接；西部与真如电台、铁道学院和杨家桥居住小区相邻；南部与西客站、粮食库相望；北接桃浦镇金光村、宝山区东方红村和新华村。

规划坚持以人为本的设计思想，应用现代城市设计的手法，着重于环境整体性形象的立意和刻画，并在功能合理和经济可行的前提下，赋以文化与艺术内涵。规划力求有所突破，引进绿轴概念，气势恢宏，结构简洁、合理，易于识别；主绿轴净空宽达100m，长达1200m，四条辅助轴净宽40m，长短不一，这些绿轴束不仅是居住区结构的重要识别元素，也是创造优美的自然生态环境的基础。住宅套型设计多样，能满足不同层次住户使用需求，半围合式街区单元借鉴了传统院落式住宅对空间充分利用的优点，各街区配置儿童游戏、老人休憩设施，并有广泛性活动空间，增添了浓厚邻里交往氛围。公建配套设施按三级配置，即居住区中心、各小区中心和组团内部配置网点。各级中心具有合理的服务半径，居住区中心800～1000m，小区中心500m左右，公建网点200m左右，使居民得到全方位、高质量服务，另增设完善的社区养老设施系统，每个居住区中心建立设施完备的老人中心、医疗保健和学习娱乐场所。

居住区有分级明确的道路系统，使货运、机动车、自行车、步行交通合理分工，居住区两主干道相交处设置公交及出租车总站，并附设有办公、职工宿舍、加油站等辅助设施，创造了内外通畅便利的交通条件。区内管道均作暗敷，无架空线，洁净优化空间环境；每户的表具出户安装，集中管理；采用新的给水模式，分质供水，饮用供水系统供应到户，满足用户饮用优质水的要求。

居住区用地195.3hm^2，总居住人口9万人，总居住户数25130户，总建筑面积2176110m^2，总居住建筑面积1708200m^2，容积率1.11，人口毛密度460.8人/hm^2，绿地率33％。

24. 高尔基市实验性综合居住区

综合居住区位于高尔基市中心区，伏尔加河与米舍尔湖之间，处于伏尔加河航道和老城中心老城堡的视线焦点。

规划设纵横两轴线，轴线交点处设中心广场，与老城堡遥呼相望；纵轴线以林荫大道把伏尔加河滨河路与米舍尔湖联系起来。米舍尔湖畔地段为全区公共中心，也兼顾居住区附近居民服务，设有商业服务、文化娱乐、体育活动等设施，并与公园和大片绿地结合在一起；公共中心与住宅用地间用步行天桥联系，车行于下层或地下，人车分流，并设有地下车库。在伏尔加河沿岸有宽阔的滨河路，作为伏尔加河全景的一部分，沿滨河路设16层高层住宅，以和辽阔的伏尔加河尺度相适应。

住宅组群以高层住宅为主，混合层组合，有少量台阶式住宅，共同围合成院落，日用生活服务点分设于住宅楼底层；托幼设于院落入口处，但低于院落地面标高达2m，周围有足够的绿化空间围护，减少与住户的干扰，车行道不入院内，中心区林荫路、街心花园等步行路也不穿行住宅庭院，居住环境安宁优美。

居住区总用地89hm^2，其中20hm^{2}为区级公建用地，总人口约25万人，总建筑面积47.3万m^2，地下车库停车位3500个，套均建筑面积64m^2，住宅建筑面积净密度1.2万m^2/hm^2，始建于1980年。

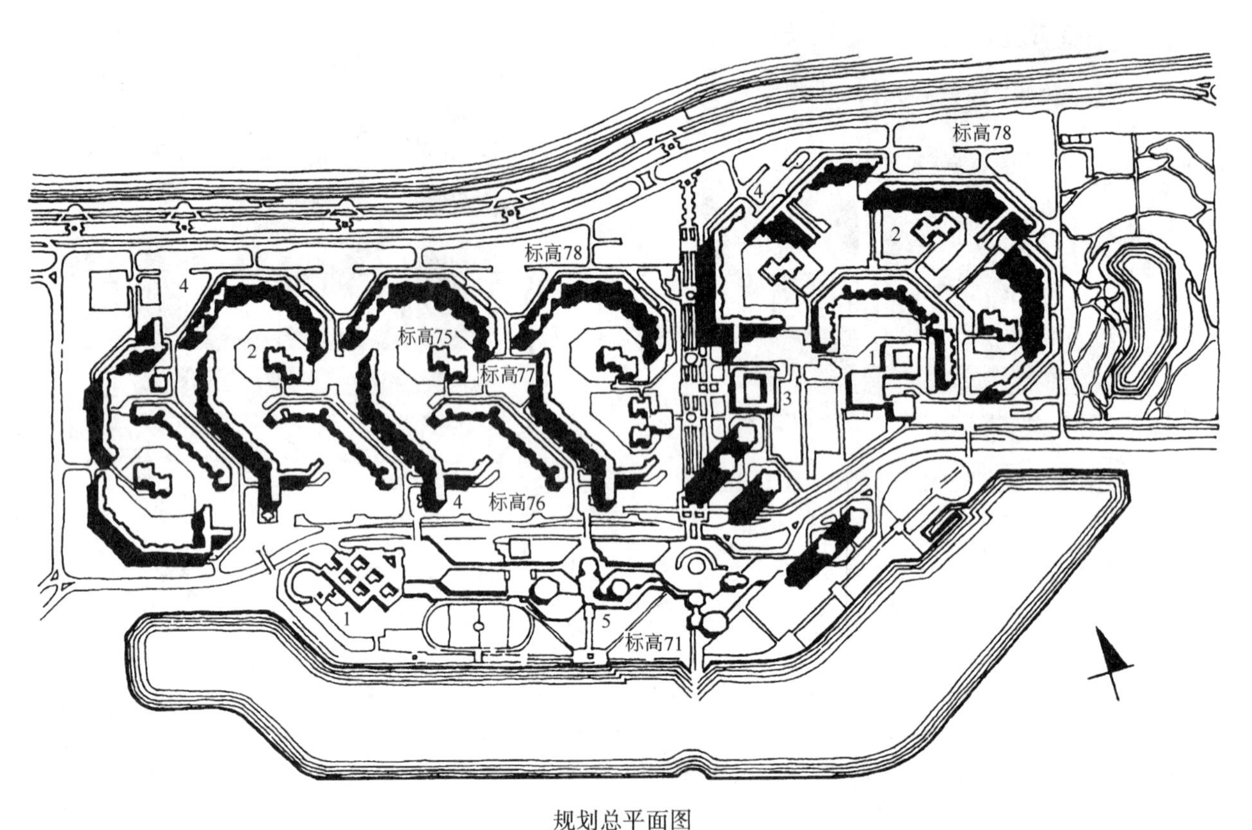

规划总平面图

1—学校；2—托幼；3—门诊部；4—日用服务点；5—区公共中心

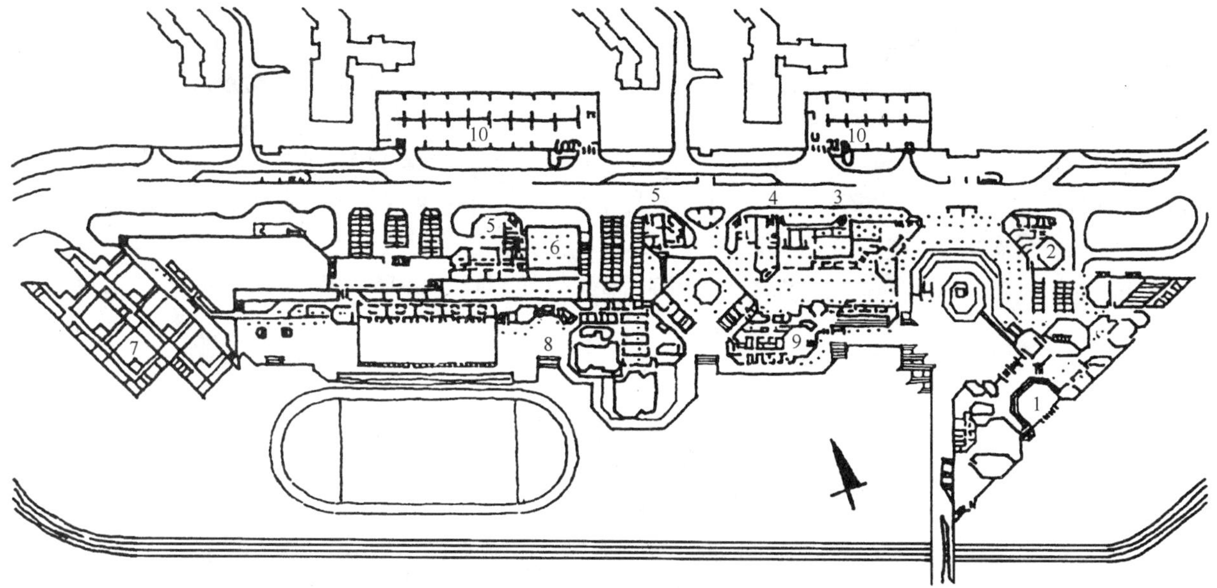

区公共中心

1—文化中心；2—行政后勤；3—百货商店；4—联络站；5—生活用房；6—无人售货；
7—学校；8—体育综合用房；9—公共饮食业；10—地下车库

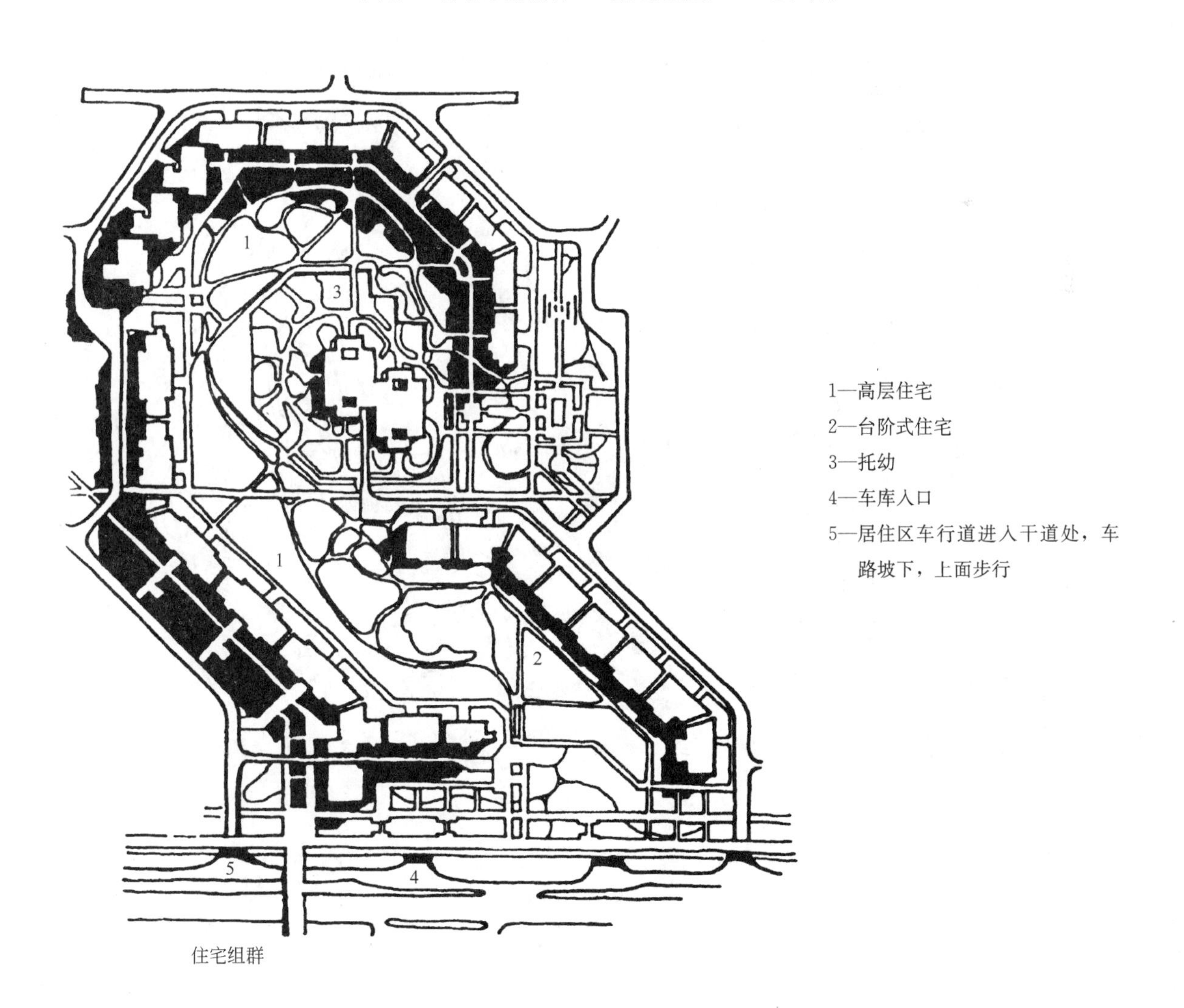

1—高层住宅
2—台阶式住宅
3—托幼
4—车库入口
5—居住区车行道进入干道处，车路坡下，上面步行

住宅组群

25. 西班牙马德里　萨考娜—德希萨小区(Saconia-Dehesa)

规划以折线型道路贯通，组成网状道路系统，将用地划分为 9 个居住组团和 1 个商业中心；每个组团设公共绿地，内有儿童游戏场、成人休憩场地，住宅围绕公共绿地连续布置，于道路交叉口或道路转折处设置小商店，方便居民使用，每个小商店面积约 $80m^2$；小区商业中心和中心绿地毗连，设于城市干道交叉处，位置适中。

建筑设计包括住宅和公共服务设施，均采用 4.2m×4.2m 作为扩大模数，无论什么建筑都在这种模数的网格上排列，以利于规划布置；一般居住组团四周住宅层数高于组团中心部位，以便使组团内有较开阔的空间；车辆免进组团，停车位按住户总数 50%设置，其中 55%设车库、45%为露天停车。

小区用地 $42.3hm^2$，总人口 25000 人(6100 户)，人口毛密度 590 人/hm^2。始建于 1968 年。

规划总平面图

1—商业中心；2—小区公园；3—小商店；4—住宅组公共绿地

住宅设计

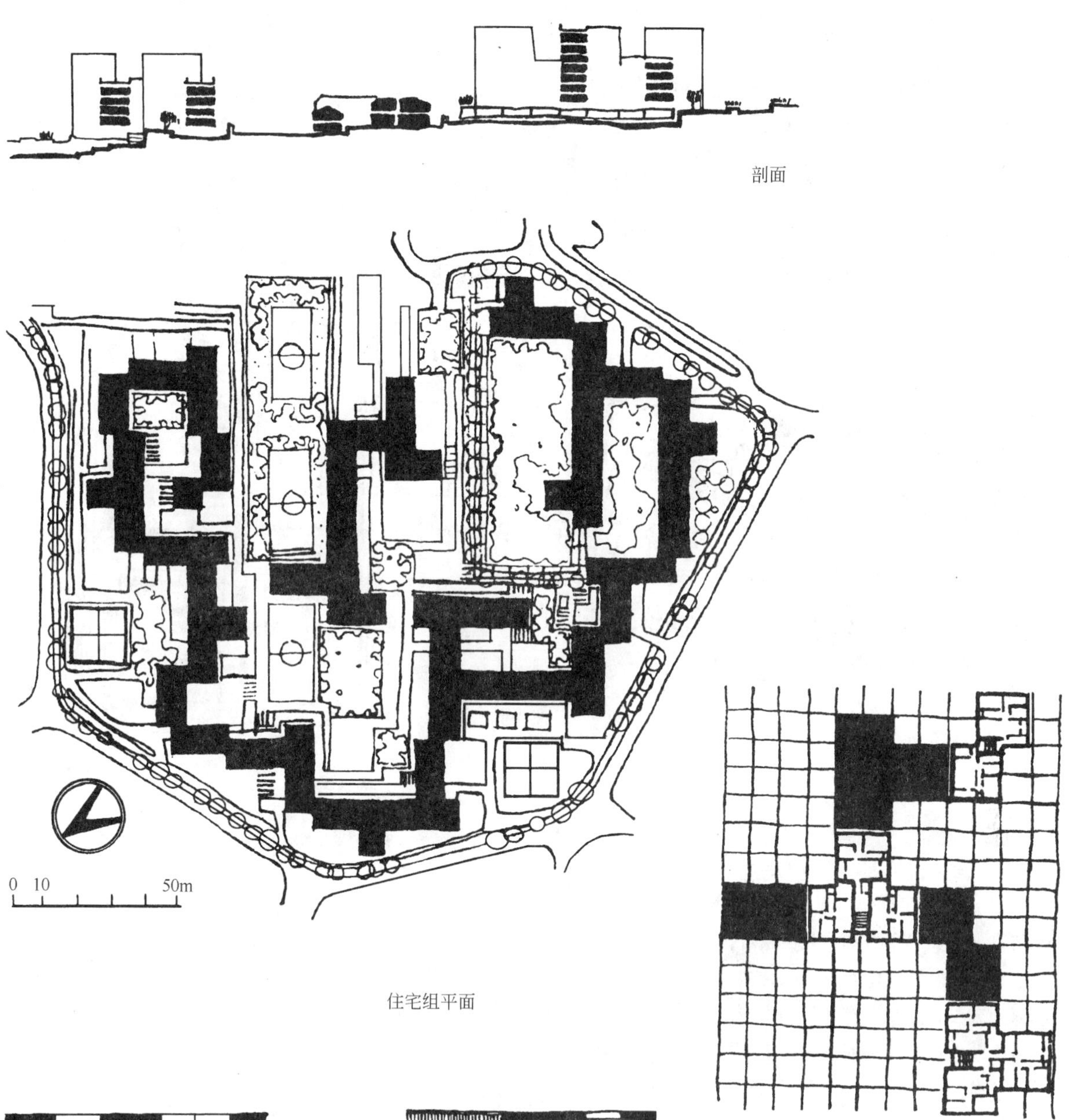

剖面

住宅组平面

住宅的组合

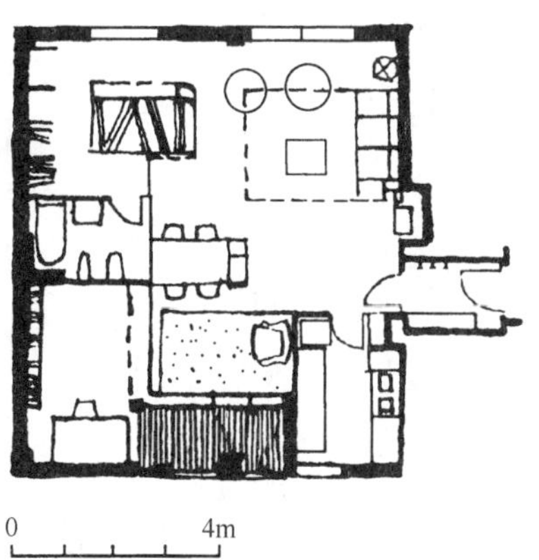

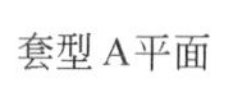

套型A平面

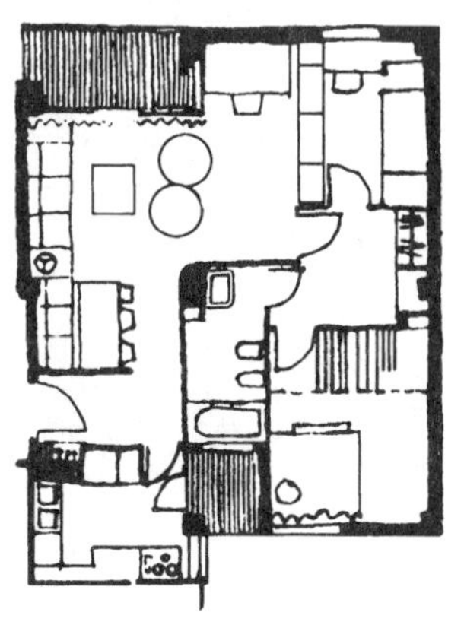

套型B平面

26. 英国萨里波拉特山　米切姆小区(Mitcham)

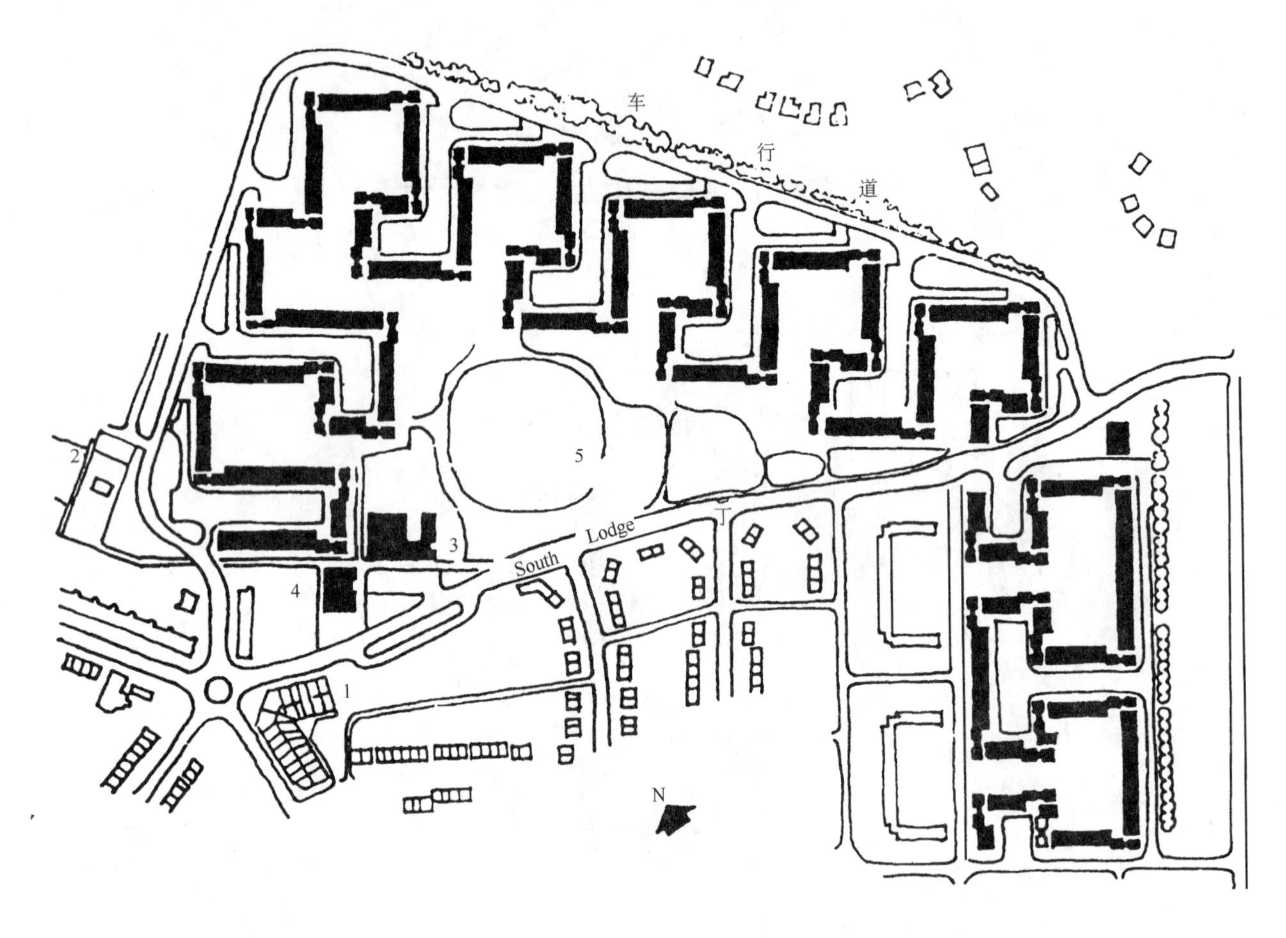

规划总平面图

1—商店；2—学校；3—公共中心；4—图书馆；5—公共绿地

米切姆小区位于伦敦以南，距伦敦商业区15km，地形不规则，是一斜坡地；四周是战后建成的联排式独院住宅，西南角保留有商店、图书馆和公共会堂，作为小区中心。

规划采用回纹式住宅组群，绿化内院与停车场院交替排列，连续围合成一个小区中心绿地，每个住宅绿化内院向小区中心绿地开口，每个停车场院向外围车行道开口，并与住宅底层车库相通，人车分流，车行交通被隔离在小区外环路上，保持内院安静。这种回纹式住宅组群，据土地利用调研分析，认为在同样条件下，该布局最为有利，能使住宅紧凑集中，动静分离，功能明确，利于形成安宁和谐的居住环境。

小区用地16.5hm^2，总人口3485人，停车位1.5辆/户。

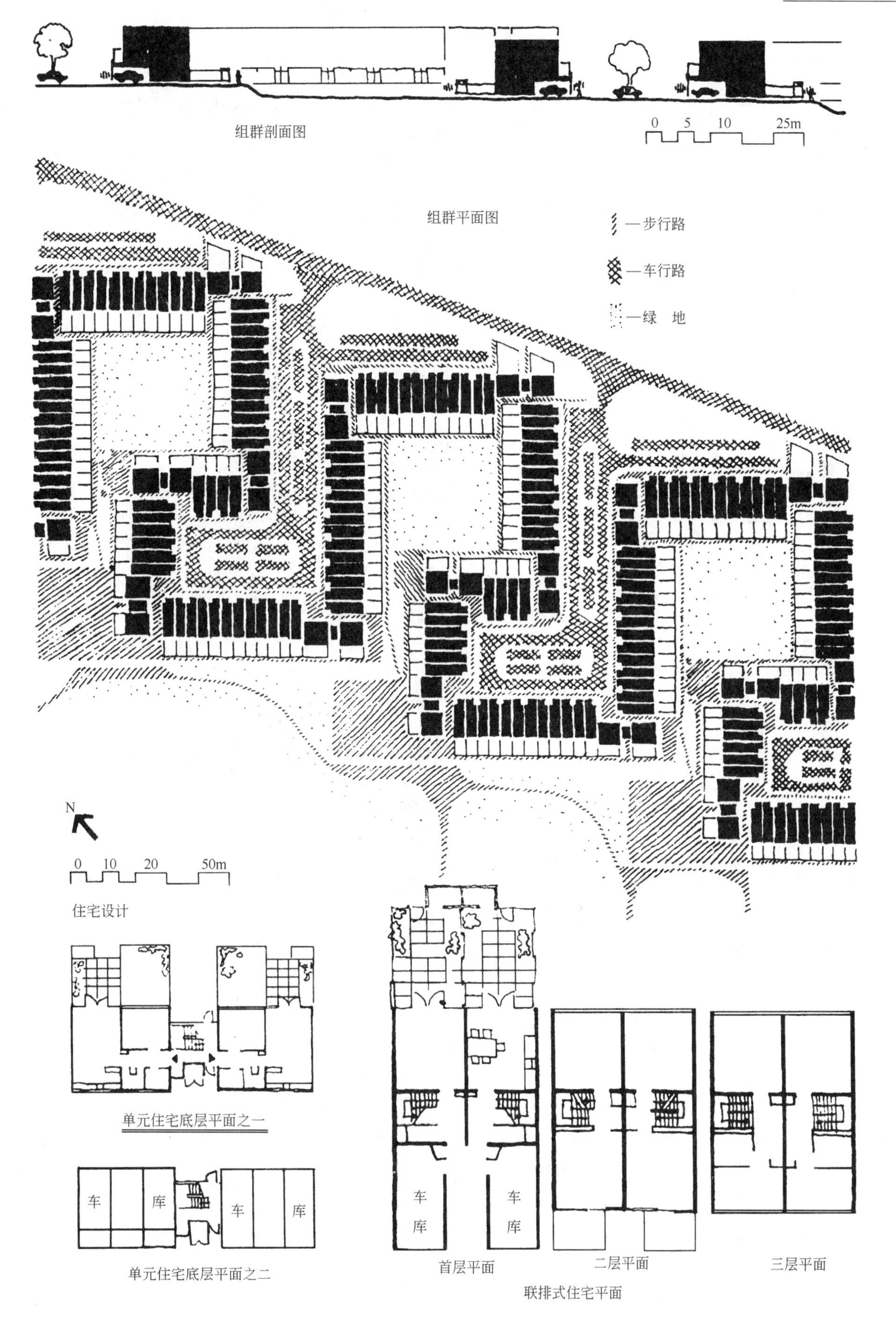
组群剖面图
0 5 10 25m
组群平面图
—步行路
—车行路
—绿 地
N
0 10 20 50m
住宅设计
单元住宅底层平面之一
车 库 车 库
单元住宅底层平面之二
车库
车库
首层平面
二层平面
三层平面
联排式住宅平面

27. 英国伦敦　保鲁斯布卢住宅区(Bloomsbury)

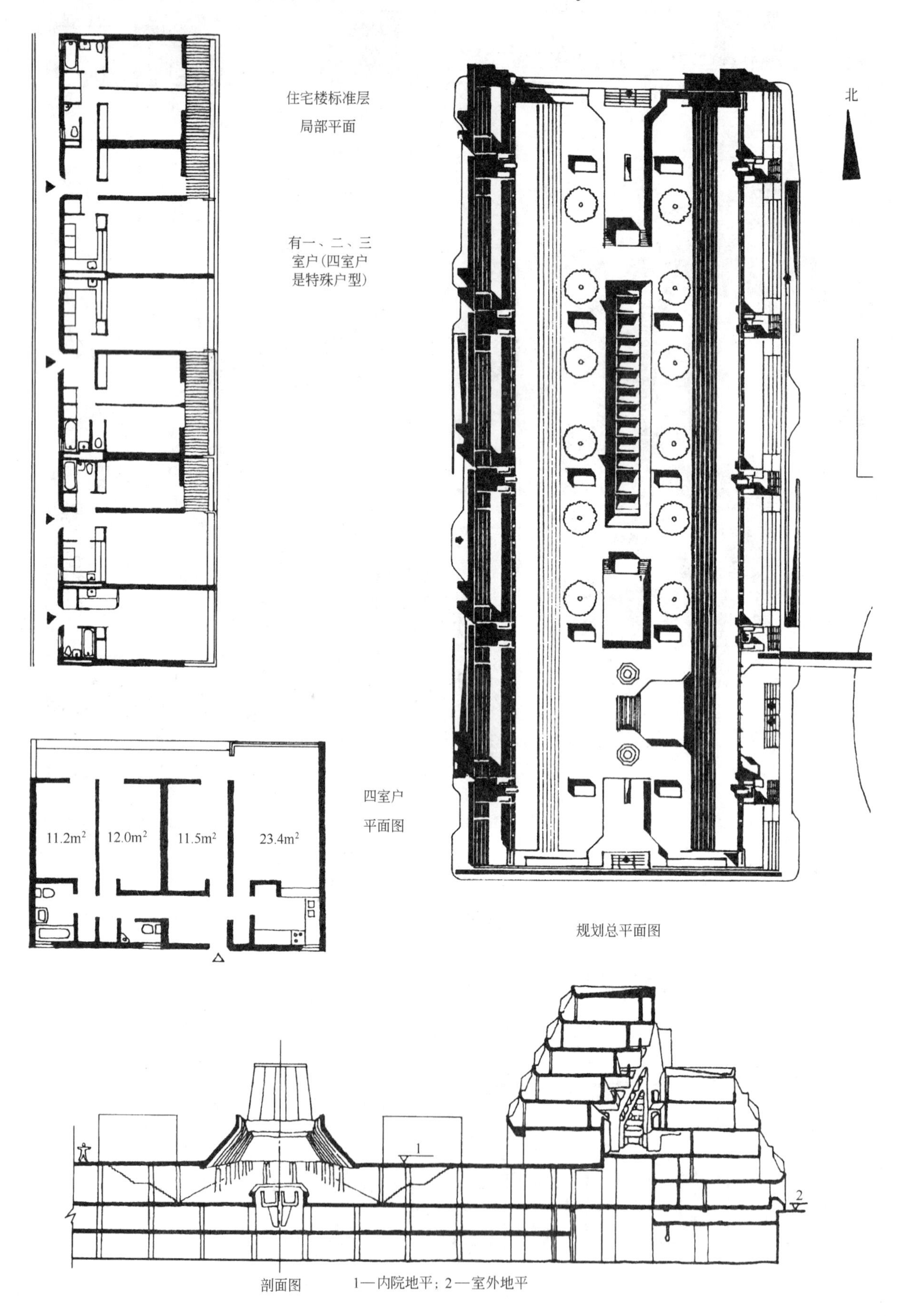

保鲁斯布卢住宅区位于旧区中心，规划考虑了这一特点，构思新颖别致。规划在长方形的用地上布置平台式住宅，平台东西两侧设置两幢条形塔型台阶式多层住宅，与周围老房子的尺度和屋顶相协调；平台中间为住宅院落，作规则式铺地和绿化，为居民户外的活动中心；平台下布置公共设施，负二层则为停车库，共有 910 个停车位，可供内外居民、来访者、顾客使用。这个住宅群，在旧区改造中充分利用了土地，提高了居住密度，并保证了良好的居住环境，又与周围环境相协调，是一组很有特色的住宅建筑群。总用地 3.25hm^2，总人口 1644 人，人口毛密度 507 人/hm^2。

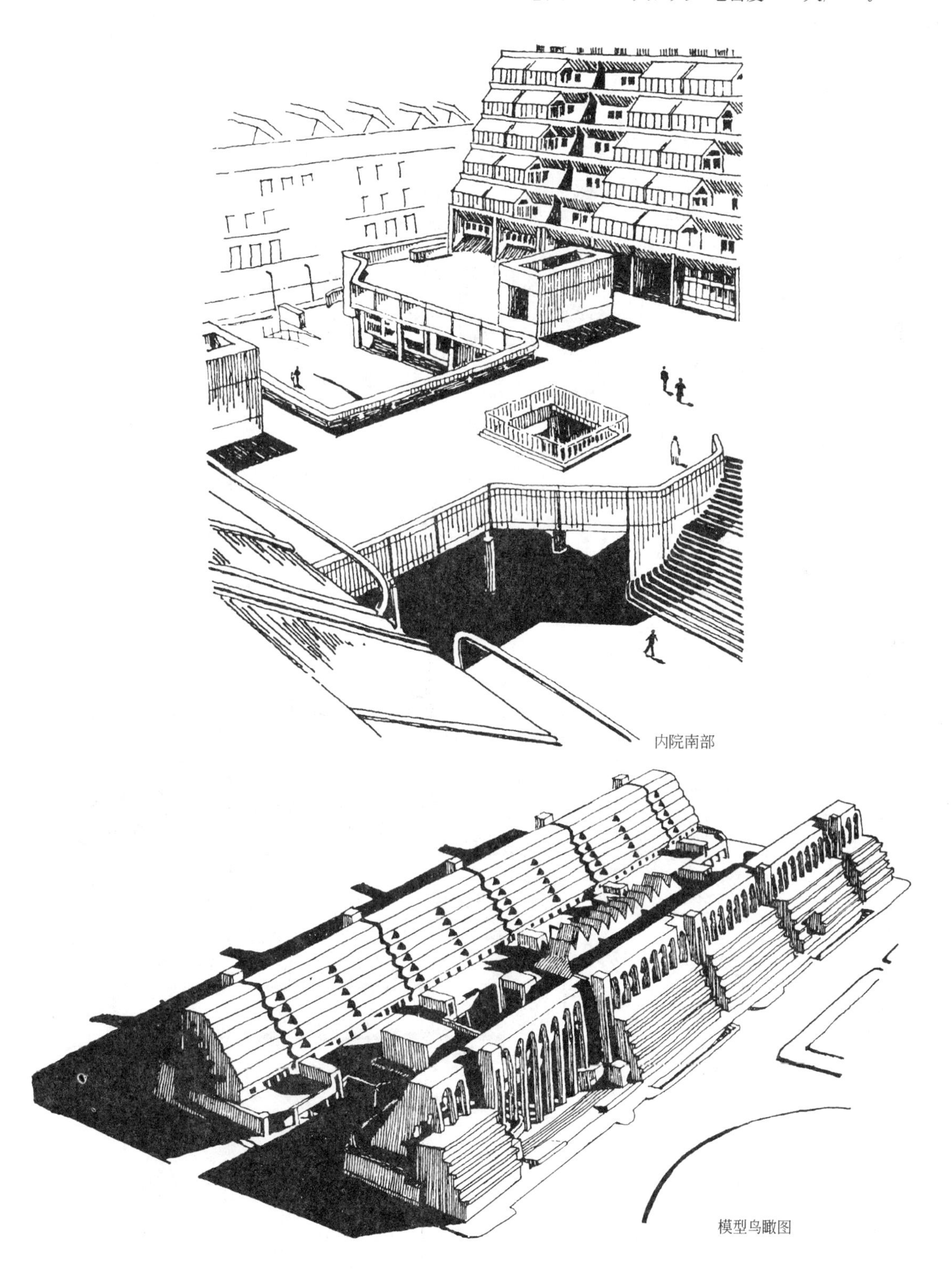

内院南部

模型鸟瞰图

28. 美国加利福尼亚　桑达莫尼卡小区(Santa Monica)

小区规划在用地上布置了7幢"金字塔"型的台阶式住宅楼，楼顶上部又设高层塔式住宅楼，其中两幢为17层，其余为21层，"金字塔"型的台阶式住宅楼为5层，成为整个大楼的底座，其中间无自然采光的房间作停车库和仓库，四周台阶多为一楼一底的低层小住宅，每户都有单独的绿化阳台，电梯为整个大楼垂直交通，可直达底层停车位。

由于使用这种住宅，达到很高的居住密度(1000人/hm²)，因而节约出7.2hm² 的绿化空间，设有林荫路、运动场和露天咖啡室等；小区还安排了商业中心、饭店、图书馆、行政管理以及游泳池、儿童机构等。区内住宅、公建与公园之间均用步行林荫道联系，境内无穿行交通。

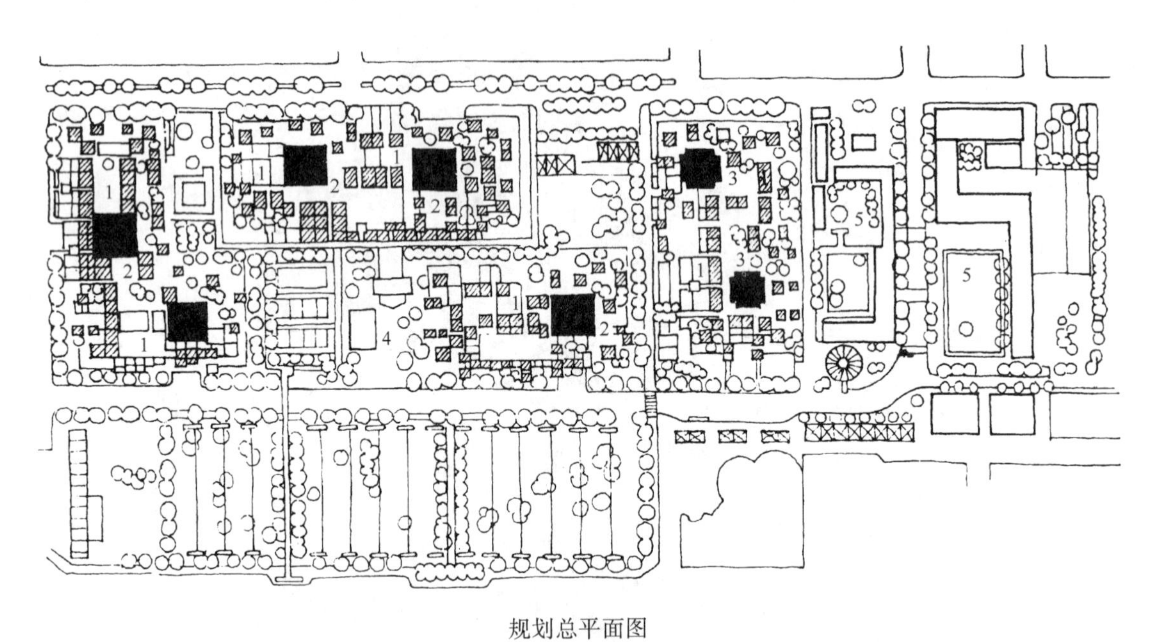

规划总平面图

1—7幢金字塔式低层住宅；2—21层塔式住宅楼；3—17层塔式住宅楼；4—绿地、游戏场；5—公共商业中心

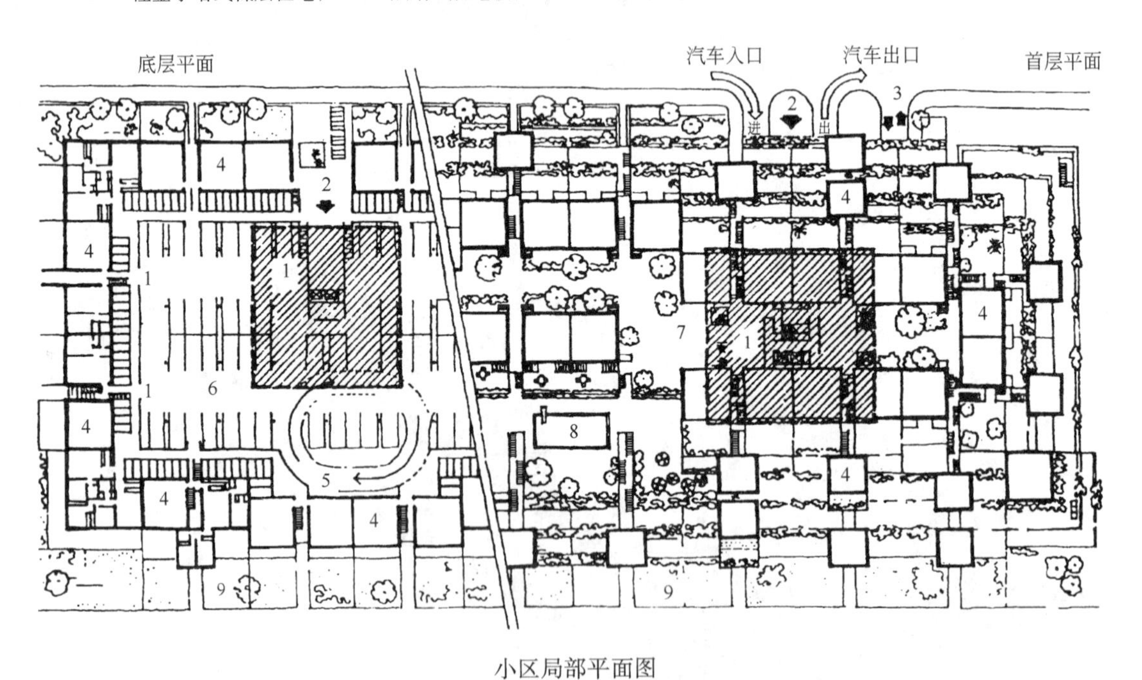

小区局部平面图

1—塔式高层住宅；2—塔式住宅入口；3—服务进出口；4—低层小住宅；5—汽车坡道；6—停车场；7—低层住宅平台；8—水池；9—私人花园

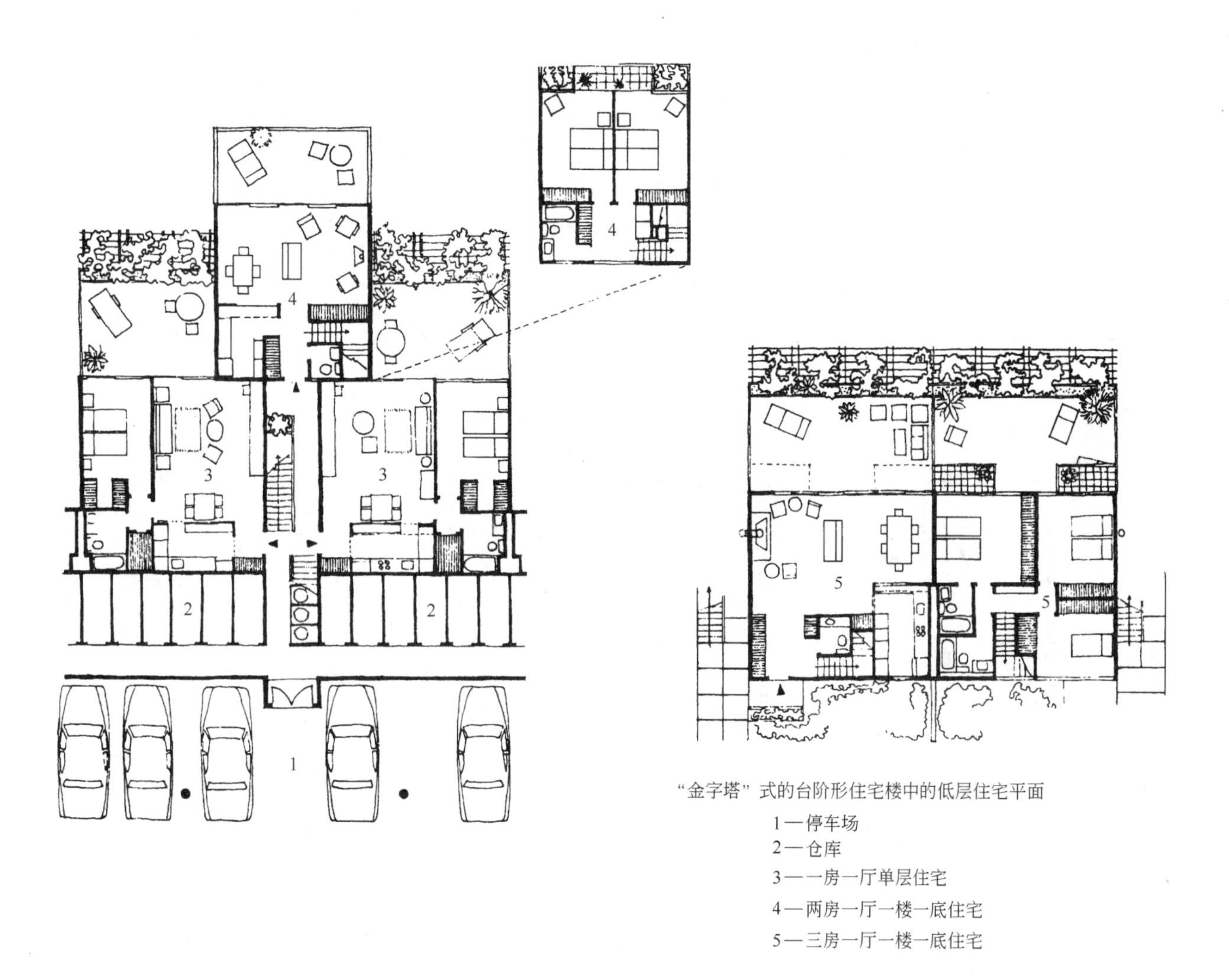

"金字塔"式的台阶形住宅楼中的低层住宅平面

1—停车场
2—仓库
3——一房一厅单层住宅
4—两房一厅一楼一底住宅
5—三房一厅一楼一底住宅

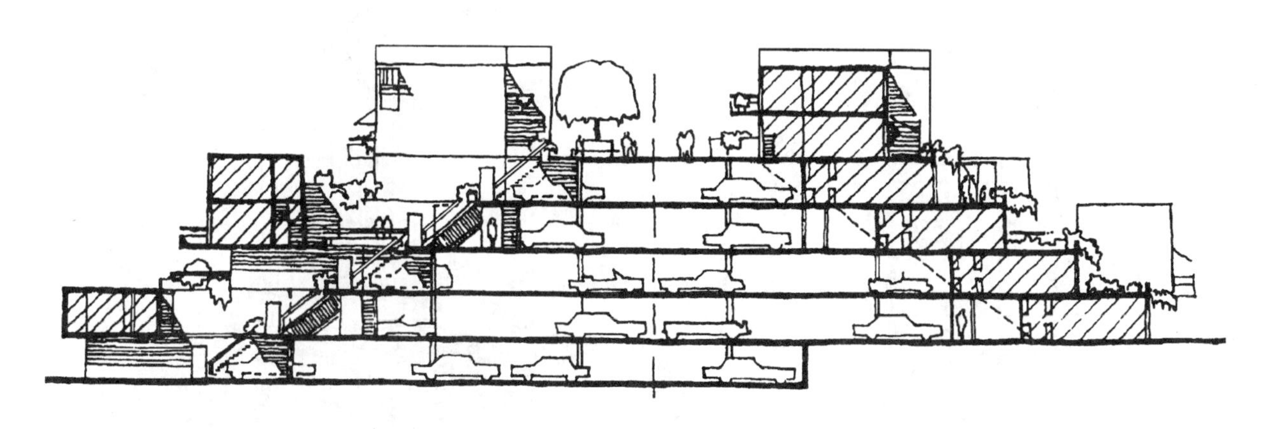

"金字塔"式台阶形
住宅楼剖面

桑达莫尼卡小区(美)

住宅设计

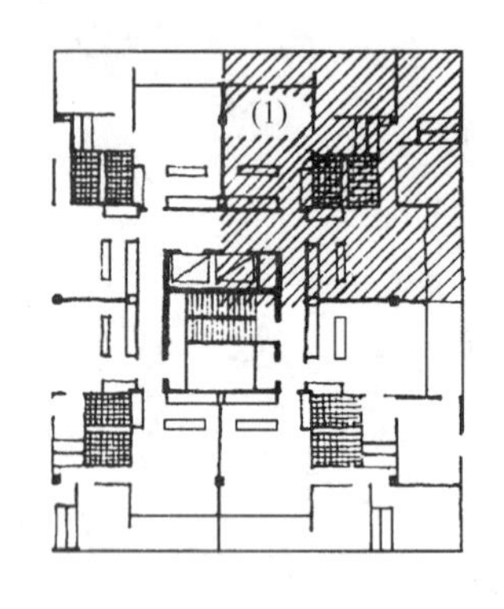

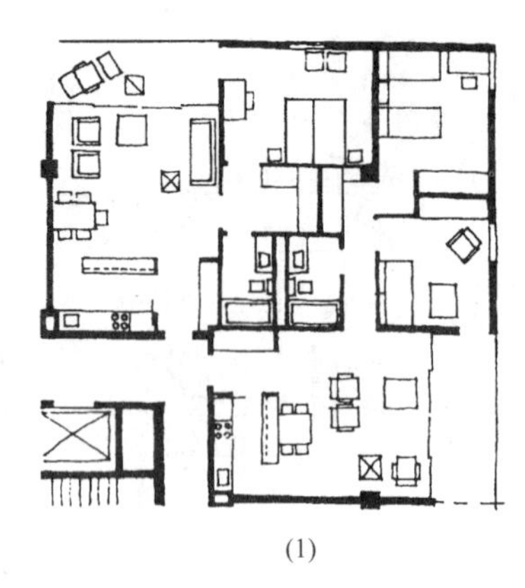

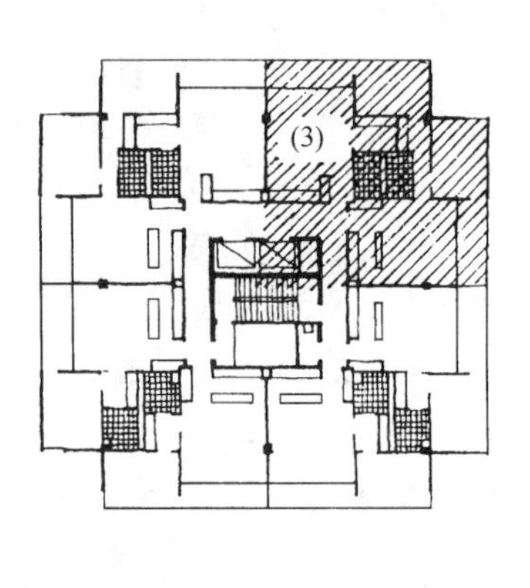

(1)

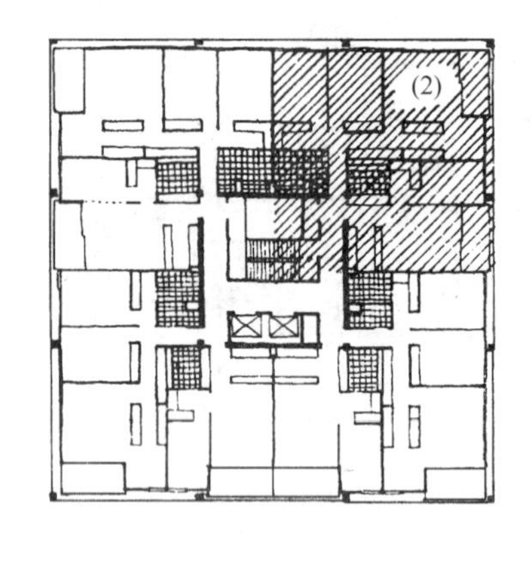

(2)

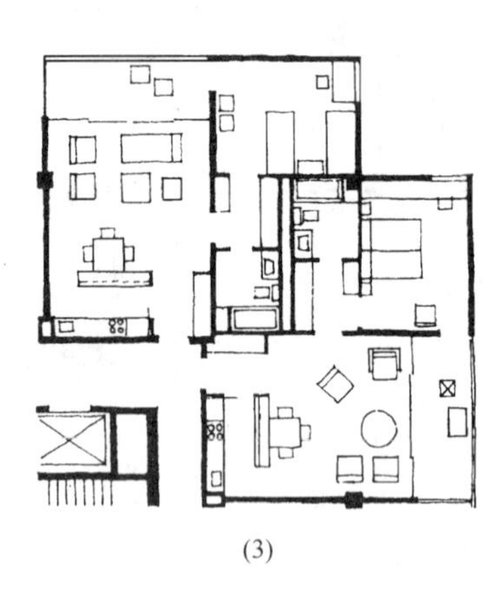

(3)

高层住宅的
平面和剖面

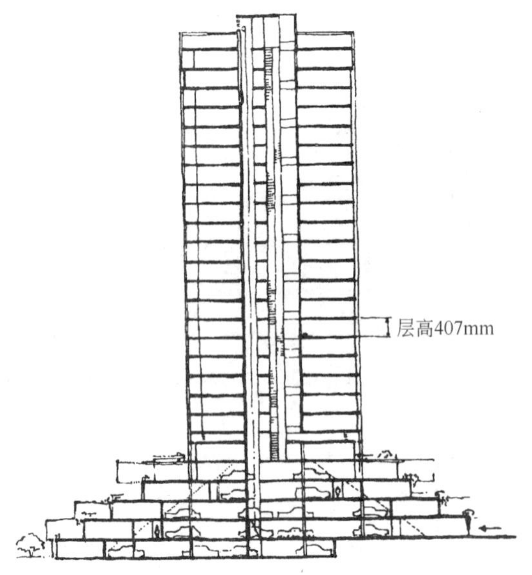

高层住宅下座是“金字塔”式台阶形住宅

29. 德国汉堡市　斯泰尔晓普居住区(Steilshoop)

斯泰尔晓普居住区位于汉堡市北郊，距市中心 7.5km，有地铁和公交车方便地联系；其东南部和西部有工业和商业区可为居民提供就业岗位，区位条件良好。

规划是轴线式对称布局，轴线上布置公共建筑，两翼对称布置 20 个半环形公寓大院，并由一条“V”形林荫道串连；居住区沿东南一侧车行干道以半环形支道绕向每个公寓大院外围，停车场设于大院入口处，车辆免于入内。公寓内部庭院供儿童游戏和成人休憩，转角处有过街楼，可步行入内；公寓层数由入口处 9 层渐次降落至 5 层，套型多样，可满足多种要求，底层住户有 $50m^2$ 的独家花园，标准层住户有前后阳台，顶层(9 层)为特殊的公用房间。

居住区总用地 $175hm^2$，总人口 24000 人，停车位 1 辆/户。1969～1976 年建设。

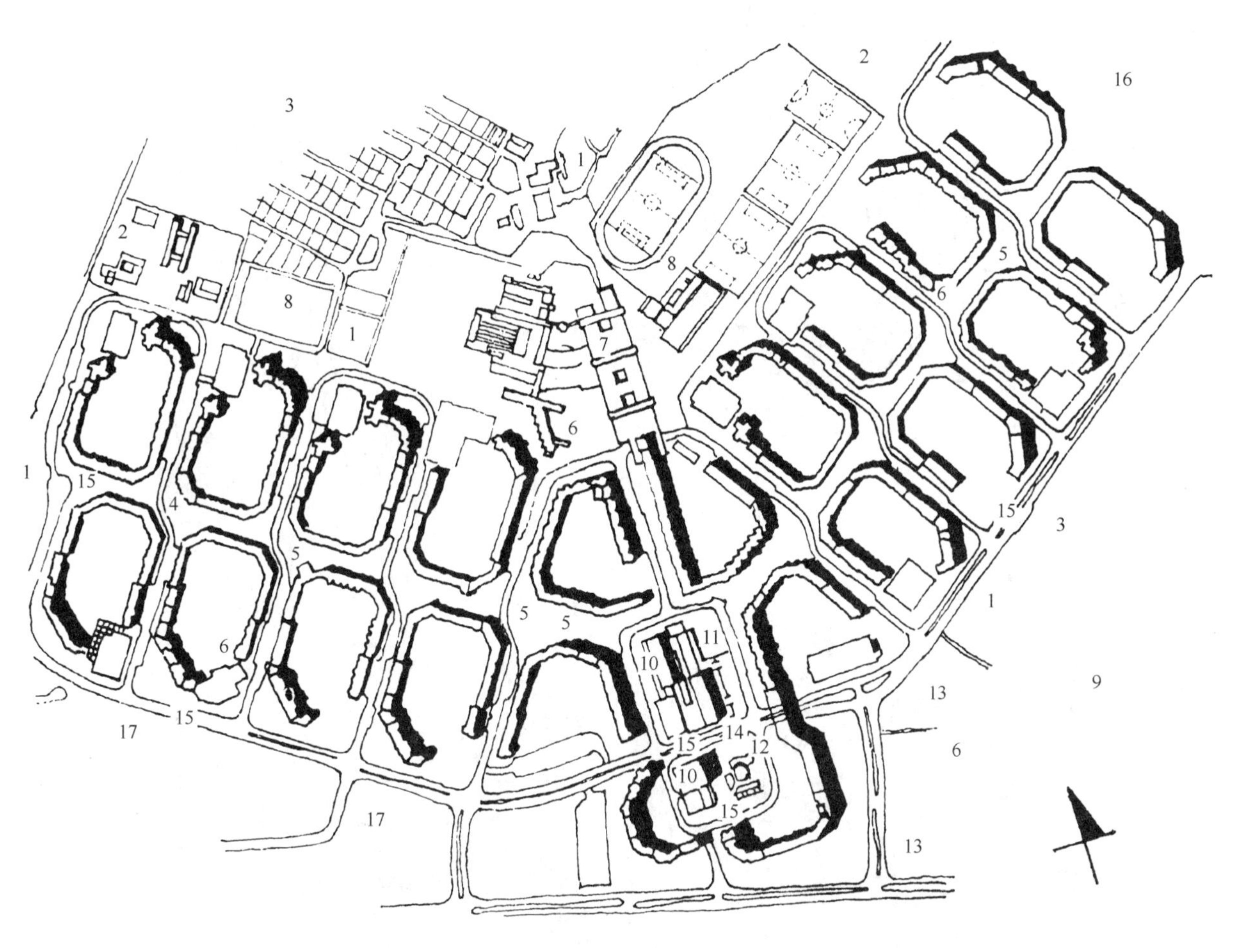

规划总平面图

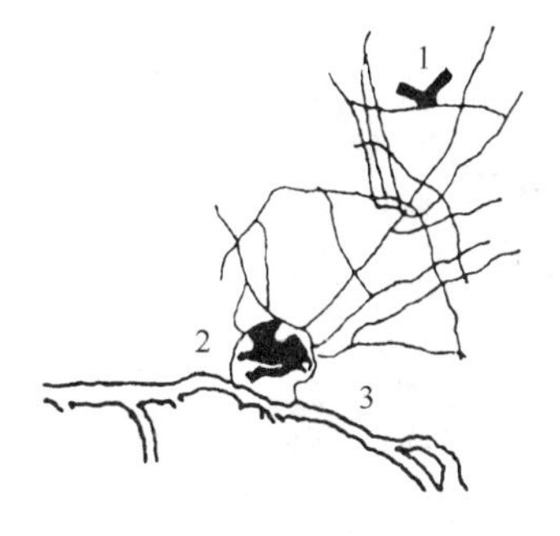

居住区位置图

1—steil-shoop
2—汉堡市中心
3—易北河

1—游戏场，公园
2—小学
3—分配的花园
4—社会活动中心
5—商店
6—教育中心小学
图书馆，俱乐部
7—儿童日间管理中心
8—运动场地
9—游泳池
10—商业中心
11—周末市场
12—教区中心
13—老年人居住中心
14—地下铁道车站
15—公共汽车站
16—低层建筑开发区
17—商业区

环形公寓内院

住宅设计

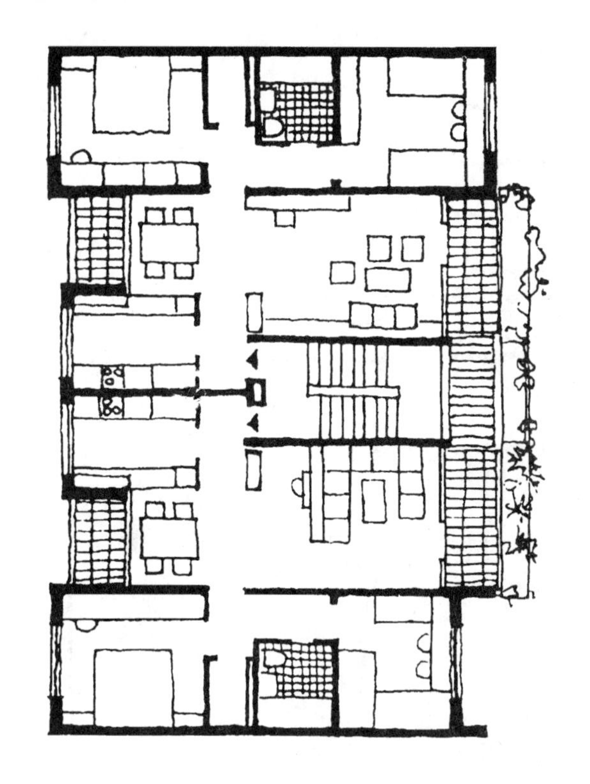

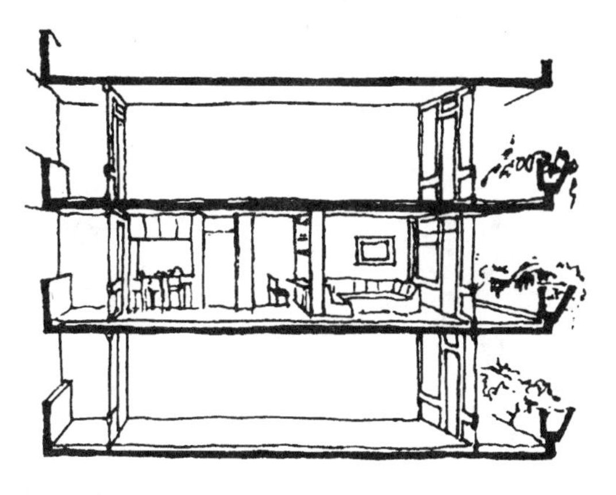

(*a*) 三室户标准层平、剖面
(使用面积 floor area
为77.5m²)

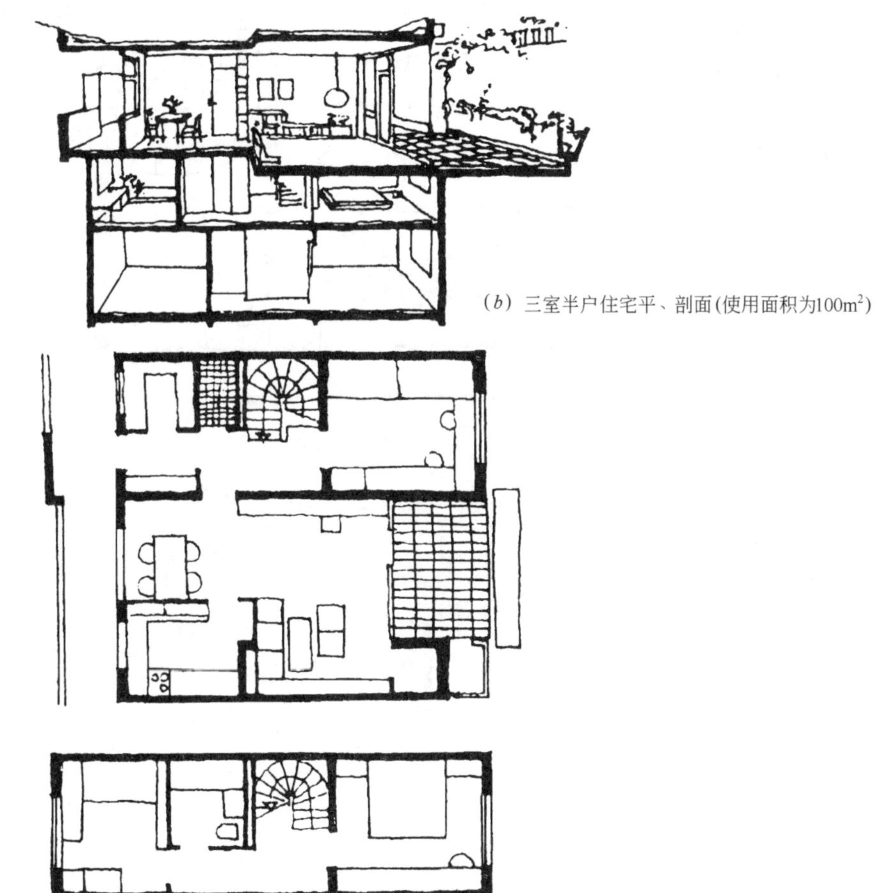

(*b*) 三室半户住宅平、剖面(使用面积为100m²)

住宅设计

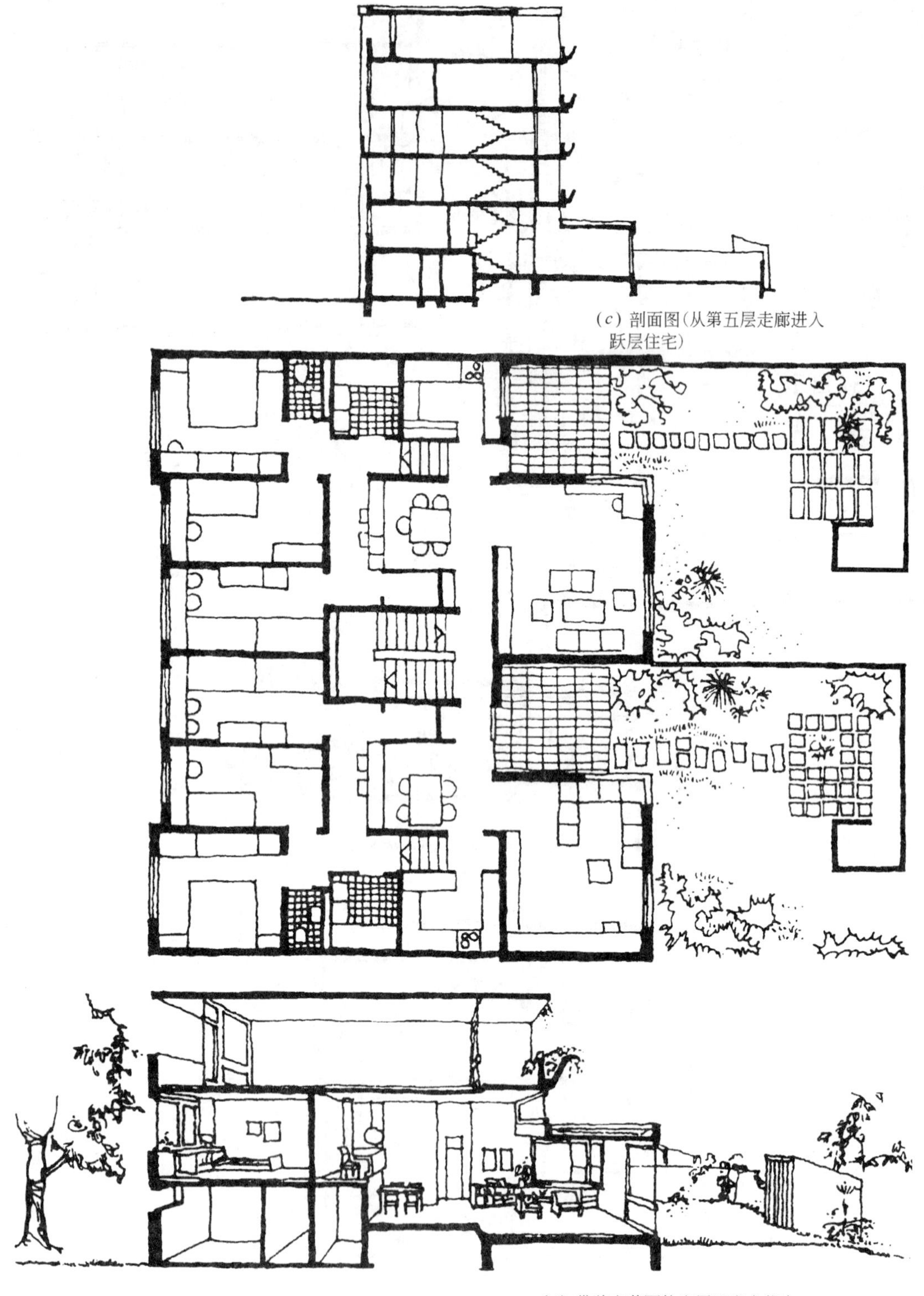

(*c*) 剖面图(从第五层走廊进入跃层住宅)

(*d*) 带独家花园的底层四室户住宅平、剖面(使用面积95m²)

30. 法国丹尼斯城　乌尔鲁—索斯—保尔斯居住区(Aulnay-sous-bols)

居住区位于巴黎城区东北角，距内城 18km，距保尔斯镇 2km，北面为绿化区，南面为高速公路，地势略向南倾斜。住宅群布置成内外院分隔的“回纹”状，使住宅正面对着内院，而背面(北梯)对着外院，从而形成了内院为生活空间，外院为交通空间，车辆可不必进入居住区内部，免受污染和干扰；住宅群体采用“风车形”平面的多层住宅作住宅组合体的转角单元和尽端单元，不仅丰富了群体立面，并提高了居住密度。

居住区总用地 47hm²，总人口 14500 人(3132 户)，人口毛密度 310 人/hm²，停车位 1.2 辆/户。1967～1971 年建设。

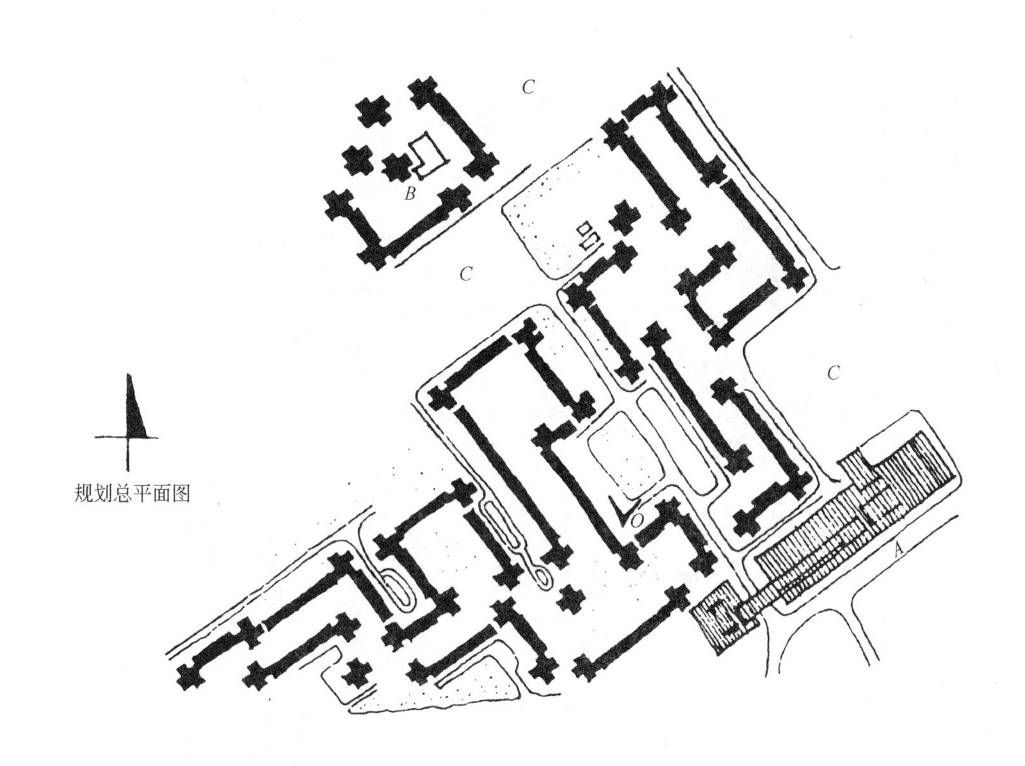

规划总平面图

A—购物中心及办公室；*B*—商店；
C—学校、儿童公园和少年宫

*O*透视图

乌尔鲁—索斯—保尔斯居住区(法)

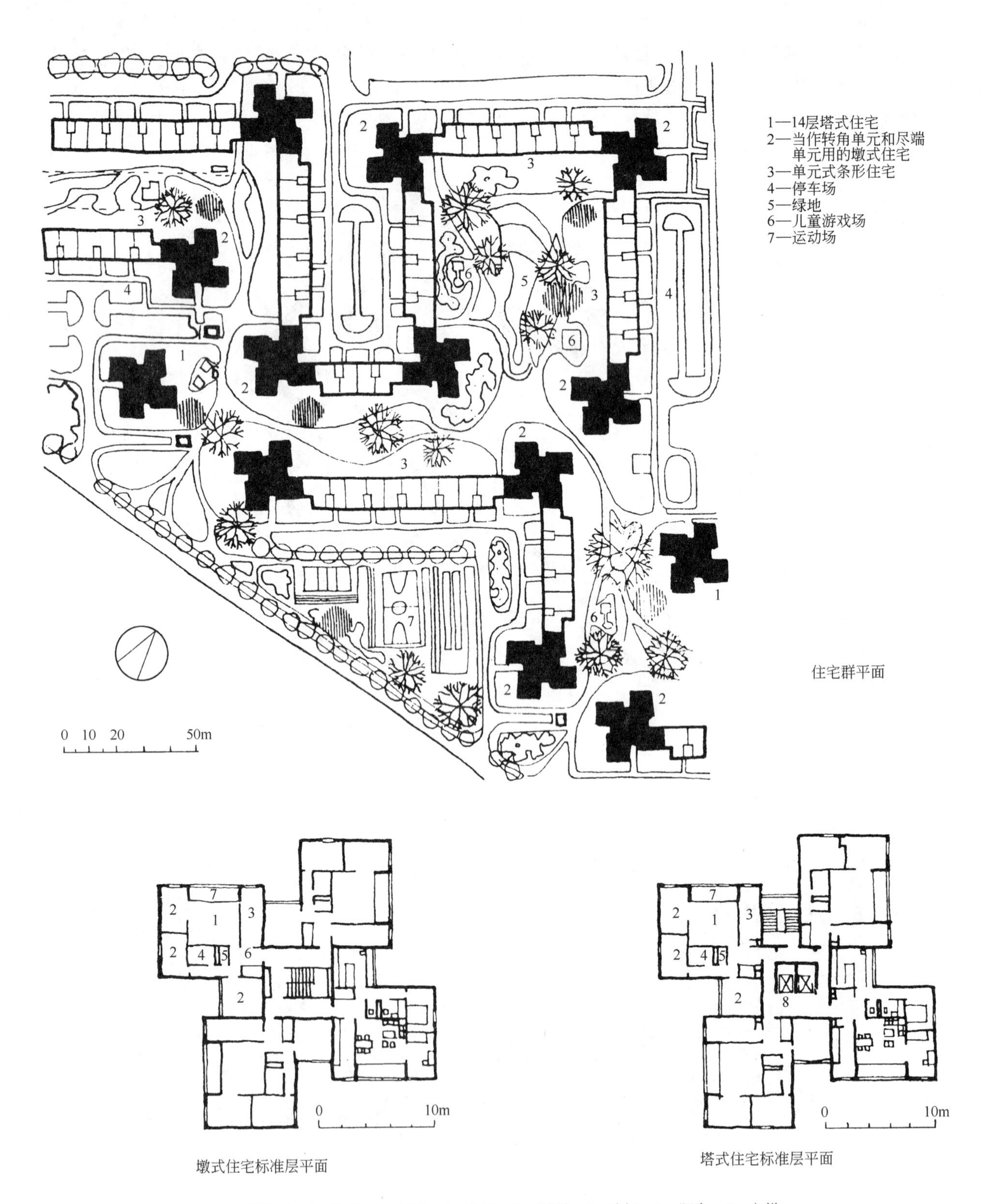

住宅群平面

墩式住宅标准层平面

塔式住宅标准层平面

1—起居室；2—卧室；3—厨房；4—浴室；5—厕所；6—壁柜；7—阳台；8—电梯

31. 英国伦敦　马格司路小区(Marguss road)

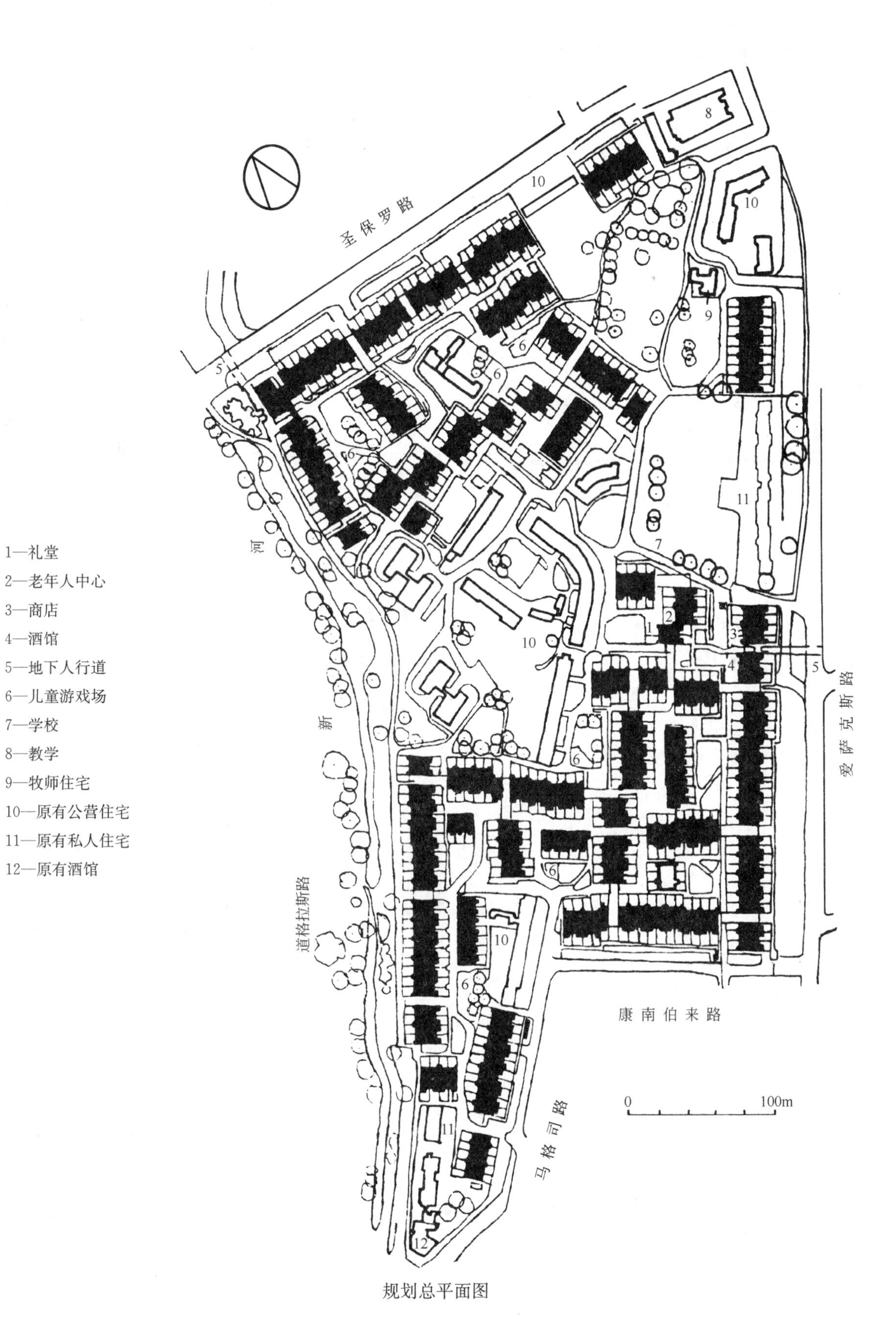

规划总平面图

住宅设计

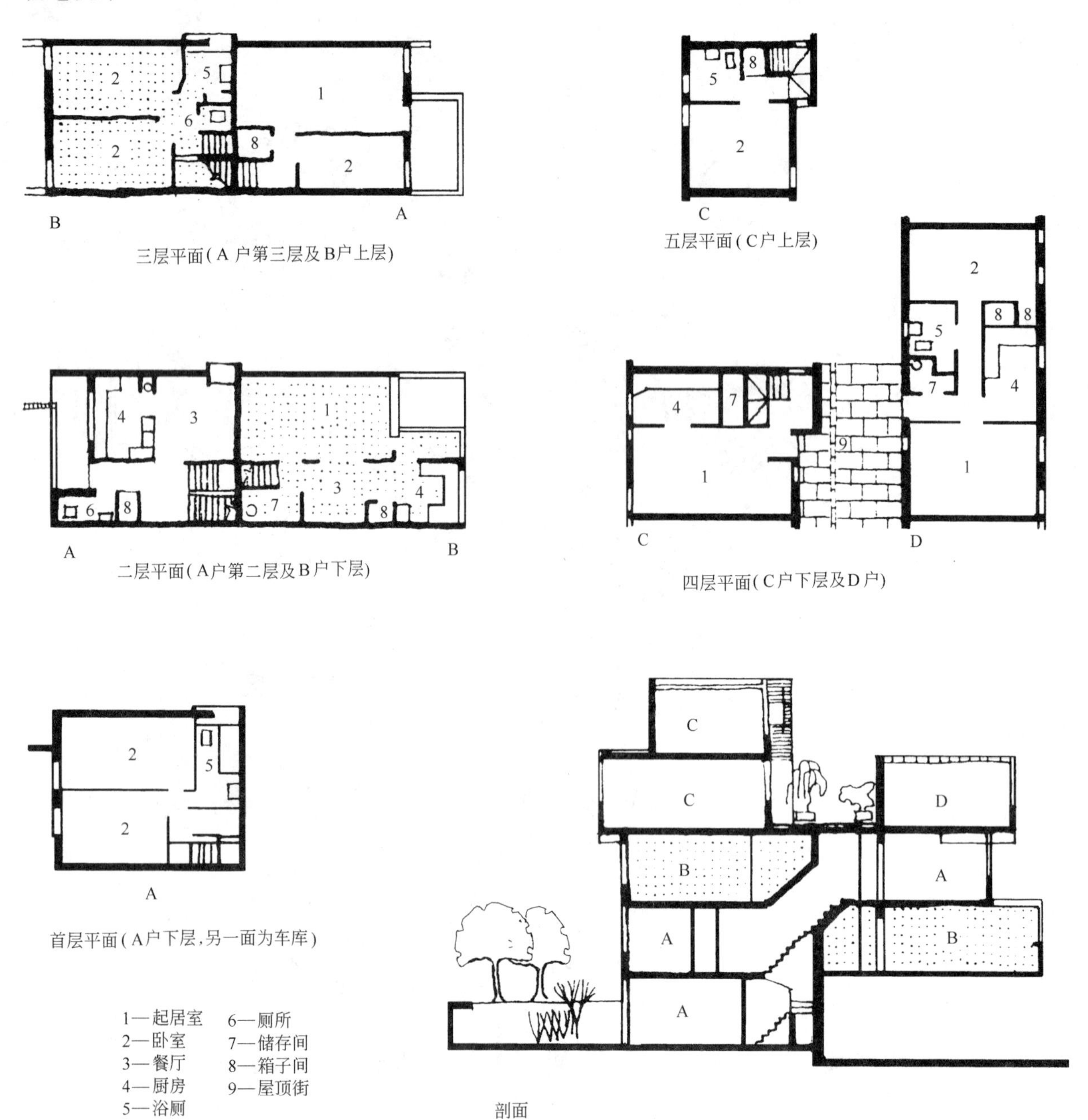

马格司路小区位于伦敦市区北部，离市中心5～6km；属旧区改造，规划保留了保罗教堂和一些质量较好的房屋，还保留了大树密布的花园绿地。

小区主要特点是住宅全部在5层以下，独特的设计使1～3层居民(60%)，每户拥有28～30m^{2}的独院，4～5层住户拥有屋顶街道绿化，居住密度较高，居住环境良好，并被一些建筑师誉为“住宅的典范”，认为马格司路小区的建成，“标志着高层公寓的末日。”

住宅群布置为较松散的周边式，住宅间距有疏有密，尺度较小，加之采用蔬菜和瓜果绿化，富有浓厚生活气息。

小区内道路几乎全部为步行，汽车停放在地下或尽端道路终点，汽车入口处设人行天桥，货运车辆用尽端道路，与步行道交叉处设立交桥，应急救护车辆必要时可在较宽的人行道上通行。

小区用地11.33hm^2，总人口3400人(991户)，人口毛密度340人/hm^2(不含其他用地)，1976年建成。

32. 日本横滨市　若叶台居住区

若叶台居住区地处丘陵地带。规划适应地形布置道路，并形成人车分流系统。居住区中心设于中部将用地分为东西两大部分，各设有小公园、中小学、托幼等设施，有较多的公园绿地，环境安静、舒适。

居住区用地 130hm^2，总人口 3.5 万人，1969～1979 年建设。

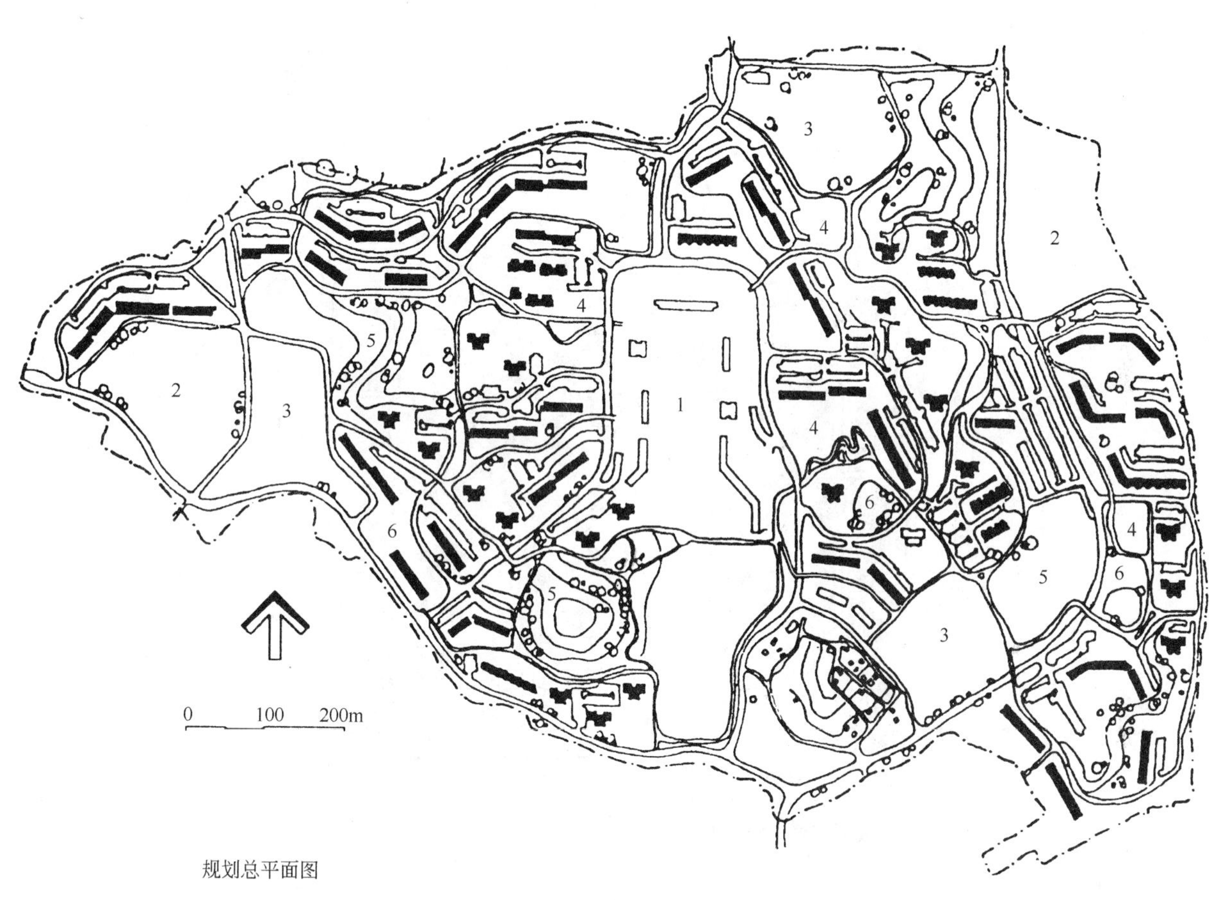

规划总平面图

1—地区中心；2—中学校；3—小学校；4—托幼；5—小公园；6—儿童公园

33. 美国南卡罗来纳州　林尖居住小区(The Treetop)

林尖居住小区位于希尔顿的滩地附近，基地内有成片密集的树林，用地面积约 $8hm^2$。

规划从保护生态环境出发，在对每棵树进行位置和生长状况测定后，再确定建筑的位置和首层标高；并将 5 层楼住宅设计分成上下两套，室外用高架空廊道连接各户和各幢住宅，形成跨越低矮植物的高架步行系统，使所有卧室、起居室都朝向绿化空间，居民无论在室内、室外，还是高架空廊上都能处处享受到“绿色”环境，从而将“人、建筑、环境”紧密地联系在一起。

公共设施布置在小居中部及外围，临近车道的位置，并与廊道有方便的联系。区内有简捷必要的车行道和高架步行连廊立交，停车场设于小区四周，一般汽车不需进入小区。

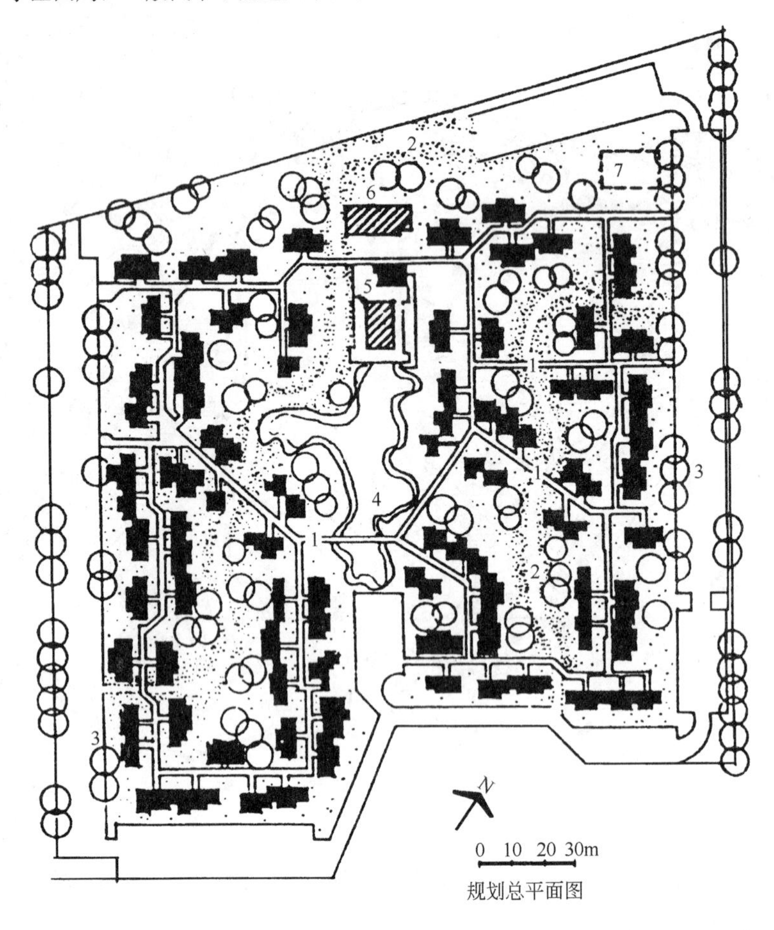

规划总平面图

1—高架连廊平台；2—车行道；3—停车场；4—池塘；5—游泳池；6—俱乐部；7—餐厅部

林尖居住小区(美)

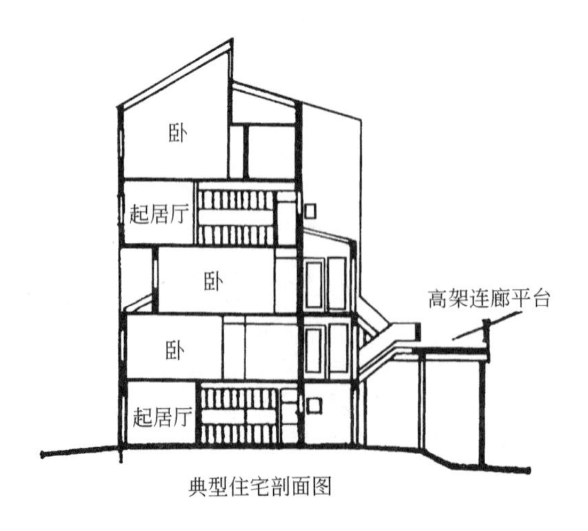

典型住宅剖面图

34. 荷兰埃因霍温(Eindhoven)·特·霍尔(t'Hool) 居住区

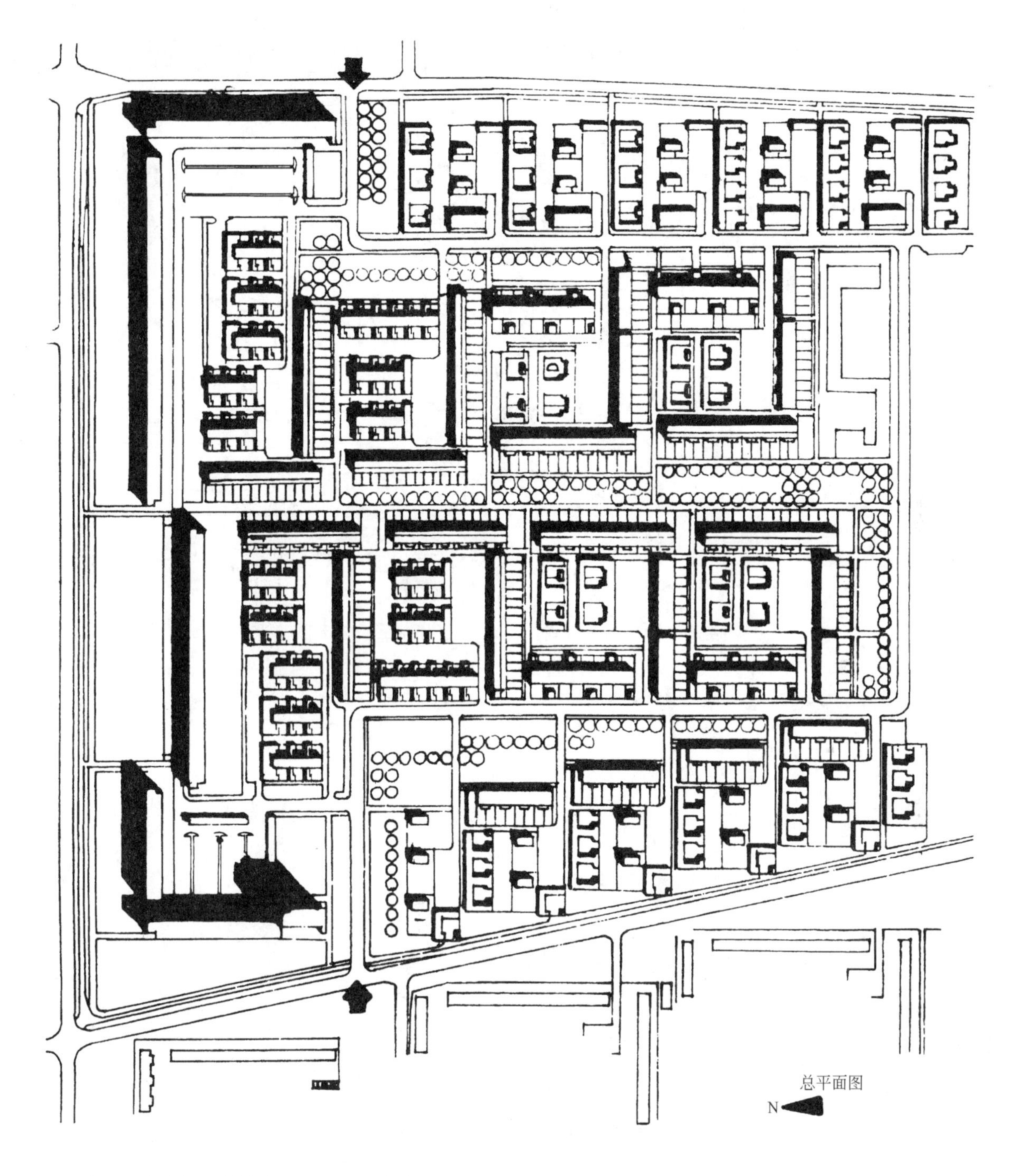

· 居住区居中为绿化纵轴线，通过绿化纵轴线(步行)通入客户，形成居住区绿化系统。路网由两个“⊓”形所组成，仅东、西设二个进出口(图中箭头表示)，车行只能在两个“⊓”形路上行驶，横、纵均无路可通。车辆驶向各户时，均设尽头路及回车场，人、车完全分离。

· 居住区北部设高层板式公建。

· 户型：152m²/户(A 型)、210m²/户(B、C 型)、154m²/户(C、D 型，内天井)、212m²/户(D、E 型，内天井)、264m²/户(E、F 型)、90m²/户(F 型)、196m²/户(G 型)、211m²/户(H 型)。

35. 瑞士　司坦　道莫索福居住组团(Stans Turmatthof)

1—公共休息室
2—厨房
3—洗衣房
4—日托站
5—儿童游戏场
6—小土堆(带滑坡和地道)
7—球场
8—晒衣场
9—风雨游戏场地
10—汽车库出入口
11—自行车、摩托车出入口
12—打地毯处

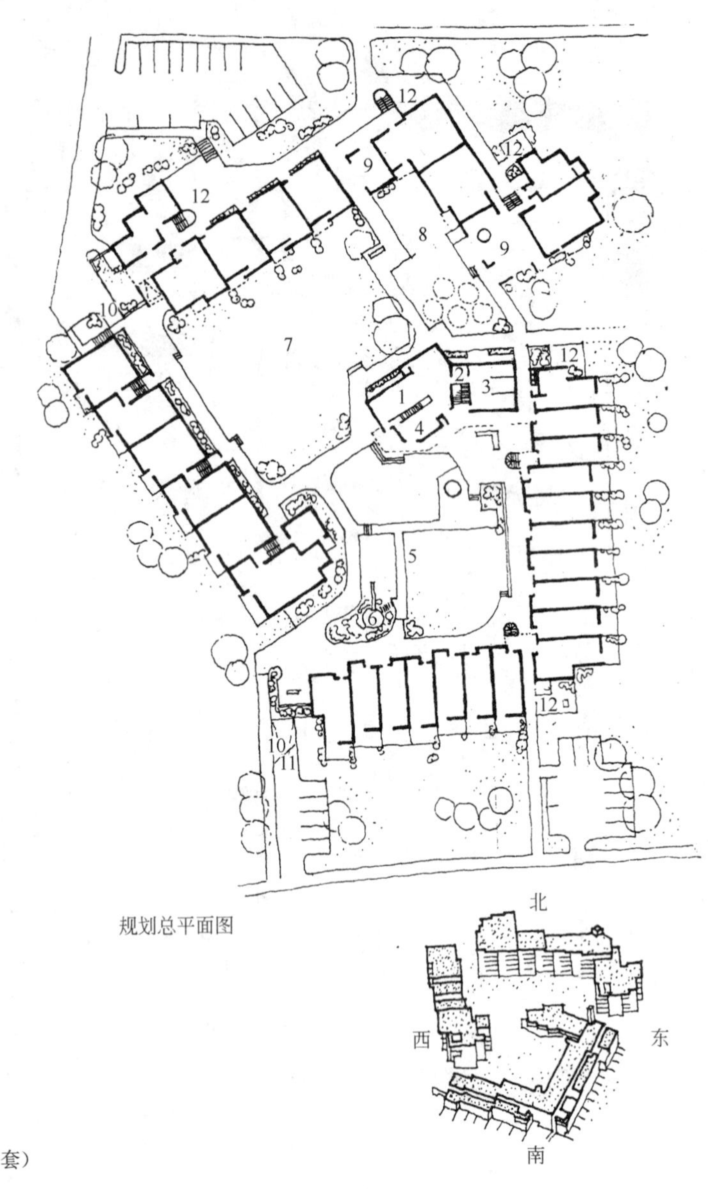

规划总平面图

住宅户(套)型标准层平面图 38～140m²/户(套)

该组团位于城市边缘，与市中心有方便的联系。组团通过活泼舒展的空间处理、多档次多户(套)型的住宅设计和高技术质量吸引了社会上不同阶层、不同年龄的居民，是一个人们喜爱的和谐家园。

组团将庭院分为南北两个，北面为多层群体住宅，南面为低层联排式独院住宅，院当中设公共设施，院外停车设施地上和地下相结合，院内有步行路和各幢住宅相连，安全方便。公共设施有生活杂务、托儿、游戏、运动、休闲等。对于一个规模仅一公顷多的组团来说，公共设施很齐全周到，布置合理，适应居民要求。

组团占地 1.37hm²，总建筑面积 12191m²，总户数 98 户(套)，停车位 100 辆。

主要参考文献

[1] 董鉴泓主编．中国城市建史．北京．中国建筑工业出版社，1987

[2] 沈玉麟编．外国城市建设史．北京．中国建筑工业出版社，1989

[3] 朱建达编著．当代国内外住宅区规划实例选编．北京．中国建筑工业出版社，1996

[4] 北京市建筑设计研究院．白德懋．居住区规划与环境设计．北京．中国建筑工业出版社，1993

[5] 同济大学主编．城市规划原则．北京．中国建筑工业出版社，1991

[6] “居住区详细规划”课题研究组编．居住区规划设计．北京．中国建筑工业出版社，1985

[7] 重庆建筑工程学院建筑系·建筑总平面设计．北京．中国建筑工业出版社，1980

[8] (英)F·吉伯德等著．市镇设计．程里尧译．北京．中国建筑工业出版社，1983

[9] “改善城市住宅建筑功能与质量”科研组编，赵冠谦主编．2000年的住宅．北京．建筑工业出版社，1991

[10] 童林旭著．地下汽车库建筑设计．北京．中国建筑工业出版社，1996

[11] 马光．胡仁禄著．老年居住环境设计．南京．东南大学出版社，1995

[12] 黄晓鸾主编．园林绿地与建筑小品．北京．中国建筑工业出版社，1996

[13] 邓述平，王仲谷主编．居住区规划设计资料集．北京．中国建筑工业出版社，1996

[14] “建筑设计资料集”编委会．建筑设计资料集．北京．中国建筑工业出版社，1994

[15] “中国城市住宅小区建设试点丛书”编委会编．建设经验篇．规划设计篇．建筑设计篇．北京．中国建筑工业出版社,1994

[16] 建设部科学技术司编．中国小康住宅示范工程集萃．北京．中国建筑工业出版社，1997

[17] 李哲之．沈继仁．王佩珩．许德恭．国外住宅区规划实例．北京．中国建筑工业出版社，1981

[18] 国家城市建设总局城市规划设计研究所汇编．城镇居住区规划实例．北京．中国建筑工业出版社，1981

[19] 程武．孙素简．杨成主编．现代住宅建筑外观设计．南昌．江西科学技术出版社，1992

[20] 史庆堂．香港环境艺术．天津大学出版社，1998

[21] 哈布瑞肯著．变化——大众住宅的系统设计．王明蘅译．台北．台湾省住宅及都市发展局，1989

[22] [波] W．奥斯特罗夫斯基著．现代城市建设．冯文炯等译．北京．中国建筑工业出版社，1986

[23] 张一莉主编．深圳堪察设计25年．北京：中国建筑工业出版社，2006

[24] 广州市唐艺文化传播有限公司编著．中国热销楼盘景观规划．广州：广东经济出版社，2005

[25] 翌德国际设计机构编著．翌德国际作品精选．南京：东南大学出版社，2005

[26] 赵忠编．万科的作品．南京：东南大学出版社，2004

[27] 阿摩斯·拉普卜特著(美)．黄兰谷等译．建成环境的意义——非语言表达方法．北京：中国建筑工业出版社，2003.8

[28] 依恩·本特利等著(英)．纪晓海等译，建筑环境共鸣设计．大连：大连理工大学出版社，2003.4

[29] 杨·盖尔著(丹麦)．何可人译，交往与空间．北京：中国建筑工业出版社，2002.10

[30] 何晓华编著．住宅小区园林化规划与景观设计实用手册(一)．长春：吉林人民出版社，2001.5

[31] 王受之著．当代商业住宅区的规划与设计——新都市主义，SIMS深圳国企房地产策划丛书．北京：中国建筑工业出版社，2001.7

[32] 周静敏著．世界集合住宅——新住宅设计．北京：中国建筑工业出版社，2000.12

[33] 住宅·都市整治公团关西分社集合住宅区研究会编著(日)，张桂林等译．最新住区设计．北京：中国建筑工业出版社，2005.9

杂志：建筑学报、城市规划、建筑师、住宅科技、世界建筑、国外城市规划、规划师、中国园林、住宅与房地产等。

结　语

居住区是一个多元多层次的物质与精神生活载体，以居住功能为主兼容各种配套设施，如道路、管网、绿化以及公共服务设施，其中包括教育、医疗卫生、文化体育、商业服务、金融邮电、市政公用、物业管理等，都以居民为服务对象聚集在一起，居民，则是居住区的原动力，“以人为核心，居者至上”则是居住区建设的主旨，也是居住区规划设计的指导思想。

为居民创造一个安全、卫生、方便、舒适、优美，可持续发展的居住生活环境，是居住区规划设计的任务。现代人类对环境的觉醒，带来了规划和建筑领域的观念的转变，人们对城市、建筑的空间观念逐渐发展和扩大为环境观念，将居住区视作各类环境的综合体，并在宏观上服从城市总体规划的调控，与基地环境协调的同时成为城市环境的有机组成部分。

居住区规划设计面对庞大复杂的体系，把多元的居住区环境要素加以综合成为整体的环境，物质的、精神的因素，使大量人文学科和工程技术学科交织在一起，相互联系，相互作用。运用系统的观点和方法进行研究和规划设计工作，不仅利于形成科学的规划思想，也利于形成科学的规划方法。

居住区在提高环境效益的同时，还必须提高社会效益和经济效益。社会效益是环境、经济效益的综合体现，三者统一的综合效益是建设可持续发展的居住区的基础，也是居住区规划设计的目标和检验居住区质量的标准。

综上所述，居住区规划设计应坚持以人为核心的指导思想；以环境规划设计为基础；以系统理论与方法为手段，谋求建设一个安全、卫生、方便、舒适、优美，具有社会、环境、经济、综合效益的可持续发展的居住区，这也是居住区规划设计目标。

“居住”这个古老而永恒的事业，遵循着事物螺旋发展规律不断地发展着。规划设计中一时轴线式布局形式的复出，仿佛又见到20世纪五六十年代强调轴线构图的街坊的影子，更可追想到传统的轴线布局手法，类“大街——胡同——大院”、“新里弄”、“邻里院落”，涌动着古国文化的脚步和乡土的芳香，并带着显明的时代风华，走向文化内涵的更深层次。规划建设工作者要立足于本土，用心体察民情、乡情、国情、世界风情；精心规划、设计、施工、管理，使我国这个世界头号住宅生产大国，成为世界上人人拥有最美好家园的国家。

责任编辑：王玉容
封面设计：康　羽

ISBN 978-7-112-08114-1
(14068)定价：62.00 元
（含光盘）

图书销售分类：建筑学(A20)

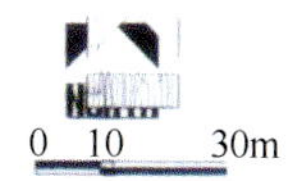

北京望京 31~32 地块

上海塘东小区香梅花园

上海塘东小区香梅花园鸟瞰

天津阳光 100 国际新城

广西贵港盛世名门

重庆华立天地豪园透视图

重庆华立天地豪园鸟瞰图

深圳四季花城社区入口

深圳四季花城社区总平面

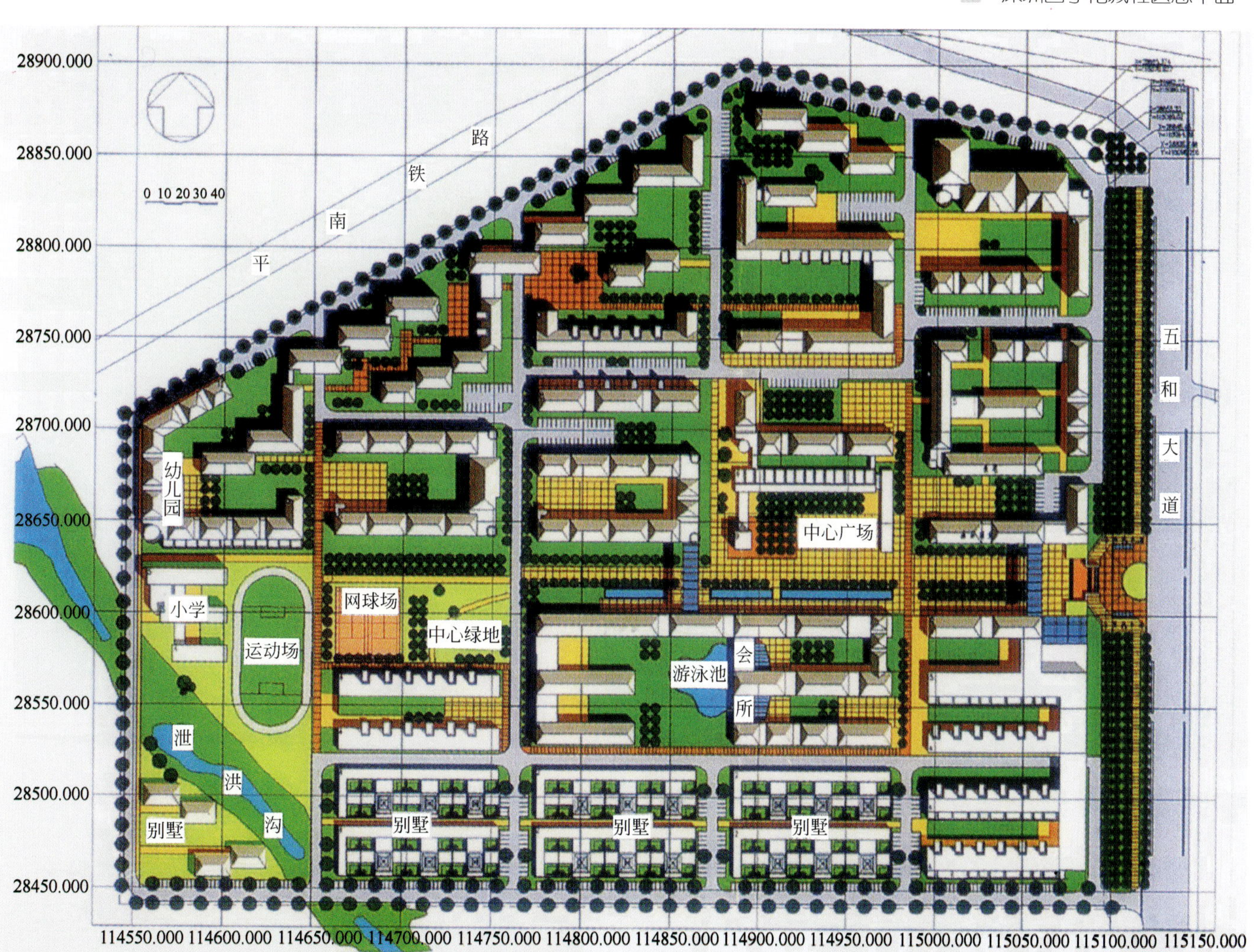

深圳南海益田住区规划

深圳翠枫豪园湖光山舍

深圳碧海云天住区

苏州都市花园

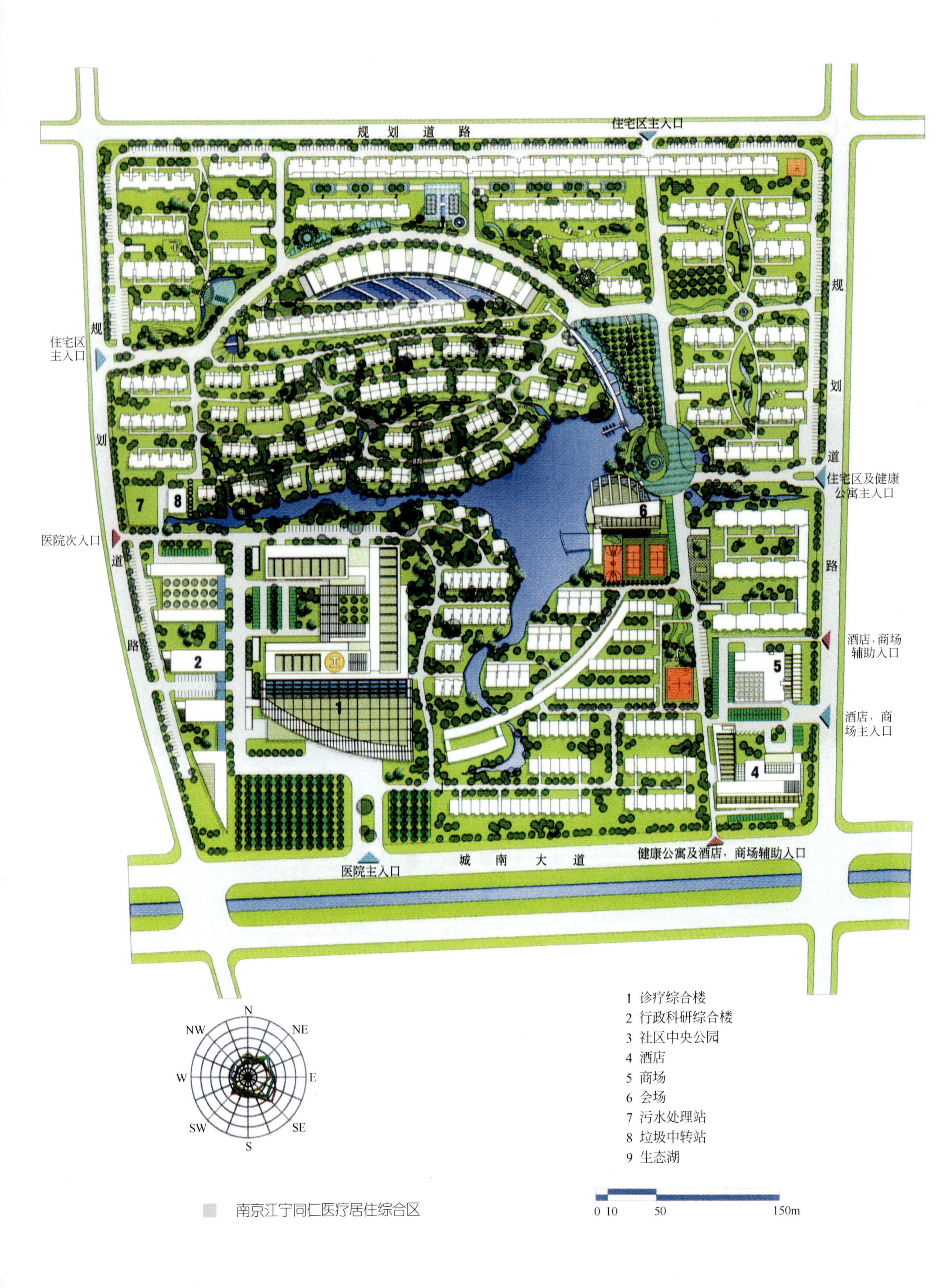

南京江宁同仁医疗居住综合区

山东东营工益花园住区

吉林化建江畔明珠住区

西安群贤社区雪景

延安东馨家园窑洞绿色住区

上海青浦的水乡住区

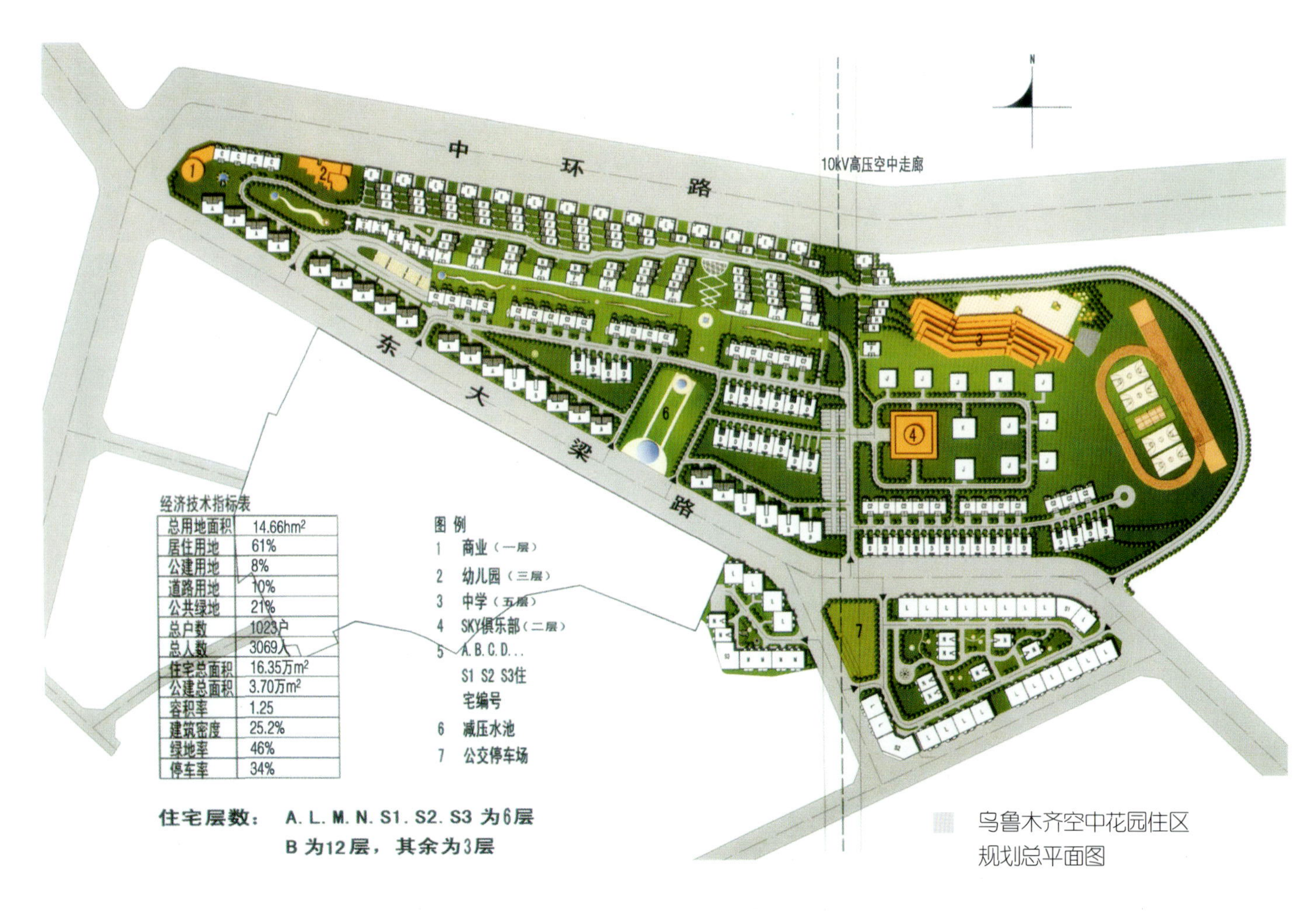

经济技术指标表

总用地面积	14.66hm^2
居住用地	61%
公建用地	8%
道路用地	10%
公共绿地	21%
总户数	1023户
总人数	3069人
住宅总面积	16.35万m^2
公建总面积	3.70万m^2
容积率	1.25
建筑密度	25.2%
绿地率	46%
停车率	34%

图 例

1 商业（一层）

2 幼儿园（三层）

3 中学（五层）

4 SKY俱乐部（二层）

5 A.B.C.D...
S1 S2 S3住宅编号

6 减压水池

7 公交停车场

住宅层数： A.L.M.N.S1.S2.S3 为6层
B 为12层，其余为3层

乌鲁木齐空中花园住区规划总平面图

琴海弯社区架空层景观

四季花园住区儿童乐园

香港杏花村滨海住区

香港大榄涌住区

德国科隆贝多芬公园住宅区

东京多摩新城住宅区

■ 纽伦堡某老年社区